Wolfgang Böge (Hrsg.)

Arbeitshilfen und Formeln für das technische Studium

Band 4
Elektrotechnik, Elektronik, Digitaltechnik,
Steuerungstechnik

5., überarbeitete und erweiterte Auflage

Erarbeitet von Peter Franke

Mit über 500 Bildern

Die Deutsche Bibliothek – CIP-Einheitsaufnahme
Ein Titeldatensatz für diese Publikation ist bei
Der Deutschen Bibliothek erhältlich.

Arbeitshilfen und Formeln für das technische Studium werden herausgegeben von *Wolfgang Böge.* Band 4 wurde bis zur 3. Auflage herausgegeben von *Alfred Böge.*
Autor des Bandes 4: *Peter Franke*

1. Auflage 1981
2. durchgesehene Auflage 1987
3., überarbeitete und erweiterte Auflage 1992
4., überarbeitete Auflage 1993
5., überarbeitete und erweiterte Auflage März 2001

ISBN 978-3-528-44003-9   ISBN 978-3-322-96382-6 (eBook)
DOI 10.1007/978-3-322-96382-6

Der Verlag Vieweg ist ein Unternehmen der Fachverlagsgruppe BertelsmannSpringer.

www.vieweg.de

Technische Redaktion: Hartmut Kühn von Burgsdorff
Konzeption und Layout des Umschlags: Ulrike Weigel, www.CorporateDesignGroup.de

Gedruckt auf säurefreiem Papier

Vorwort zur 5. Auflage

Für wen
und wozu

Im vorliegenden Band 4 der "Arbeitshilfen" finden die Studierenden an
- *Fachschulen*
- *Fachhochschulen*
- *Fachoberschulen*
- *Fachgymnasien*
- *Berufsaufbauschulen*

die zum Lösen von Aufgaben aus dem Fach Grundlagen der Elektrotechnik / Elektronik erforderlichen
- *Größengleichungen*
- *Erläuterungen einzelner Größen*
- *Regeln, Verfahren und Anwendungen*
- *Arbeitspläne*
- *Stoffwerte, technische Daten und Tabellen*
- *Diagramme und Kennlinien*
- *Schaltzeichen*
- *Beispiele*

Neben dem Grundlagenband 1 erfassen weitere Bände die Unterrichtsinhalte der Ausbildungsschwerpunkte Konstruktion (Band 2) und Fertigung (Band 3).

Was wird
erreicht
und wie

Mit den "Arbeitshilfen" wird Zeit gespart für das Erarbeiten des Lösungsweges der Aufgaben:
- *das ausführliche Sachwortverzeichnis führt zur gesuchten Größe*
- *die zugehörige Tafel enthält die Größengleichungen in zweckmäßiger Form*
- *mit einem Blick ist der Anwendungsbereich erfaßbar*
- *die zusätzlichen Erläuterungen sichern die richtige Anwendung*
- *Hinweise auf andere Tafeln vervollständigen den Überblick*

Für Klausuren
gerade richtig

Umfang, Schwerpunktbildung und Ordnung des Stoffes bringen den Studierenden die zulässige und wünschenswerte Hilfe für schriftliche Prüfungen.

Gesetzliche
Einheiten

Selbstverständlich werden nur die gesetzlichen Einheiten und die Einheiten des Internationalen Einheitensystems (SI-Einheiten) verwendet.

Brücke von
einer Schulform
zur folgenden

Herausgeber und Autor sind bestrebt, alle Bände didaktisch und methodisch so anzulegen, daß sie für alle Schulformen der Sekundarstufe II mit technischen Lehrinhalten und für die anschließenden Studiengänge echte *Arbeitshilfen* sind.

Änderung
der 3. Auflage

Neu aufgenommen wurden die Abschnitte: Elektrische Maschinen und Antriebe, Elektronik und Grundlagen der Digitaltechnik

Änderung
der 4. Auflage

Alle Abschnitte wurden überarbeitet. Dabei konnten viele Anregungen und Verbesserungsvorschläge berücksichtigt werden.

Änderung
der 5. Auflage

Neu aufgenommen wurde der Abschnitt Grundlagen der Steuerungstechnik. Alle Abschnitte wurden erneut überarbeitet.

Auch für die folgenden Auflagen bitte ich Lehrer und Studierende, mir mit kritischen Anregungen zu helfen, das Werk noch weiter zu verbessern.

Braunschweig, im März 2001   *Wolfgang Böge*

Inhaltsverzeichnis

Benutzen Sie auch das ausführliche Sachwortverzeichnis (S. 231)

Normen, Schaltzeichen

Elementare passive Zweipole

Technische Daten

Schaltungslehre

Grundlagen der Digitaltechnik

Elektrische Steuerungstechnik

Beispiele und Arbeitspläne zur Schaltungslehre

Gleichstrom

Wechselstrom

Elektrische Antriebe, Elektromotoren

Elektronik

Grundlagen der Digitaltechnik

Elektrische Steuerungstechnik

1 Normen und VDE-Bestimmungen (Auswahl)

Einheiten, Formelzeichen, Schaltzeichen
DIN 1301   Einheiten, Einheitennamen, Einheitenzeichen, Teile und Vielfache
DIN 1302   Mathematische Zeichen und Begriffe
DIN 1304   Formelzeichen verschiedener Fachbereiche
DIN 1313   Schreibweise physikalischer Gleichungen in Naturwissenschaft und Technik
DIN 1344   Formelzeichen der elektrischen Nachrichtentechnik
DIN 5483   Formelzeichen für zeitabhängige Größen
DIN 40 900   Graphische Symbole für Schaltunterlagen
DIN 41 785   Kurzzeichen für Halbleiterbauelemente

Begriffe, Benennungen
DIN 1324   Elektromagnetisches Feld
DIN 5483   Zeitabhängige Größen
DIN 5489   Vorzeichen- und Richtungsregeln für elektrische Netze
DIN 40 108   Elektrische Energietechnik, Stromsysteme
DIN 40 110   Wechselstromgrößen
DIN 41 781   Gleichrichterdioden für die Leistungselektronik
DIN 41 786   Thyristoren
DIN 41 858   Feldeffekttransistoren
DIN 41 860   Lineare integrierte Verstärker
DIN IEC 38   IEC-Normspannungen

Werkstoffe, Halbzeuge, Bauteile
DIN 17 470   Heizleiterlegierungen
DIN 17 471   Widerstandslegierungen
DIN 41 300   Kleintransformatoren, kennzeichnende Daten
DIN 41 301   Magnetische Werkstoffe für Übertrager
DIN 41 302   Kernbleche für Kleintransformatoren
DIN 41 303   Spulenkörper für Kleintransformatoren, Hauptmaße
DIN 41 304   Spulenkörper in Schachtelbauweise für Kleintransformatoren
DIN 41 792   Transistoren, Meßverfahren
DIN 46 400   Magnetische Eigenschaften von Elektroblech und -band
DIN 46 435   Wickeldrähte aus Kupfer, lackisoliert, Maße und Gleichstromwiderstände
DIN VDE 0558   Halbleiter-Stromrichter

Geräte, Maschinen
DIN 42 021   Schrittmotoren
DIN 42 961   Leistungsschilder für elektrische Maschinen
DIN 46 062   Anlasser für Elektromotoren
DIN VDE 0530   Umlaufende elektrische Maschinen
DIN 40 719   Regeln für Funktionspläne von Steuerungen
DIN 19 226   Regelungstechnik und Steuerungstechnik

VDE-Bestimmungen
DIN VDE 0100   Bestimmungen für das Errichten von Starkstromanlagen mit Nennspannungen bis
1 kV
Teil 430 Schutz von Leitungen und Kabeln gegen zu hohe Erwärmung
Teil 523 Strombelastbarkeit von Leitungen und Kabeln.

2 Konstanten und häufig benötigte Stoffwerte

Bezeichnung	Beziehung
Eulersche Zahl Ludolfsche Zahl	$e = 2{,}718281828\ \ldots$ $\pi = 3{,}141592654\ \ldots$
Normalfallbeschleunigung ($45°$ Breite und NN) Lichtgeschwindigkeit im Vacuum Temperatur des absoluten Nullpunktes	$g_n = 9{,}80665\ \text{m/s}^2$ $c_0 = 2{,}997925 \cdot 10^8\ \text{m/s}$ $T_0 = 0\ \text{K} = -273{,}15\ °\text{C}$
Boltzmann-Konstante Avogadro-Konstante (Loschmidtsche Zahl) Faraday-Konstante	$k = 1{,}38054 \cdot 10^{-23}\ \text{J/K}$ $N_A = 6{,}02252 \cdot 10^{23}\ \text{mol}^{-1}$ $F = 9{,}64870 \cdot 10^4\ \text{C/mol}$
Ruhemasse des Elektrons elektrische Elementarladung Elektrizitätsmenge 1 Coulomb Elektronenvolt Weston-Normalelement ($20\ °\text{C}$)	$m_e = 9{,}1091 \cdot 10^{-28}\ \text{g}$ $e = \pm 1{,}60210 \cdot 10^{-19}\ \text{As}$ $1\ \text{C} = 6{,}24 \cdot 10^{18}\ \text{As}$ $1\ \text{eV} = 1{,}60210 \cdot 10^{-19}\ \text{Ws}$ $U_0 = 1{,}0186\ \text{V}$
magnetische Feldkonstante elektrische Feldkonstante Wellenwiderstand des leeren Raumes Dielektrizitätszahl für Luft (1 bar und $0\ °\text{C}$)	$\mu_0 = 4\pi \cdot 10^{-7}\ \text{Vs/Am} \approx 1{,}25 \cdot 10^{-6}\ \text{Vs/Am}$ $\epsilon_0 = 8{,}85419 \cdot 10^{-12}\ \text{As/Vm}$ $\Gamma_0 = \sqrt{\mu_0/\epsilon_0} = \mu_0 c_0 = 1/\epsilon_0 c_0 \approx 376{,}7304\ \Omega$ $\epsilon_r = 1{,}0006$
elektrische Leitfähigkeit für Kupfer elektrische Leitfähigkeit für Aluminium	$\gamma_{20} = 56\ \text{Sm/mm}^2$ $\gamma_{20} = 35\ \text{Sm/mm}^2$

Ladungsträgerkonzentration ($T = 300$ K)
    Kupfer
    Aluminium
    Germanium
    Silizium
	
	$n = 8{,}5 \cdot 10^{22}\ \text{cm}^{-3}$
	$n = 6{,}0 \cdot 10^{22}\ \text{cm}^{-3}$
	$n_i = 2{,}4 \cdot 10^{13}\ \text{cm}^{-3}$
	$n_i = 1{,}5 \cdot 10^{10}\ \text{cm}^{-3}$

Beweglichkeit ($T = 300$ K)
    Kupfer
    Aluminium
	
	$b = 41\ \text{cm}^2/\text{Vs}$
	$b = 36\ \text{cm}^2/\text{Vs}$

Germanium	$b_n = 3900\ \text{cm}^2/\text{Vs}$ (Elektronen) $b_p = 1900\ \text{cm}^2/\text{Vs}$ (Löcher)
Silizium	$b_n = 1350\ \text{cm}^2/\text{Vs}$ (Elektronen) $b_p = \ \ 480\ \text{cm}^2/\text{Vs}$ (Löcher)
Temperaturbeiwert α_{20} für Kupfer Temperaturbeiwert α_{20} für Aluminium Temperaturbeiwert τ für Kupfer Temperaturbeiwert τ für Aluminium	$\alpha_{20} = 3{,}93 \cdot 10^{-3}\ \text{K}^{-1}$ $\alpha_{20} = 3{,}77 \cdot 10^{-3}\ \text{K}^{-1}$ $\tau = 235\ \text{K}$ $\tau = 245\ \text{K}$

3 Einheiten

3.1 SI-Basiseinheiten (DIN 1301, T1)

Größe	Name	Zeichen
Länge	Meter	m
Masse	Kilogramm	kg
Zeit	Sekunde	s
Elektrische Stromstärke	Ampere	A
Thermodynamische Temperatur	Kelvin	K
Stoffmenge	Mol	mol
Lichtstärke	Candela	cd

3.2 Vorsätze für dezimale Teile und Vielfache von Einheiten (DIN 1301, T1)

Zehnerpotenz	10^{-18}	10^{-15}	10^{-12}	10^{-9}	10^{-6}	10^{-3}	10^{-2}	10^{-1}
Vorsatzzeichen	a	f	p	n	μ	m	c	d
Vorsatz	Atto	Femto	Piko	Nano	Mikro	Milli	Zenti	Dezi

Zehnerpotenz	10^{1}	10^{2}	10^{3}	10^{6}	10^{9}	10^{12}	10^{15}	10^{18}
Vorsatzzeichen	da	h	k	M	G	T	P	E
Vorsatz	Deka	Hekto	Kilo	Mega	Giga	Tera	Peta	Exa

4 Codiertes Herstellungsdatum auf Kondensatoren und Widerständen (DIN IEC 62)

Zweistellige Codierung

Zeichen	A	B	C	D	E	F	...	T
Jahr	1990	1991	1992	1993	1994	1995	...	2005

Codierung des Jahres

Zeichen	U	V	W	X	Kurzzeichen wiederholen sich in
Jahr	2006	2007	2008	2009	einem 20jährigen Zyklus

Codierung des Monats

Zeichen	1	2	3	4	5	6	7	8
Jahr	Jan.	Feb.	März	April	Mai	Juni	Juli	Aug.

Zeichen	9	10	11	12
Jahr	Sept.	Okt.	Nov.	Dez.

Beispiel:
Herstellungsdatum: 1992, Mai
Codiertes Datum: C5

Vierstellige Codierung

Herstellungsdatum: 1993, 32. Woche   Codiertes Datum: 9332

5 Nennwerte-Reihen für Widerstände und Kondensatoren

E-Reihen (DIN IEC 63)

E6	E12	E24	E48	E96	E192
100	100	100	100	100	100
					101
				102	102
					104
			105	105	105
					106
				107	107
					109
		110	110	110	110
					111
				113	113
					114
			115	115	115
					117
				118	118
	120	120			120
			121	121	121
					123
				124	124
					126
			127	127	127
					129
		130		130	130
					132
			133	133	133
					135
				137	137
					138
			140	140	140
					142
				143	143
					145
150	150	150	147	147	147
					149
				150	150
					152
			154	154	154
					156
				158	158
		160			160
			162	162	162
					164
				165	165
					167
			169	169	169
					172
				174	174
					176

E6	E12	E24	E48	E96	E192
	180	180	178	178	178
					180
				182	182
					184
			187	187	187
					189
				191	191
					193
		200	196	196	196
					198
				200	200
					203
			205	205	205
					208
				210	210
					213
220	220	220	215	215	215
					218
				221	221
					223
			226	226	226
					229
				232	232
					234
		240	237	237	237
					240
				243	243
					246
			249	249	249
					252
				255	255
					258
	270	270	261	261	261
					264
				267	267
					271
			274	274	274
					277
				280	280
					284
		300	287	287	287
					291
				294	294
					298
			301	301	301
					305
				309	309
					312

E6	E12	E24	E48	E96	E192
330	330	330	316	316	316
					320
				324	324
					328
			332	332	332
					336
				340	340
					344
		360	348	348	348
					352
				357	357
					361
			365	365	365
					370
				374	374
					379
	390	390	383	383	383
					388
				392	392
					397
			402	402	402
					407
				412	412
					417
		430	422	422	422
					427
				432	432
					437
			442	442	442
					448
				453	453
					459
470	470	470	464	464	464
					470
				475	475
					481
			487	487	487
					493
				499	499
					505
		510	511	511	511
					517
				523	523
					530
			536	536	536
					542
				549	549
					556

E6	E12	E24	E48	E96	E192
	560	560	562	562	562
					569
				576	576
					583
			590	590	590
					597
				604	604
					612
		620	619	619	619
					626
				634	634
					642
			649	649	649
					657
				665	665
					673
680	680	680	681	681	681
					690
				698	698
					706
			715	715	715
					723
				732	732
					741
		750	750	750	750
					759
				768	768
					777
			787	787	787
					796
				806	806
					816
	820	820	825	825	825
					835
				845	845
					856
			866	866	866
					876
				887	887
					898
		910	909	909	909
					920
				931	931
					942
			953	953	953
					965
				976	976
					988

DIN-Normzahlreihen
(DIN 323, Vorzugsreihen)

R5	100		160		250		400		630	
R10	100	125	160	200	250	315	400	500	630	800

E3-Reihe: 100; 220; 470

Vorzugsreihen: E3; E6; E12; E24

6 Schaltzeichen (Auswahl DIN 40 900)

6.1 Strom, Spannung, Schaltungsarten

	Gleichstrom		Wechselstromimpuls
$2 - 110\,V$	2-Leiter-Gleichstromsystem, 110 V		Rechteckwechselimpuls
	Wechselstrom		Positive Schrittfunktion
$3N \sim 50\,Hz\ 400/230\,V$ Dreiphasen-Vierleitersystem mit 3 Außenleitern und einem Neutralleiter, 50 Hz, 400 V (230 V zwischen jedem Außenleiter und dem Neutralleiter). Statt 3 N auch 3/N erlaubt.			Negative Schrittfunktion
			Sägezahn
			Eine Wicklung
	Tonfrequenter Wechselstrom		Drei getrennte Wicklungen
	Hochfrequenter Wechselstrom		Dreiphasenwicklung in Dreieckschaltung
	Gleichgerichteter Strom mit Wechselstromanteil		Dreiphasenwicklung in Sternschaltung
	Positiver Impuls		Stern-Dreieck-Schaltung
	Negativer Impuls		Dreiphasen-Wicklung in Zickzackschaltung

6.2 Leiter, Leitungen, Leitungsverbindungen

	Leiter, Leitung, allgemein		Leiter, verdrillt (2 Leiter)
Form 1 Form 2	Leitung mit Kennzeichnung der Leiterzahl (3 Leiter)		Leiter in einem Kabel (3 Leiter)
	Leiter, bewegbar		Leiter, koaxial

Schaltzeichen

Symbol	Bezeichnung	Symbol	Bezeichnung
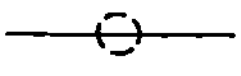	Leiter, geschirmt		Leiter, koaxial, geschirmt
	Neutralleiter (N) Mittelleiter (M)		Erde, allgemein
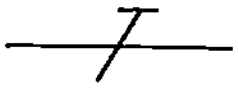	Schutzleiter (PE)		Erde mit Angabe der Erdungsart (Betriebserde)
	Neutralleiter mit Schutzfunktion (PEN)		Fremdspannungsarme Erde
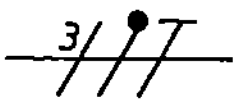	Leitung mit 3 Leitern, Neutralleiter und Schutzleiter		Schutzerde
	Verbindung von Leitern	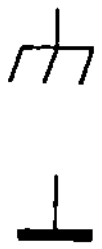	Masse, Gehäuse
	Anschluß (z.B. Klemme)		
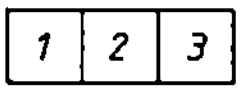	Anschlußleiste		
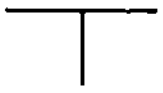 	Abzweig von Leitern Form 1 / Form 2	Form 1 / Form 2  / Form 3 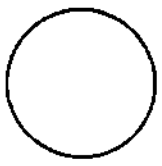	Betriebsmittel, Gerät, Funktionseinheit (Schaltzeichen oder Kennzeichen müssen innerhalb oder außerhalb des Symbolelementes angegeben werden)
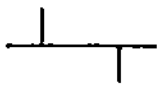 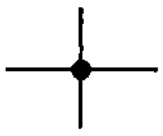	Doppelabzweig von Leitern Form 1 / Form 2	Form 1 / Form 2	Hülle, Gehäuse, Röhrenkolben
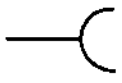 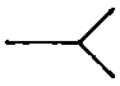	Buchse, Pol einer Steckdose bevorzugte Form / andere Form	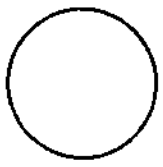 	
 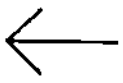	Stecker, Pol eines Steckers bevorzugte Form / andere Form		Abschirmung
	Steckverbinder mit Kennzeichnung des Schutzleiteranschlusses		Begrenzungslinie, Trennlinie

6.3 Schaltglieder, Sicherungen, Ableiter

	Schließer Schaltfunktion, allgemein Schalter		Schließer, schließt und öffnet verzögert
	Öffner		Grenzschalter (Schließer) Endschalter (Schließer)
	Wechsler mit Unterbrechung		Handbetätigter Schalter, allgemein
	Zweiwegschließer mit Mittelstellung „Aus"		Druckschalter (nicht rastend) Taster
Form 1	Wechsler ohne Unterbrechung Folgeumschaltglied		Druckschalter (rastend)
Form 2			Zugschalter (nicht rastend)
	Zwillingsschließer		Drehschalter (rastend)
	Zwillingsöffner		Mehrstellungsschalter, einpolig, (4 Schaltstellungen)
	Voreilender Schließer		Sicherung, allgemein
	Nacheilender Öffner		Sicherungsschalter
Form 1	Schließer, schließt verzögert bei Betätigung		Sicherung mit Kennzeichnung des netzseitigen Anschlusses
Form 2			Funkenstrecke

Schaltzeichen

6.4 Stromversorgung, Maschinen

	Primärzelle, Primärelement, Akkumulator		Drehstrom-Motor, allgemein
	Batterie von Primärelementen (hier 4)		Gleichrichter
	Generator, allgemein (nicht rotierend)		Gleichstrom-Umrichter
	Gleichstrom-Generator, allgemein (rotierend)		Gleichrichter in Brückenschaltung
	Gleichstrom-Motor, allgemein		Ideale Stromquelle
	Einphasen-Wechselstrom-Generator, allgemein		Ideale Spannungsquelle

6.5 Widerstände

	Widerstand, allgemein bevorzugte Form		Widerstand, einstellbar
	andere Form		Lampe, allgemein Leuchtmelder, allgemein
	Widerstand, veränderbar, allgemein		Heizelement
	Widerstand, spannungsabhängig (nicht linear), Varistor		Temperaturabhängiger Widerstand (NTC)
	Widerstand mit Schleifkontakt		Dehnungsmeßstreifen
	Widerstand mit Schleifkontakt und „Aus"-Stellung		Ohmscher Widerstand
	Widerstand mit Schleifkontakt, Potentiometer		Scheinwiderstand

6.6 Drosselspulen, Wicklungen, Transformatoren

	Induktivität, Spule, Wicklung, Drossel, bevorzugte Form		Spartransformator
	andere Form		
	Induktivität mit Magnetkern		Transformator mit Mittenanzapfung an einer Wicklung
	Induktivität mit Luftspalt im Magnetkern		
	Induktivität mit festen Anzapfungen (hier: zwei)		Transformator mit veränderbarer Kopplung
	Induktivität mit bewegbarem Kontakt, stufig veränderbar		
Form 1	Transformator mit zwei Wicklungen		Drehstromtransformator in Stern-Dreieck-Schaltung
Form 2			

6.7 Relais, Schütze, elektromechanische und elektromagnetische Antriebe

Form 1	Elektromechanischer Antrieb, Relaisspule, allgemein	Form 1	Antrieb mit zwei getrennten Wicklungen (aufgelöste Darstellung)
Form 2		Form 2	
Form 1	Antrieb mit zwei getrennten Wicklungen (zusammenhängende Darstellung)		Elektromechanischer Antrieb mit Ansprechverzögerung
Form 2			Elektromechanischer Antrieb mit Ansprech- und Rückfallverzögerung
	Elektromechanischer Antrieb mit Rückfallverzögerung		Elektromechanischer Antrieb eines Wechselstromrelais

Schaltzeichen

	Elektromechanischer Antrieb eines polarisierten Relais	$I >$	Überstromrelais, verzögert
	Elektromechanischer Antrieb eines Stützrelais	$U <$ 150%	Unterspannungsrelais Rückfall bei 150 %
	Elektromechanischer Antrieb eines Thermorelais		Antrieb, elektromechanisch, erregt
Form 1	Elektromechanischer Antrieb eines Remanenzrelais		Fortschaltrelais Stromstoßrelais
Form 2			Lasthebemagnet, Spannplatte, Magnetscheider
$U=0$	Nullspannungsrelais		Magnetische Bremse
$I \leftarrow$	Rückstromrelais		Wirbelstrombremse

6.8 Kondensatoren

	Kondensator, allgemein bevorzugte Form		Differentialkondensator, veränderbar
	andere Form		Kondensator mit veränderbarem Elektrodenabstand
	Durchführungskondensator	$+$	Gepolter Kondensator, z.B. Elektrolytkondensator
	Einstellbarer Kondensator	$+$ $\ominus$	Gepolter Kondensator, temperaturabhängig
	Veränderbarer Kondensator	$+$ U	Gepolter Kondensator, spannungsabhängig

6.9 Halbleiter-Bauelemente

	Halbleiterdiode, allgemein		Zweirichtungs-Thyristordiode
	Leuchtdiode, allgemein		Thyristortriode, Thyristor rückwärts sperrend, allgemein
	Kapazitätsdiode		Thyristortriode ((N-Gate. gesteuert) rückwärts sperrend
	Tunneldiode		Abschalt-Thyristortriode, allgemein
	Z-Diode		Thyristortriode, bidirektional Triac
	Zweirichtungsdiode Diac		Thyristortriode, (P-Gate-gesteuert) rückwärts leitend
	Thyristordiode, rückwärts sperrend		Thyristortetrode, rückwärts sperrend
	NPN-Transistor (Ein Gehäuse kann die Übersicht verbessern)		Isolierschicht-Feldeffekt-transistor (IGFET), P-Kanal Anreicherungstyp
	NPN-Transistor, Kollektor mit dem Gehäuse verbunden		Isolierschicht-Feldeffekt-transistor (IGFET), N-Kanal Anreicherungstyp
	Unijunction-Transistor mit Basis vom P-Typ		Isolierschicht-Feldeffekt-transistor (IGFET), P-Kanal Verarmungstyp
	Sperrschicht-Feldeffekt-transistor (JFET) mit N-Kanal		Isolierschicht-Feldeffekt-transistor (IGFET), N-Kanal Verarmungstyp
	Sperrschicht-Feldeffekt-transistor (JFET) mit P-Kanal		Isolierschicht-Feldeffekt-transistor (IGFET), N-Kanal Anreicherungstyp, Substrat intern mit Source verbunden

Schaltzeichen

	Diode, lichtempfindlich Photodiode		Hall-Generator mit vier Anschlüssen
	Photoelement Photozelle		Widerstand, magnetfeld- empfindlich

6.10 Meßtechnik, Übertragungstechnik

	Meßgerät, anzeigend, allgemein	*kWh*	Kilowattstundenzähler Elektrizitätszähler
	Meßgerät, aufzeichnend, allgemein	*varh*	Blindverbrauchzähler
	Meßgerät, integrierend, Elektrizitätszähler, allgemein	*G*	Generator, nicht rotierend, z.B. Meßsender, Pegelsender
V	Spannungsmeßgerät, anzeigend		Pulsgenerator
A	Strommeßgerät, anzeigend		Umsetzer, Übertragung, allgemein
cos φ	Leistungsfaktormeßgerät, anzeigend		Frequenzumsetzer
Hz	Frequenzmeßgerät, anzeigend		Verstärker, allgemein Form 1
	Oszilloskop		Form 2
	Galvanometer		Meßwerk zur Produktbildung
W	Wirkleistungsschreiber		Meßwerk zur Quotienten- bildung

6.11 Binäre Elemente, Informationsverarbeitung

	Grundform für binäres Element		RS-Flipflop
	Binäres Element mit vier Eingängen und einem Ausgang		D-Flipflop einzustandsgesteuert
	UND-Element, allgemein (AND)		JK-Flipflop, einflankengesteuert
	ODER-Element, allgemein (OR)		JK-Flipflop, zweiflankengesteuert
	NICHT-Element Inverter		RS-Flipflop, Anfangszustand 0, einzustandsgesteuert
	UND-Element mit zwei negierten Eingängen		Addierer, allgemein
	NOR-Element		Schieberegister, allgemein
	NAND-Element		Zähler mit einer Zykluslänge 2^m, (m sollte durch den tatsächlichen Exponenten ersetzt werden)
	Exklusiv-ODER-Element		Differenzverstärker mit einem Verstärkungsfaktor von 100000
	Astabiles Element, z.B. Taktgenerator		Operationsverstärker Differenzverstärker mit sehr hoher Verstärkung

7 Widerstand

7.1 Leitungswiderstand

Elektrischer Widerstand eines Leiters

$$R = \frac{\rho l}{q} = \frac{l}{\gamma q}$$

$$G = \frac{1}{R}$$

$$J = \frac{I}{q}$$

R	G	ρ	$\gamma(\kappa)$	l	q	J
Ω	$\frac{1}{\Omega} = S$	$\frac{\Omega\,mm^2}{m}$	$\frac{m}{\Omega\,mm^2} = \frac{Sm}{mm^2}$	m	mm^2	$\frac{A}{mm^2}$

R	elektrischer Widerstand, Wirkwiderstand, Resistanz
G	elektrischer Leitwert, Wirkleitwert, Konduktanz
ρ	spezifischer elektrischer Widerstand, Resistivität
$\gamma(\kappa)$	elektrische Leitfähigkeit, Konduktivität
l	Länge des Leiters
q	Querschnitt (Querschnittsfläche) des Leiters
J	elektrische Stromdichte
I	elektrische Stromstärke

$1\ \Omega\,mm^2/m = 10^{-4}\ \Omega\,cm$ $1\ Sm/mm^2 = 10^4\ S/cm$

$1\ \Omega\,cm = 10^4\ \Omega\,mm^2/m$ $1\ S/cm = 10^{-4}\ Sm/mm^2$

Berechnung des Querschnittes unverzweigter ohmscher Leitungen

q	ρ	I	l	$\Delta U;\ U$	P	p
mm^2	$\frac{\Omega\,mm^2}{m}$	A	m	V	W	$\%$

q	Leiterquerschnitt (eine Ader!)
ρ	spezifischer elektrischer Widerstand
I	Leiterstrom
l	einfache Leiterlänge
U	Netzspannung
ΔU	Spannungsfall (Spannungsverlust) auf der Leitung
$\cos\varphi$	Wirkleistungsfaktor des Verbrauchers
P	Verbraucherleistung
p	prozentualer Leistungsverlust auf der Leitung

Leiterquerschnitt bei Netz	Berechnung auf Spannungsverlust	Berechnung auf Leistungsverlust
Gleichstrom	$q = \dfrac{2\rho}{\Delta U}\,Il$	$q = \dfrac{200\,\rho Pl}{p\,U^2}$
Wechselstrom	$q = \dfrac{2\rho}{\Delta U}\,Il\cos\varphi$	$q = \dfrac{200\,\rho Pl}{p\,U^2\cos^2\varphi}$
Drehstrom	$q = \dfrac{\sqrt{3}\,\rho}{\Delta U}\,Il\cos\varphi$	$q = \dfrac{100\,\rho Pl}{p\,U^2\cos^2\varphi}$

7.2 Temperaturabhängigkeit des Widerstandes

Benennungen	
R_ϑ	Widerstandswert bei Temperatur ϑ
R_{20}	Widerstandswert bei Bezugstemperatur 20 °C
α_{20}	Temperaturbeiwert bei 20 °C, entspricht dem TK-Wert bei Bauelementen
$\Delta\vartheta$	Temperaturdifferenz bezogen auf 20 °C
ϑ	Celsius-Temperatur
ρ_ϑ	spezifischer elektrischer Widerstand bei der Temperatur ϑ
ρ_{20}	spezifischer elektrischer Widerstand bei 20 °C
R_w	Widerstandswert bei ϑ_w
R_k	Widerstandswert bei ϑ_k
ϑ_w	wärmere Temperatur
ϑ_k	kältere Temperatur
τ	Temperaturbeiwert bei 20 °C
β_{20}	Temperaturbeiwert bei 20 °C

Betriebstemperatur ca. − 50 °C bis ca. 200 °C	Bezugstemperatur 20 °C	Beliebige Bezugstemperatur
	$R_\vartheta = R_{20}(1 + \alpha_{20}\,\Delta\vartheta)$ $\Delta\vartheta = \vartheta - 20\ °C$ $\rho_\vartheta = \rho_{20}(1 + \alpha_{20}\,\Delta\vartheta)$	$\dfrac{R_w}{R_k} = \dfrac{\tau + \vartheta_w}{\tau + \vartheta_k}$ $\tau = \dfrac{1}{\alpha_{20}} - 20\ °C$

Betriebstemperatur größer ca. 200 °C	$R_\vartheta = R_{20}[1 + \alpha_{20}\,\Delta\vartheta + \beta_{20}\,\Delta\vartheta^2]$ $\vartheta = 20\ °C - \dfrac{\alpha_{20}}{2\beta_{20}} + \sqrt{\left(\dfrac{\alpha_{20}}{2\beta_{20}}\right)^2 + \dfrac{1}{\beta_{20}}\left(\dfrac{R_\vartheta}{R_{20}} - 1\right)}$

Temperaturbeiwert der Ersatzschaltungen	$\alpha_{R\,ges} = \dfrac{R_1\alpha_{R1} + R_2\alpha_{R2}}{R_1 + R_2}$ Temperaturbeiwert der Reihen-Ersatzschaltung von zwei in Reihe geschalteten Widerständen R_1 und R_2	$\alpha_{R\,ges} \approx \dfrac{R_1\alpha_{R2} + R_2\alpha_{R1}}{R_1 + R_2}$ Temperaturbeiwert der Parallel-Ersatzschaltung von zwei parallel-geschalteten Widerständen R_1 und R_2

7.3 Frequenzabhängigkeit des Widerstandes

Einheiten, Benennungen	$R_\sim, R_-, X_{Li\sim}$	$L_{i-}, L_{i\sim}$	x, k, μ_r	r_0	f	γ	μ_0
	Ω	$\dfrac{Vs}{A} = H$	1	mm	$\dfrac{1}{s}$	$\dfrac{m}{\Omega\,mm^2}$	$1{,}25 \cdot 10^{-6}\,\dfrac{Vs}{Am}$

R_-	Gleichstromwiderstand eines zylindrischen Leiters
$R_\sim$	Wirkwiderstand eines zylindrischen Leiters bei der Frequenz f
$X_{Li\sim}$	*innerer* induktiver Leiter-Blindwiderstand eines zylindrischen Leiters bei der Frequenz f
x	„reduzierter Leiterradius"
k_w	Wirkwiderstandsfaktor
k_x	Blindwiderstandsfaktor
r_0	Radius eines zylindrischen Leiters

Elementare passive Zweipole

	f Frequenz
	γ elektrische Leitfähigkeit
	μ_r Permeabilitätszahl
	μ_0 magnetische Feldkonstante
	Gleichwertige Benennungen: Stromverdrängung bei hohen Frequenzen, Hauteffekt, Skineffekt

| Wirkwiderstand bei der Frequenz f | $\boxed{R_\sim = k_w\,R_-}$ $k_w \approx 1 + \dfrac{x^4}{3}$ für $x < 1$

$k_w \approx 0{,}25 + x + \dfrac{3}{64\,x}$ für $x > 1$

$x = 0{,}5\,r_0\sqrt{\pi f \gamma \mu_r \mu_0}$ |
| innerer induktiver Leiter-Blindwiderstand bei der Frequenz f | $\boxed{X_{\mathrm{Li}\sim} = k_x\,R_-}$ $k_x \approx \dfrac{x^2}{1 - \dfrac{x^4}{6}}$ für $x < 1$

$k_x \approx x - \dfrac{3}{64\,x} + \dfrac{3}{128\,x^2}$ für $x > 1$

$x = 0{,}5\,r_0\sqrt{\pi f \gamma \mu_r \mu_0}$

$L_{\mathrm{i}\sim} = \dfrac{X_{\mathrm{Li}\sim}}{2\pi f}$ $L_{\mathrm{i}-} = \dfrac{\mu_r \mu_0\,l}{8\pi}$ $\dfrac{L_{\mathrm{i}-}}{l} = 0{,}05\,\dfrac{\mathrm{mH}}{\mathrm{km}}$

$L_{\mathrm{i}\sim}$ innere Induktivität eines zylindrischen Leiters bei der Frequenz f
$L_{\mathrm{i}-}$ innere Induktivität eines zylindrischen Leiters der Länge l bei Gleichstrom

In den meisten Fällen ist die innere Induktivität gegenüber der äußeren Induktivität zu vernachlässigen. |

7.4 Nichtlinearer Widerstand

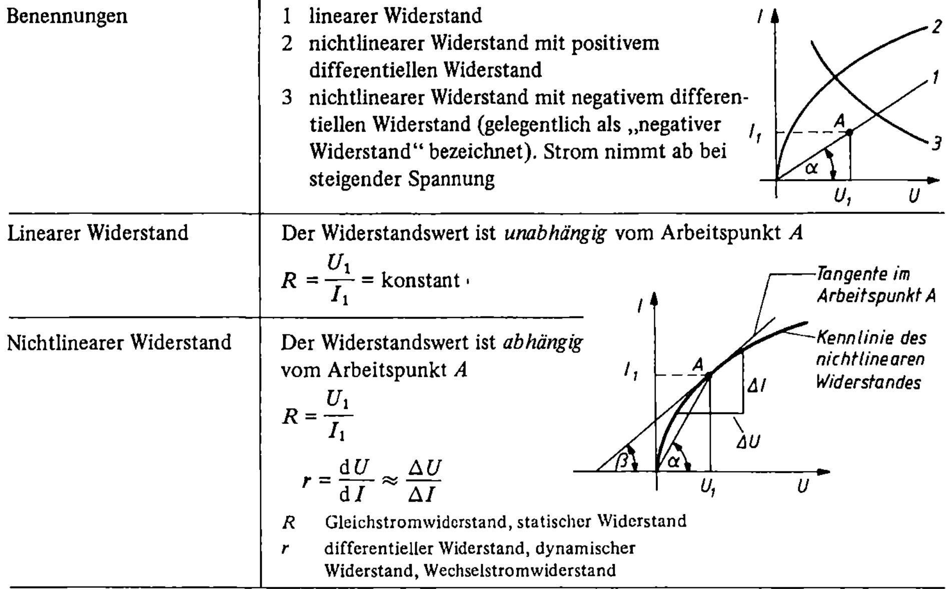

Benennungen	1 linearer Widerstand 2 nichtlinearer Widerstand mit positivem differentiellen Widerstand 3 nichtlinearer Widerstand mit negativem differentiellen Widerstand (gelegentlich als „negativer Widerstand" bezeichnet). Strom nimmt ab bei steigender Spannung
Linearer Widerstand	Der Widerstandswert ist *unabhängig* vom Arbeitspunkt A $R = \dfrac{U_1}{I_1} = \text{konstant}$
Nichtlinearer Widerstand	Der Widerstandswert ist *abhängig* vom Arbeitspunkt A $R = \dfrac{U_1}{I_1}$ $r = \dfrac{\mathrm{d}U}{\mathrm{d}I} \approx \dfrac{\Delta U}{\Delta I}$ R Gleichstromwiderstand, statischer Widerstand r differentieller Widerstand, dynamischer Widerstand, Wechselstromwiderstand

7.5 Wertkennzeichnung von Widerständen

Farbkennzeichnung für Festwiderstände (DIN IEC 62) | Ablesebeispiele

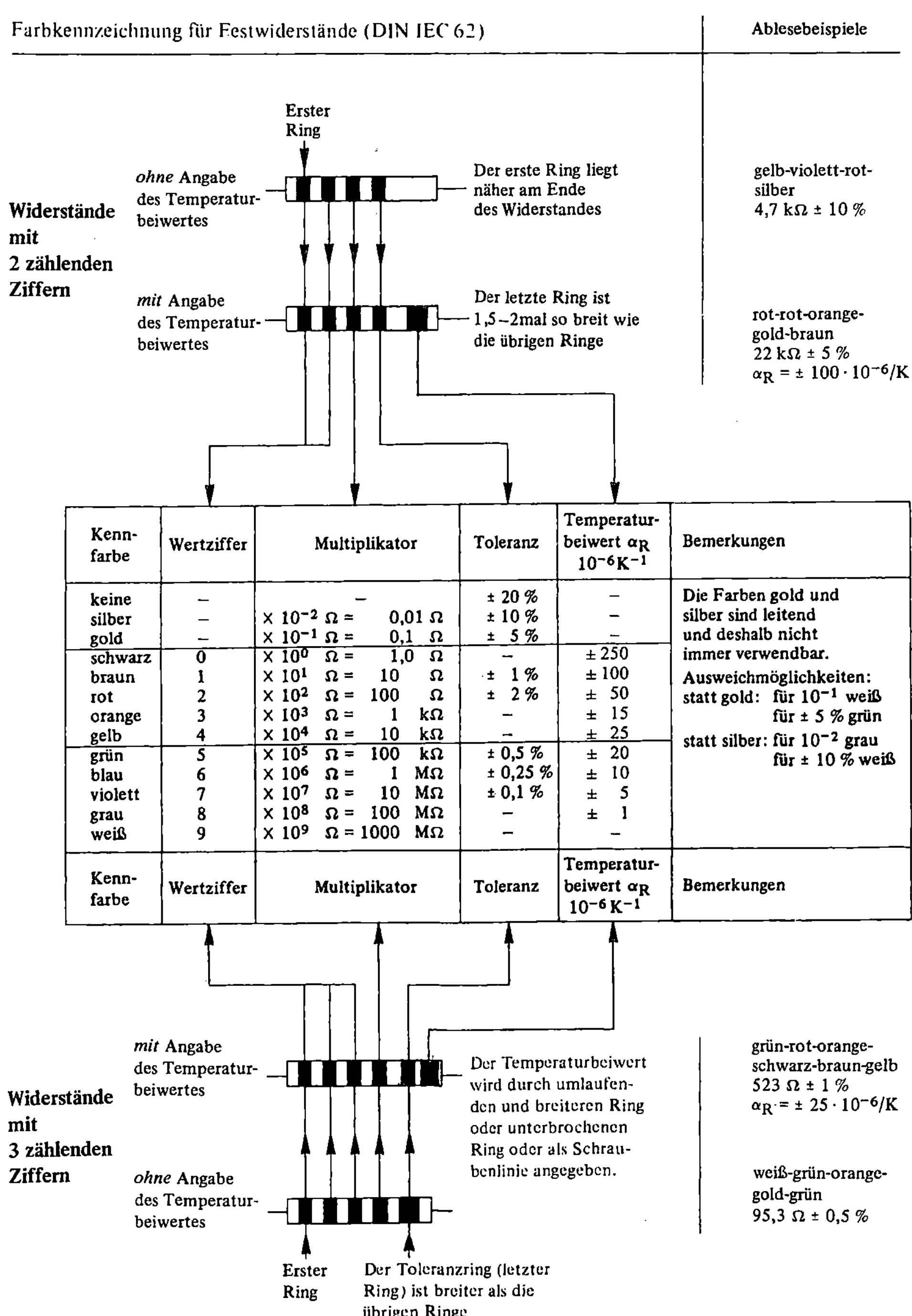

Kennfarbe	Wertziffer	Multiplikator		Toleranz	Temperaturbeiwert α_R $10^{-6}K^{-1}$	Bemerkungen
keine	—	—		± 20 %	—	Die Farben gold und
silber	—	X 10^{-2} Ω =	0,01 Ω	± 10 %	—	silber sind leitend
gold	—	X 10^{-1} Ω =	0,1 Ω	± 5 %	—	und deshalb nicht
schwarz	0	X 10^{0} Ω =	1,0 Ω	—	± 250	immer verwendbar.
braun	1	X 10^{1} Ω =	10 Ω	± 1 %	± 100	Ausweichmöglichkeiten:
rot	2	X 10^{2} Ω =	100 Ω	± 2 %	± 50	statt gold: für 10^{-1} weiß
orange	3	X 10^{3} Ω =	1 kΩ	—	± 15	für ± 5 % grün
gelb	4	X 10^{4} Ω =	10 kΩ	—	± 25	statt silber: für 10^{-2} grau
grün	5	X 10^{5} Ω =	100 kΩ	± 0,5 %	± 20	für ± 10 % weiß
blau	6	X 10^{6} Ω =	1 MΩ	± 0,25 %	± 10	
violett	7	X 10^{7} Ω =	10 MΩ	± 0,1 %	± 5	
grau	8	X 10^{8} Ω =	100 MΩ	—	± 1	
weiß	9	X 10^{9} Ω =	1000 MΩ	—	—	
Kennfarbe	Wertziffer	Multiplikator		Toleranz	Temperaturbeiwert α_R $10^{-6}K^{-1}$	Bemerkungen

Elementare passive Zweipole

Wertkennzeichnung durch Zahlen und Buchstaben (DIN IEC 62)	Das Komma wird durch einen Wert-Kennbuchstaben ersetzt, der gleichzeitig die Bedeutung eines Multiplikators hat.

Wert-Kennbuchstabe	R	K	M	G	T
Multiplikator	10^0	10^3	10^6	10^9	10^{12}

Beispiele:

R22	2R2	22R	220R	2K2	2K23	M22	2M2	22M	2M58
$0{,}22\,\Omega$	$2{,}2\,\Omega$	$22\,\Omega$	$220\,\Omega$	$2{,}2\,k\Omega$	$2{,}23\,k\Omega$	$0{,}22\,M\Omega$	$2{,}2\,M\Omega$	$22\,M\Omega$	$2{,}58\,M\Omega$

Die zulässige Abweichung vom Nennwert (Toleranz) wird durch einen Toleranz-Kennbuchstaben angegeben.

Toleranz-Kennbuchstabe	B	C	D	F	G	J	K	M
zulässige Abweichung in %	$\pm\,0{,}1$	$\pm\,0{,}25$	$\pm\,0{,}5$	$\pm\,1$	$\pm\,2$	$\pm\,5$	$\pm\,10$	$\pm\,20$

Beispiele:

4K7K oder $\dfrac{4K7}{K}$ 33K2G oder $\dfrac{33K2}{G}$ 8M56D oder $\dfrac{8M56}{D}$

$4{,}7\,k\Omega \pm 10\,\%$ $33{,}2\,k\Omega \pm 2\,\%$ $8{,}56\,M\Omega \pm 0{,}5\,\%$

Technische Daten

7.6 Leiterwerkstoffe

Spezifischer elektrischer Widerstand ρ_{20}, elektrische Leitfähigkeit γ_{20}, Temperaturbeiwerte $\alpha_{20}, \tau, \beta_{20}$, Dichte ρ und mittlere spezifische Wärmekapazität c_m von Leiterwerkstoffen

Leiterwerkstoff	ρ_{20} $\Omega\,mm^2/m$	γ_{20} Sm/mm^2	α_{20} $10^{-3}\,K^{-1}$	τ K	β_{20} $10^{-6}\,K^{-2}$	ρ kg/dm^3	c_m $J/(kg\,K)$
Silber	0,016	62,5	3,8	243	0,7	10,5	234
Kupfer	0,01786	56 [1])	3,93	235	0,6	8,9	390
Gold	0,023	43,5	4,0	230	0,5	19,3	130
Aluminium	0,02857	35 [1])	3,77	245	1,3	2,7	896
Magnesium	0,0455	22	3,9	236	1	1,74	1020
Wolfram	0,0555	18	4,1	224	1	19,1	134
Zink	0,0625	16	3,7	250	2	7,1	390
Messing	0,07 ... 0,09	14 ... 11	1,5	646	–	8,4	386
Nickel	0,08 ... 0,11	13 ... 9	3,7 ... 6	250 ... 147	9	8,9	444
Eisen	0,10 ... 0,15	10 ... 7	4,5 ... 6	202 ... 147	6	7,86	450
Zinn	0,11	9,1	4,2	218	6	7,3	230
Platin	0,11 ... 0,14	9 ... 7	2 ... 3	480 ... 313	0,6	21,4	134
Blei	0,21	4,8	4,2	218	2	11,3	130
Quecksilber	0,96	1,04	0,92	1067	·1,2	13,6	138

[1]) mittlerer Wert

Die Stoffgrößen werden beeinflußt durch: Reinheitsgrad, Legierungsgrad, Wärmebehandlung, Kaltverformung.

7.7 Strombelastbarkeit und Schutz bei Überlast von isolierten Leitungen und nicht im Erdreich verlegten Kabeln bei Umgebungstemperaturen bis 30 °C
(DIN VDE 0100 Teil 430 und Teil 523)

Nenn-querschnitt q mm²	Kupfer						Aluminium					
	Gruppe 1		Gruppe 2		Gruppe 3		Gruppe 1		Gruppe 2		Gruppe 3	
	I_Z A	I_N A	I_Z A	I_N A	I_Z A	I_N A	I_Z A	I_N A	I_Z A	I_N A	I_Z A	I_N A
0,75	–	–	12	6	15	10	–	–	–	–	–	–
1	11	6	15	10	19	10	–	–	–	–	–	–
1,5	15	10	18	10[1]	24	20	–	–	–	–	–	–
2,5	20	16	26	20	32	25	15	10	20	16	26	20
4	25	20	34	25	42	35	20	16	27	20	33	25
6	33	25	44	35	54	50	26	20	35	25	42	35
10	45	35	61	50	73	63	36	25	48	35	57	50
16	61	50	82	63	98	80	48	35	64	50	77	63
25	83	63	108	80	129	100	65	50	85	63	103	80
35	103	80	135	100	158	125	81	63	105	80	124	100
50	132	100	168	125	198	160	103	80	132	100	155	125
70	165	125	207	160	245	200	–	–	163	125	193	160
95	197	160	250	200	292	250	–	–	197	160	230	200
120	235	200	292	250	344	315	–	–	230	200	268	200
150	–	–	335	250	391	315	–	–	263	200	310	250
185	–	–	382	315	448	400	–	–	301	250	353	315
240	–	–	453	400	528	400	–	–	357	315	414	315
300	–	–	504	400	608	500	–	–	409	315	479	400
400	–	–	–		726	630	–	–	–	–	569	500
500	–	–	–		830	630	–	–	–	–	649	500

[1]) 16 A für Leitungen mit nur 2 belasteten Adern (bis zur endgültigen internationalen Festlegung)

I_Z Strombelastbarkeit I_N Nennstrom des Leitungsschutzorganes

Gruppe 1: Eine oder mehrere in Rohr verlegte einadrige Leitungen
Gruppe 2: Mehraderleitungen, z. B. Mantelleitungen, Stegleitungen, bewegliche Leitungen
Gruppe 3: Einadrige in Luft verlegte Leitungen. Abstand der Leitungen ≥ Leitungsdurchmesser

7.8 Strombelastbarkeit von isolierten Leitungen und nicht im Erdreich verlegten Kabeln bei erhöhter Umgebungstemperatur

Die für eine maximale Umgebungstemperatur von 30 °C angegebene Strombelastbarkeit isolierter Leitungen ist *auf* den in den folgenden Tabellen angegebenen Prozentsatz zu verringern.

Leitungen bei Umgebungstemperaturen über 30 °C bis 55 °C

Umgebungstemperatur in °C		> 30 ... 35	> 35 ... 40	> 40 ... 45	> 45 ... 50	> 50 ... 55
zulässige Strom-stärke in %	Gummiisolierung[1])	91	82	71	58	41
	PVC-Isolierung[1])	94	87	79	71	61

[1]) Zulässige Leitertemperatur für Gummiisolierung 60 °C und für PVC-Isolierung 70 °C

Leitungen mit erhöhter Wärmebeständigkeit bei Umgebungstemperaturen über 55 °C
Zulässige Leitertemperatur 100 °C

Umgebungs-temperatur in °C	> 55 ... 65	> 65 ... 70	> 70 ... 75	> 75 ... 80	> 80 ... 85	> 85 ... 90	> 90 ... 95
zulässige Strom-stärke in %	100	92	85	75	65	53	38

Elementare passive Zweipole

Zulässige Leitertemperatur 180 °C

Umgebungstemperatur in °C	> 55 ... 145	> 145 ... 150	> 150 ... 155	> 155 ... 160	> 160 ... 165	> 165 ... 170	> 170 ... 175
zulässige Stromstärke in %	100	92	85	75	65	53	38

7.9 Widerstands- und Heizleiterlegierungen (DIN 17 471 und DIN 17 470)

Kurzname nach DIN	alte Bezeichnung	zulässige Höchsttemperatur °C	spezifischer elektrischer Widerstand ρ Ω mm²/m				Temperaturbeiwert α_{20} 10^{-3} K⁻¹ [2]	Verwendung
			20 °C	400 °C	1000 °C	1200 °C		
CuMn12Ni	WM43	140[1]	0,43	–	–	–	± 0,01	Widerstandslegierungen
CuNi44	WM50	600	0,49	0,49	–	–	+ 0,04 / – 0,08	für Präzisionswiderstände (temperaturunabhängig)
CuNi30Mn	–	500	0,40	0,424	–	–	–	Widerstandslegierungen
CuMn12NiAl	WM50	500	0,50	0,50	–	–	–	für Belastungs-, Stell- und Anlaßwiderstände (temperaturabhängig)
NiCr 80 20	WM110	1200	1,12	1,15	1,15	1,17	–	Heizleiterlegierungen
NiCr 60 15	WM110	1150	1,13	1,20	1,24	1,28	–	für Wärmegeräte
NiCr 30 20	WM100	1100	1,04	1,17	1,30	–	–	(außer CrAl25 5 auch
CrNi 25 20	WM100	1050	0,95	1,11	1,26	–	–	als Werkstoff für hoch-
CrAl 25 5	–	1300	1,44	1,45	1,49	1,49	–	belastete Widerstände)
CrAl 20 5	–	1200	1,37	1,39	1,45	1,45	–	

[1] 60 °C bei Verwendung für Präzisionswiderstände [2] zwischen 20 °C und 50 °C

Die Widerstandslegierungen und Heizleiterlegierungen werden von den Herstellern unter verschiedenen Handelsnamen vertrieben. Es sind die Datenblätter der Lieferfirmen zu beachten, da die Kenngrößen von der DIN-Norm abweichen können.

7.10 Isolierstoffe

Richtwerte für spezifische elektrische Widerstände ρ_{20} in Ωcm bei 20 °C

Acrylglas	10^{14}	Phenolharz	$10^{10} ... 10^{12}$
Anilinharz	$10^{15} ... 10^{17}$	Polyäthylen	$10^{15} ... 10^{18}$
Bakelitharz	10^{16}	Polyesterharz	10^{11}
Bernstein	10^{16}	Polystyrol	$10^{14} ... 10^{20}$
Buna	$10^{14} ... 10^{15}$	Polytetrafluoräthylen	$10^{15} ... 10^{16}$
Ceresin, gereinigt	10^{19}	Polyvinylchlorid (PVC) hart	$10^{14} ... 10^{16}$
Epoxidharz	10^{16}	weich	$10^{12} ... 10^{14}$
Glas	$10^{11} ... 10^{17}$	Porzellan	$10^{11} ... 10^{12}$
Glimmer	$10^{15} ... 10^{16}$	Quarz	$4 \cdot 10^{19}$
Guttapercha	10^{16}	Quarzglas	10^{18}
Hartgewebe	$10^{8} ... 10^{10}$	Schellack	10^{16}
Hartgummi	$10^{10} ... 10^{12}$	Schiefer	10^{8}
Hartpapier	$10^{9} ... 10^{11}$	Silikonglasseide	10^{11}
Kolophonium	10^{16}	Silikonharz	10^{15}
Marmor, ital.	10^{10}	Silikonkautschuk	10^{14}
Mikanit	10^{15}	Steatit	$10^{11} ... 10^{13}$
Naturkautschuk, weich	$10^{11} ... 10^{16}$	Zelluloid	10^{10}
Paraffin, rein	10^{18}	Zelluloseazetat	10^{11}

8 Induktivität

8.1 Induktivität von parallelen Leitern und Luftspulen

Lange parallele zylindrische Leiter

	Leiter 1	Leiter 2
Innere Induktivität	$L_{i1} = \dfrac{\mu l}{8\pi}$	$L_{i2} = \dfrac{\mu l}{8\pi}$
Äußere Induktivität	$L_{a1} = \dfrac{\mu l}{2\pi}\ln\dfrac{d}{r_1}$	$L_{a2} = \dfrac{\mu l}{2\pi}\ln\dfrac{d}{r_2}$
Gesamtinduktivität	$L = L_{i1} + L_{i2} + L_{a1} + L_{a2}$ $L = \dfrac{\mu l}{\pi}\left(\dfrac{1}{4} + \ln\dfrac{d}{\sqrt{r_1 r_2}}\right)$	

Lange parallele rechteckige Leiter

$$L = \frac{2\mu l}{\pi}\ln\left(1 + \frac{b}{b+h}\right)$$

für $a \ll b$ und
$\quad a \ll h$
(Schienen)

$$L = \frac{2\mu l b}{\pi(h+b)}$$

für $a \ll b$
$\quad a \ll h$ und
$\quad b \ll h$
(Bleche)

Lange koaxiale Leiter

Induktivität des Innenleiters	$L_i = \dfrac{\mu l}{8\pi}$
Induktivität des Zwischenraumes	$L_z = \dfrac{\mu l}{2\pi}\ln\dfrac{r_1}{r}$
Induktivität des Außenleiters	$L_a = \dfrac{\mu l r_2^4}{2\pi(r_2^2 - r_1^2)^2}\left(\ln\dfrac{r_2}{r_1} - \dfrac{(3r_2^2 - r_1^2)(r_2^2 - r_1^2)}{4r_2^4}\right)$
Gesamtinduktivität	$L = L_i + L_z + L_a$

Kurzschlußring

$$L = \mu_0 R\left(\ln\frac{R}{r} + \frac{1}{4}\right)$$

Gültig bei einer Permeabilitätszahl des Leiters $\mu_r = 1$

$$L = \mu_0 R\left[\ln\frac{R}{a}\left(1 + \frac{a^2}{32R^2}\right) + \left(\frac{a}{4R}\right)^2 + \frac{a^2}{128R^2} + 1{,}5\right]$$

Gültig bei einer Permeabilitätszahl des Leiters $\mu_r = 1$

"""

Elementare passive Zweipole

Einlagige Zylinderspule ohne Eisenkern	$$L = \frac{\mu_0 \pi D^2 N^2}{4\,l}\, k$$ D mittlerer Windungsdurchmesser	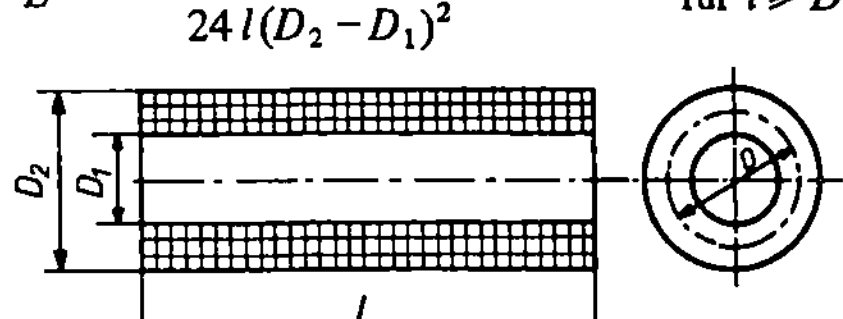

Mehrlagige Zylinderspule ohne Eisenkern	$$L = \frac{\mu_0 \pi N^2 (D_2^4 - 4 D_2 D_1^3 + 3 D_1^4)}{24\,l(D_2 - D_1)^2} \quad \text{für } l \gg D$$

D mittlerer Windungsdurchmesser
N Windungszahl

8.2 Induktivität von Spulen mit Eisenkern

Induktivität	$$L = \frac{\Psi}{I} = \frac{N\Phi}{I} = N^2 \Lambda \qquad \text{(Gleichstrom)} \qquad\qquad L = \frac{N\hat{\Phi}}{\hat{\imath}} = N^2 \Lambda \qquad \text{(Wechselstrom)} \qquad\qquad L = N^2 A_L$$

$$\Lambda = \frac{1}{R_m} = \frac{A}{l}\,\mu$$

Φ	magnetischer Fluß	A	magnetisch durchgesetzte Fläche
Λ	magnetischer Leitwert	l	mittlere Feldlinienlänge
R_m	magnetischer Widerstand	μ	Permeabilität
Ψ	Induktionsfluß, Flußverkettung		

A_L Induktivitätsfaktor, Kernfaktor, A_L-Wert. Er ist die auf die Windungszahl $N = 1$ bezogene Induktivität L und wird in der Einheit $nH = 10^{-9}\ H$ angegeben.

Permeabilität bei Gleichstrommagnetisierung	(totale) Permeabilität $\quad \mu = \dfrac{B_1}{H_1}$ Permeabilitätszahl, relative (totale) Permeabilität $\quad \mu_r = \dfrac{B_1}{\mu_0 H_1}$	B magnetische Flußdichte H magnetische Feldstärke

Permeabilität bei Wechselstrommagnetisierung um den Ursprung	Wechselpermeabilität $\quad \mu = \dfrac{\hat{B}}{\hat{H}}$ $\quad$ (für $H > 0$) Wechselpermeabilitätszahl, relative Wechselpermeabilität $\quad \mu_{\sim} = \dfrac{\hat{B}}{\mu_0 \hat{H}}$ $\quad$ (für $H > 0$) Anfangspermeabilität $\quad \mu_i = \dfrac{\Delta B}{\Delta H}$ $\quad$ (für $\Delta H \to 0$)	

8.3 Drosselspule

Vollständige Ersatzschaltung	

Spannungen	$U_{AB} = 4,44\, f N \hat{B} A_E = 4,44\, f N \hat{\Phi}$ $U_{AB} = \sqrt{U^2 + U_{BC}^2 - 2\, U\, U_{BC}\, \cos\varphi}$ Näherung: $U_{AB} \sim U$

Ströme	$I_E = \dfrac{P_E}{U_{AB}}$ $I_\mu = \dfrac{\hat{H}_E\, l_E + \hat{H}_0\, l_0}{N\sqrt{2}}$ $I = \sqrt{I_E^2 + I_\mu^2}$	I_E Eisenverluststrom I_μ Magnetisierungsstrom I Drosselstrom $\hat{H}_E$ Scheitelwert der magnetischen Feldstärke in Eisen $\hat{H}_0$ Scheitelwert der magnetischen Feldstärke im Luftspalt l_E mittlere Eisenweglänge l_0 mittlere Luftspaltlänge

Leistungen	$P_E = v_E\, m_E$ $P_{Cu} = I^2 R_{Cu}$ $P = P_E + P_{Cu}$ $\cos\varphi = \dfrac{P}{S} = \dfrac{P}{UI}$	R_E Eisenverlustwiderstand R_{Cu} Kupferverlustwiderstand P_E Eisenverlustleistung P_{Cu} Kupferverlustleistung P Drosselverlustleistung v_E Ummagnetisierungsverluste in W/kg (s. Ummagnetisierungsverluste von Elektroblechen, S. 27) m_E Masse des Eisenkerns (siehe Kernbleche und Wicklungsdaten für Kleintransformatoren, S. 27 f.)

Induktivität	$L_v = \dfrac{N\hat{\Phi}}{\hat{i}_\mu} = \dfrac{U_{AB}}{\omega I_\mu}$

Komplexer Widerstand	$\underline{Z} = R_{Cu} + \dfrac{R_E\,(\omega L_v)^2}{R_E^2 + (\omega L_v)^2} + j\,\dfrac{R_E^2\,(\omega L_v)}{R_E^2 + (\omega L_v)^2}$

Reihen-Ersatzschaltung	Umrechnungsbeziehungen für die Umwandlung der vollständigen Ersatzschaltung in eine Reihen-Ersatzschaltung: $R = R_{Cu} + \dfrac{R_E\,(\omega L_v)^2}{R_E^2 + (\omega L_v)^2}$ $L = \dfrac{R_E^2\, L_v}{R_E^2 + (\omega L_v)^2}$ R Gesamtverlustwiderstand der Drosselspule in der Reihen-Ersatzschaltung L Induktivität der Drosselspule in der Reihen-Ersatzschaltung

Elementare passive Zweipole

	Weitere Größen der Reihen-Ersatzschaltung: siehe Reihenschaltung von Widerständen.
	Umwandlung in eine Parallel-Ersatzschaltung: siehe Komplexe Darstellung sinusförmiger Wechselgrößen und Umrechnung passiver Wechselstrom-Zweipole in gleichwertige Schaltungen.
Stromverzerrung	Konstruktion des verzerrten Drosselstromes für große Eisenverluste und beginnende Sättigung.
	Durch die Hystereseschleife wird der Drosselstrom I verzerrt. Er kann durch eine Fourier-Analyse in ungradzahlige gegeneinander phasenverschobene Harmonische zerlegt werden.
	Um auch verzerrte Ströme in einem Zeigerdiagramm darstellen zu können, wird der verzerrte Strom durch einen *sinusförmigen Ersatzstrom* ersetzt, der den gleichen Effektivwert wie der verzerrte Strom hat. Dieser Ersatzstrom kann z.B. durch Messung mit einem Thermoinstrument gewonnen werden. Die Phasenwinkel zwischen Spannung und fiktivem Ersatzstrom bzw. verzerrtem Drosselstrom stimmen nicht überein. Der Scheitelfaktor des verzerrten Stromes ist $\xi \neq \sqrt{2}$!
	Durch einen Luftspalt im Magnetgestell wird die Stromverzerrung weitestgehend unterbunden.

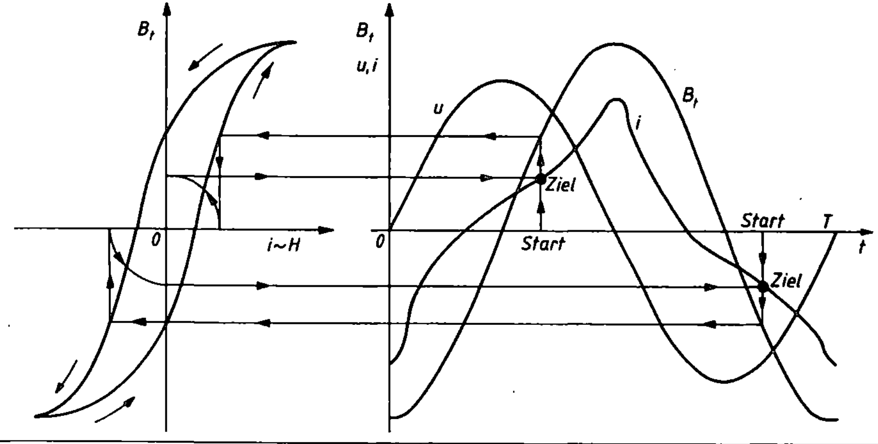

8.4 Transformator

(Transformator, verlust- und streuungsfrei)

$$\ddot{u} = \frac{N_1}{N_2} = \frac{U_1}{U_2} = \frac{I_2}{I_1} = \sqrt{\frac{L_1}{L_2}} \qquad R' = \ddot{u}^2 R$$

$$U_0 = \frac{2\pi}{\sqrt{2}} f N \hat{B} A \approx 4{,}44\, f N \hat{B} A$$

(Transformatorhauptgleichung; U_0 sinusförmig)

U_0	Induktionsspannung	$\ddot{u}$	Übersetzungsverhältnis	L_2	Selbstinduktivität der Sekundärwicklung
U_1	Primärspannung	R'	auf die Primärseite übersetzter Lastwiderstand R		
U_2	Sekundärspannung			R	Lastwiderstand
I_1	Primärstrom	f	Frequenz	I_2	Sekundärstrom
L_1	Selbstinduktivität der Primärwicklung	$\hat{B}$	Scheitelwert der Flußdichte im Kern	N_1	Primärwindungszahl
		A	Kernquerschnitt	N_2	Sekundärwindungszahl

Kurzschluß-spannung	$u_K = \dfrac{U_K \cdot 100\,\%}{U_1}$	u_K Kurzschlußspannung in Prozent der Nennspannung U_K Kurzschlußspannung (gemessen in Volt) U_1 Primärspannung

Bei kurzgeschlossener Sekundärwicklung ist die Kurzschlußspannung die Primärspannung, bei der ein Transformator seinen Nennstrom aufnimmt.

u_K niedrig $\rightarrow$ Transformator spannungssteif = kleiner Innenwiderstand
(z.B. Spannungswandler, Netzanschlußtransformatoren)

u_K hoch $\rightarrow$ Transformator spannungsweich = großer Innenwiderstand
(z.B. Klingeltransformatoren, Zündtransformatoren)

Dauerkurz-schlußstrom	$I_{Kd} = \dfrac{I_N \cdot 100\,\%}{u_K}$	I_{Kd} Dauerkurzschlußstrom I_N Nennstrom u_K Kurzschlußspannung in Prozent der Nennspannung

Technische Daten

8.5 Magnetisierungskennlinien

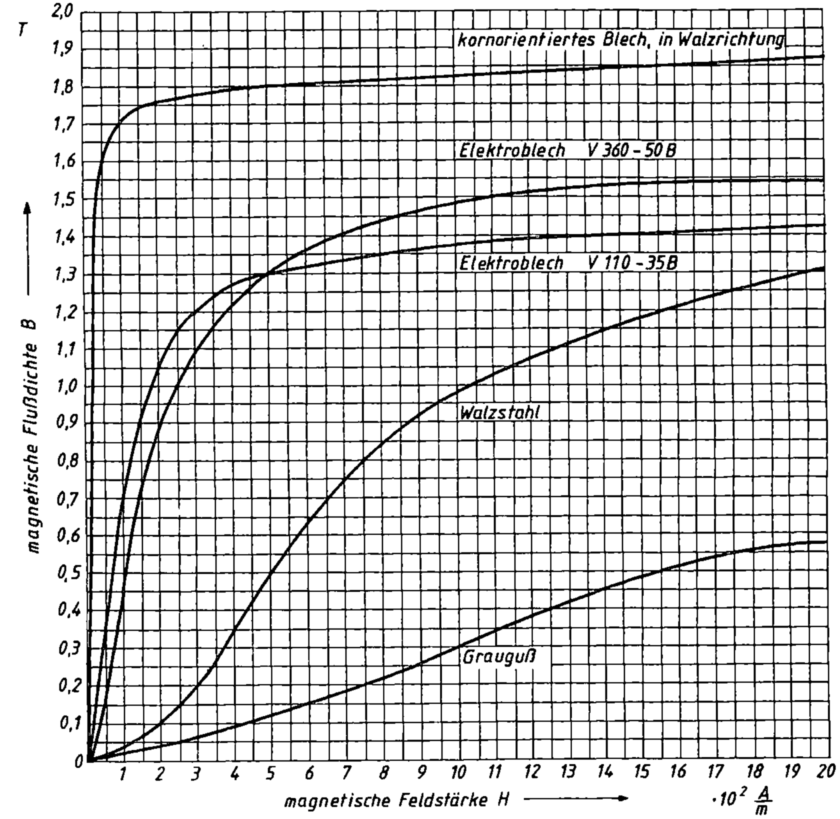

Elementare passive Zweipole

8.6 Wickeldraht-Tabelle für Runddrähte aus Kupfer einfach lackisoliert (L)
(Auszug DIN 46 435 mit Ergänzungen)

Leiter-Nenndurchmesser	Leiter-Nennquerschnitt	Wickeldrahtdurchmesser einschließlich Isolierung		Windungsdichte [1]		Gleichstromwiderstand bei 20 °C für 1 m Drahtlänge [2]
		Kleinstmaß	Größtmaß	Rundkern	Flachkern	
mm	mm²	mm		Wdg/cm²		Ω/m
0,02	0,0003142	0,023	0,027	–	–	54,41
0,025	0,0004908	0,029	0,033	–	–	34,82
0,032	0,0008042	0,036	0,040	63500	61000	21,25
0,04	0,001257	0,044	0,050	41500	40000	13,60
0,05	0,001963	0,056	0,062	26300	25500	8,706
0,063	0,003117	0,068	0,078	17250	16500	5,484
0,071	0,003959	0,076	0,088	13750	13200	4,318
0,08	0,005027	0,088	0,098	10750	10300	3,401
0,09	0,006362	0,098	0,110	8600	8200	2,687
0,1	0,007854	0,109	0,121	7000	6600	2,176
0,112	0,009852	0,122	0,134	5600	5300	1,735
0,125	0,01227	0,135	0,149	4600	4350	1,393
0,14	0,01539	0,152	0,166	3660	3450	1,110
0,16	0,02011	0,173	0,187	2850	2680	0,8502
0,18	0,02545	0,195	0,209	2280	2150	0,6718
0,224	0,03941	0,242	0,256	1650	1575	0,4338
0,25	0,04909	0,268	0,284	1330	1270	0,3482
0,28	0,06158	0,301	0,315	1075	1020	0,2776
0,315	0,07793	0,336	0,352	860	800	0,2193
0,335	0,08814	0,358	0,374	760	710	0,1939
0,4	0,1257	0,424	0,442	535	500	0,1360
0,45	0,1590	0,475	0,495	420	400	0,1075
0,5	0,1963	0,526	0,548	348	330	0,08706
0,56	0,2463	0,587	0,611	275	265	0,06940
0,63	0,3117	0,658	0,684	215	210	0,05484
0,71	0,3959	0,739	0,767	170	162	0,04318
0,75	0,4418	0,779	0,809	153	145	0,03869
0,8	0,5027	0,829	0,861	132	125	0,03401
0,85	0,5674	0,879	0,913	118	112	0,03012
0,9	0,6362	0,929	0,965	103	98	0,02687
0,95	0,7088	0,979	1,017	93	89	0,02412
1	0,7854	1,030	1,068	84	80	0,02176
1,06	0,8825	1,090	1,130	75	72	0,01937
1,12	0,9852	1,150	1,192	65	62	0,01735
1,18	1,094	1,210	1,254	58	56	0,01563
1,25	1,227	1,281	1,325	53	51	0,01393
1,32	1,368	1,351	1,397	48	46	0,01249
1,4	1,539	1,433	1,479	43	42	0,01110
1,5	1,767	1,533	1,581	38	37	0,009673
1,6	2,011	1,633	1,683	33	32	0,008502
1,7	2,270	1,733	1,785	30	31	0,007531
1,8	2,545	1,832	1,888	26	26	0,006718
1,9	2,835	1,932	1,990	24	24	0,006029
2	3,142	2,032	2,092	22	22	0,005441
2,12	3,530	2,154	2,214	19	19	0,004843
2,24	3,941	2,274	2,336	17	17	0,004338
2,36	4,374	2,393	2,459	16	16	0,003908
2,5	4,909	2,533	2,601	14	14	0,003482

[1] Erfahrungswerte! Die erzielbare Windungsdichte ist abhängig von der Anlieferungstoleranz der Wickeldrähte, von der Art und dem Zustand der Wickelmaschine sowie vom eingestellten Wickelzug. Bei großen Drahtdurchmessern beeinflußt die Spulenbreite die Windungsdichte.

[2] Rechenwerte für eine mittlere Leitfähigkeit von $\gamma = 58,5$ m/Ωmm² und den Nennquerschnitt. Die Leitfähigkeit kann um ca ± 1 % schwanken.

8.7 Ummagnetisierungsverluste von Elektroblechen

Blechsorten (Auswahl DIN 46 400)

	P1,0	P1,5
V 110-35 B	1,1	2,7
V 200-50 B	2,0	4,8
V 360-50 B	3,6	8,2

	P1,5	P1,7
VM 89-27	0,89	1,4
VM 97-30	0,97	1,5
VM 111-35	1,11	1,65

Garantie für die Ummagneti-
sierungsverluste:

P1,0 oder P1,5 für V und VH
P1,5 oder P1,7 für VM

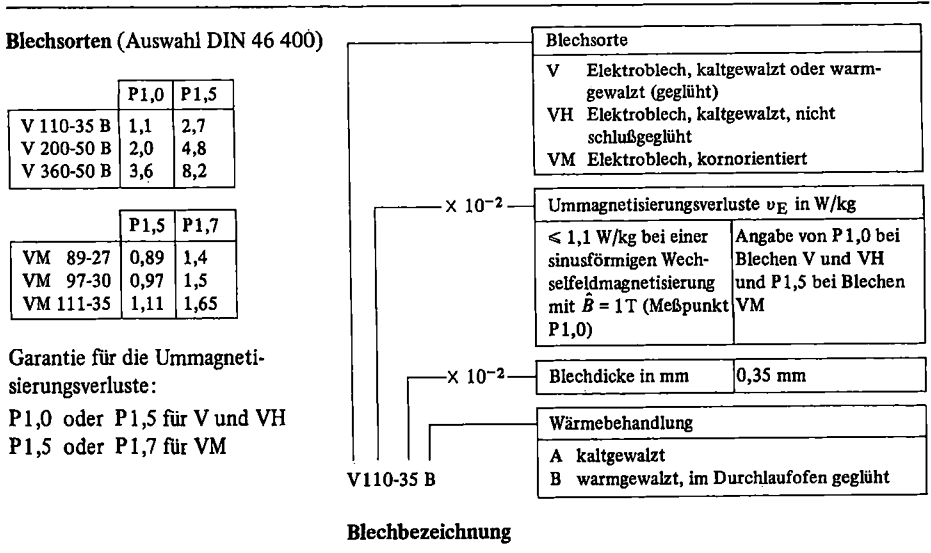

Blechbezeichnung

8.8 Kernbleche und Wicklungsdaten für Kleintransformatoren (Auswahl DIN 41 300 und 41 302)

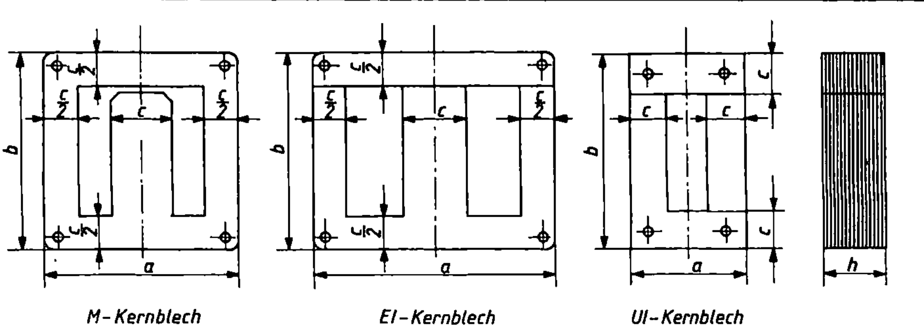

Elementare passive Zweipole

	Kern									Wicklung		
Bezeich-nung	Typen-leistung P_N [1] W	Abmessungen mm				Eisenquer-schnitt A_E [2] cm²	Eisenweg-länge l_E [3] cm	Kern-masse m_E [2] kg	Strom-dichte A/mm²	Wickel-breite mm	Wickel-höhe mm
		a	b	c	h						
M 42	3,8	42	42	12	14,6	1,52	10,2	0,119	6,7	26,1	6,7
M 55	15,4	55	55	17	20,6	3,09	13,1	0,31	4,9	33,1	8,1
M 65	33,1	65	65	20	26,7	4,7	15,5	0,56	4,1	38,6	10,1
M 74	60	74	74	23	32,4	6,6	17,6	0,89	3,5	44,6	11,6
M 85 a	79	85	85	29	31,9	8,2	19,7	1,24	3,4	48,5	10,9
M 85 b	106	85	85	29	44,9	11,5	19,7	1,73	3,3	48,5	10,9
M 102 a	139	102	102	34	34,9	10,5	23,8	1,91	2,9	60,5	13
M 102 b	193	102	102	34	52,4	15,8	23,8	2,88	2,7	60,5	13
EI 92 a	70	92	74	23	22,9	4,65	19,4	0,69	2,9	46,6	20,2
EI 92 b	95	92	74	23	31,9	6,48	19,4	0,96	2,7	46,6	20,2
EI 106 a	139	106	85	29	31,9	8,2	21,8	1,37	2,6	51,5	20,6
EI 106.b	184	106	85	29	44,9	11,5	21,8	1,92	2,4	51,5	20,6
EI 130 a	269	130	105	35	36,1	11,2	27	2,31	2,1	64,5	25,9
EI 130 b	327	130	105	35	46,1	14,2	27	2,93	2,0	64,5	25,9
EI 150 a	408	150	120	40	40,1	14,2	31	3,37	1,9	70,1	29,8
EI 150 b	485	150	120	40	50,1	17,7	31	4,2	1,9	70,1	29,8
EI 150 c	560	150	120	40	60,1	21,3	31	5,1	1,8	70,1	29,8
EI 170 a	750	170	140	45	54,5	21,7	36	6	1,6	85,1	33,7
EI 170 b	850	170	140	45	64,5	25,7	36	7,1	1,6	85,1	33,7
EI 170 c	950	170	140	45	74,5	29,7	36	8,2	1,5	85,1	33,7
EI 195 a	1210	195	180	55	55,5	26,9	44,5	9,2	1,4	115,1	35,7
EI 195 b	1400	195	180	55	68,5	33,2	44,5	11,3	1,4	115,1	35,7
EI 195 c	1610	195	180	55	83,5	40,5	44,5	13,8	1,3	115,1	35,7
EI 231 a	1870	231	209	65	62,5	35,8	51,9	14,2	1,2	129,7	42,3
EI 231 b	2190	231	209	65	78,5	44,9	51,9	17,8	1,2	129,7	42,3
EI 231 c	2520	231	209	65	97,5	56	51,9	22,2	1,1	129,7	42,3
UI 39 a	10	39	65	13	13,8	1,58	15,6	0,189	6,9	37,5	4,7
UI 39 b	15,3	39	65	13	20,8	2,39	15,6	0,286	6,5	37,5	4,7
UI 48 a	22,7	48	80	16	15,9	2,24	19,2	0,329	5,6	45,6	5,9
UI 48 b	35,5	48	80	16	24,9	3,51	19,2	0,52	5,3	45,6	5,9
UI 60 a	62	60	100	20	19,9	3,53	24	0,65	4,2	56,6	7,7
UI 60 b	90	60	100	20	29,9	5,3	24	0,97	4,0	56,6	7,7
UI 75 a	146	75	125	25	24,9	5,5	30	1,26	3,4	70,5	9,6
UI 75 b	218	75	125	25	39,9	8,9	30	2,04	3,1	70,5	9,6

[1] Die Typenleistung ist die der Sekundärseite eines Transformators entnehmbare Wirkleistung bei rein ohmschem Abschluß unter folgenden Bedingungen: Blechsorte V 230-50 B, sinusförmige Speisespannung 50 Hz, Wicklungstemperatur $\vartheta_W = 115\ °C$, Betriebsinduktion $\hat{B} \approx 1{,}4$ T (nach Kerntyp verschieden!) und einem Kupferquerschnitt nach DIN 41 300 (Windungsdichte).

[2] Für Eisenfüllfaktor 0,9 und Verwendung eines Keiles.

[3] Bei M-Blechen ohne Luftspalt

Luftspalte bei M-Blechen in mm

M 42, M 55	0	0,3	0,5	1,0	–
M 65, M 74 M 85, M 102	0	–	0,5	1,0	2,0

9 Kapazität

9.1 Kapazität von Leitern und Kondensatoren

Dielektrizitäts- konstante	$\epsilon = \epsilon_r \, \epsilon_0$ $\epsilon_0 = 8{,}85419 \cdot 10^{-12} \dfrac{\text{As}}{\text{Vm}}$	ϵ Dielektrizitätskonstante ϵ_0 elektrische Feldkonstante ϵ_r Dielektrizitätszahl (Werte für ϵ_r vgl. S. 33)
Bezug der Feldkonstanten zur Lichtgeschwindigkeit	$\epsilon_0 \mu_0 = \dfrac{1}{c_0^2}$	μ_0 magnetische Feldkonstante c_0 Lichtgeschwindigkeit im Vacuum (Werte vgl. S. 2)
Langer zylindrischer Einzelleiter gegen Erde	$C = \dfrac{2\pi\epsilon l}{\ln\left[\dfrac{h}{r} + \sqrt{\left(\dfrac{h}{r}\right)^2 - 1}\,\right]}$ $C \approx \dfrac{2\pi\epsilon l}{\ln\dfrac{2h}{r}}$ Näherung für $h \gg r$	l Leiterlänge
Lange parallele zylindrische Leiter	$C = \dfrac{\pi\epsilon l}{\ln\left[\dfrac{a}{2r} + \sqrt{\left(\dfrac{a}{2r}\right)^2 - 1}\,\right]}$ $C \approx \dfrac{\pi\epsilon l}{\ln\dfrac{a}{r}}$ Näherung für $a \gg r$	l Leiterlänge
Langer koaxialer Leiter	$C = \dfrac{2\pi\epsilon l}{\ln\dfrac{r_1}{r}}$ l Leiterlänge	
Langer koaxialer Leiter mit geschichtetem Dielektrikum	$C = \dfrac{2\pi l}{\ln\left[\left(\dfrac{r_1}{r}\right)^{1/\epsilon_1} \left(\dfrac{r_2}{r_1}\right)^{1/\epsilon_2} \left(\dfrac{r_3}{r_2}\right)^{1/\epsilon_3}\right]}$ $\epsilon_1 = \epsilon_{r1} \, \epsilon_0$ $\epsilon_2 = \epsilon_{r2} \, \epsilon_0$ l Leiterlänge	

Elementare passive Zweipole

Plattenkondensator	$C = \dfrac{\varepsilon A}{l} = \dfrac{Q}{U}$ A Feldraumquerschnitt, Plattenfläche l Plattenabstand Q Ladung U Spannung $\begin{array}{c\|c\|c} C & Q & U \\ \hline F & As & V \end{array}$	
Plattenkondensator mit geschichtetem Dielektrikum	$C = \dfrac{A\,\varepsilon_0}{\dfrac{l_1}{\varepsilon_{r1}} + \dfrac{l_2}{\varepsilon_{r2}} + \cdots}$ A Feldraumquerschnitt	Bei mehr als 2 Dielektrika ist im Nenner zu addieren l_3/ε_{r3} usw.
Kugelanordnungen	**Kugelelektrode** $C = 4\pi\,\varepsilon r$	**Kugelkondensator** $C = \dfrac{4\pi r r_1}{r_1 - r}$
	Kugelelektroden in großem Abstand $C \approx \dfrac{4\pi\varepsilon}{\dfrac{1}{r_1} + \dfrac{1}{r_2} - \dfrac{2}{a}}$	Für $r_1 = r_2$ und $a \gg r$ gilt $C = 2\pi\,\varepsilon r$

9.2 Temperaturabhängigkeit der Kapazität

Temperaturbeiwert, *TK*-Wert	$\alpha_C = \dfrac{C_2 - C_1}{C_3\,(\vartheta_2 - \vartheta_1)}$ α_C Temperaturbeiwert der Kapazität C_1 Kapazität bei der Temperatur ϑ_1 C_2 Kapazität bei der Temperatur ϑ_2 C_3 Bezugskapazität bei der Temperatur $(25 \pm 10)\ °C$
Temperaturbeiwert der Reihen-Ersatzschaltung	Temperaturbeiwert der Reihen-Ersatzschaltung von zwei in Reihe geschalteten Kondensatoren $\alpha_{C\,ges} = \dfrac{C_1\,\alpha_{C2} + C_2\,\alpha_{C1}}{C_1 + C_2}$ $C_1 = \dfrac{\alpha_{C1} - \alpha_{C\,ges}}{\alpha_{C\,ges} - \alpha_{C2}}$ $C_1 \quad C_2$ $\alpha_{C1} \quad \alpha_{C2}$

Temperaturbeiwert der Parallel-Ersatzschaltung	Temperaturbeiwert der Parallel-Ersatzschaltung von zwei parallelgeschalteten Kondensatoren $$\alpha_{Cges} = \frac{C_1\,\alpha_{C1} + C_2\,\alpha_{C2}}{C_1 + C_2}$$ $$C_1 = \frac{\alpha_{C2} - \alpha_{Cges}}{\alpha_{Cges} - \alpha_{C1}}$$ 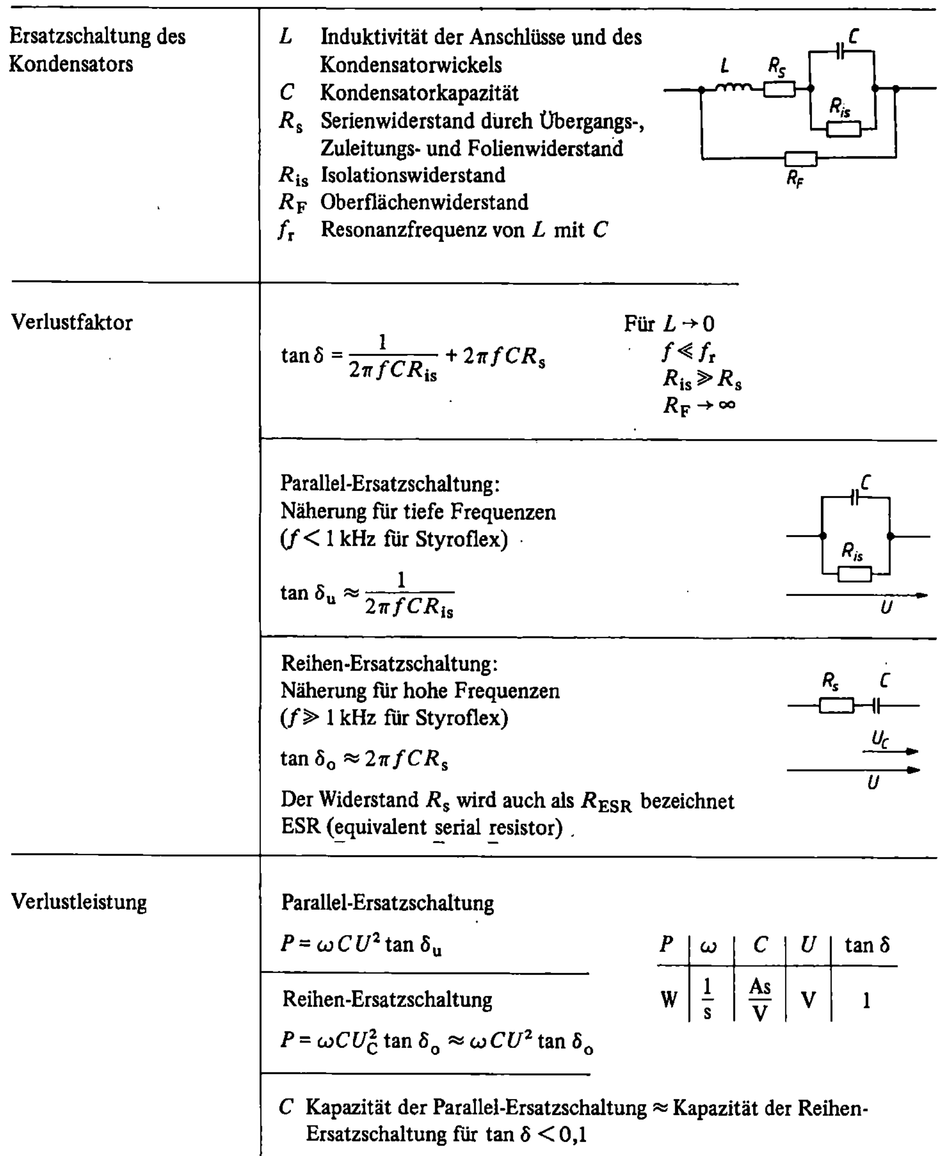

9.3 Kondensatorverluste

Ersatzschaltung des Kondensators	L Induktivität der Anschlüsse und des Kondensatorwickels C Kondensatorkapazität R_s Serienwiderstand durch Übergangs-, Zuleitungs- und Folienwiderstand R_{is} Isolationswiderstand R_F Oberflächenwiderstand f_r Resonanzfrequenz von L mit C

Verlustfaktor	$$\tan\delta = \frac{1}{2\pi f C R_{is}} + 2\pi f C R_s$$ Für $L \to 0$
	          $f \ll f_r$
	          $R_{is} \gg R_s$
	          $R_F \to \infty$

	Parallel-Ersatzschaltung: Näherung für tiefe Frequenzen ($f < 1\,\text{kHz}$ für Styroflex) $$\tan\delta_u \approx \frac{1}{2\pi f C R_{is}}$$
	Reihen-Ersatzschaltung: Näherung für hohe Frequenzen ($f \gg 1\,\text{kHz}$ für Styroflex) $$\tan\delta_0 \approx 2\pi f C R_s$$ Der Widerstand R_s wird auch als R_{ESR} bezeichnet ESR (equivalent serial resistor)
Verlustleistung	Parallel-Ersatzschaltung $P = \omega C U^2 \tan\delta_u$

Reihen-Ersatzschaltung

$$P = \omega C U_C^2 \tan\delta_0 \approx \omega C U^2 \tan\delta_0$$

P	ω	C	U	$\tan\delta$
W	$\dfrac{1}{s}$	$\dfrac{\text{As}}{\text{V}}$	V	1

C Kapazität der Parallel-Ersatzschaltung $\approx$ Kapazität der Reihen-Ersatzschaltung für $\tan\delta < 0{,}1$

Elementare passive Zweipole

9.4 Wertkennzeichnung von Kondensatoren (DIN IEC 62, DIN 45 910)

Farbkennzeichnung des Temperaturbeiwertes von Keramikkondensatoren

Kennfarbe	Werkstoff-bezeichnung (NDK)	Temperatur-beiwert α_C in 10^{-6}/K	Toleranz des Temperatur-beiwertes für $C \geqslant 20$ pF in 10^{-6}/K		Dielektri-zitätszahl ϵ_r	Verlust-faktor tan δ [1]
			Typ IA	Typ IB		
rot/violett	P 100	+ 100	± 15	± 30	≈ 13	
schwarz	NP 0	± 0	± 15	± 30	≈ 39	
braun	N 033	− 33	± 15	± 30	≈ 41	≈ 0,4 · 10^{-3}
rot	N 075	− 75	± 15	± 30	≈ 43	
orange	N 150	− 150	± 15	± 30	≈ 45	
gelb	N 220	− 220	± 15	± 30	≈ 45	
grün	N 330	− 330	± 25	± 50	≈ 48	≈ 0,5 · 10^{-3}
blau	N 470	− 470	± 35	± 70	≈ 51	
violett	N 750	− 750	± 60	± 120	≈ 85	
orange/orange	N 1500	− 1500	−	± 250	≈ 130	≈ 1 · 10^{-3}

Zahl: Temperaturbeiwert in 10^{-6}/K   [1]) bei 20 °C und $f = 1$ MHz

Buchstabe: Vorzeichen des Temperaturbeiwertes. P positiv, N negativ

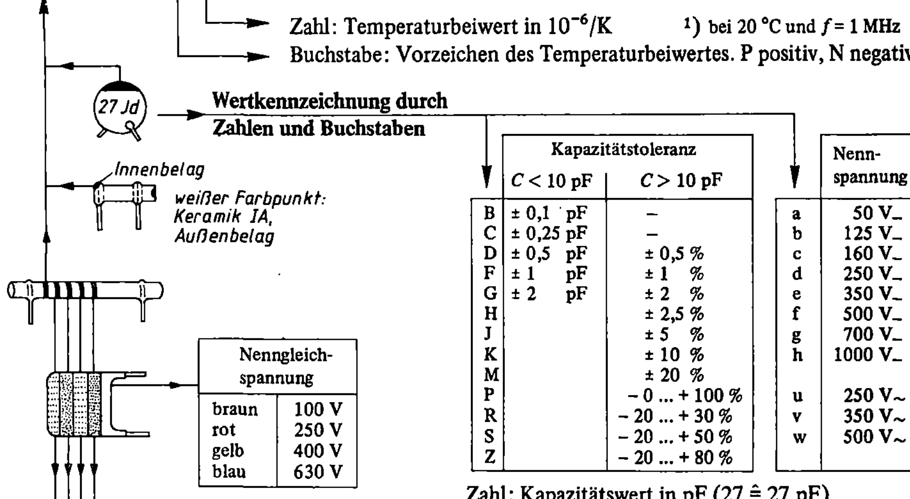

Wertkennzeichnung durch Zahlen und Buchstaben

	Kapazitätstoleranz			Nenn-spannung
	$C < 10$ pF	$C > 10$ pF		
B	± 0,1 pF	−	a	50 V_
C	± 0,25 pF	−	b	125 V_
D	± 0,5 pF	± 0,5 %	c	160 V_
F	± 1 pF	± 1 %	d	250 V_
G	± 2 pF	± 2 %	e	350 V_
H		± 2,5 %	f	500 V_
J		± 5 %	g	700 V_
K		± 10 %	h	1000 V_
M		± 20 %		
P		− 0 ... + 100 %	u	250 V~
R		− 20 ... + 30 %	v	350 V~
S		− 20 ... + 50 %	w	500 V~
Z		− 20 ... + 80 %		

Zahl: Kapazitätswert in pF (27 ≙ 27 pF)

Zahl und n: Kapazitätswert in nF

(1 n ≙ 1 nF;   2 n2 ≙ 2,2 nF)

Beispiel: rot 27 Jd

$\alpha_C = -75 \cdot 10^{-6}$/K;   27 pF ± 5 %;   250 V_

Nenngleich-spannung

braun	100 V
rot	250 V
gelb	400 V
blau	630 V

Wertkennzeichnung durch Farben

Kennfarbe	Wert-ziffer	Multiplikator	Toleranz	
			$C > 10$ pF	$C < 10$ pF
schwarz	0	× 1 pF	± 20 %	
braun	1	× 10 pF	± 1 %	± 0,1 pF
rot	2	× 100 pF	± 2 %	± 0,25 pF
orange	3	× 1 nF		
gelb	4	× 10 nF		
grün	5	× 100 nF	± 5 %	± 0,5 pF
blau	6	× 1 µF		
violett	7	× 10 µF		
grau	8	× 0,01 pF		
weiß	9	× 0,1 pF	± 10 %	± 1 pF

Unterschiedliche Kennzeichnung nach MIL (Military), RETMA (Radio-Electronics-Television Manufacturers Association), EIA (Electronic Industrial Association).

Kennzeichnung des Außenbelages *und* der Nenn-gleichspannung von KS-Konden-satoren mit axialen Anschlüs-sen durch Farb-ring	Kennfarbe	Nenngleich-spannung
	blau	25 V_
	gelb	63 V_
	rot	160 V_
	grün	250 V_
	violett	400 V_
	schwarz	630 V_
	braun	1000 V_

Kennzeichnung des Außenbelages für andere Bau-formen	

Technische Daten

9.5 Dielektrizitätszahl, Durchschlagfeldstärke, Verlustfaktor

Werkstoff	Dielektrizitätszahl ϵ_r [1]	Durchschlagfeldstärke E_d in kV/mm	Verlustfaktor $10^3 \tan\delta$ [2] 50 Hz	1 MHz
Acrylglas (PMMA)	3,1 ... 3,6	40	bis 60	bis 30
Anilinharz	3 ... 4	–	2 ... 20	5 ... 10
Buna (synthetischer Kautschuk)	2,4 ... 2,7	25	6	10 ... 12
Clophen	4,5 ... 7	15 ... 25	1 ... 2	–
Epoxidharz (EP)	2,8 ... 5	20 ... 40	3 ... 10	–
Hartglas	4 ... 8	10 ... 40	1 ... 4	4,6
Hartgummi	2,5 ... 5	20 ... 30	2 ... 6	–
Hartpapier	4 ... 8	20 ... 60	bis 100	bis 70
Kautschuk	2,4	25	2	12
Luft	1	2 ... 3	–	–
Mikanit	4 ... 6	20 ... 30	10	–
Mineralöl	2 ... 2,6	20 ... 30	5 ... 10	–
Mykalex	7 ... 8	15	–	1 ... 3
Naturglimmer	4 ... 8	25 ... 70	0,2 ... 1,5	0,1 ... 0,3
Phenolharz (PF)	4 ... 6	20	50 ... 100	10 ... 30
Polyäthylen (PE)	2,2 ... 2,4	20 ... 60	0,2 ... 0,4	0,4
Polyesterharz (UP)	3 ... 5	20 ... 29	3 ... 50	–
Polystyrol (PS), Styroflex	2,3 ... 3	50	0,2	0,3 ... 2
Polytetrafluoräthylen (PTEF)	2	20 ... 40	0,5	0,5
Polyvinylchlorid (PVC), hart	2 ... 3,2	15 ... 50	20	15
Porzellan	4,5 ... 6,5	32 ... 38	17 ... 25	6 ... 12
Rutil 311	40 ... 60	10 ... 20	0,3 ... 2	0,3 ... 2
Silikonkautschuk	2,5	20 ... 30	20	–
Steatit 221	6	30 ... 45	1 ... 1,5	0,3 ... 0,5
Wasser	80	–	–	–

[1] bis ca. 1 MHz
[2] $\tan\delta$ = Tabellenwert $\times 10^{-3}$

9.6 Keramikkondensatoren

Bezeichnung	Dielektrikum	Grundfarbe	Eigenschaften, Anwendungen	Dielektrizitäts- zahl ϵ_r	Verlustfaktor $\tan\delta$
Typ I	NDK-Keramik	grau oder farblos	kleine Verluste, große Kapazitätskonstanz. Frequenzstabile Schwingkreise	13 ... 470	$\leqslant 1 \cdot 10^{-3}$ (für $C > 50$ pF)
Typ II	HDK-Keramik	braun oder farblos	größere Verluste und geringere Kapazitätskonstanz als Typ I. Siebung, Kopplung, Funkentstörung	700 ... 50 000	$\leqslant 35 \cdot 10^{-3}$

Als Typ III werden Sperrschichtkondensatoren bezeichnet.

Typ IA hat gegenüber Typ IB enger tolerierte Temperaturbeiwerte
NDK-Keramik: niedrige Dielektrizitätskonstante(zahl)
HDK-Keramik: hohe Dielektrizitätskonstante(zahl)

Siehe auch unter Wertkennzeichnung von Kondensatoren

Elementare passive Zweipole

9.7 Glimmer-, Glas- und Kunststoffolienkondensatoren

Handelsname	chemische Bezeichnung des Dielektrikums	Kennbuchstabe	Temperaturbeiwert [1] $10^{-6}/\text{K}$
Glimmer	—	—	+ 30
Glas	—	~	+ 140
Styroflex	Polystyrol	S	− 140
—	Polypropylen	P	− 180
Makrofol	Polycarbonat	C	− 100
Hostafan, Mylar	Polyterephthalat	T	+ 500

```
                                    MKC
aufgedampfter Metallbelag ──────┘  │
Kunststoffolienkondensator ───────┘
```

[1] Richtwerte! Maßgebend sind die Angaben in den Bauformblättern der Hersteller.

9.8 Aluminium-Elektrolytkondensatoren

Benennungen	U_N Die Nennspannung U_N ist die Gleichspannung, für die der Kondensator gebaut ist und nach der er benannt wird. Sie bezieht sich auf die Umgebungstemperatur 40 °C.
	U_g Die Dauergrenzspannung U_g ist die höchste Spannung, mit der der Kondensator dauernd betrieben werden kann. Sie ist temperaturabhängig.
	U_B Die Betriebsspannung U_B ist die im Dauerbetrieb auftretende Spannung am Kondensator. Unter Berücksichtigung von Netzüberspannungen, Bauelementetoleranzen usw. muß gewährleistet sein: $U_B < U_g$
	Typ I DIN-Bezeichnung für erhöhte Anforderungen (IEC-Bezeichnung: long life grade, LL)
	Typ II DIN-Bezeichnung für allgemeine Anforderungen (IEC-Bezeichnung: general purpose grade, GP)

Allgemeine Daten

$$s \approx 0{,}0012\ \mu\text{m/V}$$

$$\epsilon_r \approx 10$$

$$E \approx 800\ \text{MV/m}$$

$$U_{max} \leqslant 2\ \text{V}$$

$$\frac{C_G}{C_W} = 1{,}1\ \text{bis}\ 1{,}5\ \text{(abhängig von der Bauform)}$$

s	Dicke der Aluminiumoxidschicht
ϵ_r	Dielektrizitätszahl
E	Betriebsfeldstärke
U_{max}	zulässige Spannung für Falschpolung
C_G	Gleichspannungskapazität, G-Kapazität
C_W	Serienkapazität, Wechselstromkapazität, W-Kapazität
	Die W-Kapazität wird gemessen mit $U \leqslant 0{,}5$ V; $f = 50$ Hz

Zeitliche Kapazitätsänderung (Typ I)

Nennspannung in V		6,3	10 ... 25	40 ... 100	> 100
Kapazitäts- änderung in %	Maximalwerte	+ 15 - 30	+ 10 - 20	+ 10 - 15	± 10
	Richtwerte	+ 8 - 15	+ 5 - 12	+ 5 - 10	± 5

Für Typ II können die Maximalwerte der Tabelle als Richtwerte angesehen
werden. Die Anlieferungstoleranz ist abhängig von der Nennkapazität und
der Bauform. Sie kann $-10\% ... +100\%$ betragen.

Verlustfaktor $\tan\delta$ für 20 °C und $C \leqslant 1000\,\mu$F

Nennspannung in V		6,3	10	16	25	40	63	100	160	250	350	450
Typ I	50 Hz	0,30	0,18	0,15	0,14	0,12	0,10	0,10	0,09	0,08	0,08	0,10
	100 Hz	0,45	0,27	0,22	0,21	0,18	0,15	0,15	0,13	0,12	0,12	0,15
Typ II	50 Hz	0,25	0,20	0,17	0,15	0,13	0,11	0,10	0,11	0,12	0,13	0,15
	100 Hz	0,37	0,30	0,25	0,22	0,20	0,16	0,15	0,16	0,18	0,20	0,22

Die Tabellenwerte sind Größtwerte.
Für Kapazitäten $> 1000\,\mu$F erhöhen sich die Werte bei 50 Hz um 0,01 und bei 100 Hz um 0,02
je $1000\,\mu$F.

Betriebsreststrom I_{rb}

Betrieb mit Nennspannung U_N und bei Umgebungstemperatur 20 °C (Betriebsdauer $t > 30$ min)

Typ I	Typ II
$I_{rb} = \dfrac{0{,}005\,\mu A}{\mu F \cdot V}\, C_N\, U_N$ oder $1\,\mu$A Es gilt der größere Wert	$I_{rb} = \dfrac{0{,}02\,\mu A}{\mu F \cdot V}\, C_N\, U_N + 3\,\mu$A C_N Nennkapazität

Betrieb unterhalb der Nennspannung U_N

U_B/U_N	0,2	0,3	0,4	0,5	0,6	0,7	0,8	0,9	1,0
I/I_{rb}	0,08	0,09	0,1	0,12	0,15	0,2	0,3	0,5	1,0

I Reststrom bei Betriebsspannung U_B

Betrieb bei anderen Umgebungstemperaturen

Temperatur in °C	0	20	50	60	70	85	125
I/I_{rb}	0,5	1	4	5	6	10	12,5

I Reststrom bei den Umgebungstemperaturen laut Tabelle

Elementare passive Zweipole

Richtwerte für zulässige Wechselstromüberlagerung (Typ II)

Nennkapazität in μF	Nennspannung in V_										
	6,3	10	16	25	40	63	·100	160	250	350	450
0,47						5,2	5,6	6,0	6,4	6,7	7,0
1					7,6	8,4	9,3	10	11	12	13
2,2				11	12	14	16	17	18	19	21
4,7			14	16	19	22	26	28	32	35	38
10	17	20	23	27	31	36	42	48	56	62	68
22	30	35	41	47	55	63	74	85	100	110	120
47	50	58	68	80	95	110	130	150	180	200	220
100	83	100	120	140	160	190	230	270	310	350	390
220	150	170	200	240	280	340	400	480	570	630	700
470	240	290	340	410	490	580	700	840	1000	1100	1200
1 000	400	·480	580	700	830	1000	1300	1500	1700	2000	2200
1 500	530	640	770	930	1100	1400	1700	2000	2400	2700	3000
2 200	680	820	1000	1200	1500	1800	2200	2600	3200	3600	4000
3 300	920	1100	1400	1700	2000	2400	2900	3600	4300	4900	5400
4 700	1200	1400	1800	2300	2600	3200	3900	4700	5700		
6 800	1500	1800	2200	2800	3300	4100	4900	6100			
10 000	1900	2300	2700	3200	3800	4600	5500				
15 000	2200	2700	3200	3800	4600	5500	6500				
22 000	2700	3100	3800	4500	5300	6300					

Die Tabellenwerte sind Effektivströme in mA bei $\vartheta_u = 85\,°C$ und $f = 100$ Hz.

Temperaturabhängigkeit der zulässigen Wechselstromüberlagerung

Umgebungstemperatur in °C	85	80	75	70	65	60	55	50	45	$\leqslant 40$
Zulässiger Prozentsatz des 85 °C-Wertes	100	120	140	155	170	180	190	200	210	220

Frequenzabhängigkeit der zulässigen Wechselstromüberlagerung

Frequenz in Hz	50	100	400	800	1000	$\geqslant 2000$
Multiplikator	0,8	1,0	1,2	1,3	1,35	1,4

10 Magnetisches Feld

10.1 Größen des homogenen magnetischen Feldes

Dieser Punkt behandelt die Größen des *homogenen* magnetischen Feldes. Vgl. dazu Kapitel 12, Formale Analogien zwischen den Feldgrößen, S. 49.

An gleicher Stelle finden sich auch die allgemeinen Gleichungen für *inhomogene* magnetische Felder.

Einheiten	Φ, Ψ	V, Θ	R_m	H	l	N	I	B	A	μ_r	μ_0, μ	L, Λ	W_M	w_M
	$\mathrm{Vs = Wb}$	A	$\dfrac{\mathrm{A}}{\mathrm{Vs}} = \dfrac{1}{\mathrm{H}}$	$\dfrac{\mathrm{A}}{\mathrm{m}}$	m	1	A	$\dfrac{\mathrm{Vs}}{\mathrm{m}^2} = \mathrm{T}$	m^2	1	$\dfrac{\mathrm{Vs}}{\mathrm{Am}} = \dfrac{\mathrm{H}}{\mathrm{m}}$	$\mathrm{H} = \dfrac{\mathrm{Vs}}{\mathrm{A}}$	Ws	$\dfrac{\mathrm{Ws}}{\mathrm{m}^3}$

**„Ohmsches Gesetz"
des Magnetkreises**

$$\Phi = \frac{\Theta}{R_\mathrm{m}} = \frac{V}{R_\mathrm{m}}$$

$\Theta = NI$ elektrische Durchflutung

$V = Hl$ magnetische Spannung

$H = \dfrac{V}{l}$ magnetische Feldstärke/Erregung

l — Länge des zu magnetisierenden Raumes
Φ — magnetischer Fluß
R_m — magnetischer Widerstand, Reluktanz
N — Windungszahl der Erregerwicklung
I — Stromstärke in der Erregerwicklung

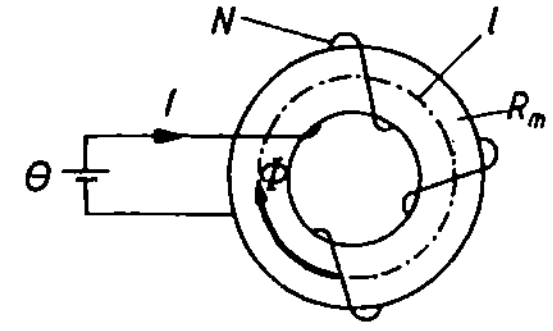

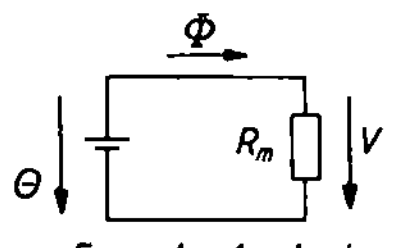

*Formale Analogie mit
einem el. Stromkreis*

**Magnetischer Widerstand,
magnetischer Leitwert,
Permeabilität**

$$R_\mathrm{m} = \frac{l}{\mu_\mathrm{r}\,\mu_0\,A} = \frac{l}{\mu A}$$

$$R_\mathrm{m\,ges} = R_\mathrm{m1} + R_\mathrm{m2} + \dots$$
(bei Reihenschaltung von
magnetischen Widerständen)

$$\frac{1}{R_\mathrm{m}} = \Lambda = \frac{A}{l}\,\mu_\mathrm{r}\,\mu_0$$

$$\mu = \mu_\mathrm{r}\,\mu_0 = \frac{B}{H}$$

$$\mu_0 = 4\pi \cdot 10^{-7}\,\frac{\mathrm{Vs}}{\mathrm{Am}} \approx 1{,}25 \cdot 10^{-6}\,\frac{\mathrm{Vs}}{\mathrm{Am}}$$

R_m — magnetischer Widerstand, Reluktanz
l — Länge des zu magnetisierenden Raumes
A — Feldraumquerschnitt
Λ — magnetischer Leitwert, Permeanz
B — Flußdichte, Induktion
H — magnetische Feldstärke, magnetische Erregung
μ_r — Permeabilitätszahl, relative Permeabilität
μ_0 — magnetische Feldkonstante, Induktionskonstante, Permeabilität des Vakuums
μ — Permeabilität

Stoff	μ_r
Platin	1,000 360
Aluminium	1,000 022
Luft	1,000 000 4
Wasser	0,999 990
Kupfer	0,999 990
Silber	0,999 921
Wismut	0,999 830

Stoff	μ_r
ferromagnetisch	$\gg 1$ $\neq$ konst.
paramagnetisch	> 1 $=$ konst.
diamagnetisch	< 1 $=$ konst.

Magnetisches Feld

Magnetische Flußdichte (Induktion)	$B = \dfrac{\Phi}{A} \quad (\Phi \perp A)$ $B = \mu_r \mu_0 H$	B Φ A	magnetische Flußdichte (Induktion, Feldliniendichte) magnetischer Fluß magnetischer Feldraumquerschnitt
Induktivität	$L = N^2 \Lambda = \dfrac{N\Phi}{I} = \dfrac{\Psi}{I}$ $\Psi = N\Phi$ $L = N^2 A_L$ Der A_L-Wert ist die auf die Windungszahl $N = 1$ bezogene Induktivität L und wird in der Einheit $nH = 10^{-9} H$ angegeben.	L Ψ Λ N Φ I A_L	Induktivität einer Spule, Selbstinduktionskoeffizient Induktionsfluß, Flußverkettung magnetischer Leitwert Windungszahl der Spule Spulenfluß Spulenstrom Induktivitätsfaktor, Kernfaktor, A_L-Wert
Energieinhalt	$W_M = \dfrac{1}{2} L I^2$	W_M L I	magnetische Feldenergie (Energieinhalt) einer erregten Spule Induktivität der Spule Spulenstrom
Energiedichte	$w_M = \dfrac{1}{2} HB = \dfrac{1}{2\mu} B^2 = \dfrac{\mu}{2} H^2$ $\mu = \mu_r \mu_0$ $W_M = w_M V$	w_M H B μ W_M V	magnetische Energiedichte in Stoffen konstanter Permeabilität, z.B. Luft magnetische Feldstärke Flußdichte Permeabilität magnetische Feldenergie (Energieinhalt) eines Volumens mit konstanter Permeabilität, z.B. Luft Feldvolumen in m^3
Durchflutungsgesetz für homogene Felder	$\Sigma NI = \Sigma Hl$ In der Praxis wird häufig der Einfluß der magnetischen Streuung durch einen Zuschlag von 10 % zur elektrischen Durchflutung berücksichtigt $\Sigma NI = 1{,}1 \, \Sigma Hl$ Für das nebenstehende Magnetgestell mit gleicher Magnetisierungsrichtung der Erregerspulen gilt: $N_1 I_1 + N_2 I_2 = H_E l_E + H_0 l_0$ $\Theta_1 + \Theta_2 = V_E + V_0$ (Bei mehreren Erregerspulen ist die Magnetisierungsrichtung jeder Spule zu berücksichtigen!) H_E magnetische Feldstärke im Eisen (aus Magnetisierungskurve entnehmen) H_0 magnetische Feldstärke im Luftspalt (aus $H_0 = B_0/\mu_0$ berechnen) l_E mittlere Eisenweglänge l_0 mittlere Luftspaltlänge		

Formale Analogie mit einem el. Stromkreis

Brechung magnetischer Feldlinien an einer Grenzfläche zweier Medien	$H_{t1} = H_{t2}$ $\qquad$ $B_{n1} = B_{n2}$ $$\frac{B_{t1}}{B_{t2}} = \frac{\mu_{r1}}{\mu_{r2}} = \frac{\tan \alpha_1}{\tan \alpha_2} \qquad \frac{H_{n1}}{H_{n2}} = \frac{\mu_{r2}}{\mu_{r1}}$$ $$\frac{B_2}{B_1} = \sqrt{1 - \frac{\mu_{r1}^2 - \mu_{r2}^2}{\mu_{r1}^2} \sin^2 \alpha_1}$$	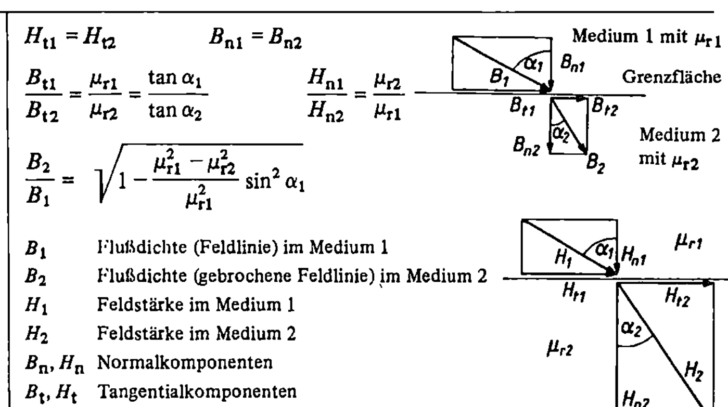

	B_1	Flußdichte (Feldlinie) im Medium 1
	B_2	Flußdichte (gebrochene Feldlinie) im Medium 2
	H_1	Feldstärke im Medium 1
	H_2	Feldstärke im Medium 2
	B_n, H_n	Normalkomponenten
	B_t, H_t	Tangentialkomponenten
	μ_r	Permeabilitätszahl, relative Permeabilität

10.2 Spannungserzeugung

Einheiten

u, U	i, I	E	Φ	B	L	l	t, T	v	n	f, ω	$N, z, p, ü$	R	A
V	A	$\dfrac{V}{m}$	Vs	$\dfrac{Vs}{m^2}$	$H = \dfrac{Vs}{A}$	m	s	$\dfrac{m}{s}$	min^{-1}	$\dfrac{1}{s}$	1	Ω	m^2

Induktionsgesetz

$$U_0 = \oint \vec{E}\,d\vec{l} = -\frac{d\Phi}{dt} \qquad\qquad u_q = N\frac{d\Phi}{dt} = \frac{d\Psi}{dt} \qquad U_q = N\frac{\Delta\Phi}{\Delta t}$$

Physikalische Wirkungskette	Ersatz-Spannungsquelle für den Induktionsvorgang
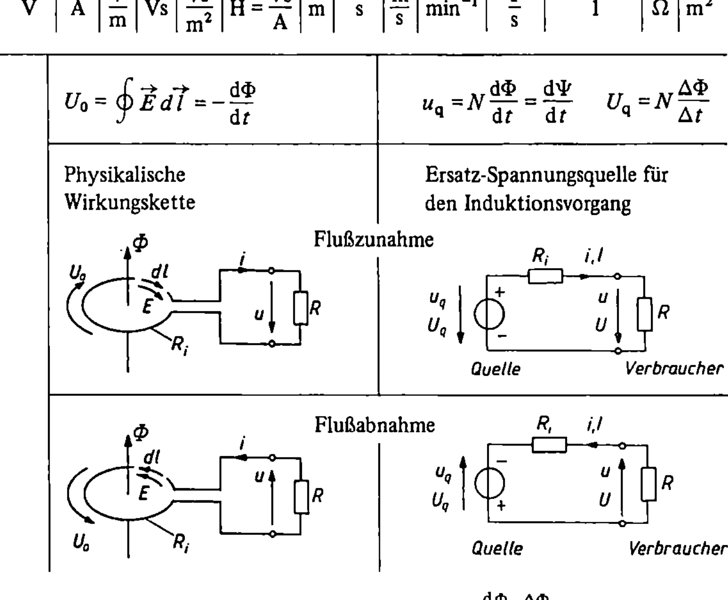	

U_0	induzierte elektrische Umlaufspannung mit Richtungszuordnung nach Lenzscher Regel und Rechtsschraubenregel	u_q U_q	induzierte Quellenspannung mit Richtungszuordnung nach Verbraucher-Zählpfeil-System (VZS)	$\dfrac{d\Phi}{dt}; \dfrac{\Delta\Phi}{\Delta t}$	Flußänderungsgeschwindigkeit in der Leiterschleife
E	elektrische Feldstärke	N	Windungszahl	$\Delta\Phi = \Phi_{Ende} - \Phi_{Anfang}$	
l	Leiterlänge	Φ	zeitlich sich ändernder magnetischer Fluß in der Leiterschleife	u, U	Klemmenspannung der Quelle
				i, I	induzierter Strom
				R_i	Innenwiderstand der Quelle

Magnetisches Feld

Selbstinduktionsspannung in einer Spule	$u_L = L\dfrac{\mathrm{d}i}{\mathrm{d}t}$ $\quad L = \text{konstant}$ $u_L = L\dfrac{\Delta I}{\Delta t}$ u_L Selbstinduktionsspannung L Induktivität der Spule $\dfrac{\mathrm{d}i}{\mathrm{d}t}; \dfrac{\Delta I}{\Delta t}$ Stromänderungsgeschwindigkeit *Stromanstieg* $\left(+\dfrac{\mathrm{d}i}{\mathrm{d}t}\right)$ *Stromrückgang* $\left(-\dfrac{\mathrm{d}i}{\mathrm{d}t}\right)$
Geradlinige Bewegung eines Leiters im magnetischen Feld	$u_q = B\,l\,v\,z \quad (v \perp B)$ u_q indizierte Quellenspannung B Flußdichte l wirksame Länge eines Leiterstabes v Relativgeschwindigkeit zwischen Leiter und magnetischem Feld, wirksame Geschwindigkeitskomponente bei nicht senkrechter „Schnittgeschwindigkeit" z Anzahl der Leiterstäbe (hier: $z = 1$) $v = v_\alpha \cos\alpha$
Drehbewegung eines Leiters im magnetischen Feld	$\Phi_t = \hat{\Phi}\sin(\omega t)$ $\qquad v_y = v_u\cos(\omega t)$ $\qquad f = \dfrac{1}{T}$ $u_q = \hat{u}_q\cos(\omega t) = B\,l\,v_y\,z$ $\quad z = 2N$ $\hat{u}_q = N\omega\hat{\Phi}$ $\qquad\qquad \omega = 2\pi f$ $\qquad n = \dfrac{60f}{p}$ Φ_t zeitlich sich ändernder Spulenfluß $\qquad \omega$ Kreisfrequenz $\hat{\Phi}$ Scheitelwert des Spulenflusses $\qquad f$ Frequenz u_q induzierte Quellenspannung $\qquad T$ Periodendauer $\hat{u}_q$ Scheitelwert des induzierten Quellenspannung $\qquad p$ Polpaarzahl $\qquad\qquad\qquad\qquad\qquad\qquad\qquad n$ Drehzahl B homogene Flußdichte l wirksame Leiterlänge v_u Umfangsgeschwindigkeit v_y „Schnittgeschwindigkeit" der Leiterstäbe z Anzahl der Leiterstäbe N Windungszahl

10.3 Kraftwirkung

Einheiten	F	w_M, σ	H_0	B_0	A	μ_0	l, r	I
	N	$\dfrac{Ws}{m^3} = \dfrac{Ws}{m} \cdot \dfrac{1}{m^2} = \dfrac{N}{m^2}$	$\dfrac{A}{m}$	$\dfrac{Vs}{m^2}$	m^2	$1{,}25 \cdot 10^{-6} \dfrac{Vs}{Am}$	m	A

Kraftwirkung zwischen Magnetpolen

$$F = \frac{1}{2\mu_0} A B_0^2 = \frac{H_0 B_0}{2} A = w_M A$$

$$\sigma = \frac{F}{A} = \frac{B_0^2}{2\mu_0} \,\hat{=}\, w_M$$

F — Kraftwirkung zwischen ebenen parallelen Magnetpolen

μ_0 — magnetische Feldkonstante, Induktionskonstante

A — Querschnitt des Magnetpoles

B_0 — Flußdichte im Luftspalt, Luftspaltinduktion

H_0 — magnetische Feldstärke im Luftspalt

σ — auf die Polfläche bezogene Zugkraft

w_M — magnetische Energiedichte im Luftspalt

a — Luftspaltlänge

$$1\,\frac{MN}{m^2} = 0{,}1\,\frac{kN}{cm^2} = 1\,\frac{N}{mm^2}$$

Kraftwirkung auf stromdurchflossenen Leiter im homogenen Magnetfeld

$$F = B_0 \, l \, z \qquad (B_0 \perp l)$$

F — Kraftwirkung auf stromdurchflossene Leiter im homogenen Magnetfeld

B_0 — Flußdichte im Luftspalt, Luftspaltinduktion

l — *wirksame* Länge eines Leiterstabes

I — Stromstärke in *einem* Leiterstab

z — Anzahl der parallelgeschalteten Leiterstäbe

Kraftwirkung zwischen stromdurchflossenen Leitern

$$F = \frac{\mu_0 \, l}{2\pi r} \, I_1 I_2$$

F — Kraftwirkung auf parallele stromdurchflossene Leiter

μ_0 — Feldkonstante

l — Länge der parallel liegenden Leiter

r — senkrechter Abstand der parallelen Leiter

I_1, I_2 — Leiterstrom

Magnetisches Feld

10.4 Richtungsregeln

Rechtsschraubenregel	**Stromrichtung und Magnetfeldrichtung bilden eine Rechtsschraube**
	$\otimes$ Strom fließt in den Leiterquerschnitt hinein $\odot$ Strom kommt aus dem Leiterquerschnitt heraus

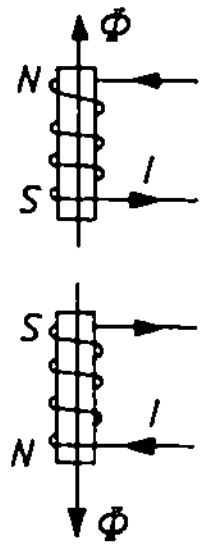

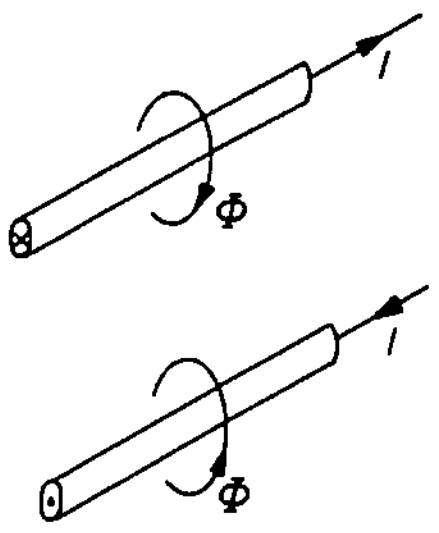

Lenzsche Regel	**Alle induzierten Größen versuchen, ihre Ursache zu behindern**

Alle induzierten Größen versuchen, ihre Ursache zu behindern

Φ_t eingeprägter zeitlich sich ändernder magnetischer Fluß

Φ_i durch den Strom i induzierter magnetischer Fluß

i induzierter Strom

Leiterschleife

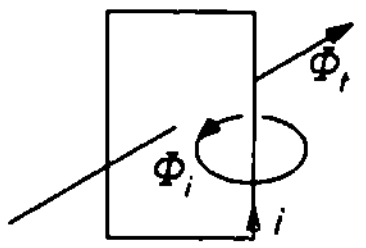

Leiterschleife

$$Flußzunahme \left(+\frac{d\Phi_t}{dt}\right)$$

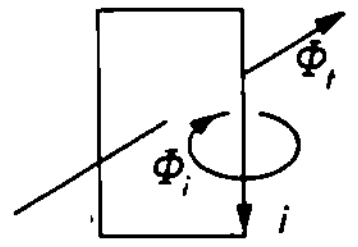

$$Flußabnahme \left(-\frac{d\Phi_t}{dt}\right)$$

Φ_t und Φ_i haben in der Leiterschleife entgegengesetzte Richtung

Φ_i Gegenfluß

Φ_t und Φ_i haben in der Leiterschleife die gleiche Richtung

Φ_i Mitfluß

Der in der Leiterschleife induzierte Strom ist stets so gerichtet, daß sein Magnetfeld der stromerzeugenden Ursache entgegenwirkt.

Rechtehandregel (Generatorregel)

Ermittlung der Stromrichtung

Rechte Hand so in das magnetische Feld legen, daß die magnetischen Feldlinien in die Innenfläche der Hand eintreten und der abgespreizte Daumen in die Bewegungsrichtung des Leiters zeigt. Die Fingerspitzen geben dann die Stromrichtung im Leiter an.

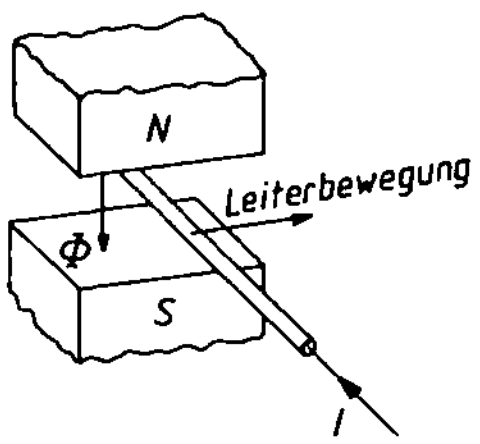

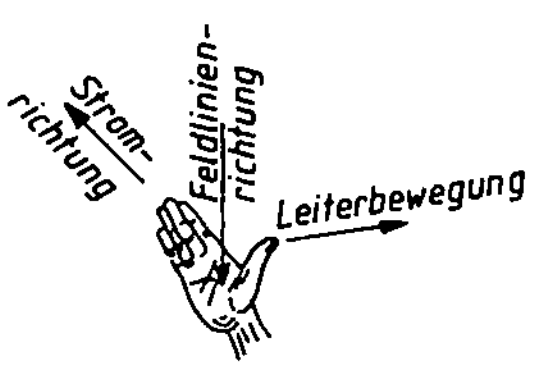

Linkehandregel **(Motorregel)**	**Ermittlung der Bewegungsrichtung** Linke Hand so in das magnetische Feld legen, daß die magnetischen Feldlinien in die Innenfläche der Hand eintreten und die Fingerspitzen in Stromrichtung zeigen. Der abgespreizte Daumen zeigt dann die Bewegungsrichtung des Leiters an.

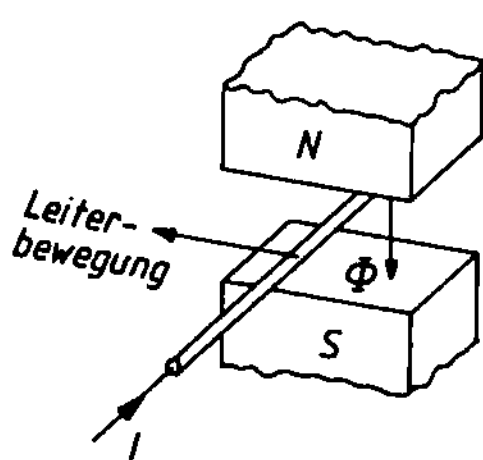

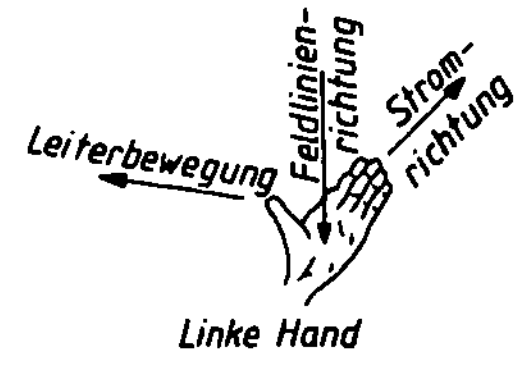

Ballungsregel

Ermittlung der Stromrichtung

Jeder quer zur Feldlinienrichtung bewegte Leiter erzeugt in Bewegungsrichtung vor sich eine Feldlinienballung. Die Stromrichtung im Leiter und seine Magnetfeldrichtung sind durch die Rechtsschraubenregel miteinander verbunden.

Beispiel

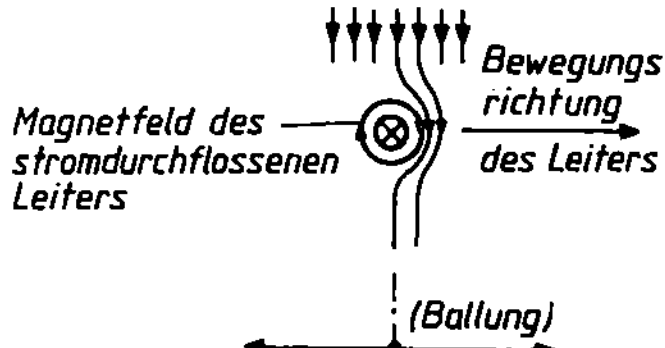

1. Magnetfeldrichtung des Dauermagneten und Bewegungsrichtung des Leiters sind bekannt.
2. Magnetfeld des Dauermagneten und des stromdurchflossenen Leiters erzeugen vor dem Leiter in Bewegungsrichtung eine Feldlinienballung (gleiche Feldlinienrichtung beider magnetischer Felder).
3. Stromrichtung im Leiter ergibt sich aus der Rechtsschraubenregel, hier $\otimes$.

Ermittlung der Bewegungsrichtung

Jeder stromdurchflossene Leiter im Magnetfeld versucht, der Feldlinienballung auszuweichen.

Beispiel

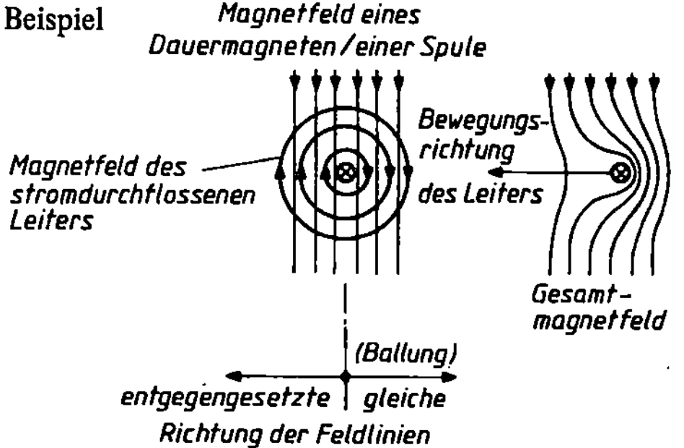

Magnetisches Feld

<table>
<tr><td></td><td>

| 1 | Magnetfeldrichtung des Dauermagneten und des stromdurchflossenen Leiters (Rechtsschraubenregel) sind bekannt. |

1 Magnetfeldrichtung des Dauermagneten und des stromdurchflossenen Leiters (Rechtsschraubenregel) sind bekannt.

2 Auf einer Seite des Leiters haben die Feldlinien beider magnetischer Felder die gleiche Richtung (Ballung).

3 Der stromdurchflossene Leiter versucht, dieser Feldlinienballung auszuweichen, hier nach links.

</td></tr>
</table>

Magnetfeldrichtung	Das Magnetfeld zeigt außerhalb eines Magneten von seinem Nordpol zu seinem Südpol.

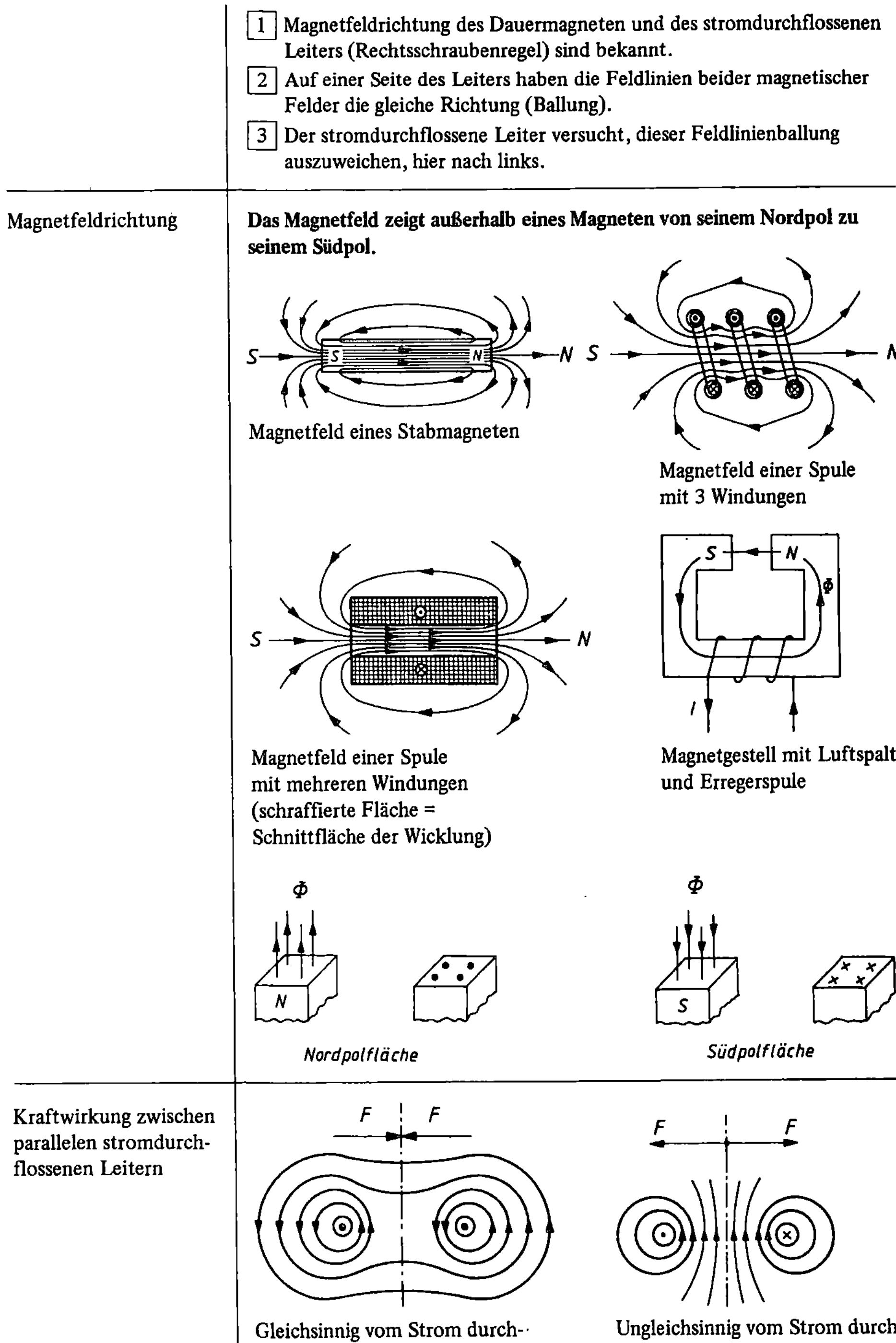

Kraftwirkung zwischen parallelen stromdurchflossenen Leitern	Gleichsinnig vom Strom durchflossene Leiter ziehen sich an	Ungleichsinnig vom Strom durchflossene Leiter stoßen sich ab

Kraftwirkung zwischen Magnetpolen		
	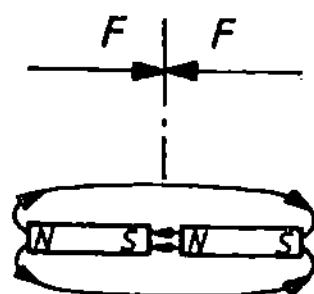 Ungleichnamige Pole ziehen sich an	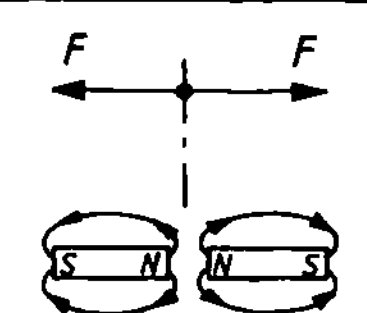 Gleichnamige Pole stoßen sich ab

10.5 Feldgrößen gestreckter Leiter

Feldgrößen im Innern und in der Umgebung eines gestreckten Leiters	
$$H_0 = \frac{I}{2\pi r}$$	$$B_0 = \frac{\mu_0 I}{2\pi r}$$
$$H_i = H_0 \frac{r_i}{r} = \frac{I}{2\pi r^2}\, r_i$$	$$B_i = B_0 \frac{r_i}{r} = \frac{\mu_0 I}{2\pi r^2}\, r_i$$
$$H_a = H_0 \frac{r}{r_a} = \frac{I}{2\pi r_a}$$	$$B_a = B_0 \frac{r}{r_a} = \frac{\mu_0 I}{2\pi r_a}$$

H_0, B_0 Feldstärke/Flußdichte am Rand des Leiters

H_i, B_i Feldstärke/Flußdichte innerhalb des Leiters

H_a, B_a Feldstärke/Flußdichte außerhalb des Leiters

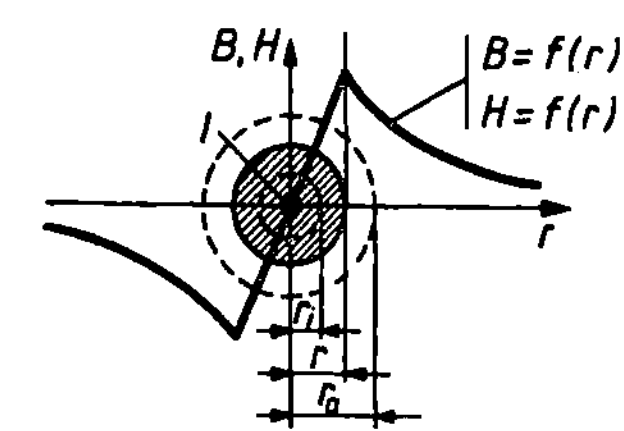

Die maximale Feldstärke tritt am Außenradius r des Leiters auf

Überlagerung magnetischer Felder	Die Induktionsverläufe $B_1 = f(r)$ und $B_2 = f(r)$ der Leiter 1 und 2 werden gezeichnet. Für jeden Punkt in der xy-Ebene ergibt sich die resultierende Flußdichte B durch algebraische Addition der Teilflußdichten B_1 und B_2. Für andere Raumpunkte erfolgt die Überlagerung durch *geometrische* Addition der *Feldvektoren*.

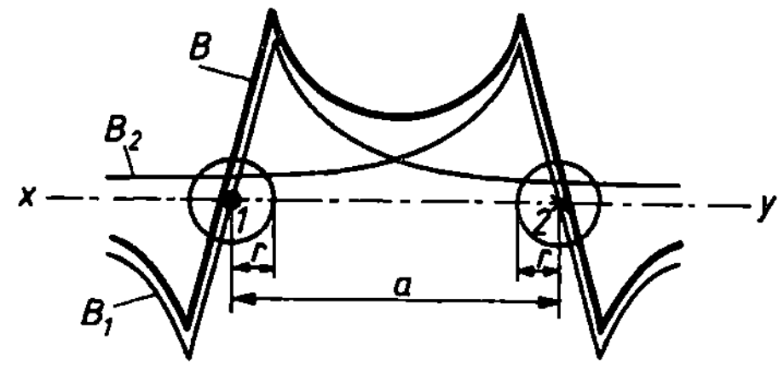

11 Elektrisches Feld

11.1 Größen des homogenen elektrostatischen Feldes

Einheiten	Ψ, Q	I	t	U	E	F	C	A	l	D	ϵ_0, ϵ	ϵ_r	W_E	w_E	V
	As = C	A	s	V	$\dfrac{V}{m}$	N	$\dfrac{As}{V}$ = F	m^2	m	$\dfrac{As}{m^2}$	$\dfrac{As}{Vm}$ = $\dfrac{F}{m}$	1	Ws = Nm	$\dfrac{Ws}{m^3}$	m^3

$$1 \text{ Farad (F)} = \frac{1 \text{ Coulomb}}{1 \text{ Volt}} = 1\,\frac{As}{V} \qquad 1 \text{ Coulomb (C)} = 1 \text{ Amperesekunde (As)}$$

Elektrischer Fluß, elektrische Feldstärke, Kapazität	$\Psi = Q = I\,t$ $E = \dfrac{U}{l} = \dfrac{F_q}{Q_p}$ $C = \dfrac{A}{l} \quad \epsilon = \dfrac{Q}{U}$ $D = \dfrac{\Psi}{A} = \dfrac{Q}{A} = \epsilon E$ $\epsilon = \epsilon_r\,\epsilon_0$ $\epsilon_0 = \dfrac{1}{\mu_0\,c_0^2} = 8{,}85419 \cdot 10^{-12}\,\dfrac{As}{Vm}$

Ψ elektrischer Fluß

U elektrische Spannung

E elektrische Feldstärke

Q verschobene elektrische Ladung, gespeicherte Elektrizitätsmenge des Kondensators

Q_p elektrische Ladung einer Probeladung

F_q Kraftwirkung auf eine Probeladung

D elektrische Flußdichte, elektrische Verschiebung, elektrische Verschiebungsdichte

ϵ_r Permittivitätszahl (bei linearen Dielektrika)

ϵ Permittivität (bei linearen Dielektrika)

ϵ_0 elektrische Feldkonstante

c_0 Wellengeschwindigkeit im Vakuum

l Feldlinienlänge, Plattenabstand

A Feldraumquerschnitt ($\Psi \perp A$)

C Kapazität des Kondensators

Bei Ferroelektrika (nichtlineare Dielektrika) ist der Zusammenhang zwischen der elektrischen Flußdichte D und der elektrischen Feldstärke E nicht linear.

Energie, Energiedichte	$W_E = \dfrac{1}{2}\,CU^2 = \dfrac{1}{2}\,QU = \dfrac{1}{2}\,\dfrac{Q^2}{C}$ $w_E = \dfrac{1}{2}\,ED = \dfrac{1}{2}\,\epsilon E^2 = \dfrac{1}{2}\,\dfrac{D^2}{\epsilon}$ $W_E = w_E\,V$

W_E elektrische Feldenergie, Energieinhalt

w_E elektrische Energiedichte

V Feldvolumen

Kraftwirkung	zwischen zwei parallelen Kondensatorplatten $$F = \frac{1}{2\epsilon} A D^2 = \frac{\epsilon}{2} A E^2 = \frac{Q^2}{2\epsilon A}$$ $$F = w_E A$$
	zwischen zwei punktförmigen Kugelladungen $$F = \frac{1}{4\pi\epsilon} \frac{Q_1 Q_2}{l^2} \quad \text{(Coulombsches Gesetz)}$$ l Abstand der Kugelladungen Ungleichnamige Ladungen ziehen sich an, gleichnamige Ladungen stoßen sich ab.
Brechung elektrischer Feldlinien an einer Grenzfläche zweier Medien	$E_{t1} = E_{t2} \qquad D_{n1} = D_{n2}$ $$\frac{E_{n1}}{E_{n2}} = \frac{\epsilon_{r2}}{\epsilon_{r1}} = \frac{\tan \alpha_2}{\tan \alpha_1}$$ $$\frac{D_{t1}}{D_{t2}} = \frac{\epsilon_{r1}}{\epsilon_{r2}} = \frac{\tan \alpha_1}{\tan \alpha_2}$$ E_1 elektrische Feldstärke im Medium 1 E_2 elektrische Feldstärke im Medium 2 D_1 elektrische Verschiebungsdichte im Medium 1 D_2 elektrische Verschiebungsdichte im Medium 2 E_n, D_n Normalkomponenten E_t, D_t Tangentialkomponenten ϵ_r Dielektrizitätszahlen Im Beispiel: $\epsilon_{r1} < \epsilon_{r2}$	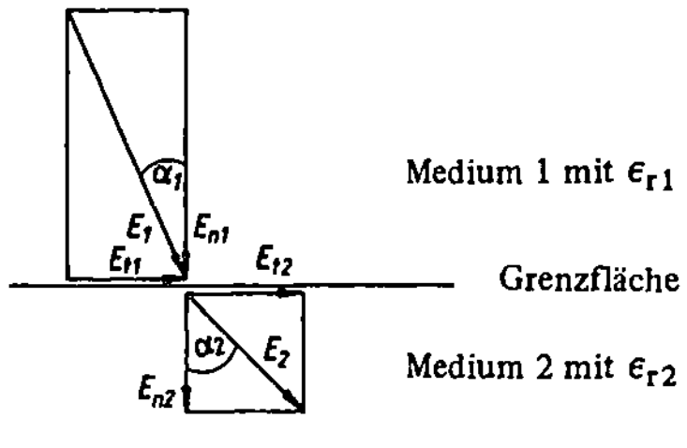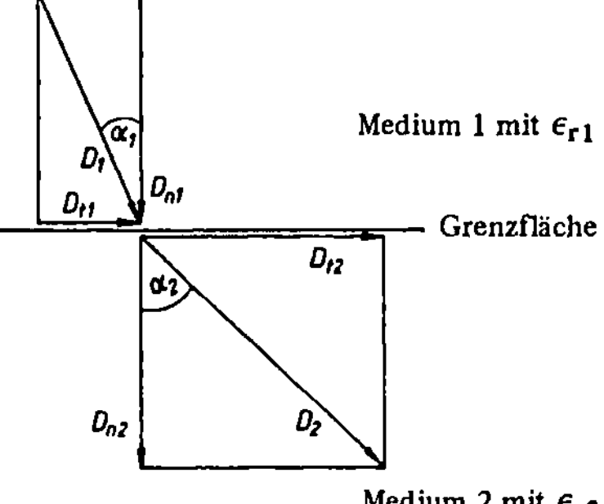

11.2   Schaltungen von Kondensatoren

Parallelschaltung	$$Q_{ges} = Q_1 + Q_2 + \ldots + Q_n = C_{ges} U$$ $$C_{ges} = C_1 + C_2 + \ldots + C_n$$ C_{ges} Gesamtkapazität, Ersatzkapazität Für n Kondensatoren mit gleicher Kapazität C gilt $C_{ges} = nC$.	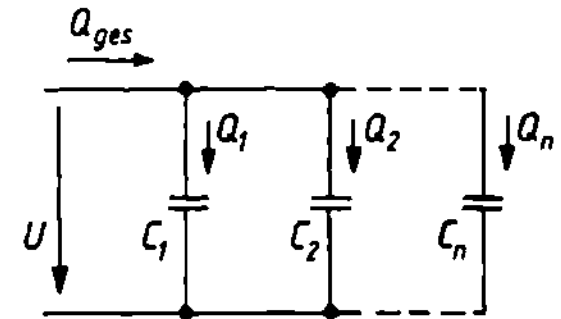

Elektrisches Feld

Reihenschaltung	$Q = Q_1 = Q_2 = Q_n = C_{ges}\,U$ $U = U_1 + U_2 + \ldots + U_n = \dfrac{Q}{C_{ges}} = \dfrac{Q}{C_1} + \dfrac{Q}{C_2} + \ldots + \dfrac{Q}{C_n}$ $U : U_1 : U_2 : U_n = \dfrac{1}{C_{ges}} : \dfrac{1}{C_1} : \dfrac{1}{C_2} : \dfrac{1}{C_n}$ $\dfrac{1}{C_{ges}} = \dfrac{1}{C_1} + \dfrac{1}{C_2} + \ldots + \dfrac{1}{C_n}$
	Für zwei in Reihe geschaltete Kondensatoren gilt $C_{ges} = \dfrac{C_1 C_2}{C_1 + C_2} \qquad C_1 = \dfrac{C_2 C_{ges}}{C_2 - C_{ges}} \qquad C_2 = \dfrac{C_1 C_{ges}}{C_1 - C_{ges}}$
	Für drei in Reihe geschaltete Kondensatoren gilt $C_{ges} = \dfrac{C_1 C_2 C_3}{C_1 C_2 + C_2 C_3 + C_1 C_3}$
	Für n Kondensatoren mit gleicher Kapazität C gilt $C_{ges} = \dfrac{C}{n}$
Geschichtetes Dielektrikum	$U = U_1 + U_2 + \ldots = E_1\, l_1 + E_2\, l_2 + \ldots$ $D = \dfrac{U\,\epsilon_0}{\dfrac{l_1}{\epsilon_{r1}} + \dfrac{l_2}{\epsilon_{r2}} + \ldots}$ $E_1 = \dfrac{D}{\epsilon_{r1}\,\epsilon_0} = \dfrac{U}{l_1 + \dfrac{\epsilon_{r1}}{\epsilon_{r2}}\, l_2}$ $\dfrac{E_1}{E_2} = \dfrac{\epsilon_{r2}}{\epsilon_{r1}}$ $C_1 = \dfrac{A}{l_1}\,\epsilon_{r1}\,\epsilon_0 \qquad C_{ges} = \dfrac{A\,\epsilon_0}{\dfrac{l_1}{\epsilon_{r1}} + \dfrac{l_2}{\epsilon_{r2}} + \ldots}$

12 Formale Analogien zwischen den Feldgrößen

Größen	Elektrisches Strömungsfeld	Elektrostatisches Feld	Magnetisches Feld
Feldvektor	$\vec{S} = \gamma\vec{E}$	$\vec{D} = \epsilon\vec{E}$	$\vec{B} = \mu\vec{H}$
Spannung	$U = \int \vec{E}\,\mathrm{d}\vec{l}$	$U = \int \vec{E}\,\mathrm{d}\vec{l}$	$V = \int \vec{H}\,\mathrm{d}\vec{l}$
Strom, Fluß	$I = \int \vec{S}\,\mathrm{d}\vec{A}$	$\Psi = \int \vec{D}\,\mathrm{d}\vec{A}$	$\Phi = \int \vec{B}\,\mathrm{d}\vec{A}$
Ohmsches Gesetz	$U = \dfrac{I}{G}$	$U = \dfrac{Q}{C}$	$V = \dfrac{\Phi}{\Lambda}$
Leitwert	$G = \dfrac{A}{l}\,\gamma$	$C = \dfrac{A}{l}\,\epsilon$	$\Lambda = \dfrac{A}{l}\,\mu$
Dichte	$J = \dfrac{I}{A} = \gamma E$	$D = \dfrac{\Psi}{A} = \epsilon E$	$B = \dfrac{\Phi}{A} = \mu H$
Feldstärke	$E = \dfrac{U}{l}$	$E = \dfrac{U}{l}$	$H = \dfrac{V}{l}$
Energiedichte	–	$w_\mathrm{E} = \dfrac{1}{2} ED$	$w_\mathrm{M} = \dfrac{1}{2} HB$
Energieinhalt	–	$W_\mathrm{E} = \dfrac{1}{2} CU^2$	$W_\mathrm{M} = \dfrac{1}{2} LI^2$
Kraftwirkung	–	$F = \dfrac{1}{2\epsilon} AD^2$	$F = \dfrac{1}{2\mu} AB^2$

Anmerkung: Der Pfeil ($\rightarrow$) über den Größen kennzeichnet sie als vektorielle Größen.

13 Wärmeableitung bei Halbleiterbauteilen

13.1 Wärmemenge

Wärmekapazität Wärmemenge	$C = \dfrac{Q}{\Delta T}$ $Q = mc\,\Delta T$	C Wärmekapazität ΔT Temperaturdifferenz Q Wärmemenge (Wärme) c spezifische Wärmekapazität m Masse			

Spezifische Wärme- kapazität	Material	c in kJ/kg K	C	Q	ΔT	m
	Aluminium Kupfer Stahl	0,92 0,39 0,46	$\dfrac{Ws}{K} = \dfrac{J}{K}$	$J = Ws$	K	kg

13.2 Wärmewiderstand und Kühlung

Benennungen	R_{thJU}	(Gesamter)Wärmewiderstand zwischen Sperrschicht und Umgebung
	R_{thJG}	Wärmewiderstand zwischen Sperrschicht und Gehäuse
	R_{thGK}	Wärmewiderstand zwischen Gehäuse und Kühlkörper
	R_{thK}	Wärmewiderstand des Kühlkörpers
	T_j, T_{jmax}	Sperrschichttemperatur, maximale Sperrschicht-temperatur
	T_U	Umgebungstemperatur
	ΔT	Temperaturdifferenz
	P_V	Verlustleistung (erzeugt im Halbleiterkristall)
	P_{Vzul}	maximal zulässige Verlustleistung (bei $T_U > 25\,°C$ und T_{jmax})
	P_{tot}	totale Verlustleistung (bei $T_U = 25\,°C$ und T_{jmax})

Wärmewiderstand bei Halbleiterbauteilen ohne Kühlkörper	$R_{thJU} = \dfrac{\Delta T}{P_V} = \dfrac{T_j - T_U}{P_V}$	Temperaturdifferenz: $1\,°C \triangleq 1\,K$ Temperaturskala: $0\,°C \approx 273\,K$	R_{thJU} : K/W P_V : W $T, \Delta T$: K

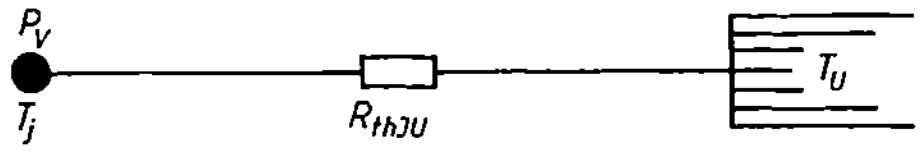

Wärmewiderstände bei Halbleiterbauteilen mit Kühlkörper	

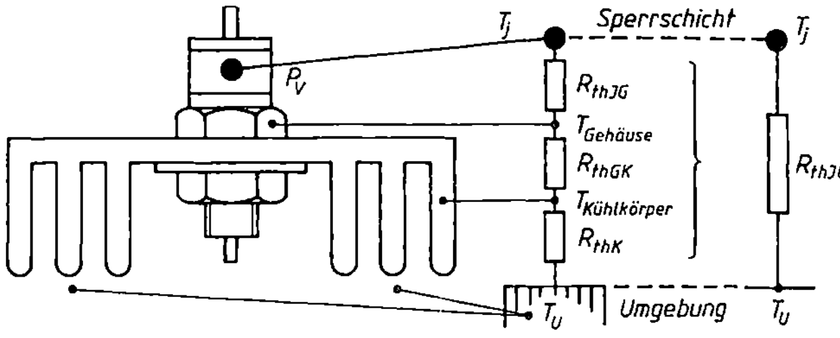

Wärmeableitung

Wärmewiderstände bei Halbleiterbauteilen mit Kühlkörper

Gesamtwärmewiderstand	$R_{thJU} = R_{thJG} + R_{thGK} + R_{thK}$
Verlustleistung	$P_V = \frac{T_j - T_U}{R_{thJU}}$ $\qquad$ $P_{V\,zul} = \frac{T_{j\,max} - T_U}{R_{thJU}}$
Wärmewiderstand des Kühlkörpers (äußerer Wärmewiderstand)	Die Beschaffenheit des Kühlkörpers beeinflußt nur R_{thK}. $R_{thK} \leq \frac{T_j - T_U}{P_V} - (R_{thJG} + R_{thGK})$
Kühlflächenberechnung	$R_{thK} = \frac{1}{s\,l^2}$ — s Wärmeaustauschkonstante, übliche Werte: (1 ... 2) $mW/cm^2 K$; l Seitenlänge des quadratischen Kühlbleches

Dimensionierung von Kühlblechen

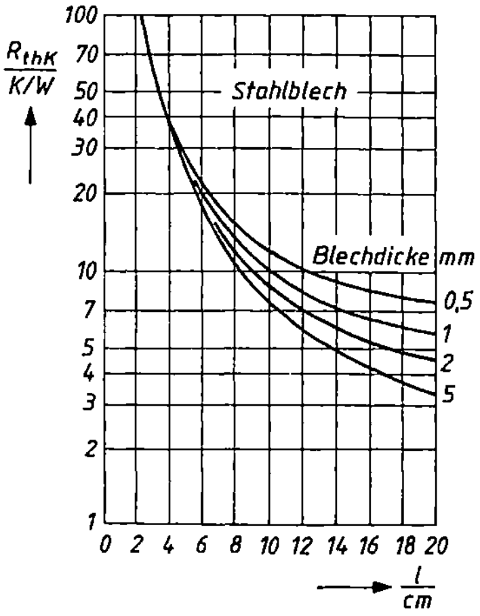

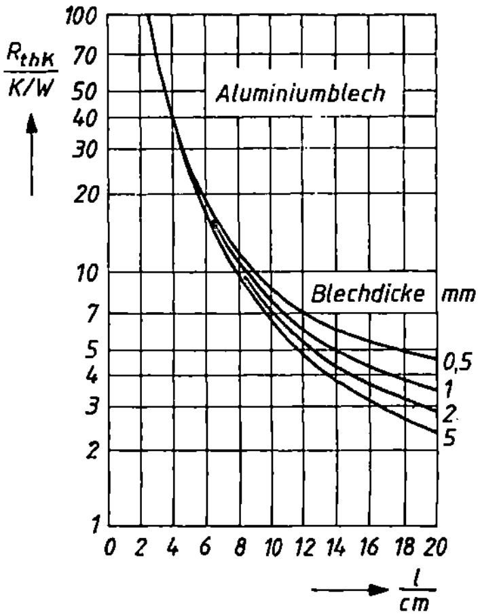

Seitenlänge blanker, annähernd quadratischer Kühlbleche bei senkrechter Anordnung. Das Halbleiterbauelement ist in der Mitte montiert, in ruhender Luft und ohne zusätzliche Wärmeeinstrahlung.

Bei waagerechter Anordnung:

Die errechnete Kühlkörperfläche $A_{Kühlk}$ muß annähernd um den Faktor 1,3 vergrößert werden.

Bei geschwärzten Blechen:

Die errechnete Kühlkörperfläche $A_{Kühlk}$ kann annähernd um den Faktor 0,7 verkleinert werden.

14 Halbleiterdioden

14.1 Dioden zum Gleichrichten und Schalten

Typisches Kennlinienfeld einer Silizium-Diode	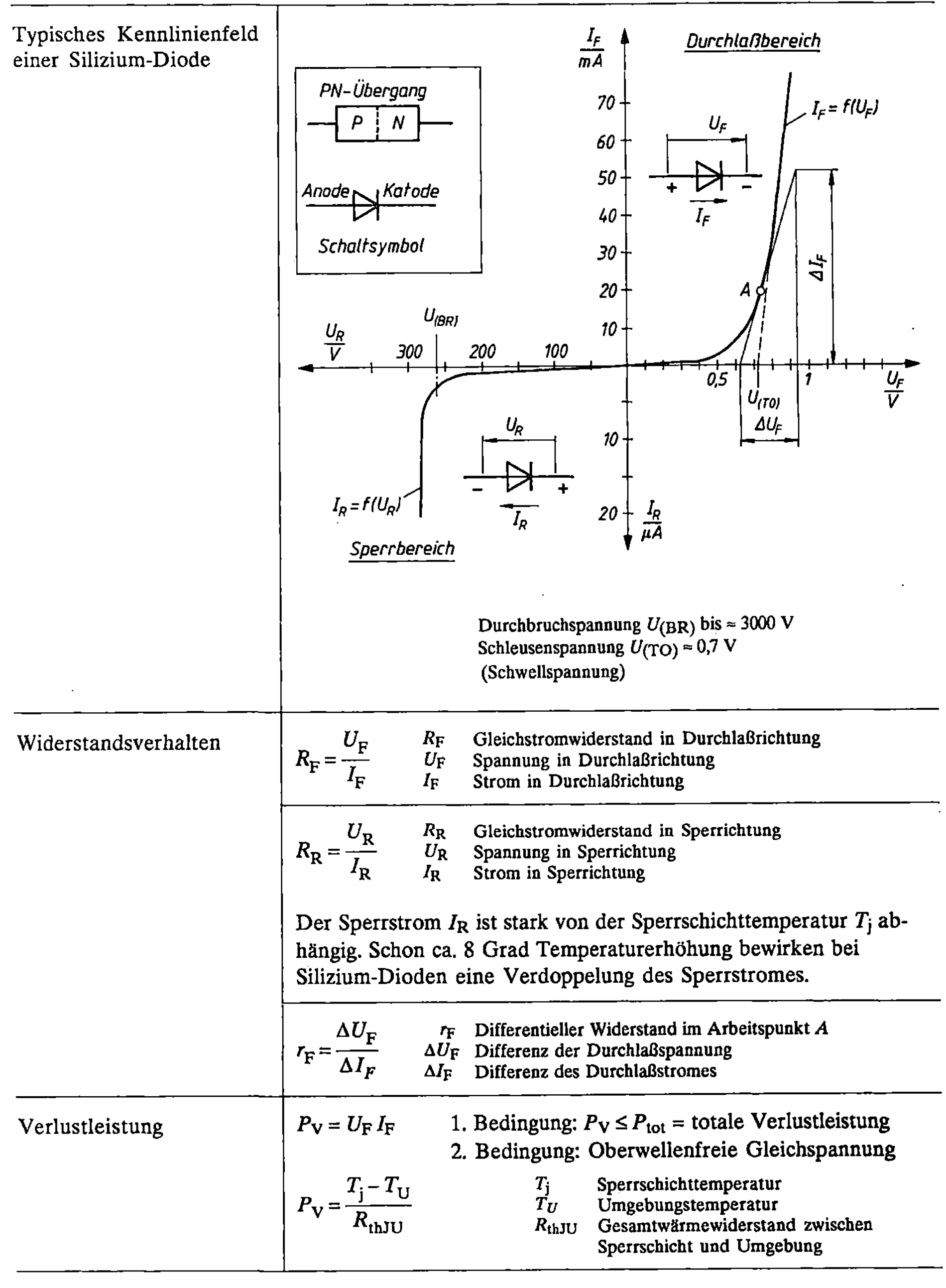

Durchbruchspannung $U_{(BR)}$ bis ≈ 3000 V
Schleusenspannung $U_{(TO)} \approx 0,7$ V
(Schwellspannung)

Widerstandsverhalten	$R_F = \dfrac{U_F}{I_F}$	R_F Gleichstromwiderstand in Durchlaßrichtung U_F Spannung in Durchlaßrichtung I_F Strom in Durchlaßrichtung
	$R_R = \dfrac{U_R}{I_R}$	R_R Gleichstromwiderstand in Sperrichtung U_R Spannung in Sperrichtung I_R Strom in Sperrichtung

Der Sperrstrom I_R ist stark von der Sperrschichttemperatur T_j abhängig. Schon ca. 8 Grad Temperaturerhöhung bewirken bei Silizium-Dioden eine Verdoppelung des Sperrstromes.

	$r_F = \dfrac{\Delta U_F}{\Delta I_F}$	r_F Differentieller Widerstand im Arbeitspunkt A ΔU_F Differenz der Durchlaßspannung ΔI_F Differenz des Durchlaßstromes

Verlustleistung	$P_V = U_F I_F$	1. Bedingung: $P_V \leq P_{tot}$ = totale Verlustleistung 2. Bedingung: Oberwellenfreie Gleichspannung
	$P_V = \dfrac{T_j - T_U}{R_{thJU}}$	T_j Sperrschichttemperatur T_U Umgebungstemperatur R_{thJU} Gesamtwärmewiderstand zwischen Sperrschicht und Umgebung

14.2 Kenngrößen von Siliziumdioden

Ströme und Stromgrenzwerte von Dioden in Vorwärtsrichtung

I_F	Gleichstromwert ohne Signal
I_{FAV}	Mittelwert des Gesamtstromes
I_{FM}	Scheitelwert des Gesamtstromes
I_{FEFF}	Effektivwert des Gesamtstromes
I_{FSM}	Stoßwert des Gesamtstromes
i_F	Augenblickswert des Gesamtstromes
i_f	Augenblickswert des Wechselstromes
I_{fm}	Scheitelwert des Wechselstromes
I_{feff}	Effektivwert des Wechselstromes

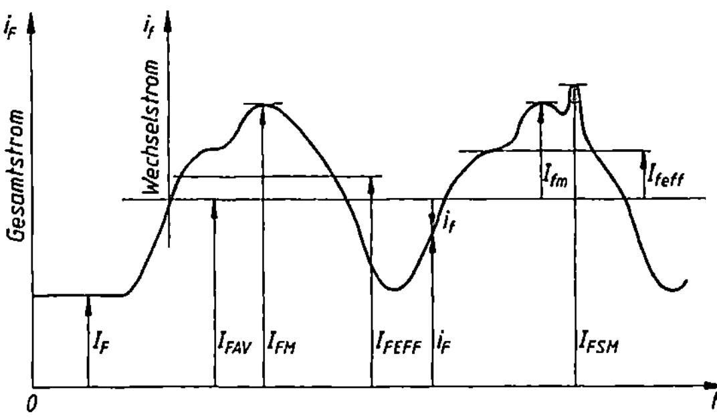

Beziehungen der Ströme	$I_{FM} = I_{FAV} + I_{fm}$ $I_{FEFF} = \sqrt{I_{FAV}^2 + I_{feff}^2}$ $i_F = I_{FAV} + i_f$
Dioden-Spannungswerte im Durchlaßbereich und Sperrbereich	U_{FAV} Mittelwert der Vorwärtsspannung (AV = Average Value $\widehat{=}$ Mittelwert) U_{FRMS} wie U_{FEFF} (RMS = Root Mean Square $\widehat{=}$ Effektivwert) U_{RRM} Spitzensperrspannung (periodisch) U_{RSM} Stoßspitzenspannung U_{RWM} Scheitelsperrspannung

Typenbezeichnungen für Dioden (Auswahl)	1. Buchstabe: *A* Germanium
	 (Material) *B* Silizium
	
	 2. Buchstabe: *A* Gleichrichtung, Schaltzwecke
	 (Funktion) *E* Tunneldiode
	
	                 X Vervielfacher
	                 Y Leistungsdiode
	                 Z Spannungsbegrenzung

14.3 Dioden im Schaltbetrieb

Diode leitet		U_B Betriebsspannung U_F Durchlaßspannung I_F Durchlaßstrom R_L Lastwiderstand U_L Spannung am Lastwiderstand $U_B = U_F + I_F R_L$
Diode sperrt		I_R Strom in Sperrichtung U_R Spannung in Sperrichtung $U_B = U_R + I_R R_L$

Halbleiterbauelemente

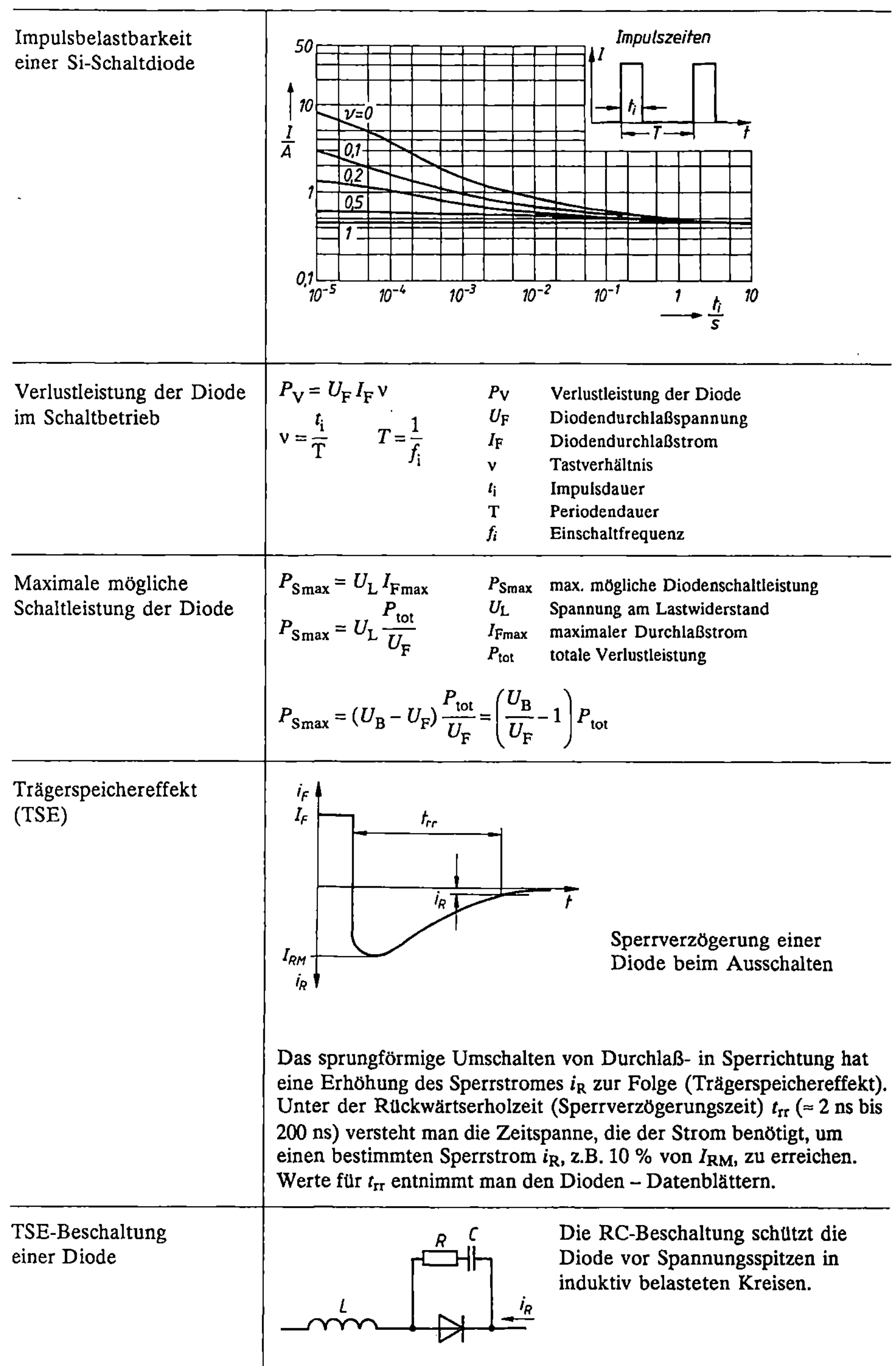

Impulsbelastbarkeit einer Si-Schaltdiode	

Verlustleistung der Diode im Schaltbetrieb

$$P_V = U_F \, I_F \, v$$

$$v = \frac{t_i}{T} \qquad T = \frac{1}{f_i}$$

P_V	Verlustleistung der Diode
U_F	Diodendurchlaßspannung
I_F	Diodendurchlaßstrom
v	Tastverhältnis
t_i	Impulsdauer
T	Periodendauer
f_i	Einschaltfrequenz

Maximale mögliche Schaltleistung der Diode

$$P_{Smax} = U_L \, I_{Fmax}$$

$$P_{Smax} = U_L \frac{P_{tot}}{U_F}$$

P_{Smax}	max. mögliche Diodenschaltleistung
U_L	Spannung am Lastwiderstand
I_{Fmax}	maximaler Durchlaßstrom
P_{tot}	totale Verlustleistung

$$P_{Smax} = (U_B - U_F)\frac{P_{tot}}{U_F} = \left(\frac{U_B}{U_F} - 1\right) P_{tot}$$

Trägerspeichereffekt (TSE)

Sperrverzögerung einer Diode beim Ausschalten

Das sprungförmige Umschalten von Durchlaß- in Sperrichtung hat eine Erhöhung des Sperrstromes i_R zur Folge (Trägerspeichereffekt). Unter der Rückwärtserholzeit (Sperrverzögerungszeit) t_{rr} ($\approx$ 2 ns bis 200 ns) versteht man die Zeitspanne, die der Strom benötigt, um einen bestimmten Sperrstrom i_R, z.B. 10 % von I_{RM}, zu erreichen. Werte für t_{rr} entnimmt man den Dioden – Datenblättern.

TSE-Beschaltung einer Diode

Die RC-Beschaltung schützt die Diode vor Spannungsspitzen in induktiv belasteten Kreisen.

14.4 Z-Dioden

Kennlinie einer Z-Diode	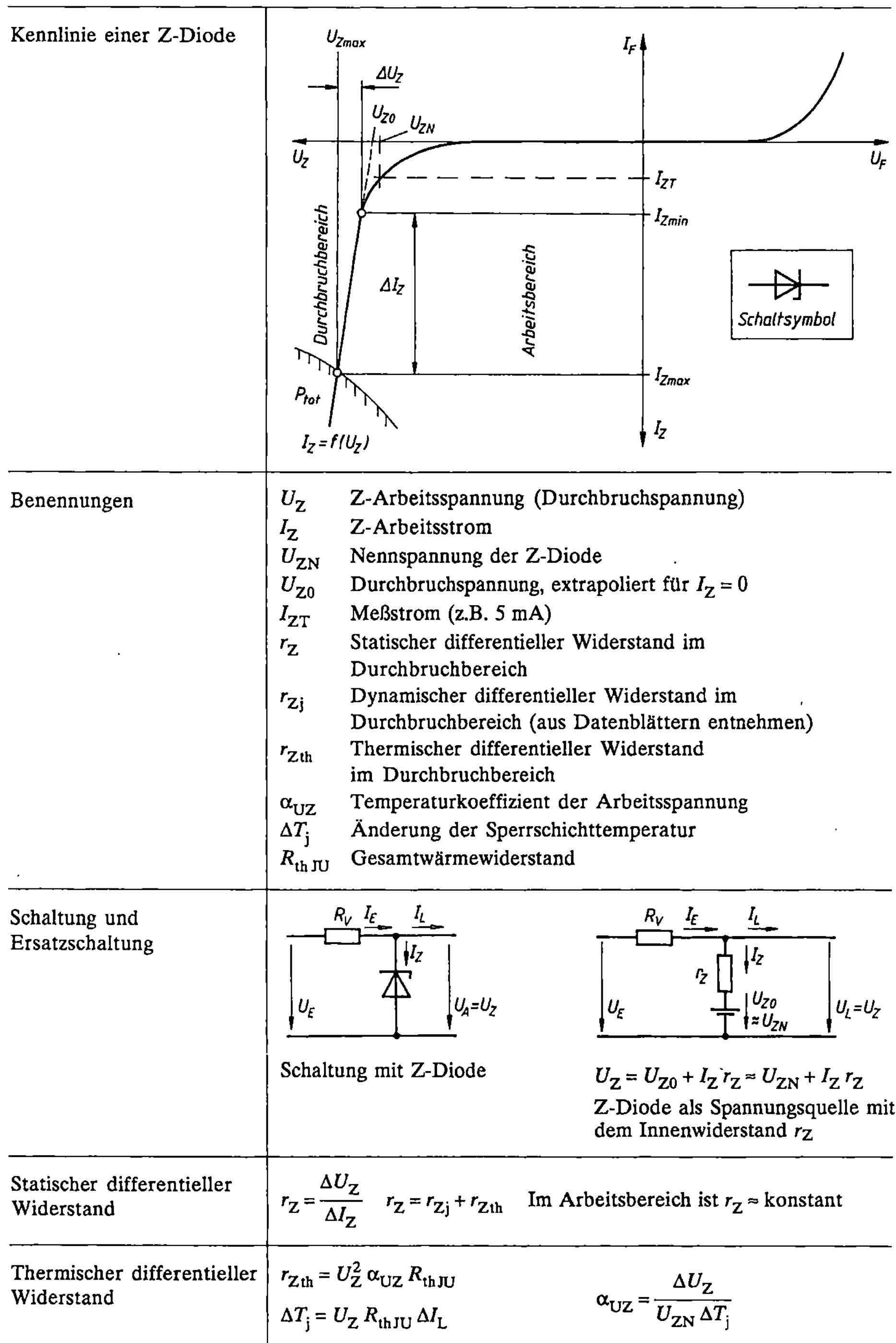

Benennungen

U_Z Z-Arbeitsspannung (Durchbruchspannung)

I_Z Z-Arbeitsstrom

U_{ZN} Nennspannung der Z-Diode

U_{Z0} Durchbruchspannung, extrapoliert für $I_Z = 0$

I_{ZT} Meßstrom (z.B. 5 mA)

r_Z Statischer differentieller Widerstand im Durchbruchbereich

r_{Zj} Dynamischer differentieller Widerstand im Durchbruchbereich (aus Datenblättern entnehmen)

r_{Zth} Thermischer differentieller Widerstand im Durchbruchbereich

α_{UZ} Temperaturkoeffizient der Arbeitsspannung

ΔT_j Änderung der Sperrschichttemperatur

$R_{th\,JU}$ Gesamtwärmewiderstand

Schaltung und Ersatzschaltung

Schaltung mit Z-Diode

$U_Z = U_{Z0} + I_Z\,r_Z \approx U_{ZN} + I_Z\,r_Z$

Z-Diode als Spannungsquelle mit dem Innenwiderstand r_Z

Statischer differentieller Widerstand

$$r_Z = \frac{\Delta U_Z}{\Delta I_Z} \qquad r_Z = r_{Zj} + r_{Zth} \qquad \text{Im Arbeitsbereich ist } r_Z \approx \text{konstant}$$

Thermischer differentieller Widerstand

$$r_{Zth} = U_Z^2\,\alpha_{UZ}\,R_{th\,JU}$$

$$\Delta T_j = U_Z\,R_{th\,JU}\,\Delta I_L \qquad\qquad \alpha_{UZ} = \frac{\Delta U_Z}{U_{ZN}\,\Delta T_j}$$

Halbleiterbauelemente

Anwendung Spannungsstabilisierung

Stabilisierungsschaltung (Beispiel auf S. 175 f.)	 I_E R_V I_L I_Z U_E $U_Z = U_L$ R_L	Index E: Eingangsgrößen Index L: Lastgrößen Der Vorwiderstand R_V verhindert das Überschreiten des maximalen Zenerstromes I_{Zmax} (vgl. auch S. 94 f. $\rightarrow$ Arbeitspunkt)
Näherungswerte	$I_{Zmin} \approx 0{,}1\, I_{Zmax}$ $\qquad$ $I_{Lmax} - I_{Lmin} \leq 0{,}9\, I_{Zmax}$ $U_E \geq 2\, U_Z$ $U_{Zmax} \approx 1{,}1\, U_Z$	Index min, max: minimale bzw. maximale Werte
Verlustleistung der Z-Diode	$P_V = U_Z\, I_Z \leq P_{tot}$ $\qquad$ P_{tot} totale Verlustleistung $I_{Zmax} = \dfrac{P_{tot}}{U_{Zmax}}$ $\qquad$ $P_V = \dfrac{T_j - T_U}{R_{thJU}}$	
Vorwiderstand (allgemein)	$R_V = \dfrac{U_E - U_Z}{I_E}$ $\qquad$ $R_V = \dfrac{U_E - U_Z}{I_Z + I_L}$	
Vorwiderstand bei Stabilisierung mit konstantem Lastwiderstand	Gewählt wird: $I_Z = I_L$ $\qquad$ $R_V = \dfrac{U_E - U_Z}{2\, I_L}$	
Maximaler und minimaler Vorwiderstand	Bei variabler Last und variabler Eingangsspannung: $R_{Vmax} = \dfrac{U_{Emin} - U_Z}{I_{Zmin} + I_{Lmax}}$ $\qquad$ $R_{Vmin} = \dfrac{U_{Emax} - U_Z}{I_{Zmax} + I_{Lmin}}$ Maximaler Vorwiderstand $\qquad$ Minimaler Vorwiderstand	
Glättungsfaktor G (Güte)	$G = \dfrac{\Delta U_E}{\Delta U_Z} = \dfrac{\Delta I_Z (r_Z + R_V)}{\Delta I_Z\, r_Z} = 1 + \dfrac{R_V}{r_Z}$	
Stabilisierungsfaktor S	$S = G\,\dfrac{U_Z}{U_E} = \dfrac{U_Z}{U_E}\left(1 + \dfrac{R_V}{r_Z}\right)$	

Anwendung Spannungsbegrenzung

Schaltungen zur Spannungsbegrenzung	Gleichspannung R_V U_E U_A	Wechselspannung R_V u_E u_A

Technische Daten

14.5 Kenndaten und Kennlinien einer Si-Diode

Beispieltyp 1N4148	Silizium-Epitaxie-Planar-Diode Universaldiode, geeignet auch für den Einsatz als schneller Schalter		
Grenzwerte	Sperrspannung	U_R	$= 75$ V
	Spitzensperrspannung	U_{RM}	$= 100$ V
	Richtstrom in Einweg-Schaltung mit ohmscher Last bei $T_U = 25\,°C$ und $f > 50$ Hz	I_0	$= 150$ mA
	Stoßstrom für $t < 1$ s, ausgehend von $T_j = 25\,°C$	I_{FSM}	$= 500$ mA
	Totale Verlustleistung bei $T_U = 25\,°C$	P_{tot}	$= 500$ mW
	Sperrschichttemperatur	T_j	$= 200\,°C$
Kennwerte bei $T_j = 25\,°C$	Durchlaßspannung bei $I_F = 10$ mA	U_F	max. 1 V
	Sperrstrom bei $U_R = 20$ V	I_R	max. 25 nA
	Sperrstrom bei $U_R = 75$ V	I_R	max. 5 μA
	Sperrstrom bei $U_R = 20$ V und $T_j = 150\,°C$	I_R	max. 50 μA
	Durchbruchspannung gemessen mit 100-μA-Impulsen	$U_{(BR)}$	min. 100 V
	Kapazität bei $U_R = 0$ V und $U_F = 0$ V	C_{tot}	max. 4 pF
	Spannungserhöhung beim Einschalten gemessen mit 50-mA-Impulsen, $t_i = 0, 1\ \mu$s, Anstiegszeit < 30 ns, $f_i = (5 \ldots 100)$ kHz	U_{fr}	max. 2,5 V
	Sperrverzögerungszeit von $I_F = 10$ mA bis $I_R = 1$ mA, $U_R = 6$ V, $R_L = 100\ \Omega$	t_{rr}	max. 4 ns
	Wärmewiderstand Sperrschicht-Umgebung	R_{thJU}	max. 350 K/W
Kennlinien	Durchlaßkennlinien	Differentieller Durchlaß- widerstand in Abhängigkeit vom Durchlaßstrom	

Halbleiterbauelemente

Weitere Kennlinien der Si-Diode 1N4148	**Zulässige Belastung mit periodischen Impulsen in Abhängigkeit von der Impulsdauer.**

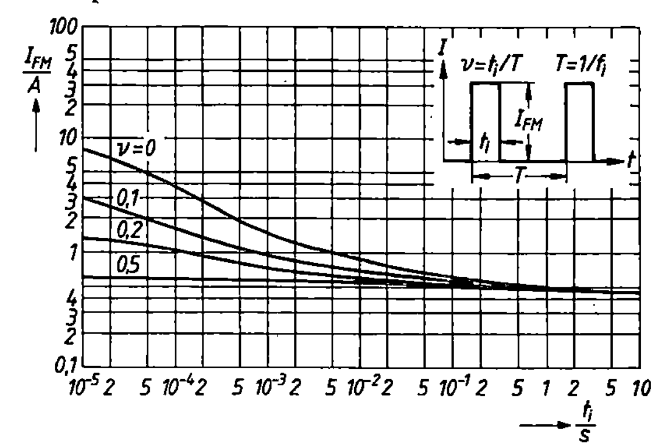

Zulässige Verlustleistung in Abhängigkeit von der Umgebungstemperatur	Kapazität in Abhängigkeit von der Sperrspannung (Relativwerte)

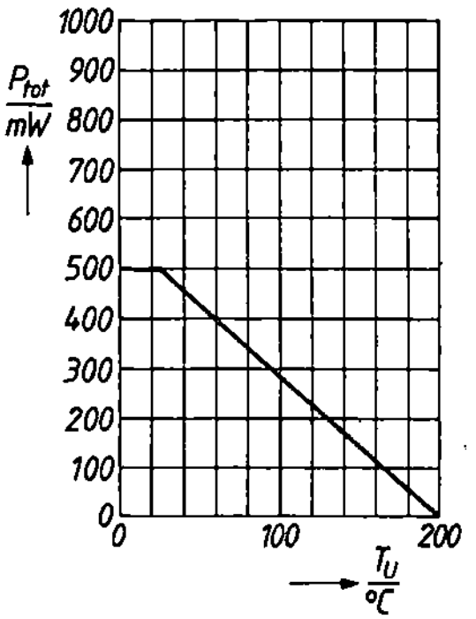

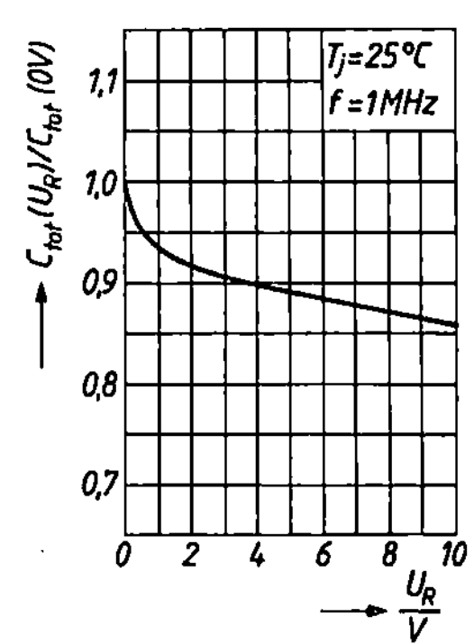

Sperrstrom in Abhängigkeit von der Sperrschichttemperatur	

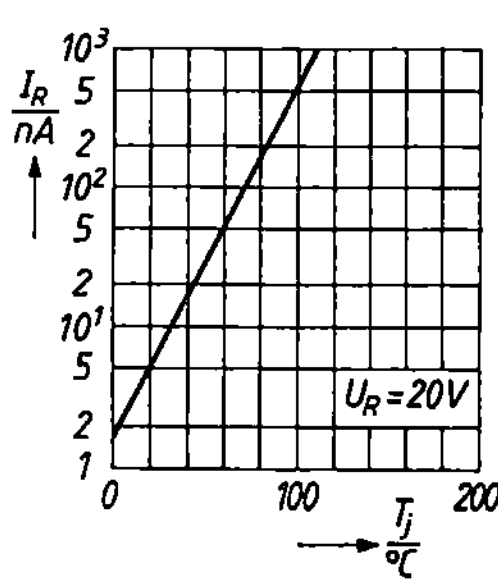

Abmessungen	Die Diode wird unter anderem gegurtet im Glasgehäuse JEDEC DO-35 54A2 nach DIN 41880 geliefert.
	Gewicht ca. 0,13 g (Maße in mm)

14.6 Kenndaten und Kennlinien von Leistungs-Z-Dioden

Beispieltypen ZX3,9 ... ZX24	Silizium-Leistungs-Z-Dioden für Stabilisierungs- und Begrenzerschaltungen (Maße in mm) Die Katode ist mit dem Metallgehäuse verbunden

Grenzwerte	Arbeitsstrom siehe Tabelle unten (Kennwerte) Totale Verlustleistung bei $T_U = 25\,°C$	
	ohne Kühlblech	$P_{tot} = 1{,}56\ W$
	mit Kühlblech Al $12{,}5 \times 12{,}5\ cm^2 \times 2\ mm$ senkrecht stehend	$P_{tot} = 12{,}5\ W$
	Sperrschichttemperatur	$T_j = 150\,°C$

Kennwerte bei $T_U = 25\,°C$	Wärmewiderstand	
	Sperrschicht-Schraube	R_{thJG} max. 5 K/W
	Sperrschicht-Umgebung	R_{thJU} max. 80 K/W

Kennwerte-Tabelle

Typ	Arbeitsspannung [1] bei I_{ZT} U_Z in V	Inhär. diff. Widerstand bei I_{ZT} $f = 1\ kHz$ r_{zj} in Ω	Temp.-Koeff. d. Arbeitssp. bei I_{ZT} α_{UZ} in 10^{-4}/K	Meßstrom I_{ZT} in mA	Sperrspannung bei $I_R = 1\ \mu A$ U_R in V	Zulässiger Arbeitsstrom [2] bei $T_U = 45\,°C$	
						ohne Kühlblech I_{ZM} in mA	mit [2] Kühlblech I_{ZM} in mA
ZX 3,9	3,7 ... 4,1	3,8 (< 7)	−7 ... +2	100	−	280	2100
ZX 4,3	4,0 ... 4,6	3,8 (< 7)	−7 ... +3	100	−	240	1750
ZX 4,7	4,4 ... 5,0	3,8 (< 7)	−7 ... +4	100	−	210	1500
ZX 5,1	4,8 ... 5,4	2 (< 5)	−6 ... +5	100	−	190	1430
ZX 5,6	5,2 ... 6,0	1 (< 2)	−3 ... +5	100	> 1,5	180	1350
ZX 6,2	5,8 ... 6,6	1 (< 2)	−1 ... +6	100	> 1,5	160	1250
ZX 6,8	6,4 ... 7,2	1 (< 2)	0 ... +7	100	> 2	150	1150
ZX 7,5	7,0 ... 7,9	1 (< 2)	0 ... +7	100	> 2	140	1060
ZX 8,2	7,7 ... 8,7	1 (< 2)	+3 ... +8	100	> 3,5	130	980
ZX 9,1	8,5 ... 9,6	2 (< 4)	+3 ... +8	50	> 3,5	117	890
ZX 10	9,4 ... 10,6	2 (< 4)	+5 ... +9	50	> 5	105	800
ZX 11	10,4 ... 11,6	4 (< 7)	+5 ... +10	50	> 5	95	710
ZX 12	11,4 ... 12,7	4 (< 7)	+5 ... +10	50	> 7	86	620
ZX 13	12,4 ... 14,1	5 (< 10)	+5 ... +10	50	> 7	78	560
ZX 15	13,8 ... 15,8	5 (< 10)	+5 ... +10	50	> 10	71	500
ZX 16	15,3 ... 17,1	6 (< 15)	+6 ... +11	25	> 10	65	465
ZX 18	16,8 ... 19,1	6 (< 15)	+6 ... +11	25	> 10	60	430
ZX 20	18,8 ... 21,2	6 (< 15)	+6 ... +11	25	> 10	55	400
ZX 22	20,8 ... 23,3	6 (< 15)	+6 ... +11	25	> 12	50	375
ZX 24	22,8 ... 25,6	7 (< 15)	+6 ... +11	25	> 12	45	345

[1] Gemessen mit Impulsen $t_i = 20\ ms$
[2] Mit Kühlblech Al $12{,}5 \times 12{,}5\ cm2 \times 2\ mm$, senkrecht stehend

Halbleiterbauelemente

Kennlinien von Z-Dioden (Auswahl aus der Reihe ZX3,9 ... ZX200)

Durchbruchkennlinien (bei T_j = konstant, mit Impulsen gemessen)

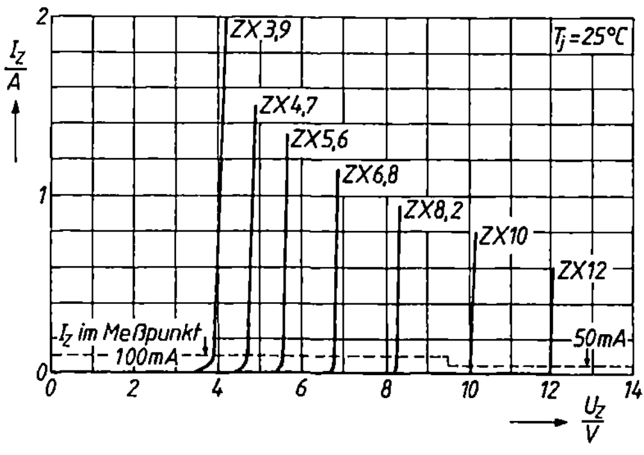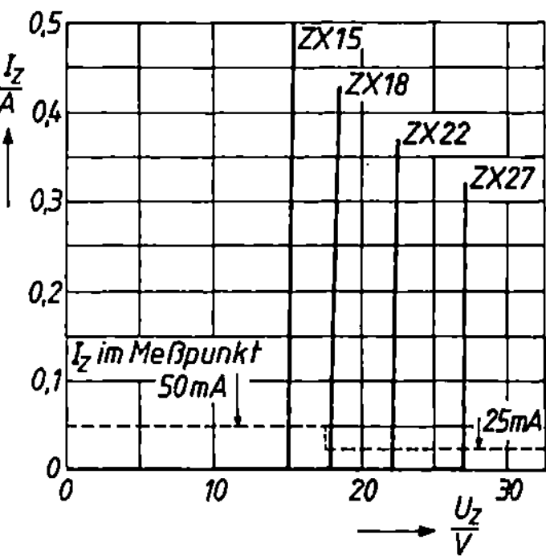

Zulässige Verlustleistung in Abhängigkeit von der Umgebungstemperatur

Inhärenter differentieller Widerstand in Abhängigkeit vom Arbeitsstrom

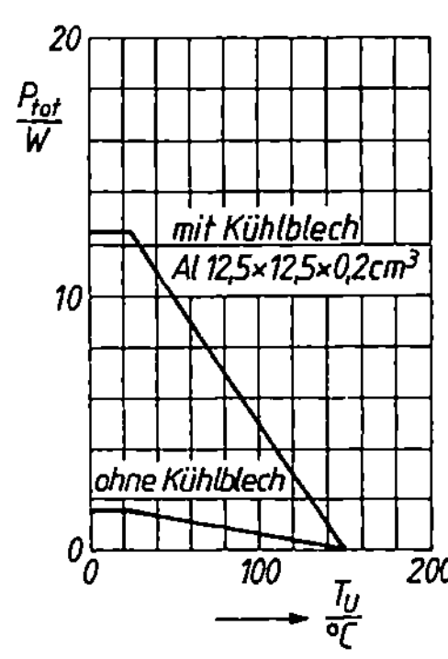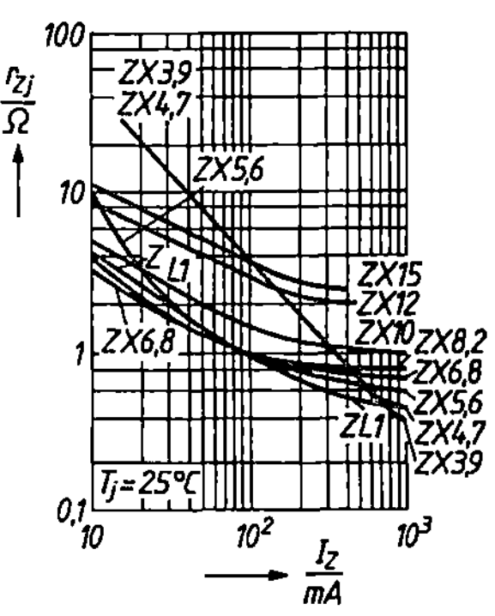

Thermischer differentieller Widerstand in Abhängigkeit von der Arbeitsspannung

Impuls-Wärmewiderstand in Abhängigkeit von der Impulsdauer

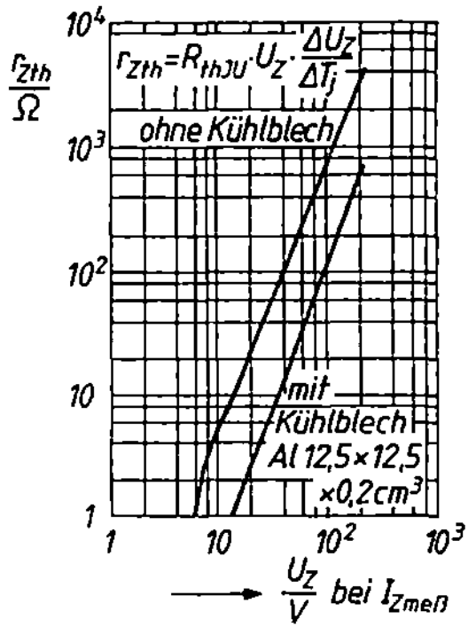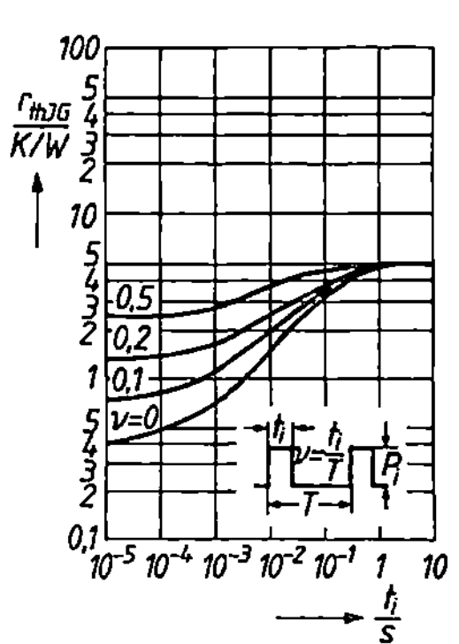

15 Transistoren

15.1 Bipolare Transistoren

Zählrichtungen für Spannungen und Ströme	NPN-Transistor PNP-Transistor

Ein NPN-Transistor zeigt in einer Schaltung die gleiche Wirkung wie ein PNP-Transitor.
Dazu ist lediglich die Betriebsspannung umzupolen.

$$I_E = I_C + I_B$$

I_E	Emitterstrom
I_C	Kollektorstrom
I_B	Basisstrom

$$U_{CE} = U_{CB} + U_{BE}$$

U_{CE}	Kollektor-Emitter-Spannung
U_{CB}	Kollektor-Basis-Spannung
U_{BE}	Basis-Emitter-Spannung
	Bei Si-Transistoren $\approx$ (0,5 ... 0,7) V

Anmerkung

Transistoren können entsprechend ihrem Anschluß in drei Schaltungen (Emitter-, Kollektor- und Basisschaltung) betrieben werden. Darauf wird bei den Transistorschaltungen (vgl. 21.4) näher eingegangen. Bei den weiteren Ausführungen wird allgemein die *Emitterschaltung* zugrunde gelegt.

Die wichtigsten Kennlinien

1. Eingangskennlinie
   $I_B = f(U_{BE})$
2. Stromsteuerkennlinie
   $I_C = f(I_B)$
3. Ausgangskennlinienfeld
   $I_C = f(U_{CE})$ mit den Parametern I_B oder U_{BE}

Halbleiterbauelemente

15.2 Kennlinien und Kenngrößen bipolarer Transistoren

Vierquadranten-Kennliniendarstellung eines Transistors	Stromsteuerkennlinie Ausgangskennlinienfeld
	 Eingangskennlinie Spannungs-Rückwirkungskennlinienfeld

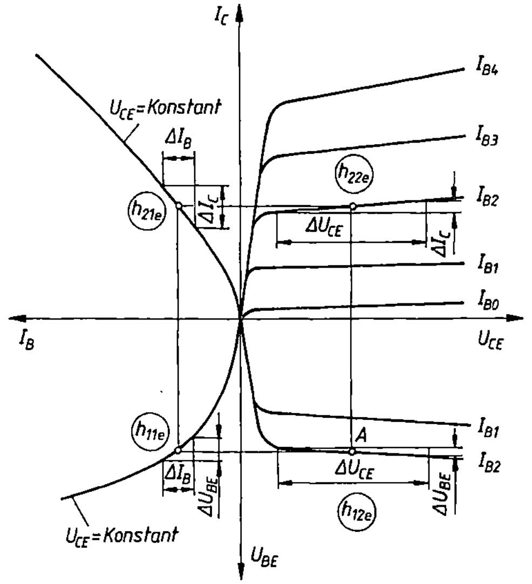

	Statische Kennwerte des Transistors	
Gleichstrom-Verstärkungsfaktor	$B = \dfrac{I_C}{I_B}$	B Gleichstromverstärkung I_C Kollektorstrom I_B Basisstrom
Gleichstrom-Eingangswiderstand	$R_{BE} = \dfrac{U_{BE}}{I_B}$	R_{BE} Widerstand zwischen Basis und Emitter U_{BE} Basis-Emitter-Spannung
Gleichstrom-Ausgangswiderstand	$R_{CE} = \dfrac{U_{CE}}{I_C}$	R_{CE} Widerstand zwischen Kollektor und Emitter U_{CE} Kollektor-Emitter-Spannung
Restströme, Sättigungsspannung	$I_{CEO} \approx B\,I_{CBO}$	I_{CEO} Kollektor-Emitter-Reststrom ($I_B = 0$) I_{CES} Kollektor-Emitter-Reststrom ($U_{BE} = 0$) I_{CBO} Kollektor-Basis-Reststrom ($I_E = 0$) U_{CEsat} Sättigungsspannung, Restspannung zwischen Kollektor und Emitter
	Kennwerte den Datenblättern entnehmen! Wichtig für den Einsatz des Transistors als Schalter: Die Restströme sind unerwünschte Ströme infolge Eigenleitung. Die Sättigungsspannung muß möglichst gering werden, wenn der Transistor voll durchgesteuert werden soll.	

	Dynamische Kennwerte des Transistors mit Vierpolparametern		
Wechselstrom-verstärkung (U_{CE} = konst.)	$\beta = \dfrac{\Delta I_C}{\Delta I_B} = h_{21e}$	β ΔI_C ΔI_B	Wechselstrom-Verstärkungsfaktor ($\approx B$) Differenz des Kollektorstromes Differenz des Basisstromes
Dynamischer Eingangswiderstand (U_{CE} = konst.)	$r_{BE} = \dfrac{\Delta U_{BE}}{\Delta I_B} = h_{11e}$	r_{BE} ΔU_{BE} ΔI_B	Differentieller Eingangswiderstand Differenz der Basis-Emitter-Spannung Differenz des Basisstromes
Dynamischer Ausgangswiderstand (I_B = konst.)	$r_{CE} = \dfrac{\Delta U_{CE}}{\Delta I_C} = \dfrac{1}{h_{22e}}$	r_{CE} ΔU_{CE} ΔI_C	Differentieller Ausgangswiderstand Differenz der Kollektor-Emitter-Spannung Differenz des Kollektorstromes
Leerlaufspannungs-rückwirkung (I_B = konst.)	$D_U = \dfrac{\Delta U_{BE}}{\Delta U_{CE}} = h_{12e}$	D_U ΔU_{BE} ΔU_{CE}	Leerlaufspannungsrückwirkung Differenz der Basis-Emitter-Spannung Differenz der Kollektor-Emitter-Spannung
Steilheit (U_{CE} = konst.)	$S = \dfrac{\Delta I_C}{\Delta U_{BE}}$	S ΔI_C ΔU_{BE}	Steilheit Differenz des Kollektorstromes Differenz der Basis-Emitter-Spannung
Transitfrequenz		f_T β f_G	Transitfrequenz (liegt bei β = 1) Wechselstromverstärkung bei f = 1 kHz Grenzfrequenz (liegt bei 0,707 β)

	Grenzwerte des Transistors		
Grenzwerte und Kennlinien		P_{tot} I_{Cmax} $U_{CE0},$ U_{CEmax} $T_{Umax},$ T_{jmax} T_{jmax}	totale Verlustleistung maximaler Kollektorstrom Kollektor-Emitter-Sperrspannung bei offener Basis (I_B = 0) Temperaturgrenzwerte für die maximale Umgebungs- bzw. Sperrschichttemperatur für Silizium $\approx$ (150 ... 200) °C
Bemerkung	Grenzwerte sind vom Hersteller angegebene Höchstwerte, die nicht überschritten werden dürfen!		
Verlustleistung	$P_V = U_{CE}\, I_C + U_{BE}\, I_B \leq P_{tot}$ $P_V \approx U_{CE}\, I_C \leq P_{tot}$ $I_{Cmax} \leq \dfrac{P_{tot}}{U_{CE}}$ P_{tot} gilt für eine vom Hersteller definierte Umgebungstemperatur T_U (meist 25 °C). Der Wert ist den Datenblättern zu entnehmen.		

Halbleiterbauelemente

15.3 Der Transistor als Vierpol

Vierpolparameter der h-Matrix (h = hybrid)	Der Transistor als Vierpol	Der Transistor kann als aktiver Vierpol angesehen werden. Die Vierpolparameter beschreiben seine Eigenschaften.

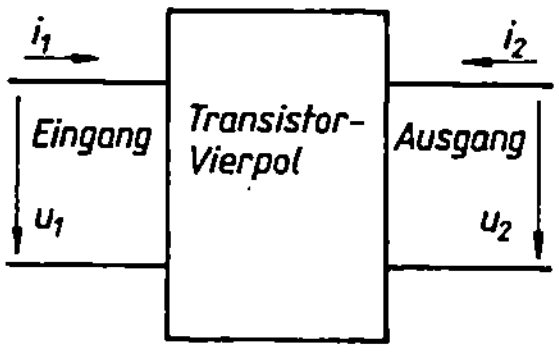

Der Transistor kann als aktiver Vierpol angesehen werden. Die Vierpolparameter beschreiben seine Eigenschaften.

u_1 Eingangsspannung
u_2 Ausgangsspannung
i_1 Eingangsstrom
i_2 Ausgangsstrom

$$u_1 = h_{11}\, i_1 + h_{12}\, u_2$$
$$i_2 = h_{21}\, i_1 + h_{22}\, u_2$$

$$\begin{pmatrix} u_1 \\ i_2 \end{pmatrix} = \underbrace{\begin{pmatrix} h_{11} & h_{12} \\ h_{21} & h_{22} \end{pmatrix}}_{(h)} \begin{pmatrix} i_1 \\ u_2 \end{pmatrix}$$

Im NF-Bereich werden die h-Parameter verwendet. Die Datenblätter der Transistoren enthalten die h-Parameter (h_e) für die Emitterschaltung und gelten nur für einen bestimmten Arbeitspunkt.

Der Arbeitspunkt ist dort definiert durch die Kollektor-Emitter-Spannung U_{CE}, den Kollektorstrom I_C und die Umgebungstemperatur T_U. Will man einen Transistor in einem anderen Arbeitspunkt betreiben, so benötigt man dazu Korrekturfaktoren, die ebenfalls den Datenblättern zu entnehmen sind (vgl. S. 73).

h-Parameter-Ersatzschaltung für alle drei Grundschaltungen

h-Parameter

$$h_{11} = \frac{u_1}{i_1}$$
Eingangswiderstand bei kurzgeschlossenem Ausgang ($u_2 = 0$)

$$h_{12} = \frac{u_1}{u_2}$$
Spannungsrückwirkung bei offenem Eingang ($i_1 = 0$)

$$h_{21} = \frac{i_2}{i_1}$$
Stromverstärkung bei kurzgeschlossenem Ausgang ($u_2 = 0$)

$$h_{22} = \frac{i_2}{u_2}$$
Ausgangsleitwert bei offenem Eingang ($i_1 = 0$)

Determinante

$$\Delta h = h_{11}\, h_{22} - h_{12}\, h_{21}$$

Umrechnung der h-Parameter	Emitterschaltung	Kollektorschaltung	Basisschaltung
Eingangswiderstand	h_{11e}	$h_{11c} = h_{11e}$	$h_{11b} = \dfrac{h_{11e}}{1 + h_{21e}}$
Spannungsrückwirkung	h_{12e}	$h_{12c} = 1 - h_{12e}$	$h_{12b} = \dfrac{h_{11e}\,h_{22e}}{1 + h_{21e}} - h_{12e}$
Stromverstärkung	h_{21e}	$h_{21c} = -(1 + h_{21e})$	$h_{21b} = \dfrac{h_{21e}}{1 + h_{21e}}$
Ausgangsleitwert	h_{22e}	$h_{22c} = h_{22e}$	$h_{22b} = \dfrac{h_{22e}}{1 + h_{21e}}$

Der Index e, c und b gilt für die Emitter-, Kollektor- und Basisschaltung.

Mit Hilfe dieser Tabelle lassen sich die h-Parameter für Transistorstufen in Kollektorschaltung und Basisschaltung ermitteln, wenn die entsprechenden h-Parameter der Emitterschaltung vorliegen.

Transistorstufe mit Außenbeschaltung	

Eingangswiderstand r_e	$r_e = \dfrac{u_1}{i_1} = \dfrac{h_{11} + \Delta h\,R_L}{1 + h_{22}\,R_L}$	Für die Ein- und Ausgangsgrößen r_e und r_a wird oft auch der Index 1 und 2 verwendet.
Ausgangswiderstand r_a	$r_a = \dfrac{u_2}{i_2} = \dfrac{h_{11} + R_i}{\Delta h + h_{22}\,R_i}$	R_i Generatorinnenwiderstand R_L Lastwiderstand

Formelzeichen	Einheit
h_{11}	Ω
h_{12}	1
h_{21}	1
h_{22}	S
r_e, r_a, R_L, R_i	Ω
V_i, V_u, V_p	1

Stromverstärkung V_i	$V_i = \dfrac{i_2}{i_1} = \dfrac{h_{21}}{1 + h_{22}\,R_L}$
Spannungsverstärkung V_u	$V_u = \dfrac{u_2}{u_1} = \dfrac{-h_{21}\,R_L}{h_{11} + R_L\,\Delta h}$
Leistungsverstärkung V_p	$V_p = \dfrac{P_2}{P_1} = V_u\,V_i = \dfrac{h_{21}^2\,R_L}{(1 + h_{22}\,R_L)\,(h_{11} + R_L\,\Delta h)}$

Halbleiterbauelemente

Vierpolparameter der y-Matrix (y = Leitwert)	(Schaltbild Transistor-Vierpol) $i_1 = y_{11}\,u_1 + y_{12}\,u_2$ $i_2 = y_{21}\,u_1 + y_{22}\,u_2$	Während die Vierpoleigenschaften der NF-Transistoren durch die bereits erwähnten h-Parameter gekennzeichnet sind, verwendet man bei den HF-Transistoren die Vierpolgrößen der Leitwertmatrix. $\begin{pmatrix} i_1 \\ i_2 \end{pmatrix} = \underbrace{\begin{pmatrix} y_{11} & y_{12} \\ y_{21} & y_{22} \end{pmatrix}}_{(y)} \begin{pmatrix} u_1 \\ u_2 \end{pmatrix}$
y-Parameter- Ersatzschaltung	(Ersatzschaltung)	
y-Parameter	$y_{11} = \dfrac{i_1}{u_1}$	Eingangsleitwert bei kurzgeschlossenem Ausgang ($u_2 = 0$)
	$y_{12} = \dfrac{i_1}{u_2}$	Rückwärtssteilheit bei kurzgeschlossenem Eingang ($u_1 = 0$)
	$y_{21} = \dfrac{i_2}{u_1}$	Vorwärtssteilheit bei kurzgeschlossenem Ausgang ($u_2 = 0$)
	$y_{22} = \dfrac{i_2}{u_2}$	Ausgangsleitwert bei kurzgeschlossenem Eingang ($u_1 = 0$)
Determinante	$\Delta y = y_{11}\,y_{22} - y_{12}\,y_{21}$	
Umrechnungen der y-Parameter in h-Parameter	$h_{11} = \dfrac{1}{y_{11}} \qquad h_{12} = -\dfrac{y_{12}}{y_{11}}$	
	$h_{21} = \dfrac{y_{21}}{y_{11}} \qquad h_{22} = \dfrac{\Delta y}{y_{11}}$	
	$\Delta h = \dfrac{y_{22}}{y_{11}}$	

Transistorstufe mit Außenbeschaltung	*(Schaltbild: Transistor-Vierpol mit R_i, Generator G, Z_e, u_1, i_1, i_2, Z_a, u_2, R_L)*
Eingangsimpedanz Z_e	$$Z_e = \frac{u_1}{i_1} = \frac{1 + y_{22}\,R_L}{y_{11} + \Delta y\,R_L}$$ R_i Generatorinnenwiderstand R_L Lastwiderstand
Ausgangsimpedanz Z_a	$$Z_a = \frac{u_2}{i_2} = \frac{1 + y_{11}\,R_i}{y_{22} + \Delta y\,R_i}$$
Stromverstärkung V_i	$$V_i = \frac{i_2}{i_1} = \frac{y_{21}}{y_{11} + \Delta y\,R_L}$$
Spannungsverstärkung V_u	$$V_u = \frac{u_2}{u_1} = \frac{-y_{21}\,R_L}{1 + y_{22}\,R_L}$$
Übertragungsfaktor V_p	$$V_p = \frac{u_2\,i_2}{u_1\,i_1} = \frac{\lvert y_{21}\rvert^2\,R_L}{(1 + y_{22}\,R_L)\,(y_{11} + \Delta y\,R_L)}$$

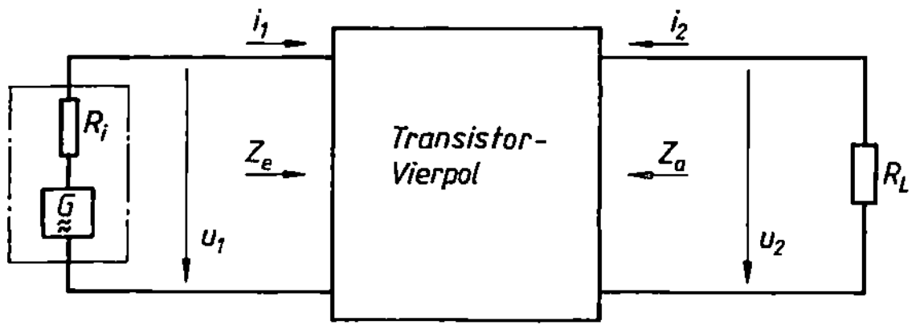

Formelzeichen	Einheit
y_{11}	S
y_{12}	S
y_{21}	S
y_{22}	S
Z_e, Z_a, R_L, R_i	Ω
V_i, V_u, V_p	1

Schaltverhalten eines Transistors in Emitterschaltung

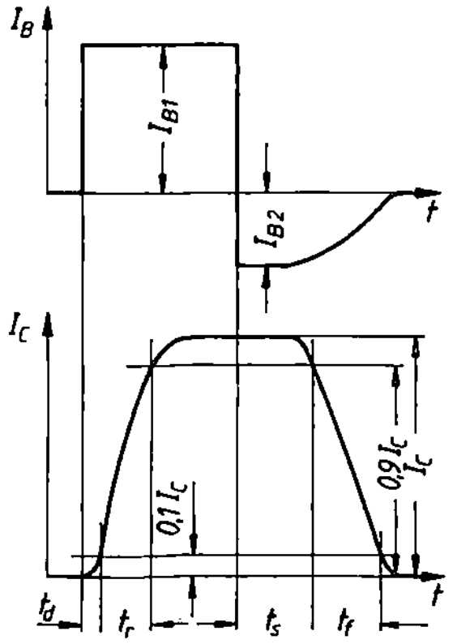

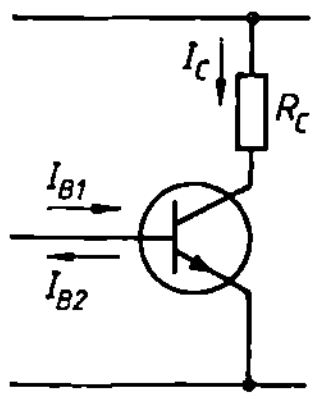

t_d Verzögerungszeit
t_r Anstiegszeit
t_s Speicherzeit
t_f Abfallzeit

t_{ein} Einschaltzeit
t_{aus} Ausschaltzeit

$$t_{ein} = t_d + t_r$$
$$t_{aus} = t_s + t_f$$

Die Schaltzeiten sind stark abhängig vom Transistortyp und der Transistorschaltung.

Halbleiterbauelemente

15.4 Feldeffekttransistoren (FET)

Übersicht

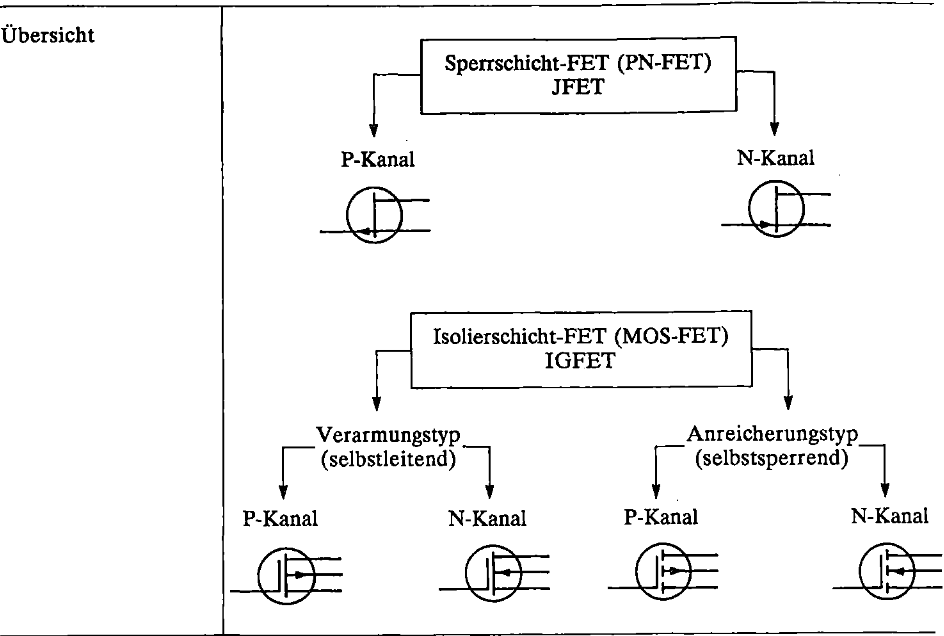

15.5 Der Sperrschicht-FET

Aufbau und Schaltzeichen eines N-Kanal-Sperrschicht-FET	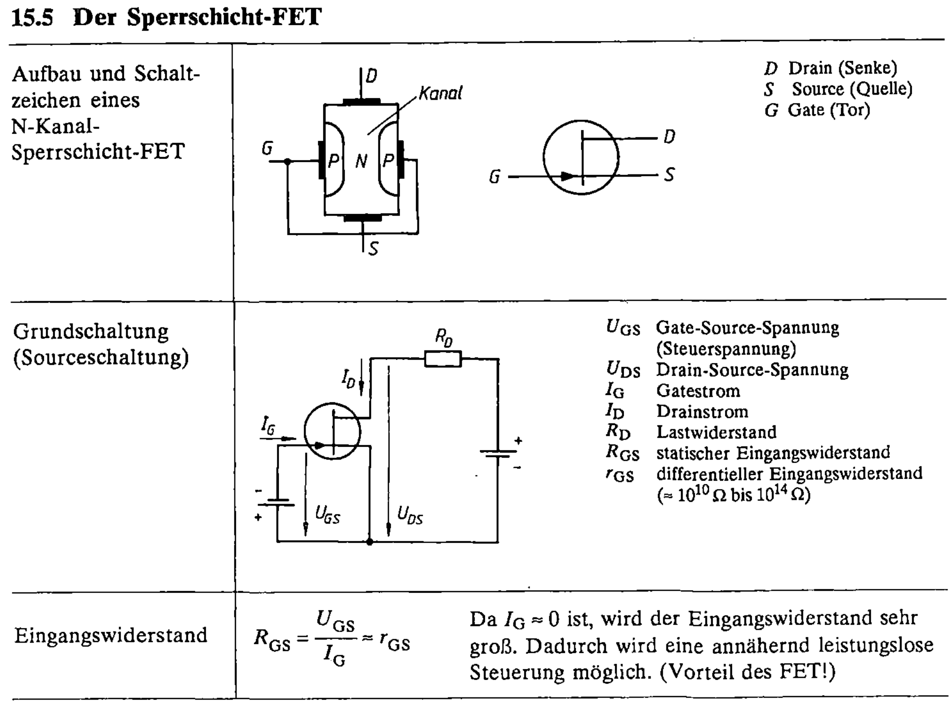	D Drain (Senke) S Source (Quelle) G Gate (Tor)

Grundschaltung (Sourceschaltung)

U_{GS} Gate-Source-Spannung (Steuerspannung)
U_{DS} Drain-Source-Spannung
I_G Gatestrom
I_D Drainstrom
R_D Lastwiderstand
R_{GS} statischer Eingangswiderstand
r_{GS} differentieller Eingangswiderstand ($\approx 10^{10}\,\Omega$ bis $10^{14}\,\Omega$)

Eingangswiderstand

$$R_{GS} = \frac{U_{GS}}{I_G} \approx r_{GS}$$

Da $I_G \approx 0$ ist, wird der Eingangswiderstand sehr groß. Dadurch wird eine annähernd leistungslose Steuerung möglich. (Vorteil des FET!)

Kennlinien eines N-Kanal-Sperrschicht-FET	
Eingangskennlinie $I_D = f(U_{GS})$	Ausgangskennlinienfeld $I_D = f(U_{DS})$

Benennungen	
U_{DSsat}	Kniespannung bzw. Drain-Source-Sättigungsspannung
I_{DSS}	Maximaler Drainstrom bei $U_{GS} = 0$
U_P	Abschnürspannung (pinch-off-Spannung) bei $I_D \approx 0$
ΔU_{GS}	Differenz der Gate-Source-Spannung
ΔI_D	Differenz des Drainstromes
r_{DS}	differentieller Ausgangswiderstand
y_{22}	Ausgangsleitwert
S, y_{21}	Steilheit (Transmittanz)
P_V	Verlustleistung

Steilheit	$S = y_{21} = \dfrac{\Delta I_D}{\Delta U_{GS}}$ für U_{DS} = konstant	Wichtiges Maß für die Spannungsverstärkung!

Drainstrom (aus der Eingangskennlinie)	$I_D = I_{DSS}\left(1 - \dfrac{U_{GS}}{U_P}\right)^2$	$U_{GS} = 0 \ \rightarrow I_D = I_{DSS}$ $U_{GS} = U_P \rightarrow I_D = 0$

Differentieller Ausgangswiderstand	$r_{DS} = \dfrac{1}{y_{22}} = \dfrac{\Delta U_{DS}}{\Delta I_D}$ für U_{GS} = konstant	Für den Abschnürbereich gilt die Näherung: $r_{DS} \approx \infty$, da $\Delta I_D \approx 0$

Kniespannung	$U_{DSsat} = U_{GS} - U_P$

Dynamische Spannungsverstärkung der Source-Schaltung	$V_U = \dfrac{\Delta U_{DS}}{\Delta U_{GS}} = S\,\dfrac{R_D\,r_{DS}}{R_D + r_{DS}} \approx S\,R_D$ für $R_D \ll r_{DS}$

Verlustleistung	$P_V = U_{DS}\,I_D \leq P_{tot}$	P_{tot} totale Verlustleistung

Halbleiterbauelemente

15.6 Isolierschicht-FET

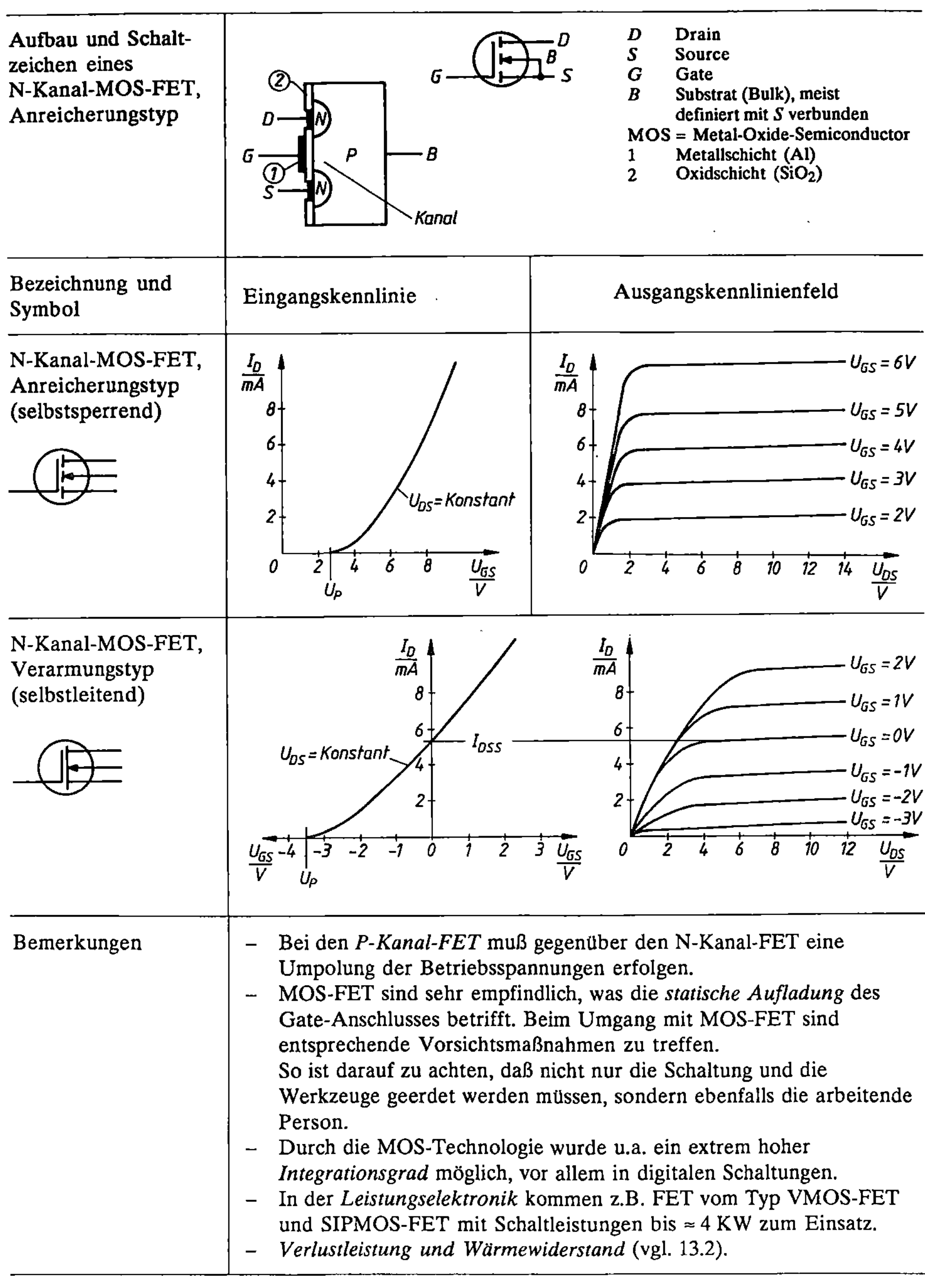

Aufbau und Schalt-zeichen eines N-Kanal-MOS-FET, Anreicherungstyp		
Bezeichnung und Symbol	**Eingangskennlinie**	**Ausgangskennlinienfeld**
N-Kanal-MOS-FET, Anreicherungstyp (selbstsperrend)		
N-Kanal-MOS-FET, Verarmungstyp (selbstleitend)		

Bemerkungen

- Bei den *P-Kanal-FET* muß gegenüber den N-Kanal-FET eine Umpolung der Betriebsspannungen erfolgen.
- MOS-FET sind sehr empfindlich, was die *statische Aufladung* des Gate-Anschlusses betrifft. Beim Umgang mit MOS-FET sind entsprechende Vorsichtsmaßnahmen zu treffen. So ist darauf zu achten, daß nicht nur die Schaltung und die Werkzeuge geerdet werden müssen, sondern ebenfalls die arbeitende Person.
- Durch die MOS-Technologie wurde u.a. ein extrem hoher *Integrationsgrad* möglich, vor allem in digitalen Schaltungen.
- In der *Leistungselektronik* kommen z.B. FET vom Typ VMOS-FET und SIPMOS-FET mit Schaltleistungen bis ≈ 4 KW zum Einsatz.
- *Verlustleistung und Wärmewiderstand* (vgl. 13.2).

Technische Daten

15.7 Kenndaten und Kennlinien eines NPN-Transistors

Beispieltyp BC108B	NPN-Silizium-Planar-Transistor für NF-Vor- und Treiberstufen aus der Transistorfamilie BC 107, BC 108 und BC 109. Die Eingruppierung der Transistoren erfolgt nach der statischen Stromverstärkung B in die Gruppen A, B (Beispieltyp) und C.
Gehäuse und Maße	Metallgehäuse 18 A 3 DIN 41 876 (TO-18). Der Kollektor ist hier elektrisch mit dem Gehäuse verbunden. Maße in mm.

Ausgewählte Grenzwerte	Kollektor-Emitter-Spannung	U_{CES}	$= 30$ V
	Kollektor-Emitter-Spannung	U_{CE0}	$= 20$ V
	Emitter-Basis-Spannung	U_{EB0}	$= 5$ V
	Kollektorstrom	I_C	$= 100$ mA
	Kollektor-Spitzenstrom	I_{CM}	$= 200$ mA
	Basisstrom	I_B	$= 50$ mA
	Totale Verlustleistung	P_{tot}	$= 300$ mW
	Sperrschichttemperatur	T_j	$= 175$ °C
	Wärmewiderstand	R_{thJU}	≤ 500 K/W
Ausgewählte statische Kennwerte bei $U_{CE} = 5$ V und $T_U = 125$ °C	Kollektor-Basis-Stromverhältnis bei $U_{CE} = 5$ V und $I_C = 10$ µA	B	$= 150$
	bei $U_{CE} = 5$ V und $I_C = 2$ mA	B	$= 290$
	bei $U_{CE} = 5$ V und $I_C = 100$ mA	B	$= 200$
	Sättigungsspannung bei $U_{CE} = 5$ V, $I_C = 10$ mA und $I_B = 0,5$ mA	U_{CEsat} U_{BEsat}	$= 70$ mV $= 730$ mV
	Basis-Emitter-Spannung bei $U_{CE} = 5$ V und $I_C = 2$ mA	U_{BE}	$= 620$ mV
	Kollektor-Emitter-Reststrom bei $U_{CES} = 30$ V	I_{CES}	$= 0,2$ µA
Ausgewählte dynamische Kennwerte bei $T_U = 25$ °C	h-Parameter bei $U_{CE} = 5$ V, $I_C = 2$ mA und $f = 1$ kHz, Emitterschaltung		
	Eingangswiderstand	h_{11e}	$= 4,5$ kΩ
	Spannungsrückwirkung	h_{12e}	$= 2 \cdot 10^{-4}$
	Stromverstärkung	h_{21e}	$= 330$
	Ausgangsleitwert	h_{22e}	$= 30$ µS
	Transitfrequenz bei $U_{CE} = 5$ V, $I_C = 10$ mA und $f = 100$ MHz	f_T	$= 250$ MHz

Halbleiterbauelemente

Ausgewählte Kennlinien der Transistorfamilie BC 107, BC 108, BC 109

Eingangskennlinie $I_B = f(U_{BE})$
$U_{CE} = 5$ V (Emitterschaltung)

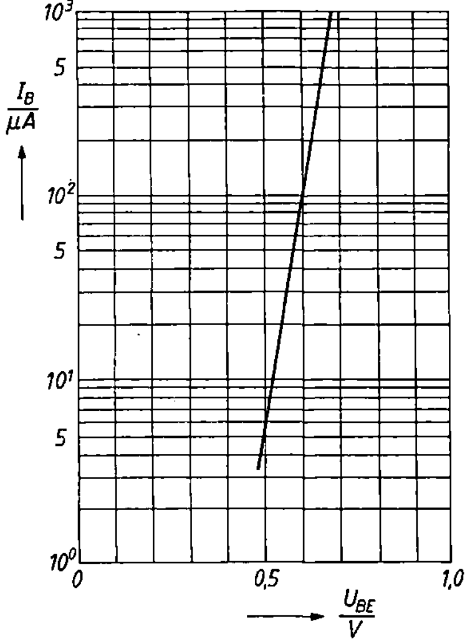

Ausgangskennlinien $I_C = f(U_{CE})$
I_B = Parameter (Emitterschaltung)

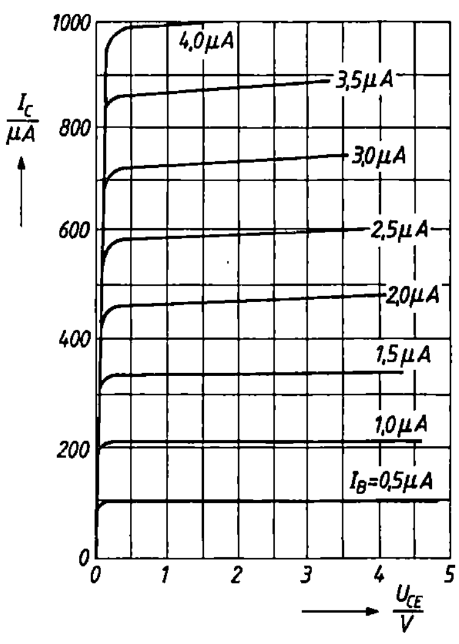

Stromverstärkung $B = f(I_C)$
$U_{CE} = 5$ V
T_U = Parameter (Emitterschaltung)

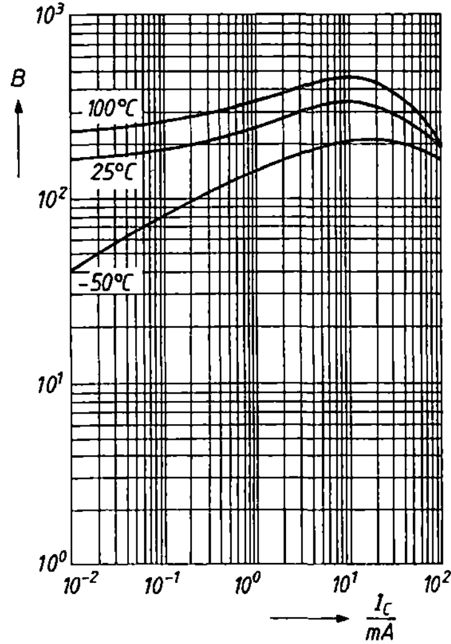

Temperaturabhängigkeit der totalen
Verlustleistung $P_{tot} = f(T)$
R_{th} = Parameter

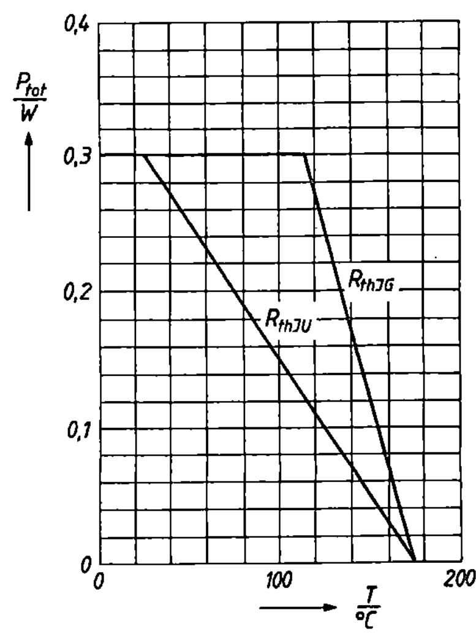

Ausgewählte Kennlinien der Transistorfamilie BC 107, BC 108, BC 109

Stromabhängigkeit der h-Parameter

$$H_e = \frac{h_e(I_C)}{h_e(I_C = 2mA)} = f(I_C);\ U_{CE} = 5V$$

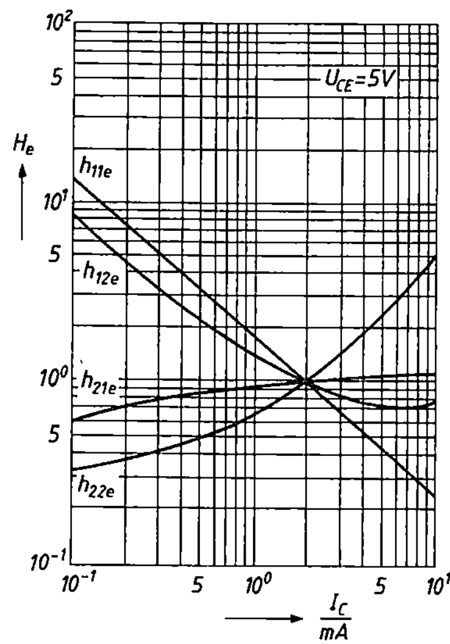

Spannungsabhängigkeit der h-Parameter

$$H_e = \frac{h_e(U_{CE})}{h_e(U_{CE} = 5V)} = f(U_{CE});\ I_C = 2mA$$

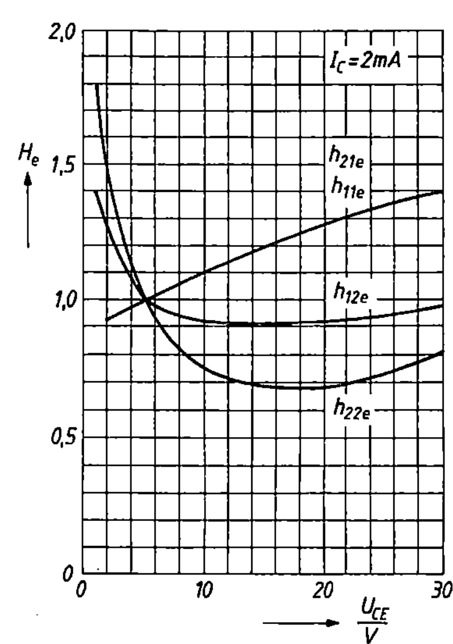

Transitfrequenz $f_T = f(I_C)$
U_{CE} = Parameter

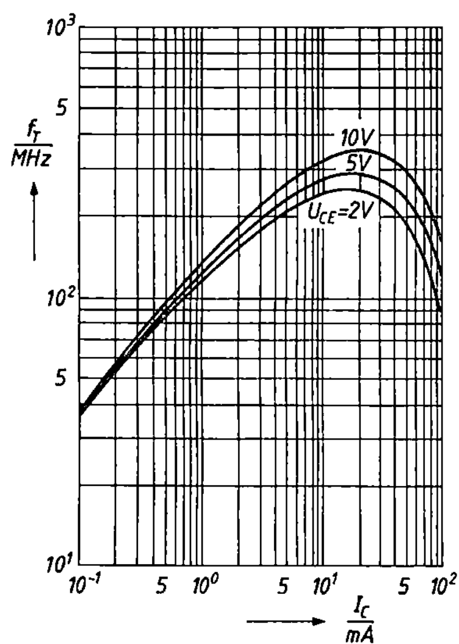

Zulässige Impulsbelastbarkeit $r_{thJG} = f(t)$
v = Parameter

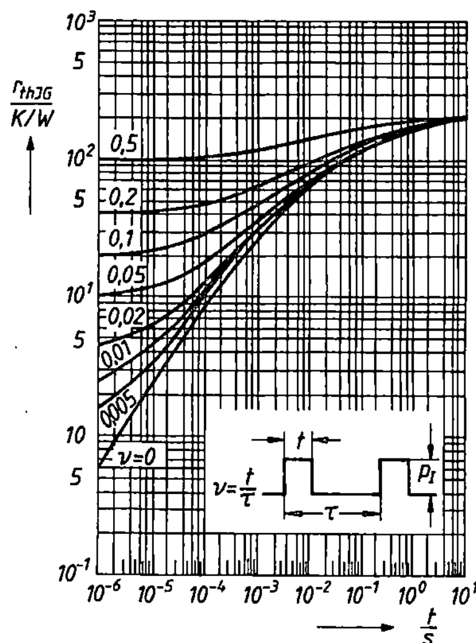

Halbleiterbauelemente

15.8 Kenndaten und Kennlinien eines Feldeffekttransistors

Beispieltyp BF 245	N-Kanal-Sperrschicht-Feldeffekttransistor. Besonders geeignet für Gleichstrom-, NF- und HF-Verstärker.
Gehäuse und Maße	Kunststoffgehäuse 10A3 DIN 41 868 ($\approx$ TO-92) Maße in mm

2,5max DS G 4,2max 2,54 12,7min 5,2max 4,8max

Ausgewählte Grenzwerte			
	Drain-Source-Spannung	$\pm U_{DS}$	$= 30$ V
	Drain-Gate-Spannung ($I_S = 0$)	$+ U_{DG}$	$= 30$ V
	Gate-Source-Spannung ($I_D = 0$)	$- U_{GS}$	$\doteq 30$ V
	Drainstrom	I_D	$= 25$ mA
	Gatestrom	I_G	$= 10$ mA
	Gesamtverlustleistung bei $T_U \leq 75\,^\circ$C	P_{tot}	$= 300$ mW
	Sperrschichttemperatur	T_j	$= 150\,^\circ$C
	Wärmewiderstand	R_{thJU}	≤ 250 K/W

Ausgewählte statische Kennwerte bei $T_j = 25\,^\circ$C			
	Gate-Reststrom		
	bei $- U_{GS} = 20$ V und $U_{DS} = 0$	$- I_{GS,s}$	$\leq\ \ 5$ nA
	bei $- U_{GS} = 20$ V, $U_{DS} = 0$ und $T_j = 125\,^\circ$C	$- I_{GS,s}$	≤ 500 nA
	Gate-Source-Durchbruchspannung		
	bei $- I_G = 1\ \mu$A und $U_{DS} = 0$	$- U_{(BR)\,GS,s}$	$\geq\ \ 30$ V
	Drain-Source-Kurzschlußstrom		
	bei $U_{DS} = 15$ V und $U_{GS} = 0$ BF245A:	$I_{DS,s}$	$= (2 \dots 6{,}5)$ mA
	BF245B:	$I_{DS,s}$	$= (\ 6 \dots 15)$ mA
	BF245C:	$I_{DS,s}$	$= (12 \dots 25)$ mA
	Gate-Source-Spannung		
	bei $U_{DS} = 15$ V und $I_D = 200\ \mu$A BF245A:	$- U_{GS}$	$= (0{,}4 \dots 2{,}2)$ V
	BF245B:	$- U_{GS}$	$= (1{,}6 \dots 3{,}8)$ V
	BF245C:	$- U_{GS}$	$= (3{,}2 \dots 7{,}5)$ V
	Gate-Source-Abschnürspannung		
	bei $U_{DS} = 15$ V und $I_D = 10$ nA	$- U_P$	$= (0{,}5 \dots 8)$ V

Ausgewählte dynamische Kennwerte bei $T_U = 25\,^\circ$C			
	Vierpolgrößen		
	bei $U_{DS} = 15$ V, $U_{GS} = 0$ und $f = 1$ kHz	$\|y_{21s}\|$	$= (3{,}0 \dots 6{,}5)$ mS
		$\|y_{22s}\|$	$=\ \ 25\ \mu$S
	bei $U_{DS} = 15$ V, $U_{GS} = 0$ und $f = 200$ MHz	g_{11s}	$= 250\ \mu$S
		$\|y_{21s}\|$	$=\ \ 6$ mS
		g_{22s}	$=\ \ 40\ \mu$S
	bei $U_{DS} = 20$ V, $- U_{GS} = 1$ V und $f = 1$ MHz	C_{11s}	$=\ \ 4$ pF
		C_{12s}	$=\ \ 1{,}1$ pF
		C_{22s}	$=\ \ 1{,}6$ pF
	Grenzfrequenz der Vorwärtssteilheit		
	bei $U_{DS} = 15$ V und $U_{GS} = 0$	f_{y21s}	$= 700$ MHz
	Rauschzahl	F	$= 1{,}5$ dB
	bei $U_{DS} = 15$ V, $U_{GS} = 0$, $R_G = 1$ kΩ, $f = 100$ MHz, $T_U = 25\,^\circ$C		

Ausgewählte Kennlinien des Feldeffekttransistors BF 245

Übertragungskennlinie $I_D = f(-U_{GS})$
$U_{DS} = 15$ V; $T_j = 25$ °C
BF 245A

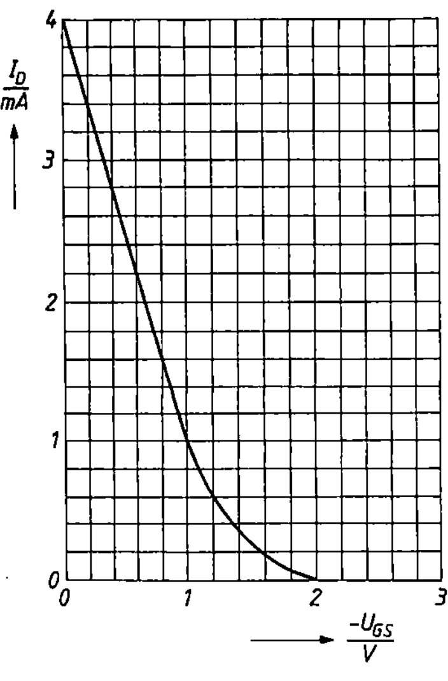

Ausgangskennlinien $I_D = f(U_{DS})$
$T_j = 25$ °C; U_{GS} = Parameter

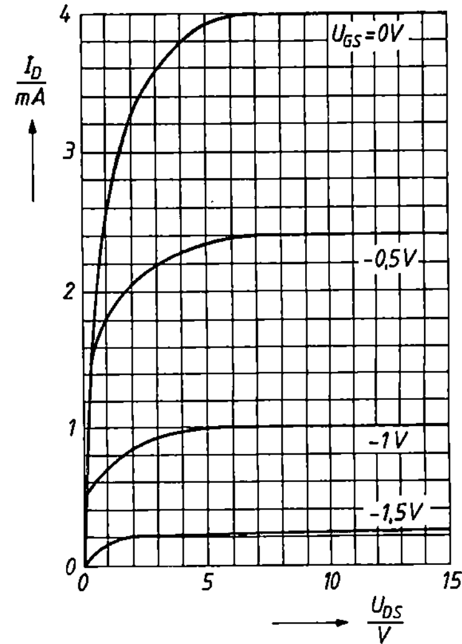

Temperaturabhängigkeit des
Drainstroms $I_D = f(T_j)$
$U_{DS} = 15$ V; U_{GS} = Parameter
BF 245A

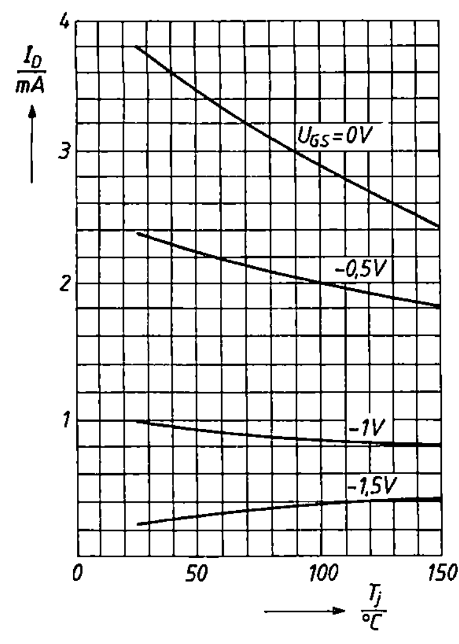

Vorwärtssteilheit $y_{21s} = f(I_D)$
$U_{DS} = 15$ V; $f = 1$ kHz; $T_U = 25$ °C

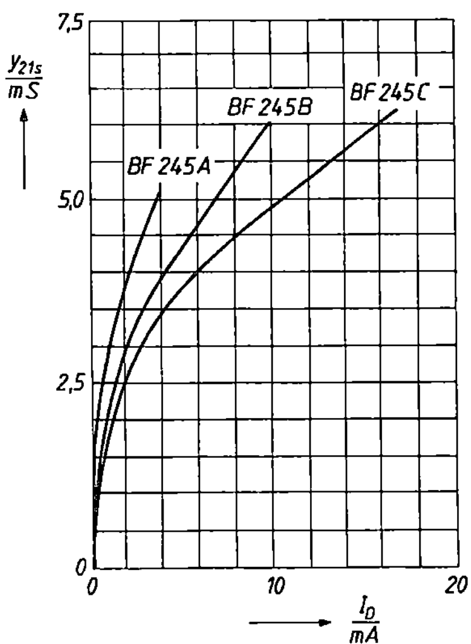

16 Operationsverstärker

16.1 Kennwerte und Betriebsarten des Operationsverstärkers (OP)

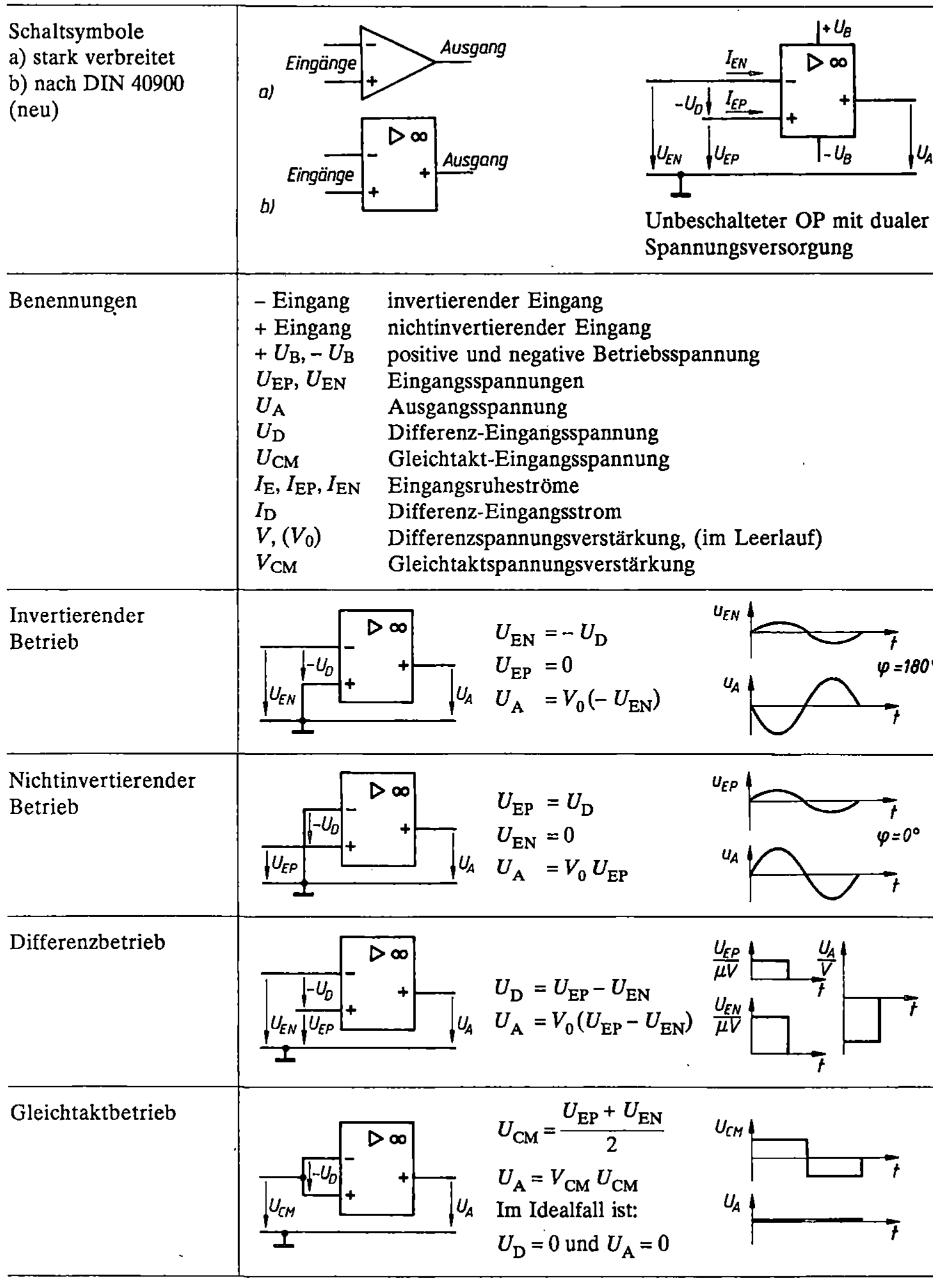

Schaltsymbole a) stark verbreitet b) nach DIN 40900 (neu)	Unbeschalteter OP mit dualer Spannungsversorgung
Benennungen	− Eingang invertierender Eingang + Eingang nichtinvertierender Eingang $+U_B, -U_B$ positive und negative Betriebsspannung U_{EP}, U_{EN} Eingangsspannungen U_A Ausgangsspannung U_D Differenz-Eingangsspannung U_{CM} Gleichtakt-Eingangsspannung I_E, I_{EP}, I_{EN} Eingangsruheströme I_D Differenz-Eingangsstrom $V, (V_0)$ Differenzspannungsverstärkung, (im Leerlauf) V_{CM} Gleichtaktspannungsverstärkung
Invertierender Betrieb	$U_{EN} = -U_D$ $U_{EP} = 0$ $U_A = V_0(-U_{EN})$ $\varphi = 180°$
Nichtinvertierender Betrieb	$U_{EP} = U_D$ $U_{EN} = 0$ $U_A = V_0\,U_{EP}$ $\varphi = 0°$
Differenzbetrieb	$U_D = U_{EP} - U_{EN}$ $U_A = V_0(U_{EP} - U_{EN})$
Gleichtaktbetrieb	$U_{CM} = \dfrac{U_{EP} + U_{EN}}{2}$ $U_A = V_{CM}\,U_{CM}$ Im Idealfall ist: $U_D = 0$ und $U_A = 0$

Differenzspannungs-verstärkung im Leerlauf (open-loop-gain)	$V_0 = \dfrac{U_A}{U_D}$	$V_0 = 20\,\lg\dfrac{U_A}{U_D}$ V_0 in dB
Gleichtakt-Spannungs-Verstärkung (common-mode-gain)	$V_{CM} = \dfrac{U_A}{U_{CM}}$	$V_{CM} = 20\,\lg\dfrac{U_A}{U_{CM}}$ V_{CM} in dB
Gleichtakt-Unterdrückung	$G = \dfrac{V_0}{V_{CM}}$	$G = V_0 - V_{CM}$ $G,\ V_0,\ V_{CM}$ in dB
Mittlerer Eingangsruhestrom	$I_E = \dfrac{I_{EP} + I_{EN}}{2}$	bei $U_A = 0$
Eingangsoffset-spannung	$U_{E0} = U_{EP} - U_{EN}$	bei $U_A = 0$
Eingangsoffsetstrom	$I_{E0} = I_{EP} - I_{EN}$	bei $U_{EP} = U_{EN} = 0$ *meist gilt:* $I_{E0} \approx 0{,}1\,I_E$

16.2 Idealer und realer OP

Idealer OP		Leerlauf-Spannungsverstärkung $V_0 = \infty$ Gleichtaktunterdrückung $G = \infty$ Eingangsinnenwiderstand $r_{E,i} = \infty$ Ausgangsinnenwiderstand $r_{A,i} = 0$ Eingangsruhestrom $I_E = 0$ Offsetstrom $I_{E0} = 0$ Offsetspannung $U_{E0} = 0$
Realer OP Vereinfachtes Ersatzschaltbild und typische Werte		V_0 zwischen 10^4 (80 dB) und 10^5 (100 dB) G zwischen 80 dB und 120 dB $r_{E,i}$ 100 kΩ bis über 1 GΩ (bei FET) $r_{A,i}$ 10 Ω bis 200 Ω (< 1 kΩ) I_E 100 nA bis 1000 nA (bei FET 0,1 nA … 10 nA) I_{E0} 20 nA bis 200 nA (bei FET bis ≤ 2 nA) U_{E0} 0,1 mV bis 10 mV
Dynamischer Eingangsinnenwider-stand des OP	$r_{E,i} = \dfrac{U_D}{I_E}$	$r_{E,i}$ Dynamischer Eingangsinnenwiderstand U_D Eingangswechselspannung I_E Eingangswechselstrom
Dynamischer Aus-gangsinnenwider-stand des OP	$r_{A,i} = \dfrac{\Delta U_A}{\Delta I_A}$	$r_{A,i}$ Dynamischer Ausgangsinnenwiderstand ΔU_A Änderung der Ausgangswechselspannung ΔI_A Änderung des Ausgangswechselstromes

Halbleiterbauelemente

16.3 Invertierender Verstärker

Schaltung und Benennungen	U_E Eingangsspannung U_A Ausgangsspannung V Spannungsverstärkung V_0 Leerlauf-Spannungsverstärkung R_1 Beschaltungswiderstand R_0 Gegenkopplungswiderstand U_1, U_0 Spannungsabfälle an R_1, R_0 U_D Differenz-Eingangsspannung

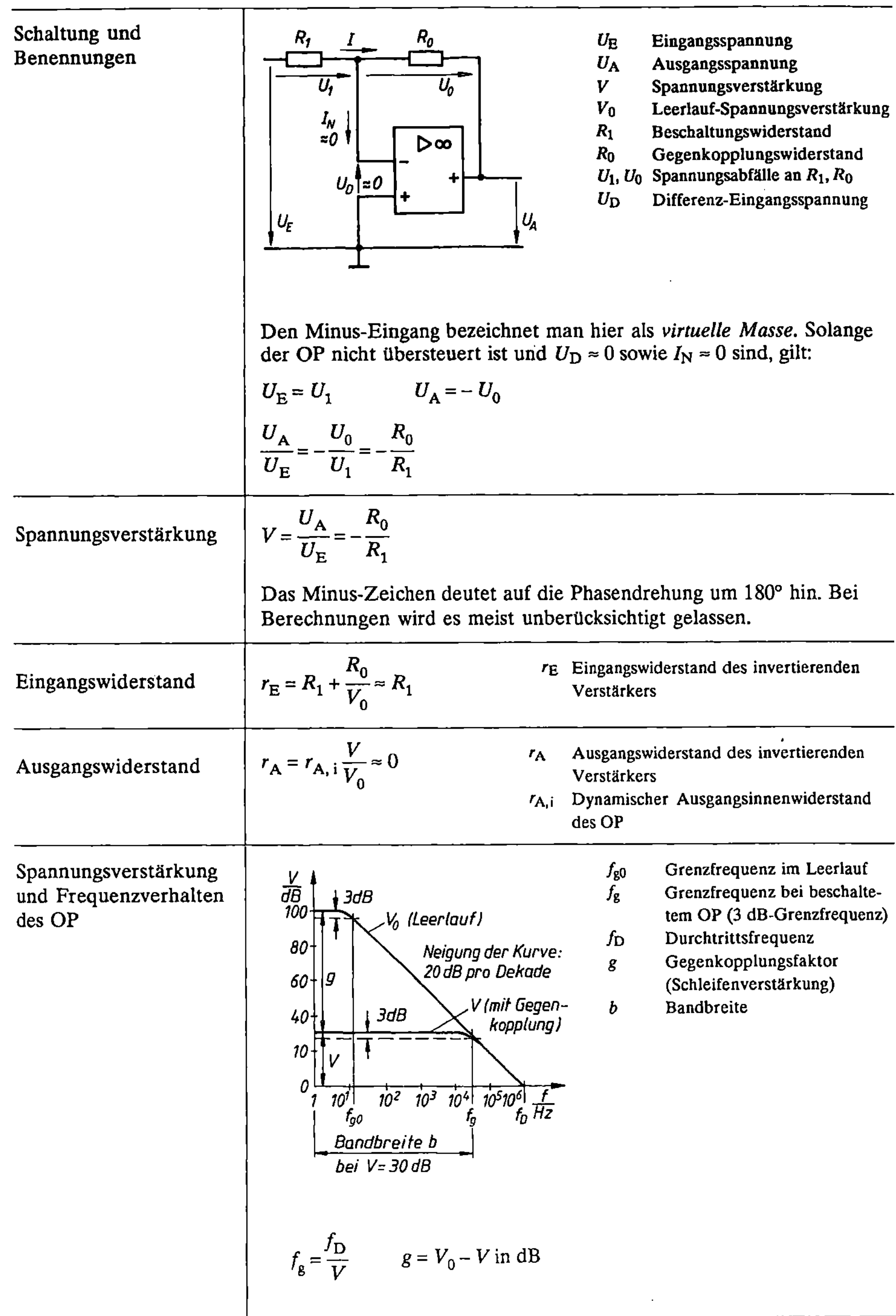

Den Minus-Eingang bezeichnet man hier als *virtuelle Masse*. Solange der OP nicht übersteuert ist und $U_\text{D} \approx 0$ sowie $I_\text{N} \approx 0$ sind, gilt:

$$U_\text{E} = U_1 \qquad U_\text{A} = -U_0$$

$$\frac{U_\text{A}}{U_\text{E}} = -\frac{U_0}{U_1} = -\frac{R_0}{R_1}$$

Spannungsverstärkung	$$V = \frac{U_\text{A}}{U_\text{E}} = -\frac{R_0}{R_1}$$ Das Minus-Zeichen deutet auf die Phasendrehung um 180° hin. Bei Berechnungen wird es meist unberücksichtigt gelassen.
Eingangswiderstand	$r_\text{E} = R_1 + \dfrac{R_0}{V_0} \approx R_1$ r_E Eingangswiderstand des invertierenden Verstärkers
Ausgangswiderstand	$r_\text{A} = r_{\text{A,i}} \dfrac{V}{V_0} \approx 0$ r_A Ausgangswiderstand des invertierenden Verstärkers $r_{\text{A,i}}$ Dynamischer Ausgangsinnenwiderstand des OP
Spannungsverstärkung und Frequenzverhalten des OP	$f_{\text{g}0}$ Grenzfrequenz im Leerlauf f_g Grenzfrequenz bei beschaltetem OP (3 dB-Grenzfrequenz) f_D Durchtrittsfrequenz g Gegenkopplungsfaktor (Schleifenverstärkung) b Bandbreite $$f_\text{g} = \frac{f_\text{D}}{V} \qquad g = V_0 - V \text{ in dB}$$

16.4 Nichtinvertierender Verstärker

Schaltung und Benennungen	

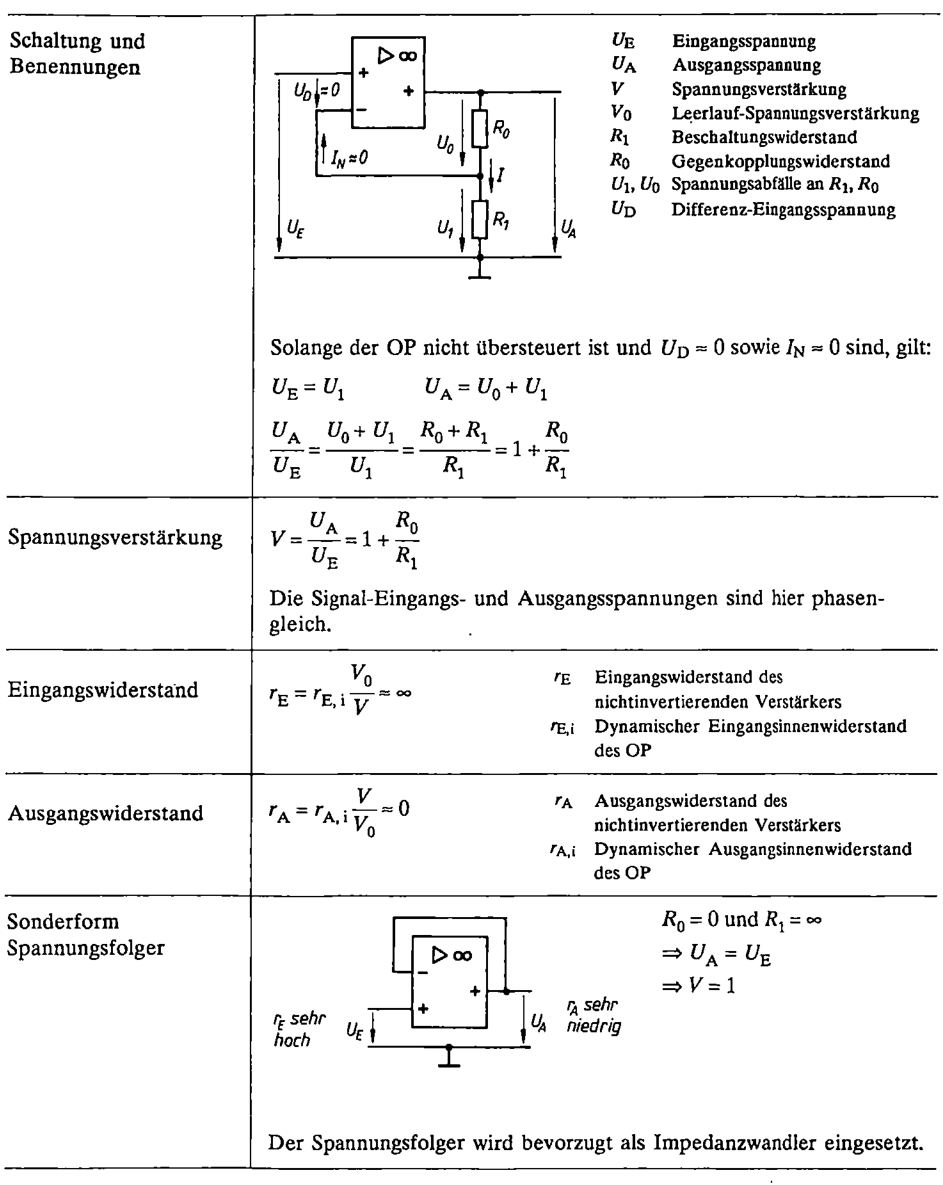

	U_E Eingangsspannung
	U_A Ausgangsspannung
	V Spannungsverstärkung
	V_0 Leerlauf-Spannungsverstärkung
	R_1 Beschaltungswiderstand
	R_0 Gegenkopplungswiderstand
	U_1, U_0 Spannungsabfälle an R_1, R_0
	U_D Differenz-Eingangsspannung

Solange der OP nicht übersteuert ist und $U_D \approx 0$ sowie $I_N \approx 0$ sind, gilt:

$$U_E = U_1 \qquad U_A = U_0 + U_1$$

$$\frac{U_A}{U_E} = \frac{U_0 + U_1}{U_1} = \frac{R_0 + R_1}{R_1} = 1 + \frac{R_0}{R_1}$$

Spannungsverstärkung	

$$V = \frac{U_A}{U_E} = 1 + \frac{R_0}{R_1}$$

Die Signal-Eingangs- und Ausgangsspannungen sind hier phasengleich.

Eingangswiderstand	

$$r_E = r_{E,i} \frac{V_0}{V} \approx \infty$$

r_E Eingangswiderstand des nichtinvertierenden Verstärkers

$r_{E,i}$ Dynamischer Eingangsinnenwiderstand des OP

Ausgangswiderstand	

$$r_A = r_{A,i} \frac{V}{V_0} \approx 0$$

r_A Ausgangswiderstand des nichtinvertierenden Verstärkers

$r_{A,i}$ Dynamischer Ausgangsinnenwiderstand des OP

Sonderform Spannungsfolger	

$R_0 = 0$ und $R_1 = \infty$

$$\Rightarrow U_A = U_E$$

$$\Rightarrow V = 1$$

Der Spannungsfolger wird bevorzugt als Impedanzwandler eingesetzt.

Operationsverstärker

Technische Daten

16.5 Kenndaten und Anschlüsse eines Standard-Operationsverstärkers

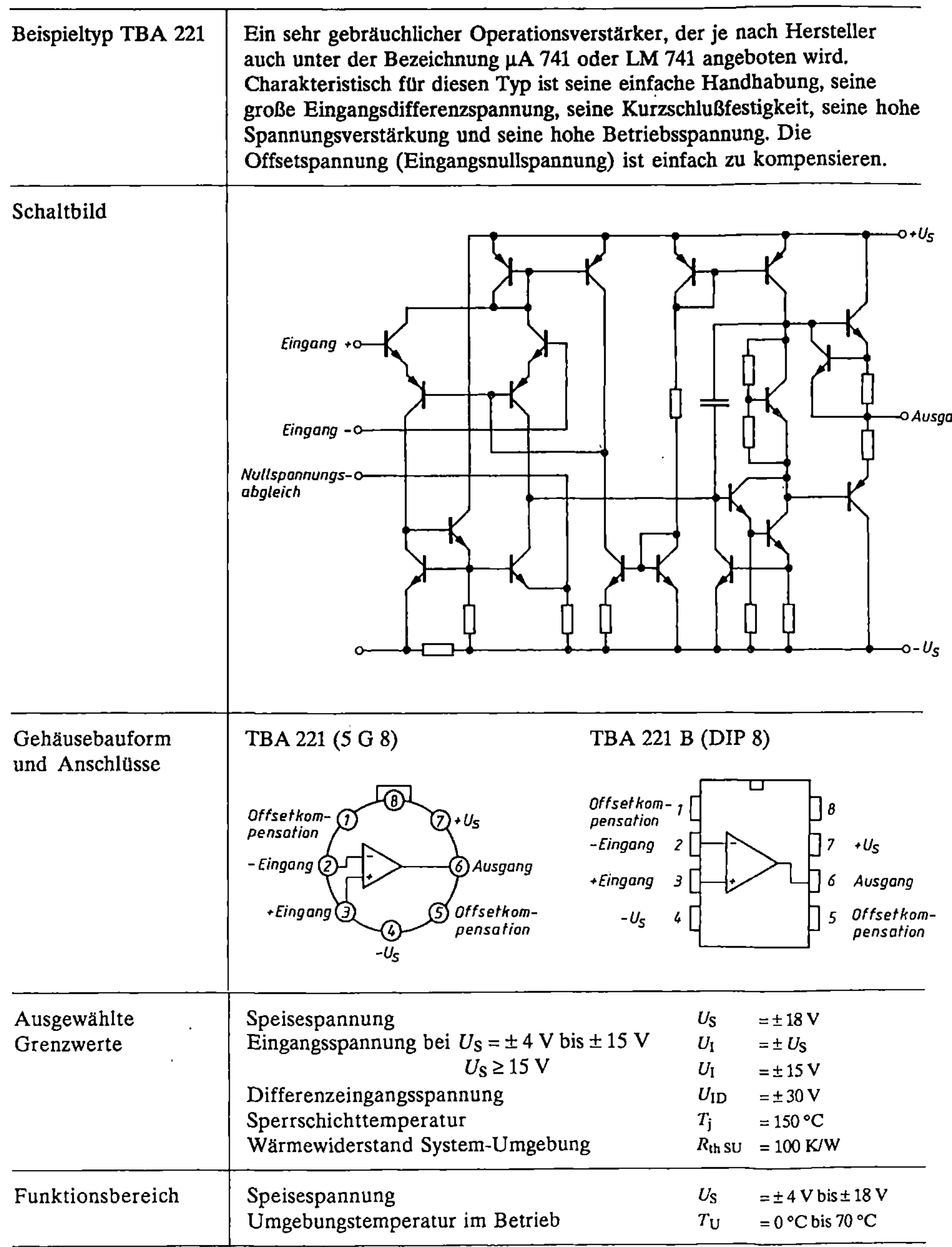

Beispieltyp TBA 221	Ein sehr gebräuchlicher Operationsverstärker, der je nach Hersteller auch unter der Bezeichnung µA 741 oder LM 741 angeboten wird. Charakteristisch für diesen Typ ist seine einfache Handhabung, seine große Eingangsdifferenzspannung, seine Kurzschlußfestigkeit, seine hohe Spannungsverstärkung und seine hohe Betriebsspannung. Die Offsetspannung (Eingangsnullspannung) ist einfach zu kompensieren.

Schaltbild	
Gehäusebauform und Anschlüsse	TBA 221 (5 G 8) — TBA 221 B (DIP 8)

Ausgewählte Grenzwerte	Speisespannung	U_S	$= \pm 18$ V
	Eingangsspannung bei $U_S = \pm 4$ V bis ± 15 V	U_I	$= \pm U_S$
	$\qquad\qquad\qquad\qquad U_S \geq 15$ V	U_I	$= \pm 15$ V
	Differenzeingangsspannung	U_{ID}	$= \pm 30$ V
	Sperrschichttemperatur	T_j	$= 150\,°C$
	Wärmewiderstand System-Umgebung	$R_{th\,SU}$	$= 100$ K/W
Funktionsbereich	Speisespannung	U_S	$= \pm 4$ V bis ± 18 V
	Umgebungstemperatur im Betrieb	T_U	$= 0\,°C$ bis $70\,°C$

Kenndaten	Ausgewählte Kenndaten $U_S = \pm 15$ V $T_U = 25\,°C$	min.	typ.	max.	Einheit
Eingangsnullspannung $(R_G \leq 10\ k\Omega)$	U_{I0}	-6		6	mV
Einstellbereich der Eingangsnullspannung	U_{I0}	6	± 15	-6	mV
Eingangsnullstrom	I_{I0}	-200	± 20	200	nA
Eingangsstrom	I_I		80	500	nA
Stromaufnahme	I_S		1,7	2,8	mA
positiver Ausgangs-kurzschlußstrom	I_{QS+}	15	20	25	mA
negativer Ausgangs-kurzschlußstrom	I_{QS-}	-25	-20	-15	mA
Eingangswiderstand	R_I	300	2000		$k\Omega$
Eingangskapazität	C_I		1,4		pF
Ausgangswiderstand	R_Q		75		Ω
Ausgangsspannung $(R_L \geq 10\ k\Omega)$	U_{Qss}	13	± 14	$-12,5$	V
$(R_L \geq\ 2\ k\Omega)$	U_{Qss}	11	± 13	-11	V
Eingangsgleichtakt-Spannungsbereich	U_{IC}	12	± 13	-12	V
Spannungsverstärkung $(U_{Qss} = \pm 10$ V, $R_L \geq 2\ k\Omega)$	V_{U0}	86	100		dB
Gleichtaktunterdrückung $(R_G \leq 10\ k\Omega)$	k_{CMR}	70	90		dB
Betriebsspannungs-unterdrückung	k_{SVR}		30	150	$\mu V/V$
Einschwingverhalten der Ausgangsspannung bei $V_U = 1$ Anstiegszeit $(U_I = 20$ mV, $R_L = 2\ k\Omega, C_L = < 100\ pF)$	t_r		0,3		μs
Überschwingen			5		%
Anstiegsgeschwindigkeit $(R_L \leq 2\ k\Omega)$	S		0,5		$V/\mu s$
Temperaturkoeffizient der U_{I0}	α_{UI0}		3		$\mu V/K$
Temperaturkoeffizient des I_{I0}	α_{II0}		0,4		nA/K

Nullspannungsabgleich

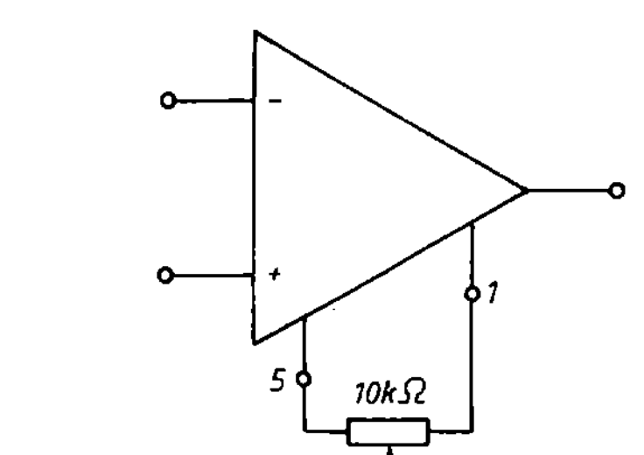

Einschwingverhalten

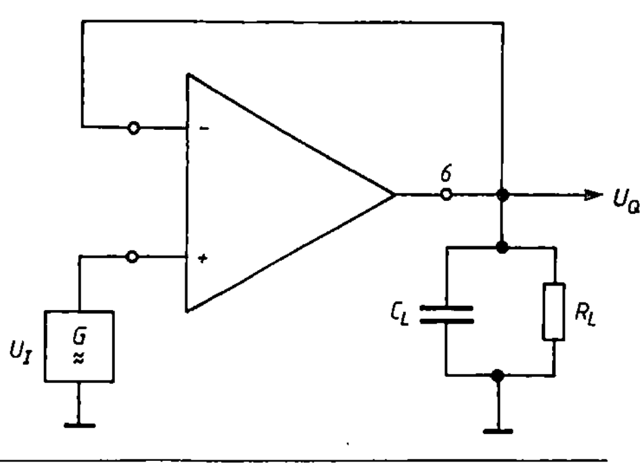

17 Thyristoren

17.1 Grundschaltung und Kenndaten

Grundschaltung	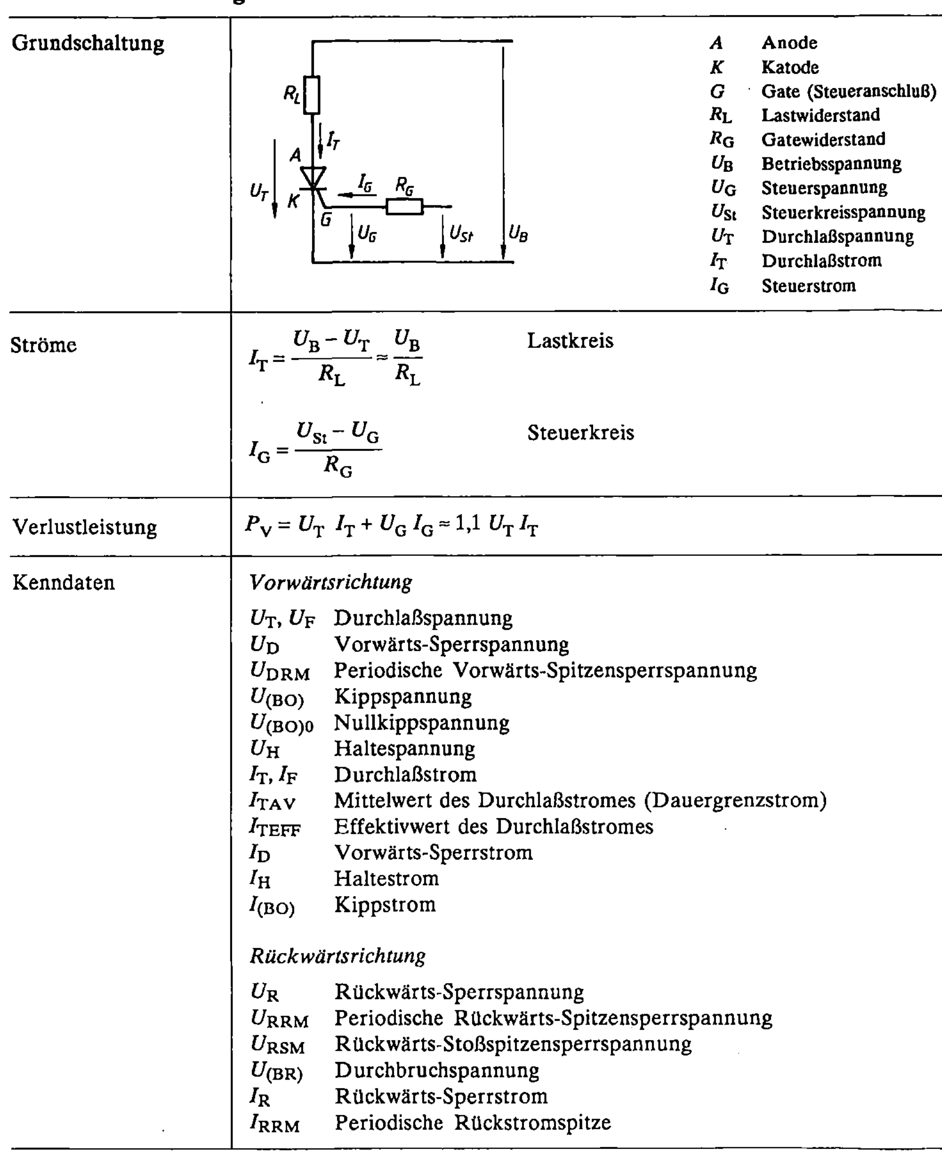

Ströme

$$I_T = \frac{U_B - U_T}{R_L} \approx \frac{U_B}{R_L} \qquad \text{Lastkreis}$$

$$I_G = \frac{U_{St} - U_G}{R_G} \qquad \text{Steuerkreis}$$

Verlustleistung

$$P_V = U_T\, I_T + U_G\, I_G \approx 1,1\ U_T\, I_T$$

Kenndaten

Vorwärtsrichtung

U_T, U_F	Durchlaßspannung
U_D	Vorwärts-Sperrspannung
U_{DRM}	Periodische Vorwärts-Spitzensperrspannung
$U_{(BO)}$	Kippspannung
$U_{(BO)0}$	Nullkippspannung
U_H	Haltespannung
I_T, I_F	Durchlaßstrom
I_{TAV}	Mittelwert des Durchlaßstromes (Dauergrenzstrom)
I_{TEFF}	Effektivwert des Durchlaßstromes
I_D	Vorwärts-Sperrstrom
I_H	Haltestrom
$I_{(BO)}$	Kippstrom

Rückwärtsrichtung

U_R	Rückwärts-Sperrspannung
U_{RRM}	Periodische Rückwärts-Spitzensperrspannung
U_{RSM}	Rückwärts-Stoßspitzensperrspannung
$U_{(BR)}$	Durchbruchspannung
I_R	Rückwärts-Sperrstrom
I_{RRM}	Periodische Rückstromspitze

17.2 Ausgewählte Thyristorbauelemente

<table>
<tr><th>Bezeichnung und Symbol</th><th>Charakteristische Kennlinie</th><th>Schaltung und Schaltverhalten</th></tr>
<tr><td>Vierschichtdiode
(Einrichtungs-Thyristordiode)
</td>
<td>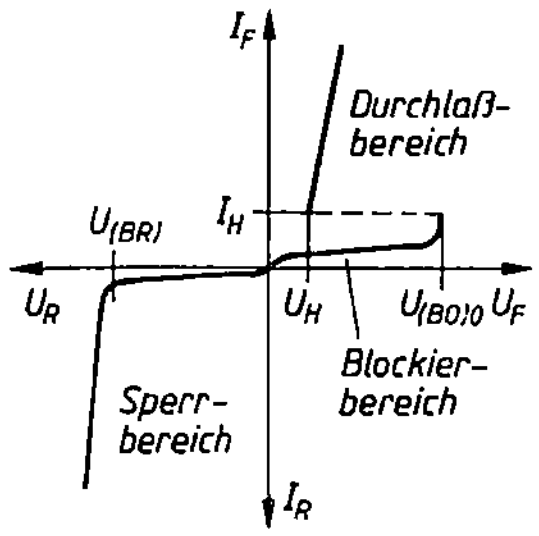</td>
<td>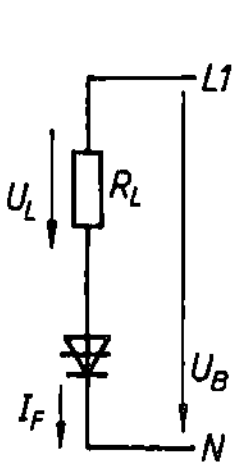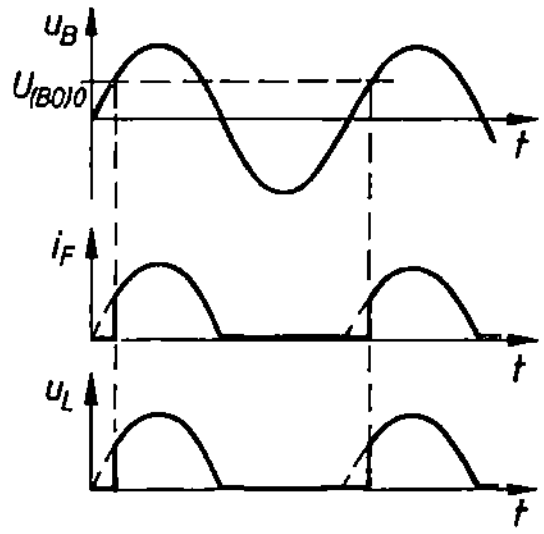</td></tr>
<tr><td></td><td colspan="2">Auswahl typischer Werte: Nullkippspannung $U_{(BO)0}$ ≈ 50 V
Haltestrom I_H ≈ 10 mA bis 50 mA
Haltespannung U_H ≈ 1 V
Durchlaßstrom I_F ≈ bis 200 mA

Anwendungsbeispiele: Kippschaltungen, Impulsverstärker, Zählstufen.
Zum Ansteuern von Thyristortrioden (Thyristoren).</td></tr>
<tr><td>Diac
(Zweirichtungs-Diode
im Dreischicht-aufbau)
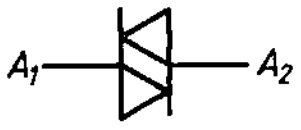</td>
<td>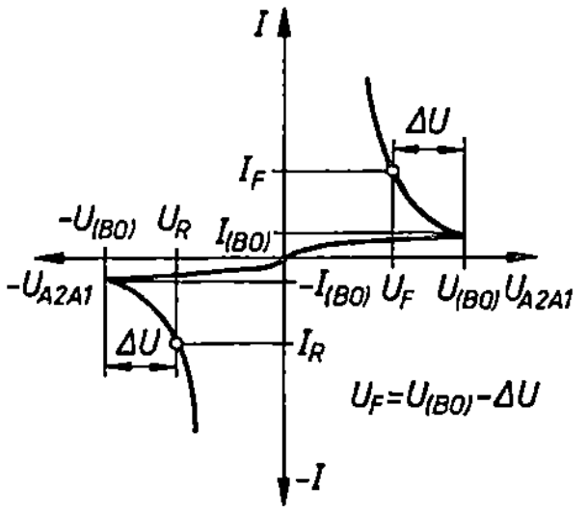</td>
<td>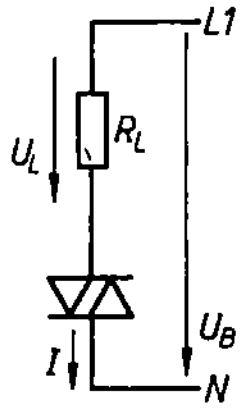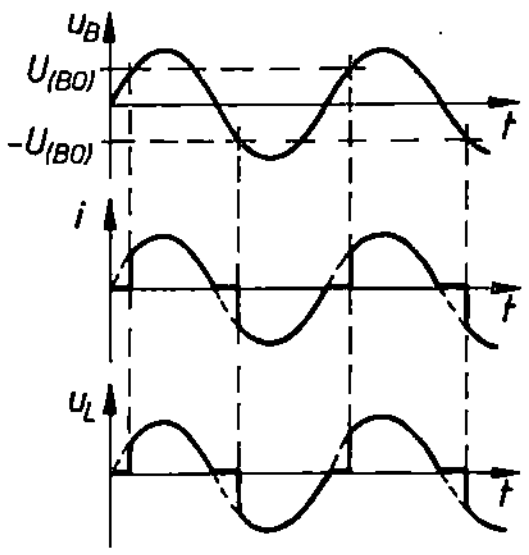</td></tr>
<tr><td></td><td colspan="2">Auswahl typischer Werte: Kippspannung $U_{(BO)}$ ≈ 30 V
Rücklaufspannung ΔU ≈ 6 V für einen definierten Strom I_F bzw. I_R (z.B. 10 mA)
Max. Durchlaßstrom I_{max} ≈ bis 3 A

Anwendungsbeispiele: Hauptsächlich zur Ansteuerung von Triacs und als kontaktloser Schalter.</td></tr>
<tr><td>Diac
(Zweirichtungs-Thyristordiode)
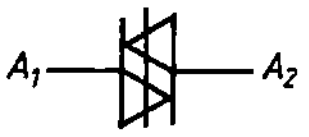</td>
<td colspan="2">Der DIAC wird auch als Zweirichtungs-Thyristordiode ausgeführt. Das entspricht der Antiparallelschaltung von zwei Thyristordioden.

Antiparallelschaltung
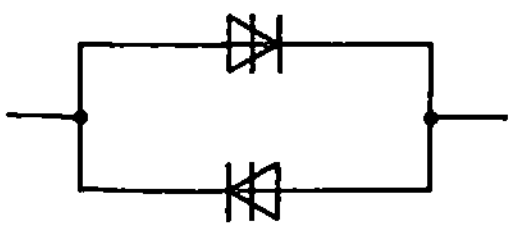</td></tr>
</table>

Halbleiterbauelemente

Bezeichnung und Symbol	Charakteristische Kennlinie	Schaltung und Schaltverhalten
Thyristor (Einrichtungs-Thyristortriode) A —▷|— K G P-Gate-Thyristor A —▷|— K G N-Gate-Thyristor		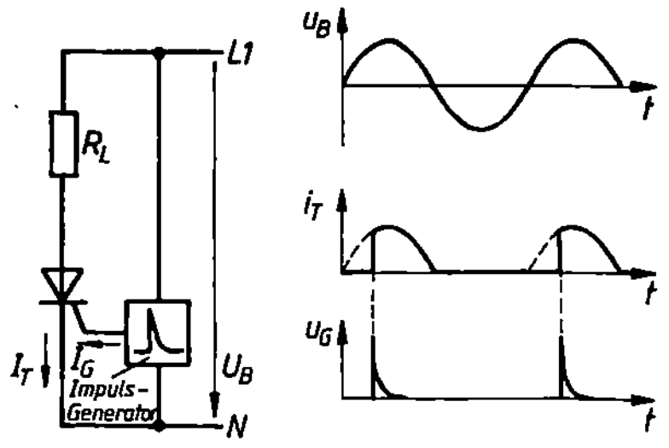

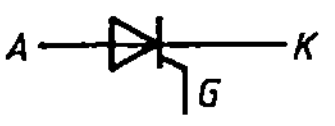

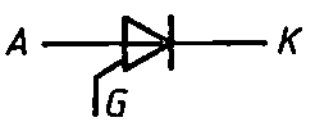

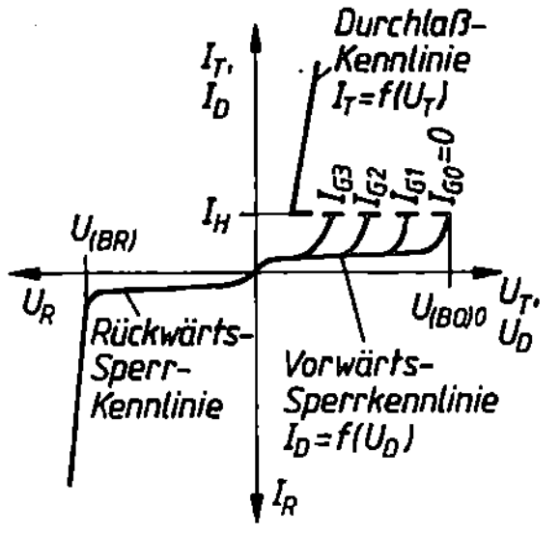

Auswahl typischer Werte:

Spitzensperrspannung	U_{RRM}	≈ 50 V bis 5000 V
Dauergrenzstrom	I_{TAV}	≈ 0,5 A bis > 1000 A
Zündspannung	U_G	≈ 1 V bis 5 V
Zündstrom	I_G	≈ 10 mA bis 500 mA

Anwendungsbeispiele: Als Leistungsschalter in Gleich-, Wechsel- und Drehstromkreisen. Als steuerbarer Stromrichter im Wechselstromkreis.

Triac (Zweirichtungs-Thyristortriode) $A2$ —◁▷— $A1$ G		

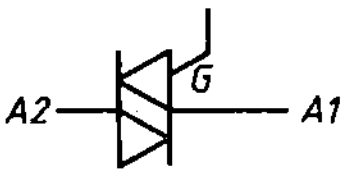

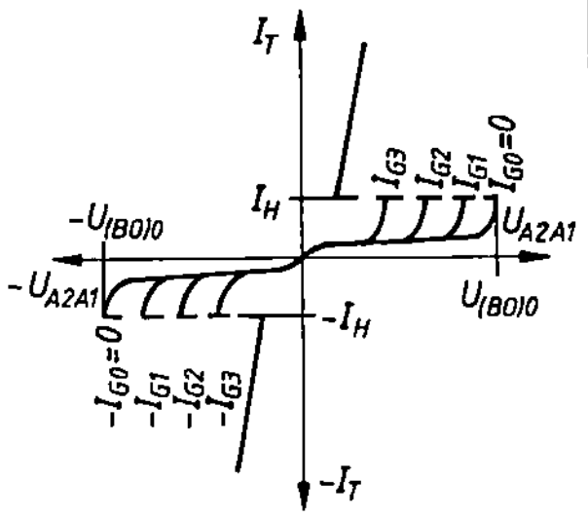

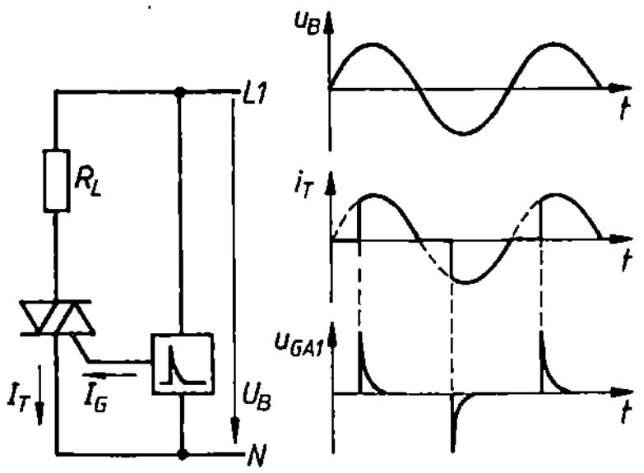

Auswahl typischer Werte:

Spitzensperrspannung		U_{DRM} ≈ bis 1500 V
Durchlaßstrom		I_{TEFF} ≈ bis 50 A

Anwendungsbeispiele: Steuerung kleiner bis mittlerer Wechselstromleistungen. Phasenanschnittsteuerung.

GTO-Thyristor (Abschaltthyristor-triode) A —▷|— K G	GTO (Gate-Turn-Off)-Thyristoren sind Thyristoren, die durch geeignete Steuerimpulse nicht nur vom Sperrzustand in den Durchlaßzustand, sondern auch umgekehrt umgeschaltet werden können. — Der Steuerstrom zum *Abschalten* eines GTO-Thyristors beträgt etwa 1/4 des Laststromes. — GTO-Thyristoren werden u.a. in *Wechselrichter-Schaltungen* eingesetzt zur Umwandlung von Gleichspannung in Wechselspannung.

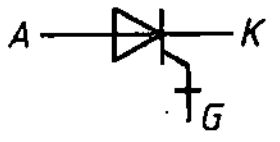

18 Gleichstrom

18.1 Ohmsches Gesetz, nichtverzweigter Stromkreis

Schaltplan	I Stromstärke U_q Quellenspannung U_i innerer Spannungsfall der Quelle U Klemmenspannung der Quelle = Verbraucherspannung (bei $R_{Leitung} = 0\ \Omega$) R_i Innenwiderstand der Quelle R Verbraucherwiderstand E Elektromotorische Kraft (EMK) $E = -U_q$	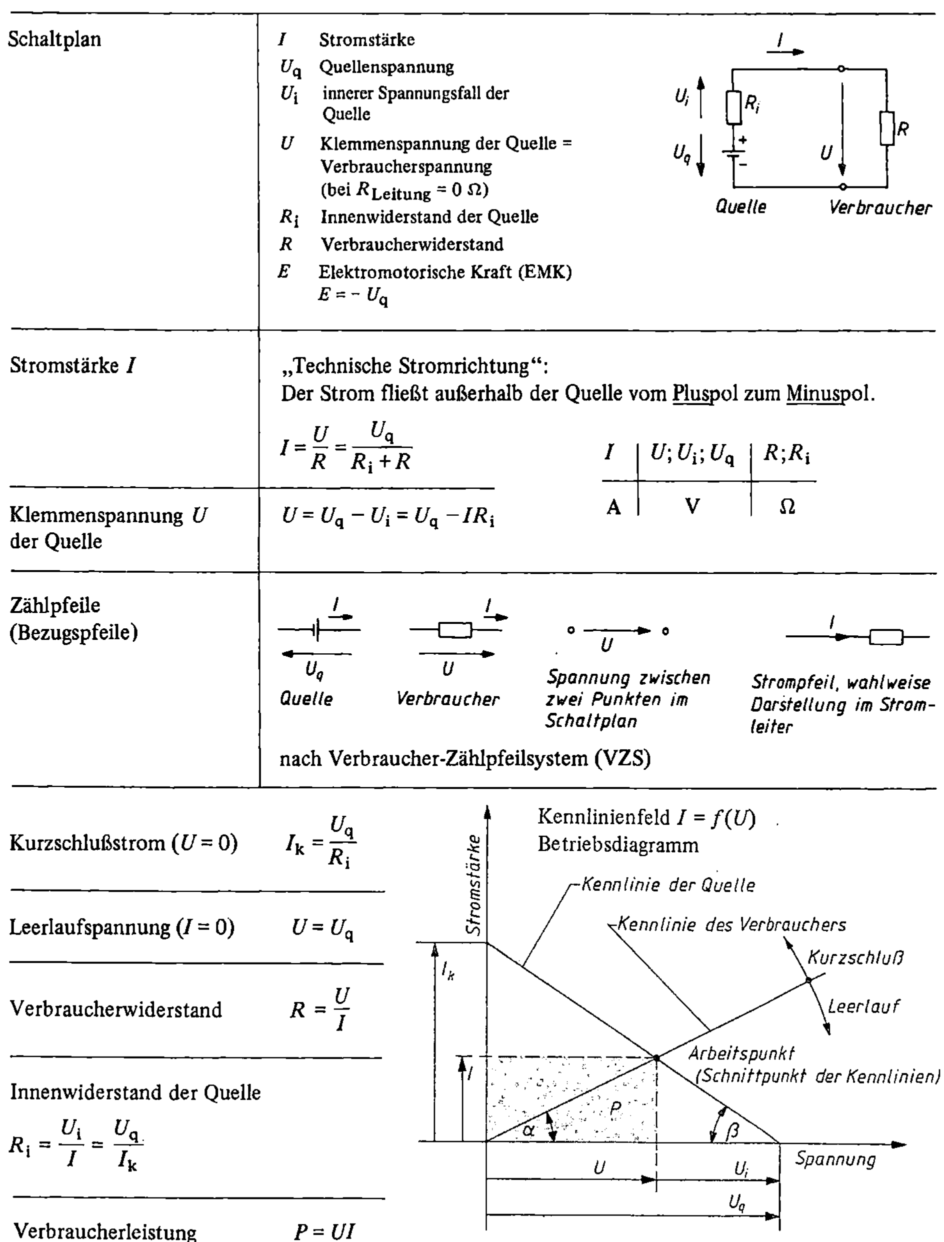

Stromstärke I	„Technische Stromrichtung": Der Strom fließt außerhalb der Quelle vom <u>Pluspol</u> zum <u>Minuspol</u>.

$$I = \frac{U}{R} = \frac{U_q}{R_i + R}$$

I	$U; U_i; U_q$	$R; R_i$
A	V	Ω

Klemmenspannung U der Quelle	$U = U_q - U_i = U_q - I R_i$

Zählpfeile (Bezugspfeile)	

nach Verbraucher-Zählpfeilsystem (VZS)

Kurzschlußstrom ($U = 0$)	$I_k = \dfrac{U_q}{R_i}$
Leerlaufspannung ($I = 0$)	$U = U_q$
Verbraucherwiderstand	$R = \dfrac{U}{I}$
Innenwiderstand der Quelle	$R_i = \dfrac{U_i}{I} = \dfrac{U_q}{I_k}$
Verbraucherleistung	$P = UI$

Schaltungslehre

	v	b	E	S	U	l	q	I	Q	F,F_e	t	γ	ρ
Leitungsmechanismus in metallischen Leitern	$\dfrac{m}{s}$	$\dfrac{m^2}{Vs}$	$\dfrac{V}{m}$	$\dfrac{A}{mm^2}$	V	m	mm^2	A	As	N	s	$\dfrac{Sm}{mm^2}$	$\dfrac{\Omega mm^2}{m}$

$$v = bE = \frac{S}{ne}$$

$$\gamma = enb$$

$$E = \frac{U}{l} = \rho S = \frac{S}{\gamma}$$

$$S = \frac{I}{q} = \gamma E$$

$$I = \frac{Q}{t} = \frac{neql}{t}$$

$$Q = neql$$

$$F = EQ$$

$$F_e = Ee$$

- v Driftgeschwindigkeit der Ladungsträger
- b Beweglichkeit der Ladungsträger
- E elektrische Feldstärke
- S Stromdichte $I \perp A$
- n Ladungsträgerkonzentration
- e Elementarladung
- U Spannung an der Leiterlänge l
- l Leiterlänge
- q Leiterquerschnitt
- I Stromstärke
- Q Elektrizitätsmenge
- F Kraftwirkung auf eine Elektrizitätsmenge Q
- F_e Kraftwirkung auf die Elementarladung e
- t Zeit
- γ spezifische Leitfähigkeit
- ρ spezifischer Widerstand

Für Halbleiter:

$$\gamma = e(n_n b_n + n_p b_p)$$

$$n_n = n_p = n_i \quad \text{für Eigenleitfähigkeit}$$

Index n   Elektronen
Index p   Löcher
n_i Inversionsdichte, Intrinsiczahl

18.2 Kirchhoffsche Sätze

Erster Kirchhoffscher Satz (Knotenpunkt-Satz)	**In jedem Verzweigungspunkt ist die Summe der zufließenden und abfließenden Ströme gleich Null.** $\Sigma I = 0$

Zufließende Ströme positiv zählen, abfließende Ströme negativ zählen.

$$+I_1 + I_2 + I_4 - I_3 - I_5 = 0$$

$$\Sigma I_{zu} - \Sigma I_{ab} = 0$$

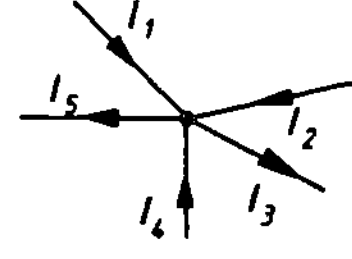

Zweiter Kirchhoffscher Satz (Maschen-Satz)	**In jedem geschlossenen Stromkreis und jeder Netzmasche ist die Summe aller Spannungen gleich Null.** $\Sigma U = 0$

Der Umlaufsinn (US) kann willkürlich festgelegt werden. Positiv zählen, wenn US und Zählpfeil gleiche Richtung haben. Negativ zählen, wenn US und Zählpfeil entgegengesetzte Richtung haben.

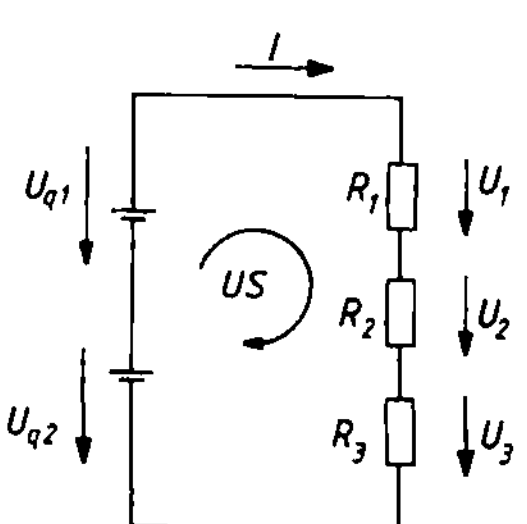

Umlauf-sinn $+ U_1 + U_2 + U_3 - U_{q2} - U_{q1} = 0$

$$\Sigma U - \Sigma U_q = 0$$

Umlauf-sinn $+ U_{q1} + U_{q2} - U_3 - U_2 - U_1 = 0$

$$\Sigma U_q - \Sigma U = 0$$

18.3 Ersatzschaltungen des Generators

Schaltplan	Ersatz-Spannungsquelle	Ersatz-Stromquelle
	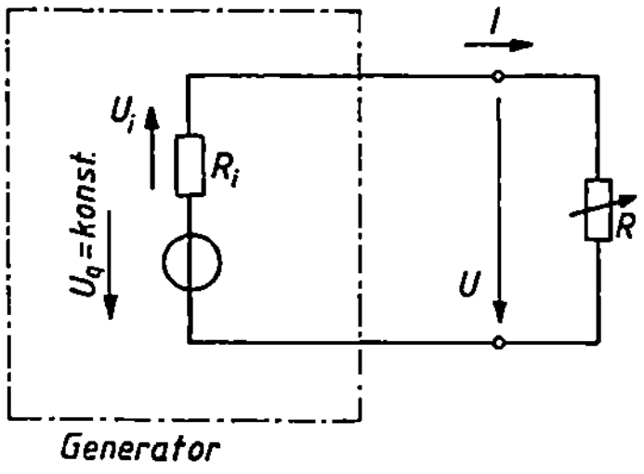 Die konstante Quellenspannung U_q ist die Ursache des Stromes I in den Widerständen $R_i + R$.	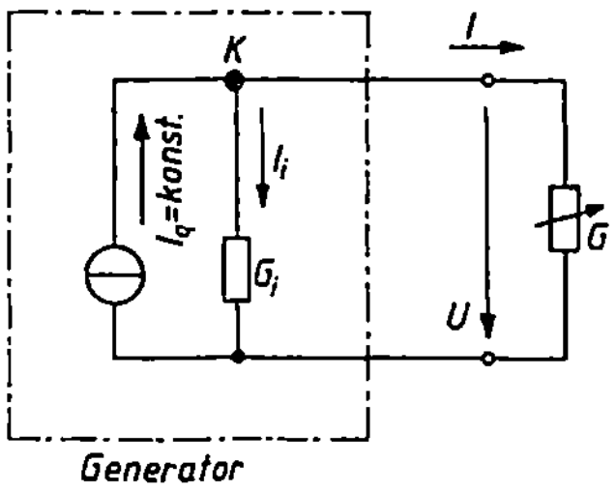 Der konstante Quellenstrom I_q ist die Ursache der Verbraucherspannung U an den Leitwerten $G_i + G$.
Kirchhoffscher Satz	Maschen-Satz $$U_q - U_i - U = 0$$ $$U_q - IR_i - IR = 0$$ $$U_q - I(R_i + R) = 0$$	Knotenpunkt-Satz (Schaltungspunkt K) $$I_q - I_i - I = 0$$ $$I_q - UG_i - UG = 0$$ $$I_q - U(G_i + G) = 0$$
Spannung und Stromstärke bei Belastung der Quelle	Belastung $0 < R < \infty$ $$I = \frac{U_q}{R_i + R} = \frac{U_q}{\dfrac{U_q}{I_k} + R}$$ $$U = IR = U_q \frac{R}{R_i + R} = U_q \frac{R}{\dfrac{U_q}{I_k} + R}$$ $$U_i = IR_i$$	Belastung $0 < G < \infty$ $$U = \frac{I_q}{G_i + G} = \frac{I_q}{\dfrac{I_q}{U_0} + G}$$ $$I = UG = I_q \frac{G}{G_i + G} = I_q \frac{G}{\dfrac{I_q}{U_0} + G}$$ $$I_i = UG_i$$
Spannung und Stromstärke bei Leerlauf und Kurzschluß der Quelle	Leerlauf $$R = \infty$$ $$I = 0$$ $$U = U_q$$ $$U_i = 0$$ Kurzschluß $$R = 0$$ $$U = 0$$ $$I = \frac{U_q}{R_i} = I_k$$ $$U_i = U_q$$	Kurzschluß $$G = \infty$$ $$U = 0$$ $$I = I_q$$ $$I_i = 0$$ Leerlauf $$G = 0$$ $$I = 0$$ $$U = \frac{I_q}{G_i} = U_0$$ $$I_i = I_q$$

Schaltungslehre

18.4 Parallelschaltung von Widerständen

Schaltplan	

Spannungen

Die Spannung ist an allen Verbraucherwiderständen gleich groß.

$$U = I_{ges} R_{ges} = I_1 R_1 = I_2 R_2 = I_3 R_3 = I_n R_n$$
$$U = I_{ges}/G_{ges} = I_1/G_1 = I_2/G_2 = I_3/G_3 = I_n/G_n$$

Ströme

Der Gesamtstrom ist gleich der Summe aller Teilströme.

$$I_{ges} = I_1 + I_2 + I_3 + \dots + I_n$$

Die Teilströme verhalten sich wie ihre zugehörigen Leitwerte bzw. *umgekehrt* wie die zugehörigen Widerstände.

$$I_{ges} : I_1 : I_2 : I_3 : I_n = G_{ges} : G_1 : G_2 : G_3 : G_n$$
$$= 1/R_{ges} : 1/R_1 : 1/R_2 : 1/R_3 : 1/R_n$$

Leitwerte und Widerstände

Der Gesamtleitwert ist gleich der Summe der Einzelleitwerte.

$$G_{ges} = G_1 + G_2 + G_3 + \dots + G_n = 1/R_1 + 1/R_2 + 1/R_3 + \dots + 1/R_n$$

$$R_{ges} = \frac{1}{G_{ges}}$$

Gesamtwiderstand R_{ges} bei gleichgroßen Einzelwiderständen R_{einzel}

$$R_{ges} = \frac{R_{einzel}}{n}$$

n Anzahl der parallelgeschalteten Widerstände

Für *zwei* parallelgeschaltete Widerstände gilt:

$$R_{ges} = \frac{R_1 R_2}{R_1 + R_2}$$

$$\frac{I_1}{I_2} = \frac{R_2}{R_1}$$

$$\frac{I_{ges}}{I_1} = \frac{R_1}{R_{ges}}$$

$$\frac{I_{ges}}{I_2} = \frac{R_2}{R_{ges}}$$

18.5 Parallelschaltung von Quellen

Quellen mit gleicher Quellenspannung und gleichem Innenwiderstand $R_{i1} = R_{i2} = R_{i3} = ... R_{in}$	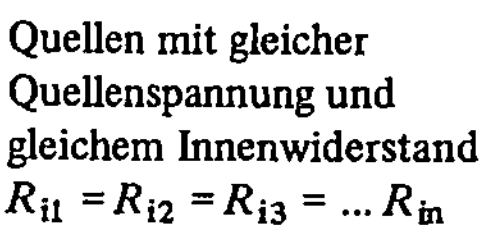 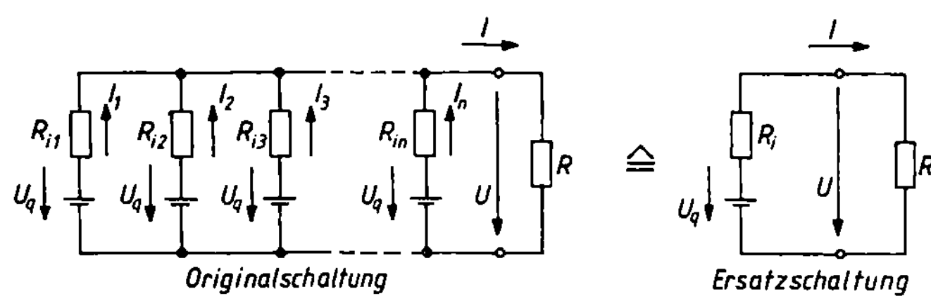

Originalschaltung — Ersatzschaltung

$$I = I_1 + I_2 + I_3 + ... + I_n$$

$$I_1 = I_2 = I_3 = ... = I_n = \frac{I}{n}$$

n Anzahl der Quellen

Alle Quellen liefern die gleiche Stromstärke!

$$R_i = \frac{R_{i1}}{n} = \frac{R_{i2}}{n} = \frac{R_{i3}}{n} = ... = \frac{R_{in}}{n}$$

$$I = \frac{U_q}{R_i + R}$$

$$U = IR = U_q - IR_i$$ |

Quellen mit gleicher Quellenspannung und ungleichen Innenwiderständen $R_{i1} \neq R_{i2}$	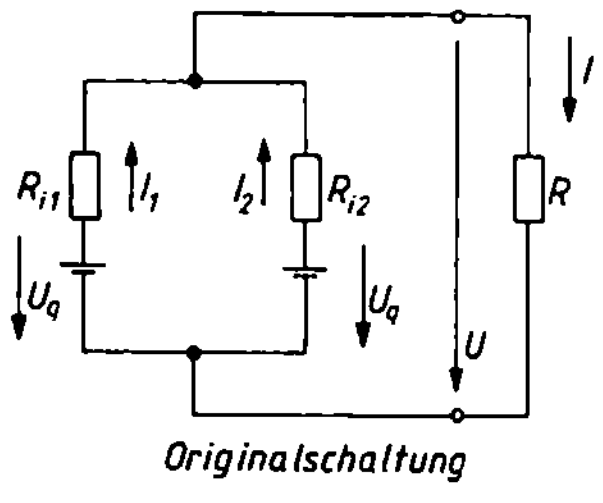 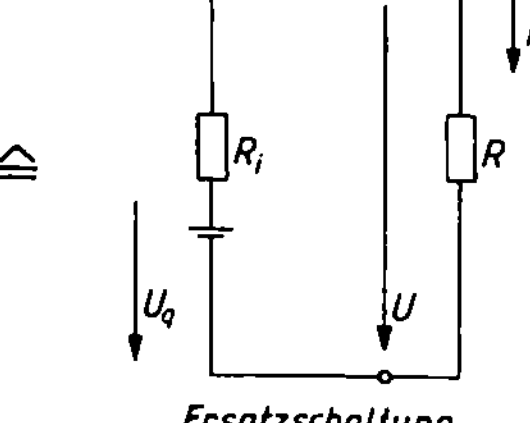

Originalschaltung — Ersatzschaltung

$$I = I_1 + I_2$$

$$I_1 = \frac{U_q - U}{R_{i1}}$$

$$I_2 = \frac{U_q - U}{R_{i2}}$$

Die Quelle mit dem kleineren Innenwiderstand liefert die größere Stromstärke!

$$R_i = \frac{R_{i1} R_{i2}}{R_{i1} + R_{i2}}$$

$$I = \frac{U_q}{R_i + R}$$

$$U = IR = U_q - IR_i$$ |

Quellen mit ungleichen Quellenspannungen und ungleichen Innenwiderständen (vgl. verzweigte lineare Netze mit mehreren Quellen)	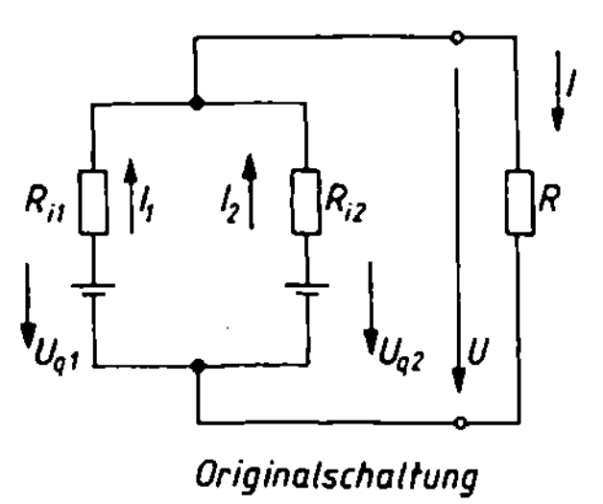 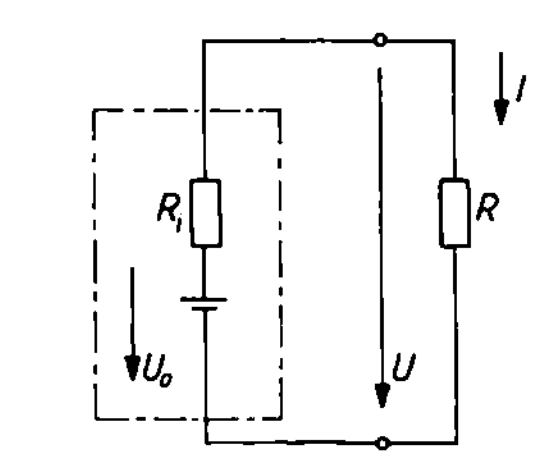

Originalschaltung — Ersatzschaltung mit Ersatz-Spannungsquelle

Berechnung nach Arbeitsplan |

Schaltungslehre

▶ **Arbeitsplan zur Berechnung der Quellenströme, des Verbraucherstromes und der Verbraucherspannung**

1

Netzwerk an den Klemmen auftrennen.

2

Leerlaufspannung U_0 der Ersatz-Spannungsquelle zwischen den Trennstellen des Restnetzwerkes berechnen.

Für $U_{q1} > U_{q2}$ gilt:

$$I' = \frac{U_{q1} - U_{q2}}{R_{i1} + R_{i2}}$$

$$U_0 = U_{q1} - I'R_{i1} = U_{q2} + I'R_{i2}$$

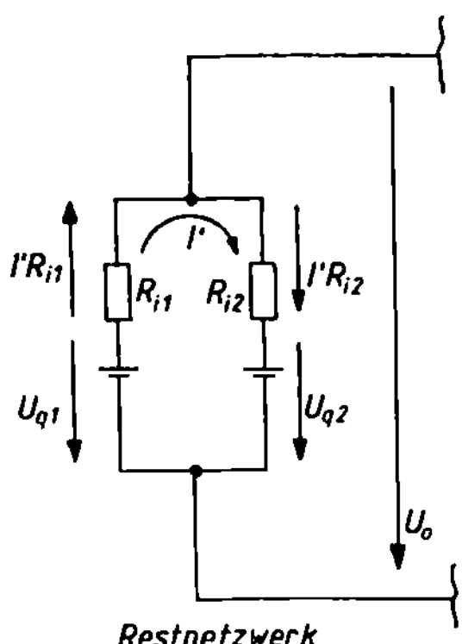

3

Innenwiderstand der Ersatz-Spannungsquelle zwischen den Trennstellen des Restnetzwerkes berechnen. Dabei werden alle Quellen als kurzgeschlossen gedacht.

$$R_i = \frac{R_{i1}R_{i2}}{R_{i1} + R_{i2}}$$

4

Lastwiderstand R an die Ersatz-Spannungsquelle anschließen.

5

Verbraucherstrom I und Klemmenspannung U berechnen.

$$I = \frac{U_0}{R_i + R} \qquad U = IR$$

6

Quellenströme I_1 und I_2 der Originalschaltung berechnen.

$$I_1 = \frac{U_{q1} - U}{R_{i1}} \qquad I_2 = \frac{U_{q2} - U}{R_{i2}}$$

Positives Ergebnis: Die tatsächliche Stromrichtung stimmt mit der in der Originalschaltung angenommenen Stromrichtung überein.

Negatives Ergebnis: Die tatsächliche Stromrichtung ist entgegengesetzt der in der Originalschaltung angenommenen Stromrichtung.

● **Beispiel:** Parallelschaltung von 2 Quellen mit ungleicher Quellenspannung
Gegeben: $U_{q1} = 9$ V; $R_{i1} = 1,5\ \Omega$; $U_{q2} = 6$ V; $R_{i2} = 1\ \Omega$; $R = 1,8\ \Omega$ bzw. $R = 3\ \Omega$ bzw. $R = 6,6\ \Omega$
Gesucht: Verbraucherstrom I; Klemmenspannung U; Quellenströme I_1 und I_2
Lösung nach Arbeitsplan

1	Siehe Arbeitsplan
2	$I' = \dfrac{U_{q1} - U_{q2}}{R_{i1} + R_{i2}} = \dfrac{9\ \text{V} - 6\ \text{V}}{1,5\ \Omega + 1\ \Omega} = 1,2$ A $\qquad U_0 = U_{q1} - I'R_{i1} = 9\ \text{V} - 1,2\ \text{A} \cdot 1,5\ \Omega = 7,2$ V
3	$R_i = \dfrac{R_{i1}R_{i2}}{R_{i1} + R_{i2}} = \dfrac{1,5\ \Omega \cdot 1\ \Omega}{1,5\ \Omega + 1\ \Omega} = 0,6\ \Omega$

Siehe Arbeitsplan		
$R = 1,8\ \Omega$	$R = 3\ \Omega$	$R = 6,6\ \Omega$
$I = \dfrac{U_0}{R_i + R} = \dfrac{7,2\,\text{V}}{0,6\ \Omega + 1,8\ \Omega}$	$I = \dfrac{U_0}{R_i + R} = \dfrac{7,2\,\text{V}}{0,6\ \Omega + 3\ \Omega}$	$I = \dfrac{U_0}{R_i + R} = \dfrac{7,2\,\text{V}}{0,6\ \Omega + 6,6\ \Omega}$
$I = 3\,\text{A}$	$I = 2\,\text{A}$	$I = 1\,\text{A}$
$U = IR = 3\,\text{A}\cdot 1,8\ \Omega = 5,4\,\text{V}$	$U = IR = 2\,\text{A}\cdot 3\ \Omega = 6\,\text{V}$	$U = IR = 1\,\text{A}\cdot 6,6\ \Omega = 6,6\,\text{V}$
$\boxed{U < U_{q2}}$	$\boxed{U = U_{q2}}$	$\boxed{U > U_{q2}}$
$I_1 = \dfrac{U_{q1} - U}{R_{i1}} = \dfrac{9\,\text{V} - 5,4\,\text{V}}{1,5\ \Omega}$	$I_1 = \dfrac{U_{q1} - U}{R_{i1}} = \dfrac{9\,\text{V} - 6\,\text{V}}{1,5\ \Omega}$	$I_1 = \dfrac{U_{q1} - U}{R_{i1}} = \dfrac{9\,\text{V} - 6,6\,\text{V}}{1,5\ \Omega}$
$I_1 = 2,4\,\text{A}$	$I_1 = 2\,\text{A}$	$I_1 = 1,6\,\text{A}$
$I_2 = \dfrac{U_{q2} - U}{R_{i2}} = \dfrac{6\,\text{V} - 5,4\,\text{V}}{1\ \Omega}$	$I_2 = \dfrac{U_{q2} - U}{R_{i2}} = \dfrac{6\,\text{V} - 6\,\text{V}}{1\ \Omega}$	$I_2 = \dfrac{U_{q2} - U}{R_{i2}} = \dfrac{6\,\text{V} - 6,6\,\text{V}}{1\ \Omega}$
$I_2 = +0,6\,\text{A}$ ↑ Stromrichtung in der Originalschaltung	$I_2 = 0\,\text{A}$	$I_2 = -0,6\,\text{A}$ ↓ Stromrichtung in der Originalschaltung
$\boxed{\text{Quelle } U_{q2} \text{ gibt Strom ab}}$	$\boxed{\text{Quelle } U_{q2} \text{ ist stromlos}}$	$\boxed{\text{Quelle } U_{q2} \text{ nimmt Strom auf}}$

18.6 Reihenschaltung von Widerständen

Spannungen	Die Gesamtspannung ist gleich der Summe aller Teilspannungen. $U_{ges} = U_1 + U_2 + U_3 + \ldots + U_n$
	Die Teilspannungen verhalten sich wie ihre zugehörigen Widerstände. $U_{ges} : U_1 : U_2 : U_3 : U_n = R_{ges} : R_1 : R_2 : R_3 : R_n$
Strom	Die Stromstärke ist in allen Verbraucherwiderständen gleich groß. $I = U_1/R_1 = U_2/R_2 = U_3/R_3 = U_n/R_n = U_{ges}/R_{ges}$
Widerstand	Der Gesamtwiderstand ist gleich der Summe der Einzelwiderstände. $R_{ges} = R_1 + R_2 + R_3 + \ldots + R_n$
	Gesamtwiderstand R_{ges} bei gleichgroßen Einzelwiderständen R_{einzel}. $R_{ges} = n\,R_{einzel}$ n Anzahl der in Reihe geschalteten Widerstände

Schaltungslehre

18.7 Belasteter Spannungsteiler

● **Beispiel:**

Gegeben: Speisespannung $U_q = 24\,\text{V}$; Verbraucherwiderstand $R = 110\,\Omega$.
Die Verbraucherspannung U soll 40 % von der Speisespannung U_q sein.
Bei Entlastung des Spannungsteilers darf die Spannung am Widerstand R_2
um 5 % gegenüber dem Belastungsfall ansteigen.

Gesucht: R_1; R_2; $P_{1\,max}$; $P_{2\,max}$

Lösung nach Arbeitsplan

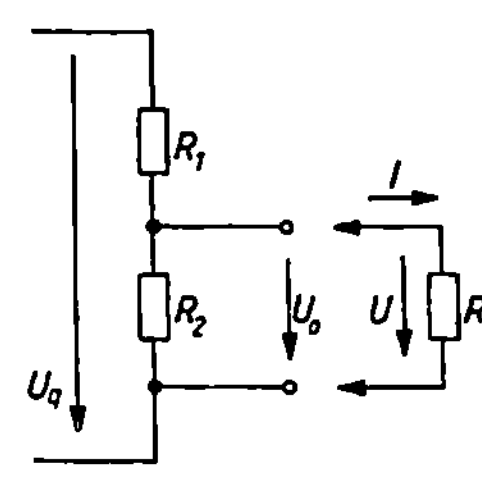

▶ **Arbeitsplan**

1	Spannungsverhältnis bei Leerlauf	$a = \dfrac{U_q}{U_0}$	$= \dfrac{U_q}{0,42\,U_q} = 2,38$
2	Spannungsrückgangverhältnis bei Belastung	$b = \dfrac{U}{U_0}$	$= \dfrac{0,4\,U_q}{0,42\,U_q} \approx 0,95$
3	Widerstandswert des Widerstandes R_2	$R_2 = R\,\dfrac{a\,(1-b)}{b\,(a-1)}$	$= 110\,\Omega\,\dfrac{2,38\,(1-0,95)}{0,95\,(2,38-1)} = 9,48\,\Omega$
4	Widerstandswert des Widerstandes R_1	$R_1 = R_2\,(a-1)$	$= 9,48\,\Omega\,(2,38-1) = 13,10\,\Omega$
5	Maximale Belastung des Widerstandes R_1 bei Kurzschluß an den Klemmen	$P_{1\,max} = \dfrac{U_q^2}{R_1}$	$= \dfrac{24^2\,\text{V}^2}{13,10\,\Omega} = 43,99\,\text{W}$
6	Maximale Belastung des Widerstandes R_2 bei Leerlauf an den Klemmen	$P_{2\,max} = \dfrac{U_0^2}{R_2}$	$= \dfrac{(0,42\,U_q)^2}{R_2} = \dfrac{(0,42 \cdot 24\,\text{V})^2}{9,48\,\Omega} = 10,72\,\text{W}$

18.8 Reihenschaltung von Quellen

Summen-Reihenschaltung	$U_{q\,ges} = U_{q1} + U_{q2}$	
Gegen-Reihenschaltung		
	Für $U_{q1} > U_{q2}$ gilt: $\quad U_{q\,ges} = U_{q1} - U_{q2}$	Für $U_{q1} < U_{q2}$ gilt: $\quad U_{q\,ges} = U_{q2} - U_{q1}$

18.9 Meßschaltungen

18.9.1 Indirekte Widerstandsbestimmung

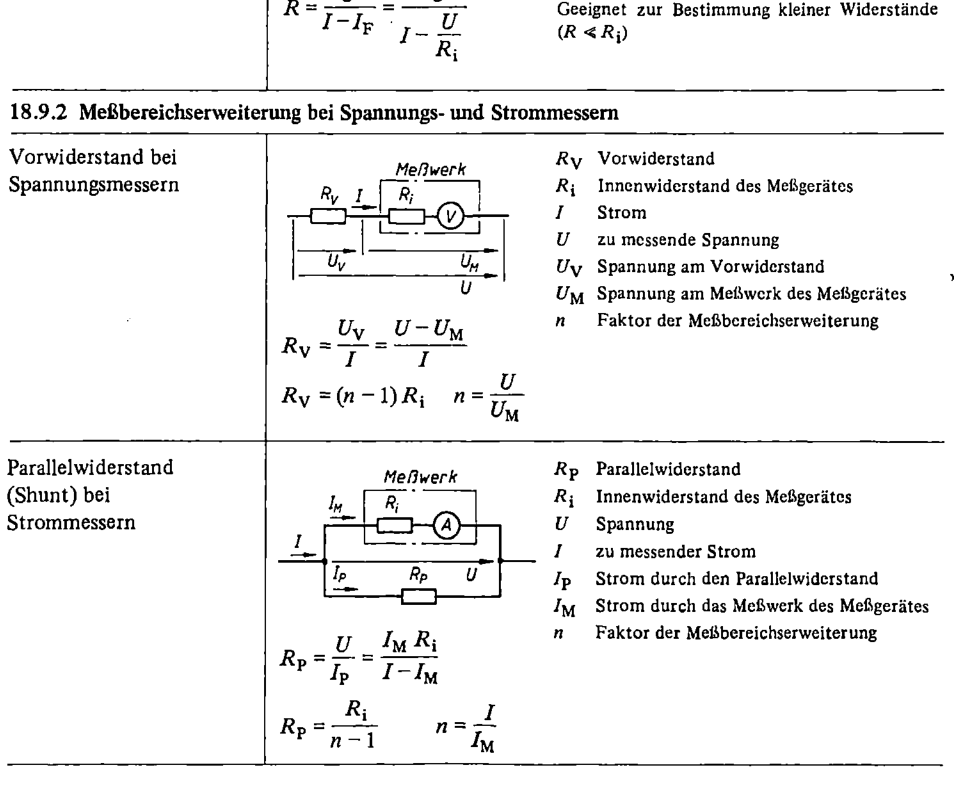

Spannungsfehlerschaltung		R Meßwiderstand

R Meßwiderstand
R_i Innenwiderstand des Strommessers
U gemessene Spannung
I gemessener Strom
U_F zum Fehler führende Spannung

$$R = \frac{U - U_F}{I} = \frac{U - IR_i}{I}$$

Geeignet zur Bestimmung großer Widerstände $(R \gg R_i)$

Stromfehlerschaltung

R Meßwiderstand
R_i Innenwiderstand des Spannungsmessers
U gemessene Spannung
I gemessener Strom
I_F zum Fehler führender Strom

$$R = \frac{U}{I - I_F} = \frac{U}{I - \dfrac{U}{R_i}}$$

Geeignet zur Bestimmung kleiner Widerstände $(R \ll R_i)$

18.9.2 Meßbereichserweiterung bei Spannungs- und Strommessern

Vorwiderstand bei Spannungsmessern

R_V Vorwiderstand
R_i Innenwiderstand des Meßgerätes
I Strom
U zu messende Spannung
U_V Spannung am Vorwiderstand
U_M Spannung am Meßwerk des Meßgerätes
n Faktor der Meßbereichserweiterung

$$R_V = \frac{U_V}{I} = \frac{U - U_M}{I}$$

$$R_V = (n - 1)\,R_i \qquad n = \frac{U}{U_M}$$

Parallelwiderstand (Shunt) bei Strommessern

R_P Parallelwiderstand
R_i Innenwiderstand des Meßgerätes
U Spannung
I zu messender Strom
I_P Strom durch den Parallelwiderstand
I_M Strom durch das Meßwerk des Meßgerätes
n Faktor der Meßbereichserweiterung

$$R_P = \frac{U}{I_P} = \frac{I_M\,R_i}{I - I_M}$$

$$R_P = \frac{R_i}{n - 1} \qquad n = \frac{I}{I_M}$$

Schaltungslehre

18.10 Lineare und nichtlineare Widerstände im Stromkreis

• **Beispiel:** Reihenschaltung	*Gegeben:* Kennlinie des nichtlinearen Widerstandes, Widerstandswert des Widerstandes R und Quellenspannung U_q.	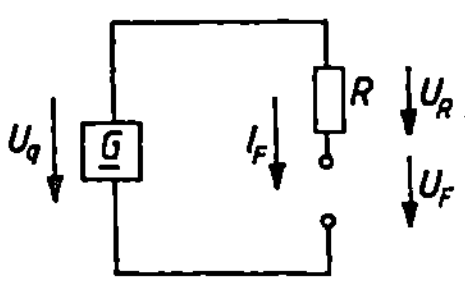

▶ **Arbeitsplan zur Ermittlung des Arbeitspunktes** (Betriebswerte der Schaltung)

1 Nichtlinearen Widerstand heraustrennen. (Leerlauf zwischen den Klemmen)

$$U_F = U_q$$
$$I_F = 0 \quad \Rightarrow \text{Punkt 1}$$

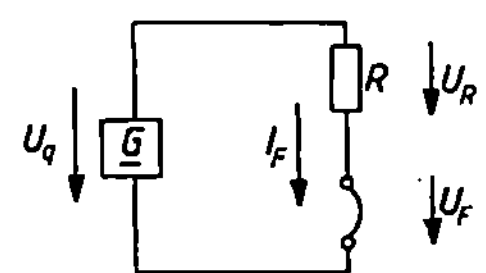

2 Nichtlinearen Widerstand kurzschließen. (Kurzschluß zwischen den Klemmen)

$$U_F = 0$$
$$I_F = \frac{U_q}{R} \quad \Rightarrow \text{Punkt 2}$$

3 Kennlinie der Quelle aus 1 und 2 in das Kennlinienfeld des nichtlinearen Widerstandes einzeichnen.

4 Die Projektion des Arbeitspunktes (Schnittpunkt der Kennlinien) auf die Koordinatenachsen liefert die Betriebswerte $I_{F\,Betrieb}$; $U_{F\,Betrieb}$ und $U_{R\,Betrieb}$.

Sind die Koordinatenachsen nicht so weit angegeben, so kann die Kennlinie der Quelle auch aus den Punkten 3 und 4 konstruiert werden.

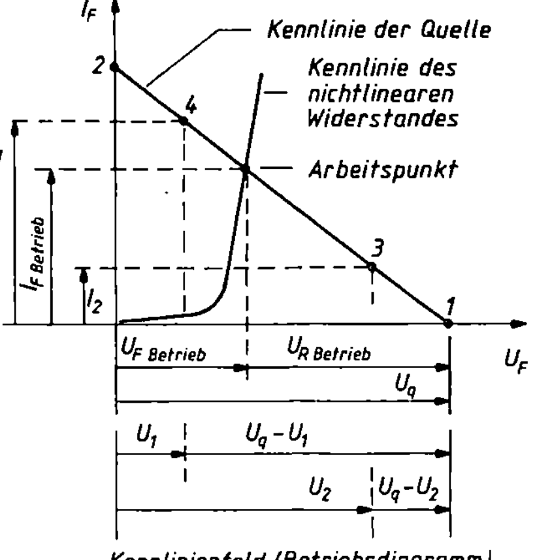

Kennlinienfeld (Betriebsdiagramm)

Punkt 3 (bzw. Punkt 4) | Spannung U_2 (bzw. U_1) annehmen. Da R bekannt ist, läßt sich I_2 (bzw. I_1) berechnen aus

$$I_2 = \frac{U_q - U_2}{R} \qquad I_1 = \frac{U_q - U_1}{R}$$

Änderung des Arbeitspunktes

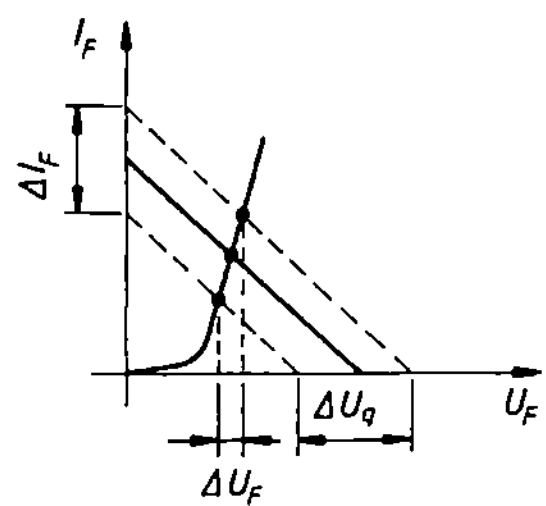

Einfluß der Quellenspannung U_q auf die Lage des Arbeitspunktes (R = konst.)

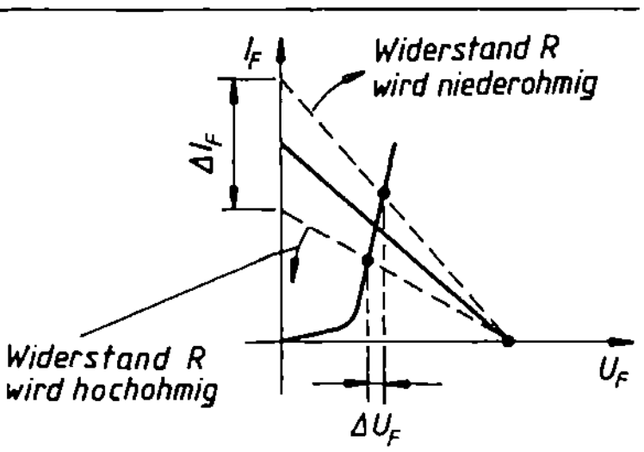

Einfluß des Widerstandes R auf die Lage des Arbeitspunktes (U_q = konst.)

● **Beispiel:**
Parallelschaltung

Gegeben: Kennlinie des nichtlinearen Widerstandes, Konstantstrom-Quelle mit $I = 25$ mA = konst. und Widerstand mit $R = 68\ \Omega$.

Gesucht: Betriebswerte für U_F, I_F und I_R

Lösung nach Arbeitsplan

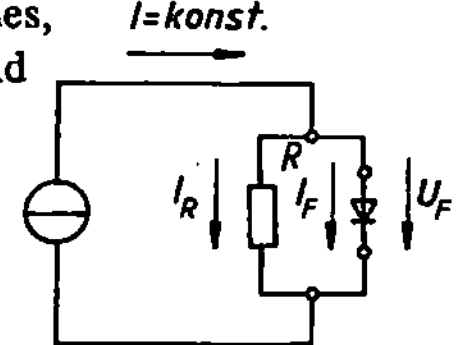

1 $U_F = IR = 25$ mA $\cdot$ 68 $\Omega = 1,7$ V
$I_F = 0$

2 $U_F = 0$
$I_F = 25$ mA

3 Siehe Kennlinienfeld

4 $U_{F\,Betrieb} = 0,72$ V
$I_{F\,Betrieb} = 14,4$ mA

$I_{R\,Betrieb} = I - I_{F\,Betrieb} = 25$ mA $- 14,4$ mA $= 10,6$ mA

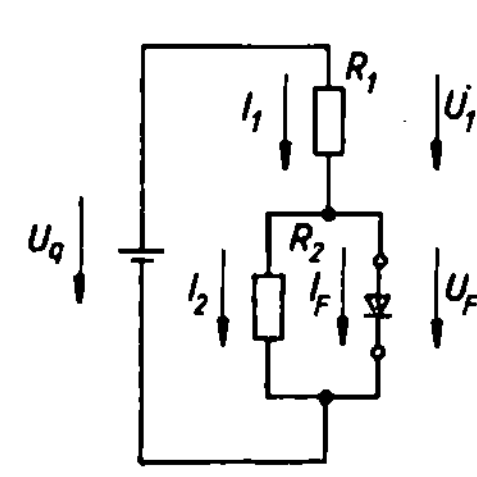

Probe: $U_{F\,Betrieb} = I_{R\,Betrieb} \cdot R = 10,6$ mA $\cdot$ 68 $\Omega = 0,72$ V

● **Beispiel:**
Gemischte Schaltung

Gegeben: Kennlinie des nichtlinearen Widerstandes, $U_q = 6$ V, $R_1 = 220\ \Omega$, $R_2 = 110\ \Omega$.

Gesucht: Betriebswerte für I_1, I_F, I_2, U_1, U_F.

Lösung: Umwandlung der Schaltung in eine Ersatz-Spannungsquelle.

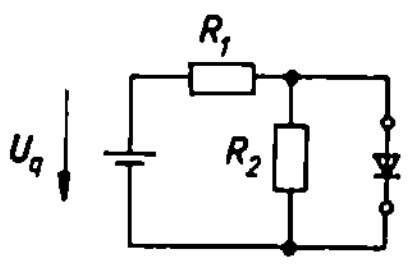
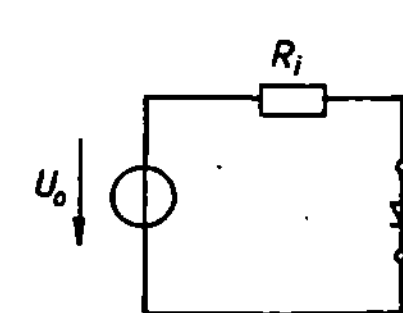

$$U_0 = \frac{U_q}{R_1 + R_2} R_2 = \frac{6\,\text{V}}{220\ \Omega + 110\ \Omega} 110\ \Omega = 2\,\text{V}$$

$$R_i = \frac{R_1 R_2}{R_1 + R_2} = \frac{220\ \Omega \cdot 110\ \Omega}{220\ \Omega + 110\ \Omega} = 73,\overline{3} \dots \Omega$$

Fortsetzung der Lösung nach Arbeitsplan

$U_F = U_0 = 2$ V
$I_F = 0$
$U_F = 0$ $I_F = \dfrac{U_0}{R_i} = \dfrac{2\,\text{V}}{73,3 \dots \Omega} = 27,3$ mA

Siehe Kennlinienfeld

$U_{F\,Betrieb} = 0,72$ V
$I_{F\,Betrieb} = 17,5$ mA

$I_2 = \dfrac{U_F}{R_2} = \dfrac{0,72\,\text{V}}{110\ \Omega} = 6,5$ mA

$I_1 = I_{F\,Betrieb} + I_2 = 17,5$ mA $+ 6,5$ mA $= 24$ mA

$U_1 = I_1 R_1 = 24$ mA $\cdot$ 220 $\Omega = 5,28$ V

Probe: $U_q = U_1 + U_{F\,Betrieb} = 5,28$ V $+ 0,72$ V $= 6$ V

1
2
3
4

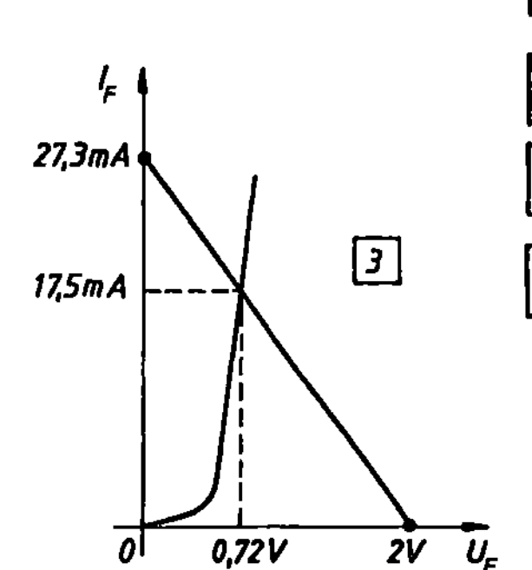

Schaltungslehre

18.11 Stern- und Dreieckschaltung

Umwandlung einer Sternschaltung in eine gleichwertige Dreieckschaltung	Gegebene Originalschaltung	Gesuchte gleichwertige Schaltung	Umrechnungsbeziehungen
	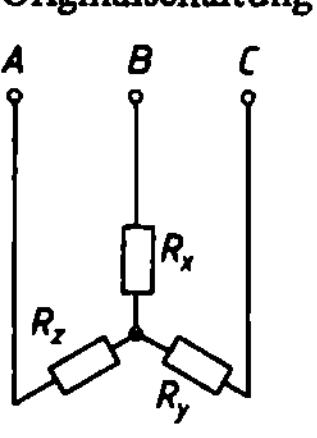	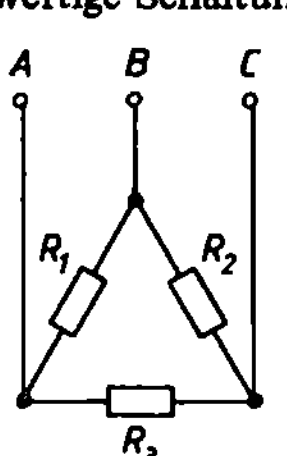	$R_1 = R_x + R_z + \dfrac{R_x R_z}{R_y}$ $R_2 = R_x + R_y + \dfrac{R_x R_y}{R_z}$ $R_3 = R_y + R_z + \dfrac{R_y R_z}{R_x}$

	Merkschema		
	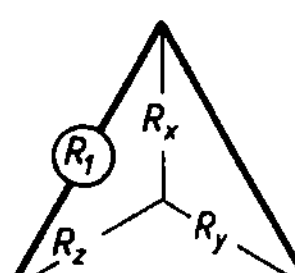	$\textcircled{R_1}$ gesuchter Widerstand der Dreieckschaltung $R_x; R_z$ benachbarte Widerstände der Sternschaltung R_y gegenüberliegender Widerstand der Sternschaltung	

$$\textcircled{R_\triangle} = \Sigma R_{\text{Y benachbart}} + \frac{\text{Produkt } R_{\text{Y benachbart}}}{R_{\text{Y gegenüber}}}$$

Umwandlung einer Dreieckschaltung in eine gleichwertige Sternschaltung	Gegebene Originalschaltung	Gesuchte gleichwertige Schaltung	Umrechnungsbeziehungen
	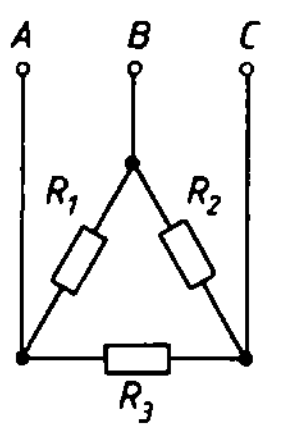	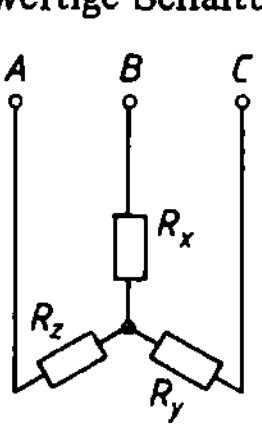	$R_x = \dfrac{R_1 R_2}{R_1 + R_2 + R_3}$ $R_y = \dfrac{R_2 R_3}{R_1 + R_2 + R_3}$ $R_z = \dfrac{R_1 R_3}{R_1 + R_2 + R_3}$

	Merkschema		
	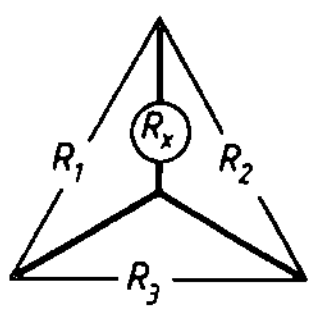	$\textcircled{R_x}$ gesuchter Widerstand der Sternschaltung $R_1; R_2$ benachbarte Widerstände der Dreieckschaltung $\Sigma R_\triangle$ Summe der Widerstände der Dreieckschaltung	

$$\textcircled{R_Y} = \frac{\text{Produkt } R_{\triangle \text{benachbart}}}{\Sigma R_\triangle}$$

- **Beispiel:** Gesamtwiderstand eines verzweigten Netzwerkes (Dreieck-Stern-Umwandlung)

Gegeben: Brückenschaltung mit den Werten

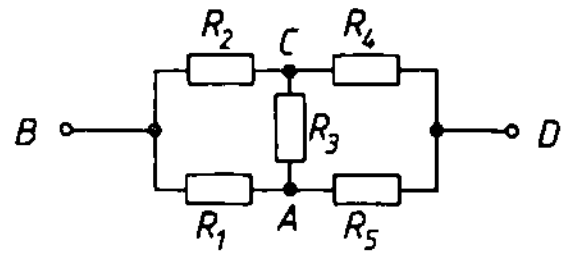

$R_1 = 6\ \Omega$

$R_2 = 5\ \Omega$

$R_3 = 4\ \Omega$

$R_4 = 2\ \Omega$

$R_5 = 1\ \Omega$

Gesucht: Gesamtwiderstand R_{BD} zwischen den Punkten B und D.

Lösung:

- Umzeichnen der Schaltung

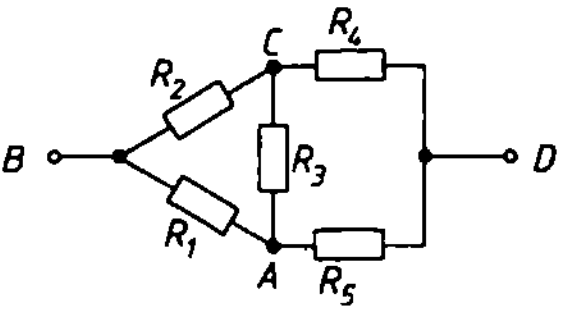

- Umrechnen der Dreieckschaltung ABC in eine gleichwertige Sternschaltung ABC

$$R_x = \frac{R_1 R_2}{R_1 + R_2 + R_3} = \frac{R_1 R_2}{\Sigma R_\Delta} = \frac{6\,\Omega\ 5\,\Omega}{15\,\Omega} = 2\,\Omega$$

$$R_y = \frac{R_2 R_3}{\Sigma R_\Delta} = \frac{5\,\Omega\ 4\,\Omega}{15\,\Omega} = 1,33\,\Omega$$

$$R_z = \frac{R_1 R_3}{\Sigma R_\Delta} = \frac{6\,\Omega\ 4\,\Omega}{15\,\Omega} = 1,6\,\Omega$$

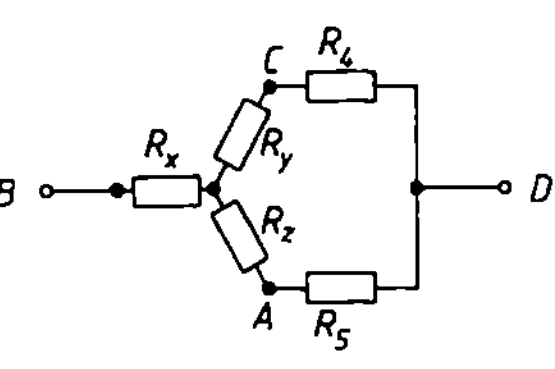

- Berechnung des Ersatzwiderstandes R_{y4z5} der Parallelschaltung

$$R_{y4z5} = \frac{(R_y + R_4)\,(R_z + R_5)}{R_y + R_4 + R_z + R_5} = \frac{3,33\,\Omega\ 2,6\,\Omega}{5,93\,\Omega}$$

$$R_{y4z5} = 1,46\,\Omega$$

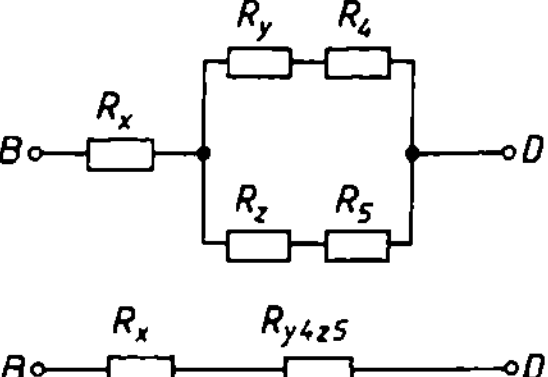

- Berechnung des Gesamtwiderstandes R_{BD}

$$R_{BD} = R_x + R_{y4z5} = 2\,\Omega + 1,46\,\Omega = 3,46\,\Omega$$

18.12 Brückenschaltung

Abgeglichene Brücke $U_5 = 0$ $I_5 = 0$	Spannung $U_1 = U_3$ $U_2 = U_4$ $U_q = U_1 + U_2 = U_3 + U_4$
	Speisestrom $I = \dfrac{U_q}{\dfrac{(R_1 + R_2)\,(R_3 + R_4)}{R_1 + R_2 + R_3 + R_4}}$
	Widerstand $\dfrac{R_1}{R_2} = \dfrac{R_3}{R_4}$ (Abgleichbedingung) $R_{AB} = \dfrac{(R_1 + R_2)\,(R_3 + R_4)}{R_1 + R_2 + R_3 + R_4}$

Schaltungslehre

Nichtabgeglichene (verstimmte) Brücke $U_s \neq 0$ $I_s \neq 0$	**Brückenspannung U_s** $$U_s = I_s R_s$$ **Brückenstrom I_s** $$I_s = I\,\frac{R_2 R_3 - R_1 R_4}{R_5(R_1 + R_2 + R_3 + R_4) + (R_1 + R_3)(R_2 + R_4)}$$ $$I_s = U_q\,\frac{R_2 R_3 - R_1 R_4}{R_5(R_1 + R_2)(R_3 + R_4) + R_1 R_2(R_3 + R_4) + R_3 R_4(R_1 + R_2)}$$ **Widerstand R_{AB}** $$R_{AB} = \frac{R_1 R_2(R_3 + R_4) + R_3 R_4(R_1 + R_2) + R_5(R_1 + R_2)(R_3 + R_4)}{R_5(R_1 + R_2 + R_3 + R_4) + (R_1 + R_3)(R_2 + R_4)}$$
Nichtabgeglichene Brücke als Ersatz-Spannungsquelle	**Innenwiderstand R_i der Ersatz-Spannungsquelle** $$R_i = \frac{R_1 R_2}{R_1 + R_2} + \frac{R_3 R_4}{R_3 + R_4}$$ **Leerlaufspannung U_0 der Ersatz-Spannungsquelle** $$U_0 = U_q\left(\frac{R_3}{R_3 + R_4} - \frac{R_1}{R_1 + R_2}\right)$$ **Brückenstrom I_s** $$I_s = \frac{U_0}{R_i + R_s}$$ 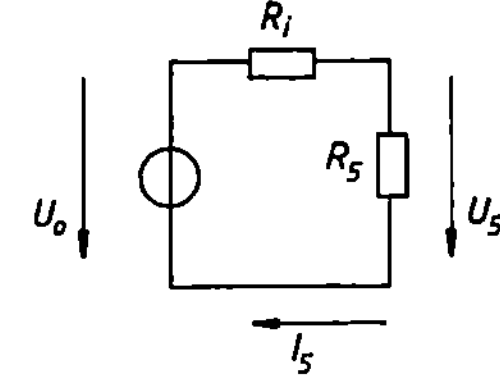

18.13 Verzweigte lineare Netze mit mehreren Quellen

18.13.1 Berechnung mit Knotenpunkt-Satz und Maschen-Satz

▶ **Arbeitsplan zur Berechnung aller Ströme nach Betrag und Richtung**

Gegeben:

$$U_{q1} = 60\ \text{V}; \qquad U_{q2} = 80\ \text{V}$$
$$R_1 = 15\ \Omega; \qquad R_2 = 9{,}7\ \Omega$$
$$R_3 = 0{,}5\ \Omega; \qquad R_4 = 25\ \Omega$$
$$R_5 = 0{,}2\ \Omega; \qquad R_6 = 20\ \Omega$$
$$R_7 = 5{,}2\ \Omega$$

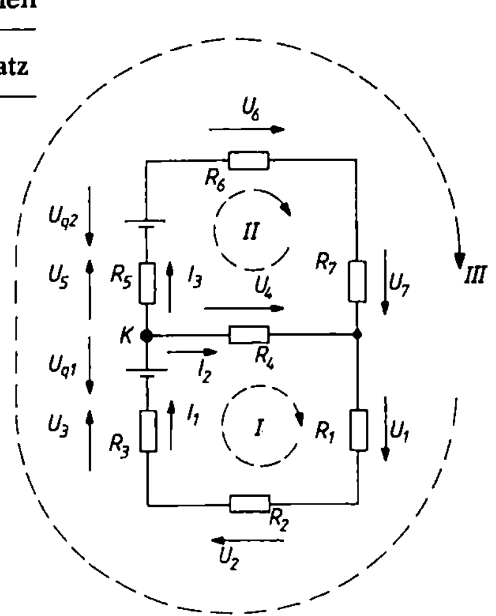

1	In den Schaltplan Ströme in beliebiger Richtung eintragen.
2	In den Schaltplan Zählpfeile für die Spannungen eintragen.
3	Netzwerk in Maschen (geschlossene Stromkreise) aufteilen und Umlaufsinn festlegen.

Knotenpunktgleichung(en) aufstellen.
(1. Kirchhoffscher Satz)

$\boxed{4}$

$$K \quad \boxed{+I_1 - I_2 - I_3 = 0}$$

$\boxed{5}$

Maschengleichungen für den gewählten Umlaufsinn aufstellen.
(2. Kirchhoffscher Satz)
Jede Spannung muß mindestens einmal berücksichtigt werden.

Masche I

$$+U_1 \quad +U_2 \quad +U_3 \quad -U_{q1} +U_4 \quad = 0$$
$$+I_1R_1 +I_1R_2 +I_1R_3 - U_{q1} +I_2R_4 = 0$$

$$\text{I} \quad \boxed{I_1(R_1 + R_2 + R_3) + I_2R_4 - U_{q1} = 0}$$

Masche II

$$+U_7 \quad -U_4 \quad +U_5 \quad -U_{q2} +U_6 \quad = 0$$
$$+I_3R_7 -I_2R_4 +I_3R_5 - U_{q2} +I_3R_6 = 0$$

$$\text{II} \quad \boxed{I_3(R_7 + R_5 + R_6) - I_2R_4 - U_{q2} = 0}$$

Masche III

$$+U_1 \quad +U_2 \quad +U_3 \quad -U_{q1} +U_5 \quad -U_{q2} +U_6 \quad +U_7 \quad = 0$$
$$+I_1R_1 +I_1R_2 +I_1R_3 - U_{q1} +I_3R_5 - U_{q2} +I_3R_6 +I_3R_7 = 0$$

$$\text{III} \quad \boxed{I_1(R_1 + R_2 + R_3) + I_3(R_5 + R_6 + R_7) - U_{q1} - U_{q2} = 0}$$

$\boxed{6}$

Gleichungssystem nach den Lösungsvariablen auflösen. Es werden nur so viele Bestimmungsgleichungen benötigt, wie Lösungsvariable (hier I_1, I_2 und I_3) vorhanden sind.

$$\begin{array}{l|l|} \text{I} & I_1(R_1 + R_2 + R_3) + I_2R_4 - U_{q1} = 0 \\ \text{II} & I_3(R_7 + R_5 + R_6) - I_2R_4 - U_{q2} = 0 \\ \text{K} & \quad\quad +I_1 \quad -I_2 \quad -I_3 \quad = 0 \end{array}$$

Elementares Lösungsverfahren	Lösung mit Determinanten
I $\;\;\; 25{,}2\,\Omega I_1 + 25\,\Omega I_2 - 60\,\text{V} = 0$	I $\;\;\; 25{,}2\,\Omega I_1 + 25\,\Omega I_2 + \;\;0\;\;\;\;\; I_3 = 60\,\text{V}$
II $\;\; 25{,}4\,\Omega I_3 - 25\,\Omega I_2 - 80\,\text{V} = 0$	II $\;\;\; 0 \;\;\;\; I_1 - 25\,\Omega I_2 + 25{,}4\,\Omega I_3 = 80\,\text{V}$
K $\;\;\;\; +I_1 - I_2 - I_3 \;\;\;\; = 0$	K $\;\;\; 1 \;\;\; I_1 - \;1\; I_2 - \;1\; I_3 = 0$

K in I = IV (Substitutionsverfahren)

$$\text{IV} \quad \boxed{25{,}2\,\Omega I_3 + 50{,}2\,\Omega I_2 - 60\,\text{V} = 0}$$

II mit $\dfrac{50{,}2}{25}$ multiplizieren

$$D = \begin{vmatrix} 25{,}2\,\Omega & 25\,\Omega & 0 \\ 0 & -25\,\Omega & 25{,}4\,\Omega \\ 1 & -1 & -1 \end{vmatrix} = 1905{,}08\,\Omega^2$$

$$D_{I_1} = \begin{vmatrix} 60\,\text{V} & 25\,\Omega & 0 \\ 80\,\text{V} & -25\,\Omega & 25{,}4\,\Omega \\ 0 & -1 & -1 \end{vmatrix} = 5024\,\text{V}\Omega$$

Schaltungslehre

II $\boxed{51{,}0032\ \Omega\,I_3 - 50{,}2\ \Omega\,I_2 - 160{,}64\ \text{V} = 0}$

$$D_{\text{I}_2} = \begin{vmatrix} 25{,}2\ \Omega & 60\ \text{V} & 0 \\ 0 & 80\ \text{V} & 25{,}4\ \Omega \\ 1 & 0 & -1 \end{vmatrix} = -492\ \text{V}\Omega$$

II und IV zusammenfassen und I_3 isolieren
(Additionsverfahren)

$76{,}2032\ \Omega\,I_3 = 220{,}64\ \text{V}$

$\underline{\underline{I_3 = +\,2{,}895\ \text{A}}}$

$$D_{\text{I}_3} = \begin{vmatrix} 25{,}2\ \Omega & 25\ \Omega & 60\ \text{V} \\ 0 & -25\ \Omega & 80\ \text{V} \\ 1 & -1 & 0 \end{vmatrix} = 5516\ \text{V}\Omega$$

I_3 in II substituieren und I_2 isolieren

$\underline{\underline{I_2 = -\,0{,}258\ \text{A}}}$

$I_1 = \dfrac{D_{\text{I}_1}}{D} = 2{,}673\ \text{A}$

I_2 und I_3 in K substituieren und I_1 isolieren

$\underline{\underline{I_1 = +\,2{,}637\ \text{A}}}$

$I_2 = \dfrac{D_{\text{I}_2}}{D} = -\,0{,}258\ \text{A}$

$I_3 = \dfrac{D_{\text{I}_3}}{D} = 2{,}895\ \text{A}$

Positives Ergebnis: Die tatsächliche Stromrichtung stimmt mit der in $\boxed{1}$ angenommenen Stromrichtung überein.

Negatives Ergebnis: Die tatsächliche Stromrichtung ist entgegengesetzt der in $\boxed{1}$ angenommenen Stromrichtung.

18.13.2 Berechnung mit Überlagerungsverfahren (Superpositionsverfahren nach Helmholtz)

▶ **Arbeitsplan zur Berechnung aller Ströme nach Betrag und Richtung**

Alle Quellenspannungen werden der Reihe nach — bis auf eine — kurzgeschlossen und die Zweigströme berechnet. Die in der gegebenen Schaltung tatsächlich fließenden Ströme ergeben sich durch richtungsrichtige Addition der Zweigströme.

Gegeben: $U_{\text{q}1} = 60\ \text{V}$
$\quad\quad\quad U_{\text{q}2} = 80\ \text{V}$
$\quad\quad\quad R_1 = 15\ \Omega$
$\quad\quad\quad R_2 = 9{,}7\ \Omega$
$\quad\quad\quad R_3 = 0{,}5\ \Omega$
$\quad\quad\quad R_4 = 25\ \Omega$
$\quad\quad\quad R_5 = 0{,}2\ \Omega$
$\quad\quad\quad R_6 = 20\ \Omega$
$\quad\quad\quad R_7 = 5{,}2\ \Omega$

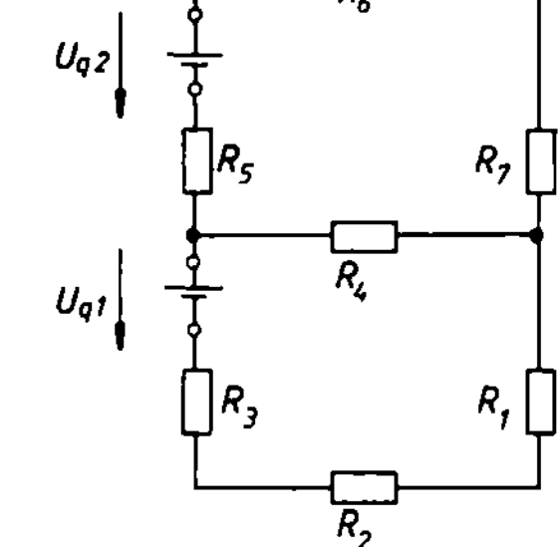

$U_{\text{q}1}$ kurzschließen	$\boxed{\textbf{1a}}$
Zweigströme richtungsrichtig im Schaltplan eintragen	$\boxed{\textbf{1b}}$
Zweigströme berechnen	$\boxed{\textbf{1c}}$

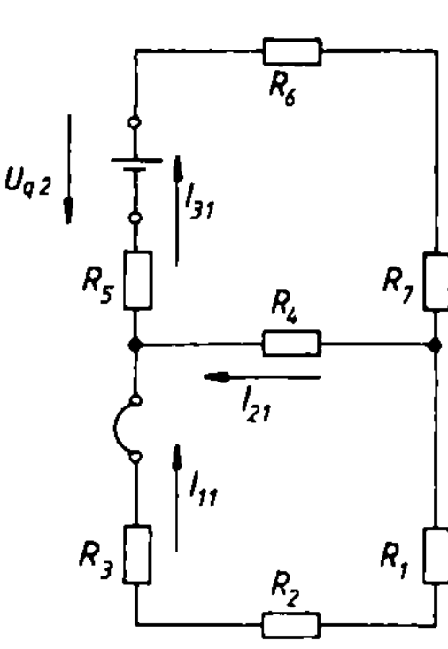

$R_{\text{p}1} = \dfrac{(R_1 + R_2 + R_3)\,R_4}{R_1 + R_2 + R_3 + R_4} = \dfrac{(15\ \Omega + 9{,}7\ \Omega + 0{,}5\ \Omega)\,25\ \Omega}{15\ \Omega + 9{,}7\ \Omega + 0{,}5\ \Omega + 25\ \Omega}$

$R_{\text{p}1} = 12{,}55\ \Omega$

$$I_{31} = \frac{U_{q2}}{R_5 + R_6 + R_7 + R_{p1}} = \frac{80\ \text{V}}{0,2\ \Omega + 20\ \Omega + 5,2\ \Omega + 12,55\ \Omega} = 2,108\ \text{A}$$

$$U_{R_4} = I_{31} R_{p1} = 2,108\ \text{A}\ \ 12,55\ \Omega = 26,456\ \text{V}$$

$$I_{21} = \frac{U_{R_4}}{R_4} = \frac{26,456\ \text{V}}{25\ \Omega} = 1,058\ \text{A}$$

$$I_{11} = \frac{U_{R_4}}{R_1 + R_2 + R_3} = \frac{26,456\ \text{V}}{15\ \Omega + 9,7\ \Omega + 0,5\ \Omega} = 1,050\ \text{A}$$

U_{q2} kurzschließen

Zweigströme richtungsrichtig im Schaltplan eintragen

Zweigströme berechnen

$$R_{p2} = \frac{(R_5 + R_6 + R_7)R_4}{R_5 + R_6 + R_7 + R_4} = \frac{(0,2\ \Omega + 20\ \Omega + 5,2\ \Omega)\,25\ \Omega}{0,2\ \Omega + 20\ \Omega + 5,2\ \Omega + 25\ \Omega}$$

$$R_{p2} = 12,60\ \Omega$$

$$I_{12} = \frac{U_{q1}}{R_1 + R_2 + R_3 + R_{p2}} = \frac{60\ \text{V}}{15\ \Omega + 9,7\ \Omega + 0,5\ \Omega + 12,60\ \Omega} = 1,587\ \text{A}$$

$$U_{R_4} = I_{12} R_{p2} = 1,587\ \text{A}\ \ 12,60\ \Omega = 20\ \text{V}$$

$$I_{22} = \frac{U_{R_4}}{R_4} = \frac{20\ \text{V}}{25\ \Omega} = 0,800\ \text{A}$$

$$I_{32} = \frac{U_{R_4}}{R_5 + R_6 + R_7} = \frac{20\ \text{V}}{0,2\ \Omega + 20\ \Omega + 5,2\ \Omega} = 0,787\ \text{A}$$

Ströme überlagern und richtungsrichtig addieren

$$I_1 = I_{11} + I_{12} = 1,050\ \text{A} + 1,587\ \text{A} = 2,637\ \text{A}$$
$$I_2 = I_{21} - I_{22} = 1,058\ \text{A} - 0,800\ \text{A} = 0,258\ \text{A}$$
$$I_3 = I_{31} + I_{32} = 2,108\ \text{A} + 0,787\ \text{A} = 2,895\ \text{A}$$

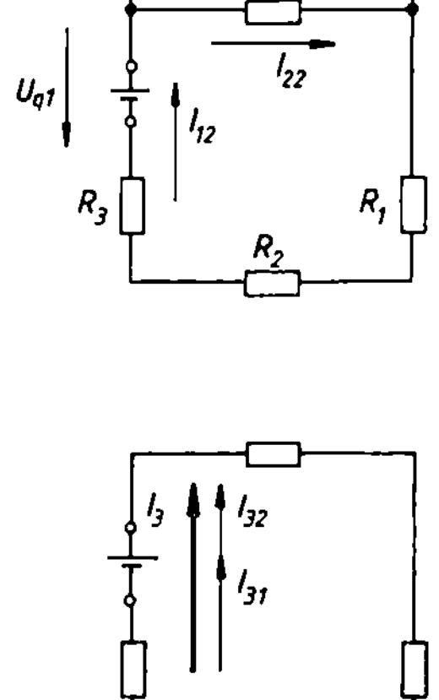

18.13.3 Berechnung durch Umwandlung in eine Ersatz-Spannungsquelle

▶ **Arbeitsplan zur Berechnung eines Zweigstromes nach Betrag und Richtung**

Interessiert in einem beliebig verzweigten linearen Netzwerk nur
der Strom in einem Zweig, so wird dieser Zweig herausgetrennt.
Für die Trennstelle des verbliebenen Originalnetzwerkes wird die
Leerlaufspannung und der Innenwiderstand der Ersatzquelle be-
rechnet oder gemessen. Der Zweigstrom kann dann über das
Ohmsche Gesetz berechnet werden.

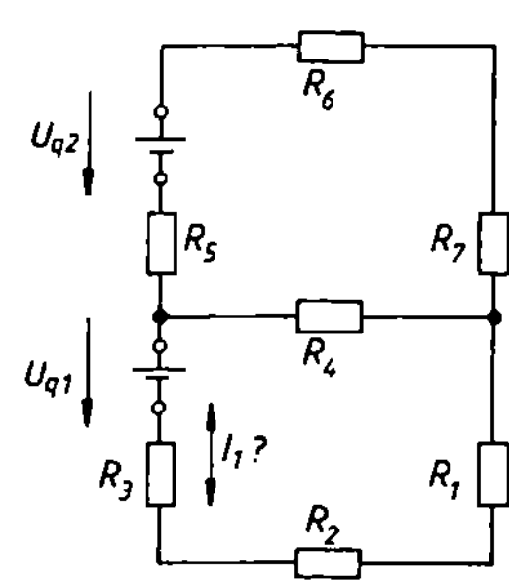

Gegeben: $U_{q1} = 60\ \text{V}$ $R_2 = 9,7\ \Omega$ $R_5 = 0,2\ \Omega$
          $U_{q2} = 80\ \text{V}$ $R_3 = 0,5\ \Omega$ $R_6 = 20\ \Omega$
          $R_1 = 15\ \Omega$ $R_4 = 25\ \Omega$ $R_7 = 5,2\ \Omega$

Schaltungslehre

---

1 Berechnung des Zweigstromes I_1

Widerstände R_1, R_2 und R_3 heraustrennen

---

2 Leerlaufspannung U_0 für die Trennstelle berechnen.

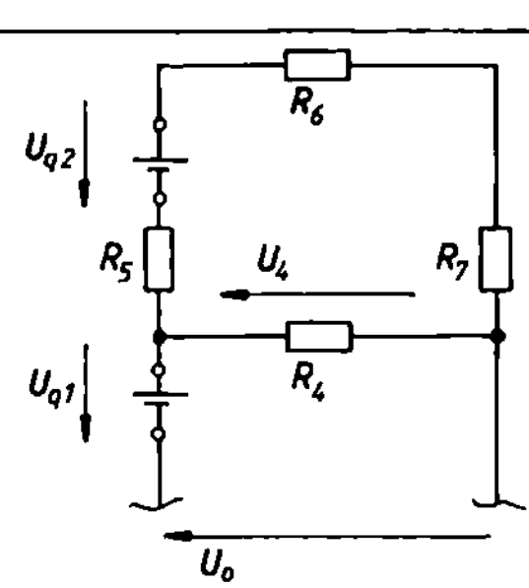

$$U_4 = \frac{U_{q2}}{R_4 + R_5 + R_6 + R_7} R_4$$

$$U_4 = \frac{80\ \text{V}}{25\ \Omega + 0,2\ \Omega + 20\ \Omega + 5,2\ \Omega}\, 25\ \Omega$$

$$U_4 = 39,68\ \text{V}$$

$$U_0 = U_{q1} + U_4 = 99,68\ \text{V}$$

---

3 Innenwiderstand − von der Trennstelle her gesehen − berechnen. Dabei werden alle Quellen als kurzgeschlossen gedacht.

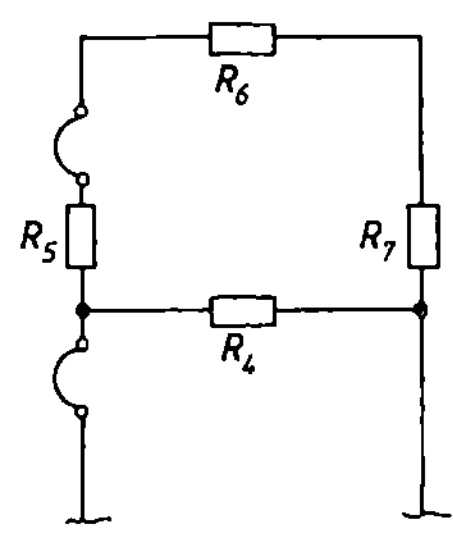

$$R_i = \frac{(R_5 + R_6 + R_7)\, R_4}{R_5 + R_6 + R_7 + R_4} = \frac{(0,2\ \Omega + 20\ \Omega + 5,2\ \Omega)\, 25\ \Omega}{0,2\ \Omega + 20\ \Omega + 5,2\ \Omega + 25\ \Omega}$$

$$R_i = 12,60\ \Omega$$

---

4 Ersatz-Spannungsquelle mit U_0 und R_i bilden. Den zuvor herausgetrennten Zweig mit R_1, R_2 und R_3 wieder anschließen und den gesuchten Zweigstrom I_1 berechnen. Die Stromrichtung ergibt sich aus der Richtung von U_0.

Ersatz-Spannungsquelle

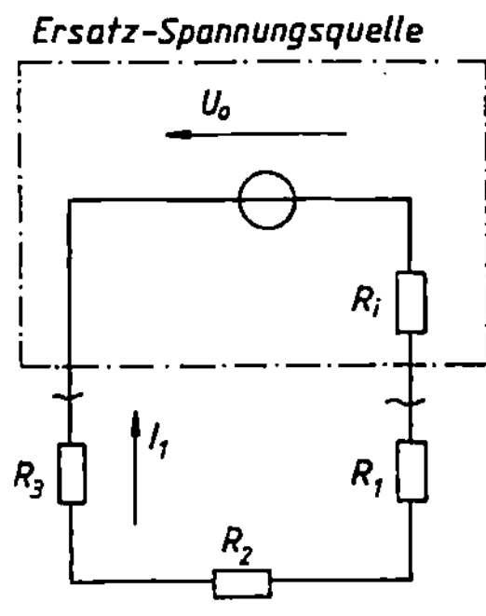

$$I_1 = \frac{U_0}{R_i + R_1 + R_2 + R_3}$$

$$I_1 = \frac{99,68\ \text{V}}{12,60\ \Omega + 15\ \Omega + 9,7\ \Omega + 0,5\ \Omega}$$

$$I_1 = 2,637\ \text{A}$$

2a Die Leerlaufspannung U_0 kann auch nach folgendem Verfahren berechnet werden.

Trennstelle kurzschließen und den Kurzschlußstrom I_k berechnen (hier nach dem Überlagerungsverfahren).

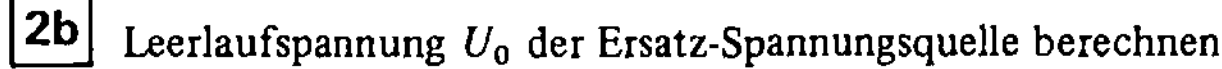

$$I_k = I_{1k} + I_{2k} = \frac{U_{q1}}{\dfrac{(R_5 + R_6 + R_7)\, R_4}{R_5 + R_6 + R_7 + R_4}} + \frac{U_{q2}}{R_5 + R_6 + R_7}$$

$$I_k = \frac{60\ \text{V}}{\dfrac{(0,2\ \Omega + 20\ \Omega + 5,2\ \Omega)\, 25\ \Omega}{0,2\ \Omega + 20\ \Omega + 5,2\ \Omega + 25\ \Omega}} +$$

$$+ \frac{80\ \text{V}}{0,2\ \Omega + 20\ \Omega + 5,2\ \Omega} = 7,91\ \text{A}$$

2b Leerlaufspannung U_0 der Ersatz-Spannungsquelle berechnen.

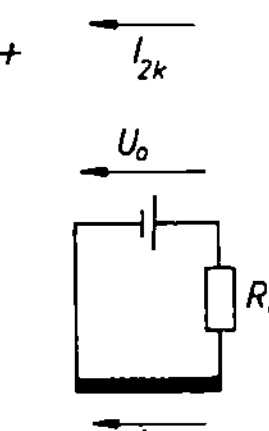

$$U_0 = I_k R_i = 7,91\ \text{A} \cdot 12,60\ \Omega = 99,68\ \text{V}$$

18.14 Elektrische Leistung

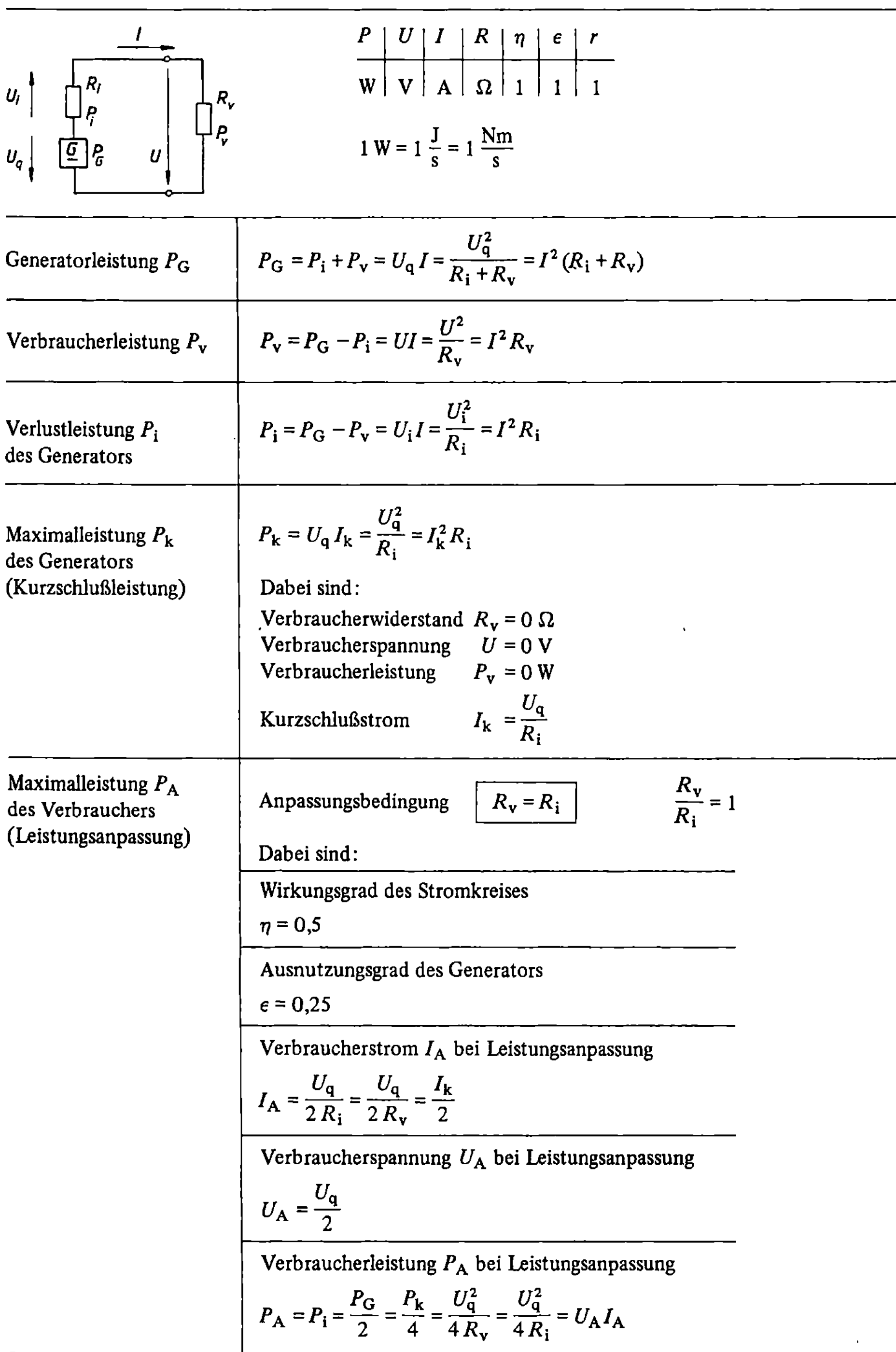

P	U	I	R	η	ϵ	r
W	V	A	Ω	1	1	1

$$1\,\text{W} = 1\,\frac{\text{J}}{\text{s}} = 1\,\frac{\text{Nm}}{\text{s}}$$

Generatorleistung P_G	$P_G = P_i + P_v = U_q I = \dfrac{U_q^2}{R_i + R_v} = I^2(R_i + R_v)$
Verbraucherleistung P_v	$P_v = P_G - P_i = UI = \dfrac{U^2}{R_v} = I^2 R_v$
Verlustleistung P_i des Generators	$P_i = P_G - P_v = U_i I = \dfrac{U_i^2}{R_i} = I^2 R_i$

Maximalleistung P_k des Generators (Kurzschlußleistung)

$$P_k = U_q I_k = \frac{U_q^2}{R_i} = I_k^2 R_i$$

Dabei sind:

Verbraucherwiderstand $R_v = 0\ \Omega$
Verbraucherspannung $\quad U = 0\ \text{V}$
Verbraucherleistung $\quad\ P_v = 0\ \text{W}$

Kurzschlußstrom $\qquad I_k = \dfrac{U_q}{R_i}$

Maximalleistung P_A des Verbrauchers (Leistungsanpassung)

Anpassungsbedingung $\boxed{R_v = R_i}\qquad \dfrac{R_v}{R_i} = 1$

Dabei sind:

Wirkungsgrad des Stromkreises

$\eta = 0{,}5$

Ausnutzungsgrad des Generators

$\epsilon = 0{,}25$

Verbraucherstrom I_A bei Leistungsanpassung

$$I_A = \frac{U_q}{2R_i} = \frac{U_q}{2R_v} = \frac{I_k}{2}$$

Verbraucherspannung U_A bei Leistungsanpassung

$$U_A = \frac{U_q}{2}$$

Verbraucherleistung P_A bei Leistungsanpassung

$$P_A = P_i = \frac{P_G}{2} = \frac{P_k}{4} = \frac{U_q^2}{4R_v} = \frac{U_q^2}{4R_i} = U_A I_A$$

Schaltungslehre

Fehlanpassung	$P_v < P_A$	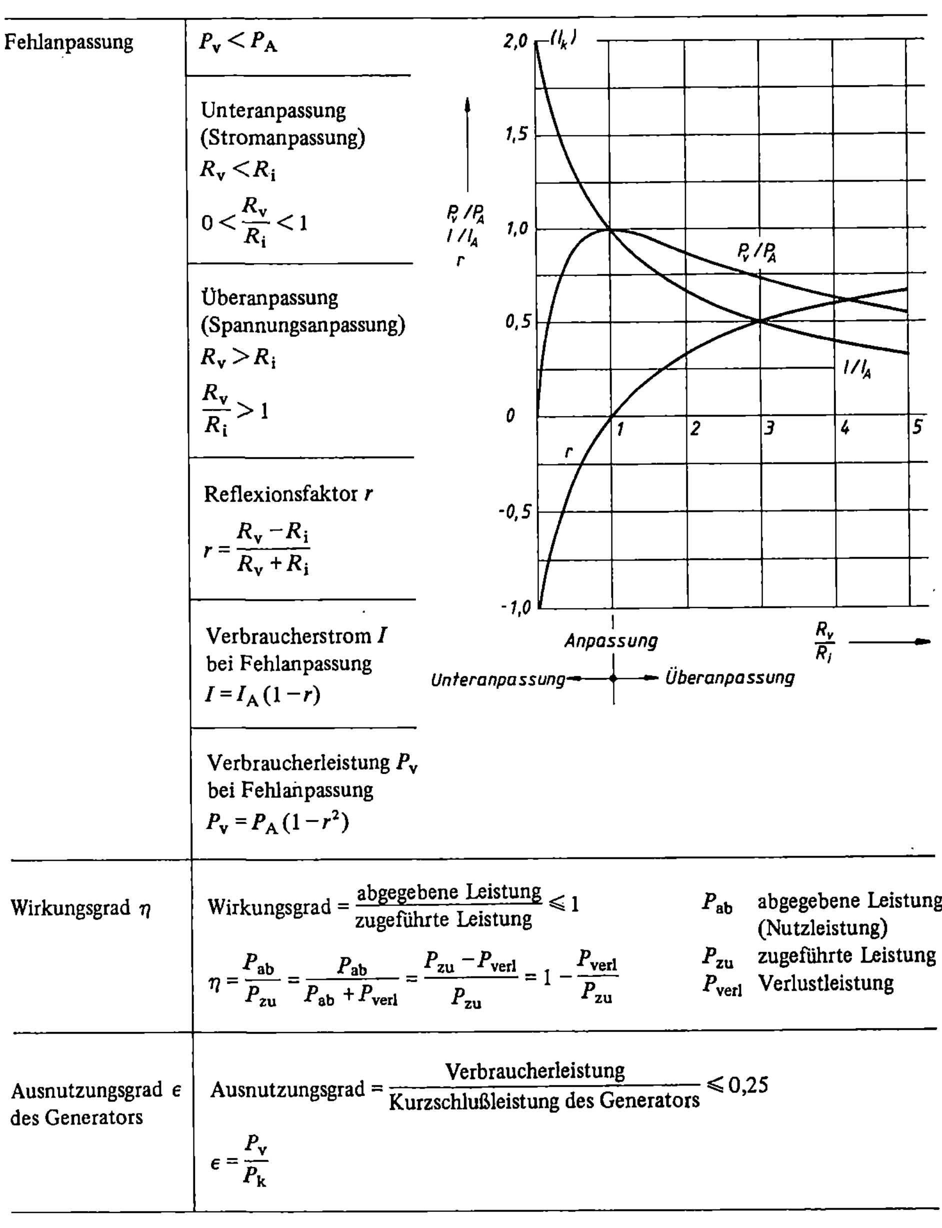
	Unteranpassung (Stromanpassung) $R_v < R_i$ $0 < \dfrac{R_v}{R_i} < 1$	
	Überanpassung (Spannungsanpassung) $R_v > R_i$ $\dfrac{R_v}{R_i} > 1$	
	Reflexionsfaktor r $r = \dfrac{R_v - R_i}{R_v + R_i}$	
	Verbraucherstrom I bei Fehlanpassung $I = I_A(1 - r)$	
	Verbraucherleistung P_v bei Fehlanpassung $P_v = P_A(1 - r^2)$	
Wirkungsgrad η	Wirkungsgrad $= \dfrac{\text{abgegebene Leistung}}{\text{zugeführte Leistung}} \leqslant 1$ $\eta = \dfrac{P_{ab}}{P_{zu}} = \dfrac{P_{ab}}{P_{ab} + P_{verl}} = \dfrac{P_{zu} - P_{verl}}{P_{zu}} = 1 - \dfrac{P_{verl}}{P_{zu}}$	P_{ab} abgegebene Leistung (Nutzleistung) P_{zu} zugeführte Leistung P_{verl} Verlustleistung
Ausnutzungsgrad ϵ des Generators	Ausnutzungsgrad $= \dfrac{\text{Verbraucherleistung}}{\text{Kurzschlußleistung des Generators}} \leqslant 0{,}25$ $\epsilon = \dfrac{P_v}{P_k}$	

18.15 Elektrische Energie

Einheiten	W	L	C	Q	U	I	R	P	t	K	k	
	Ws	$\dfrac{Vs}{A}$	$\dfrac{As}{V}$	As	V	A	Ω	W	s	DM	$\dfrac{DM}{kWh}$	$1\,Ws = 1\,J = 1\,Nm$

Energie des magnetischen Feldes einer Spule	$W = \dfrac{1}{2} LI^2$
Energie des elektrischen Feldes	$W = \dfrac{1}{2} CU^2 = \dfrac{1}{2} QU = \dfrac{1}{2} \cdot \dfrac{Q^2}{C}$
elektrische Arbeit des Gleichstromes	$W = Pt = UIt = I^2 Rt = \dfrac{U^2}{R} t = UQ$
Energiekosten K	$K = kW$ k Tarif in DM/kWh W elektrische Arbeit in kWh
Wirkungsgrad η	Wirkungsgrad $= \dfrac{\text{abgegebene Energie}}{\text{zugeführte Energie}} \leqslant 1$ W_{ab} abgegebene Energie (Nutzenergie) W_{zu} zugeführte Energie W_{verl} Verlustenergie $\eta = \dfrac{W_{ab}}{W_{zu}} = \dfrac{W_{ab}}{W_{ab} + W_{verl}} = \dfrac{W_{zu} - W_{verl}}{W_{zu}} = 1 - \dfrac{W_{verl}}{W_{zu}}$

18.16 Schaltvorgänge bei Kapazitäten und Induktivitäten

18.16.1 Exponentialfunktionen

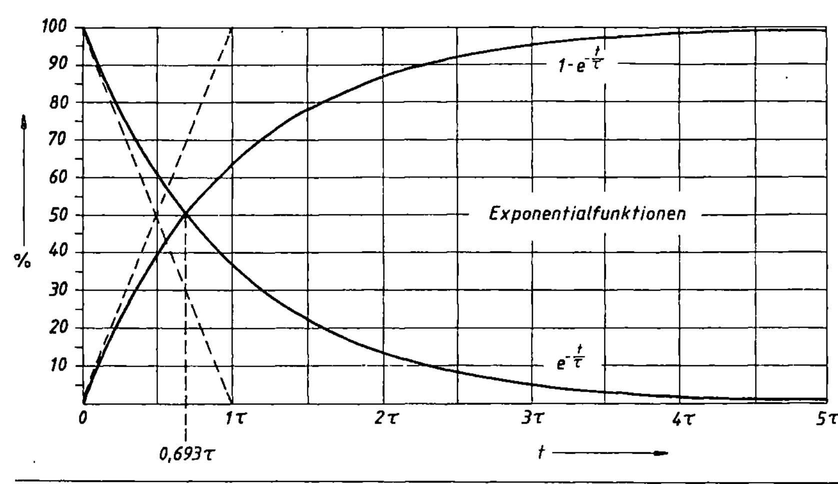

Schaltungslehre

Zeitkonstante, Endwert	Würde der Ausgleichsvorgang mit der am Anfang vorhandenen Änderungsgeschwindigkeit weiter verlaufen, dann wäre der Endwert nach *einer Zeitkonstanten* ($t = 1\,\tau$) erreicht.
	Bei exponentiellem Ausgleichsvorgang wird der Endwert erst nach unendlich langer Zeit erreicht. Er ist jedoch nach $t = 5\,\tau$ praktisch beendet. Der halbe Endwert wird nach $t = \tau \ln 2 = 0{,}693\,\tau$ erreicht. Eulersche Zahl, natürliche Zahl $e = 2{,}718281828\ldots$

18.16.2 Schalten von Kapazitäten bei konstanter Quellenspannung

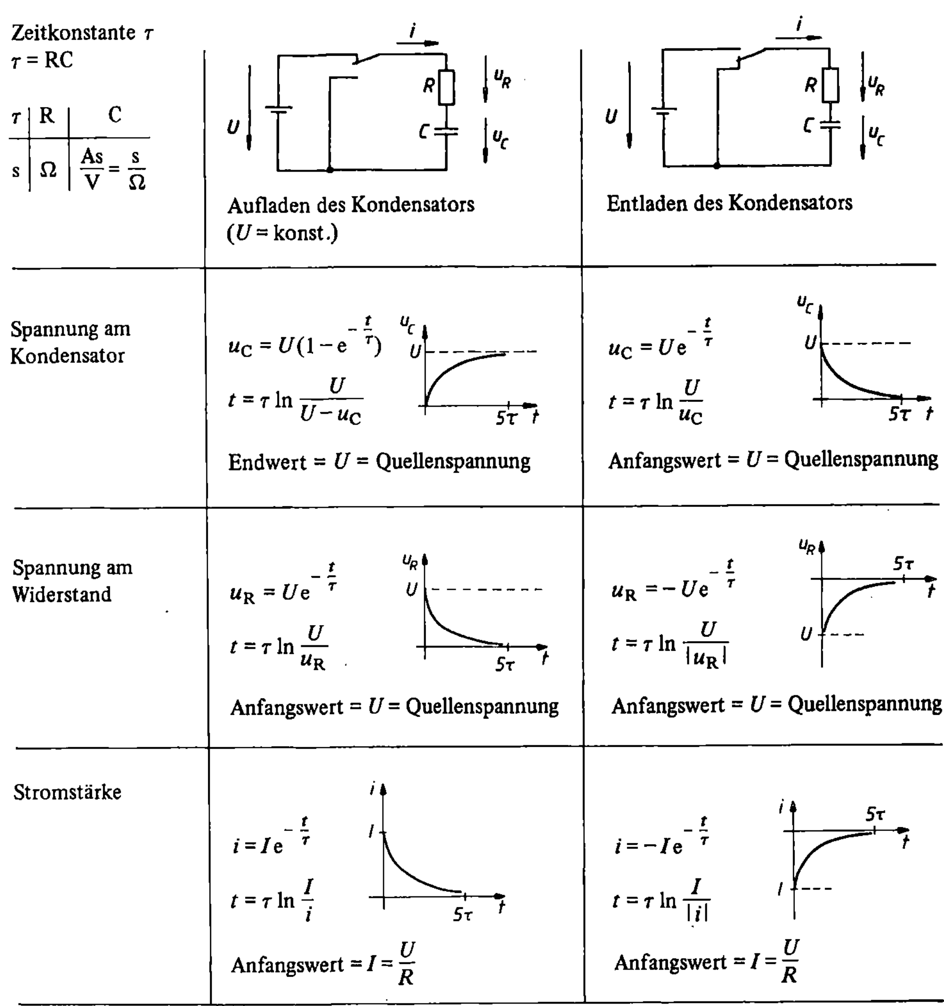

	Aufladen des Kondensators (U = konst.)	Entladen des Kondensators
Zeitkonstante τ $\tau = RC$ $\begin{array}{c\|c\|c} \tau & R & C \\ \hline s & \Omega & \dfrac{As}{V} = \dfrac{s}{\Omega} \end{array}$		
Spannung am Kondensator	$u_C = U(1 - e^{-\frac{t}{\tau}})$ $t = \tau \ln \dfrac{U}{U - u_C}$ Endwert $= U =$ Quellenspannung	$u_C = U e^{-\frac{t}{\tau}}$ $t = \tau \ln \dfrac{U}{u_C}$ Anfangswert $= U =$ Quellenspannung
Spannung am Widerstand	$u_R = U e^{-\frac{t}{\tau}}$ $t = \tau \ln \dfrac{U}{u_R}$ Anfangswert $= U =$ Quellenspannung	$u_R = -U e^{-\frac{t}{\tau}}$ $t = \tau \ln \dfrac{U}{|u_R|}$ Anfangswert $= U =$ Quellenspannung
Stromstärke	$i = I e^{-\frac{t}{\tau}}$ $t = \tau \ln \dfrac{I}{i}$ Anfangswert $= I = \dfrac{U}{R}$	$i = -I e^{-\frac{t}{\tau}}$ $t = \tau \ln \dfrac{I}{|i|}$ Anfangswert $= I = \dfrac{U}{R}$

- **Beispiel:** Anzugsverzögerung eines Relais

  Gegeben: $R_v = 90\ \text{k}\Omega$

  $\qquad\quad R = 18{,}1\ \text{k}\Omega$

  $\qquad\quad C = 100\ \mu\text{F}$

  $\qquad\quad U_q = 24\ \text{V}$

  $\qquad\quad$ Anzugsspannung des Relais

  $\qquad\quad U_a = 2\ \text{V}$

  Gesucht: Anzugsverzögerungszeit t_a

  Lösung: Umwandlung in eine Ersatz-Spannungsquelle

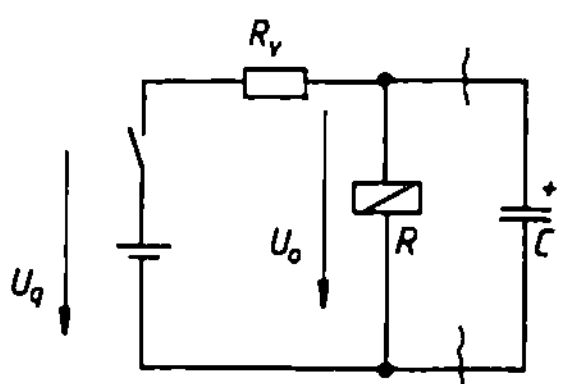

$$R_i = \frac{R_v R}{R_v + R} = \frac{90\ \text{k}\Omega \cdot 18{,}1\ \text{k}\Omega}{90\ \text{k}\Omega + 18{,}1\ \text{k}\Omega} = 15{,}07\ \text{k}\Omega$$

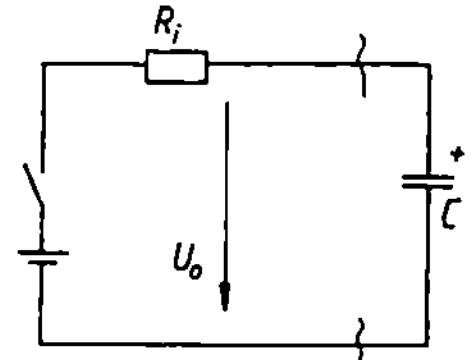

$$U_0 = U_q \frac{R}{R_v + R} = 24\ \text{V} \frac{18{,}1\ \text{k}\Omega}{90\ \text{k}\Omega + 18{,}1\ \text{k}\Omega} = 4{,}02\ \text{V}$$

Anzugsverzögerungszeit $\quad t_a = R_i\, C \ln \dfrac{U_0}{U_0 - U_a}$

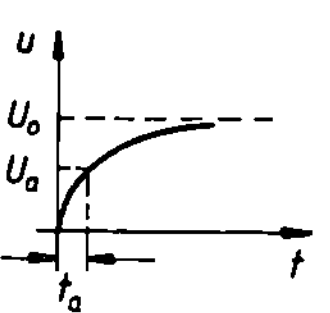

$$t_a = 15{,}07 \cdot 10^3\ \Omega \cdot 100 \cdot 10^{-6} \frac{\text{As}}{\text{V}} \ln \frac{4{,}02\ \text{V}}{4{,}02\ \text{V} - 2\ \text{V}} = 1{,}04\ \text{s}$$

18.16.3 Schalten von Induktivitäten bei konstanter Quellenspannung

Zeitkonstante τ (Diodenwiderstand vernachlässigt) $$\tau = \frac{L}{R}$$	Einschalten der Spule (Freilaufdiode gesperrt) (U = const.)	Ausschalten der Spule (Freilaufdiode leitend)
$\begin{array}{c\|c\|c} \tau & R & L \\ \hline s & \Omega & \frac{\text{Vs}}{\text{A}} = \Omega s \end{array}$		
Spannung an der Spule	$u_L = U\mathrm{e}^{-\frac{t}{\tau}}$ $\quad t = \tau \ln \dfrac{U}{u_L}$ Anfangswert $= U =$ Quellenspannung	$u_L = -U\mathrm{e}^{-\frac{t}{\tau}}$ $\quad t = \tau \ln \dfrac{U}{\lvert u_L \rvert}$ Anfangswert $= U = IR$
Spannung am Widerstand	$u_R = U(1 - \mathrm{e}^{-\frac{t}{\tau}})$ $\quad t = \tau \ln \dfrac{U}{U - u_R}$ Endwert $= U =$ Quellenspannung	$u_R = U\mathrm{e}^{-\frac{t}{\tau}}$ $\quad t = \tau \ln \dfrac{U}{u_R}$ Anfangswert $= U = IR$

Schaltungslehre

| Stromstärke | 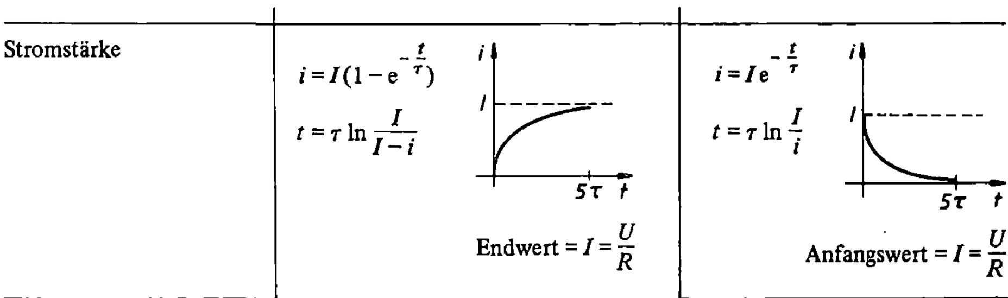 | |

$i = I(1 - e^{-\frac{t}{\tau}})$

$t = \tau \ln \dfrac{I}{I - i}$

Endwert $= I = \dfrac{U}{R}$

$i = I e^{-\frac{t}{\tau}}$

$t = \tau \ln \dfrac{I}{i}$

Anfangswert $= I = \dfrac{U}{R}$

● **Beispiel:** Stromrückgang in einer kurzgeschlossenen Spule

| Schaltplan | | Zeitkonstante $\tau = \dfrac{L}{R}$ |

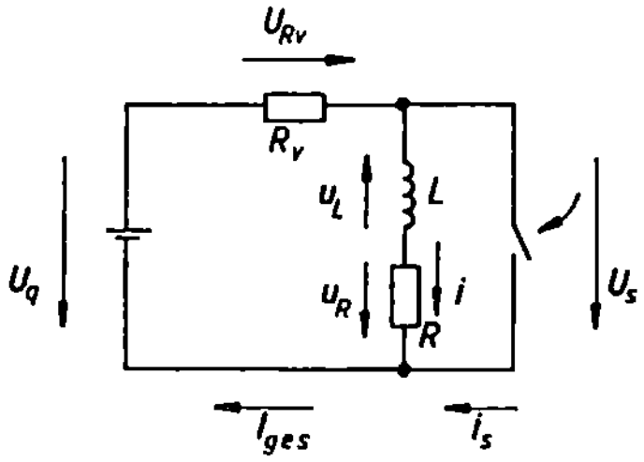

τ	R	L
s	Ω	$\dfrac{\text{Vs}}{\text{A}} = \Omega\text{s}$

Ausgleichsvorgang für Strom und Spannung

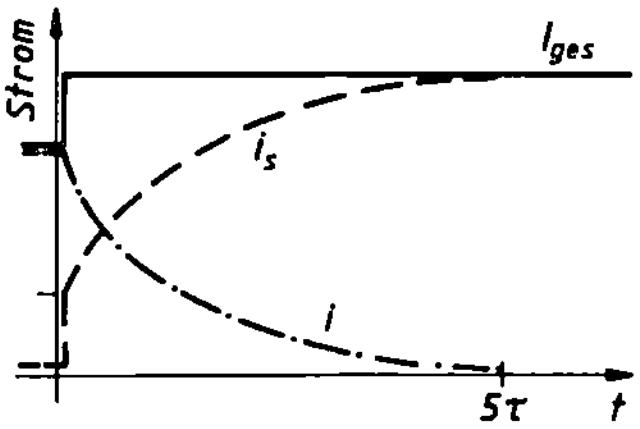

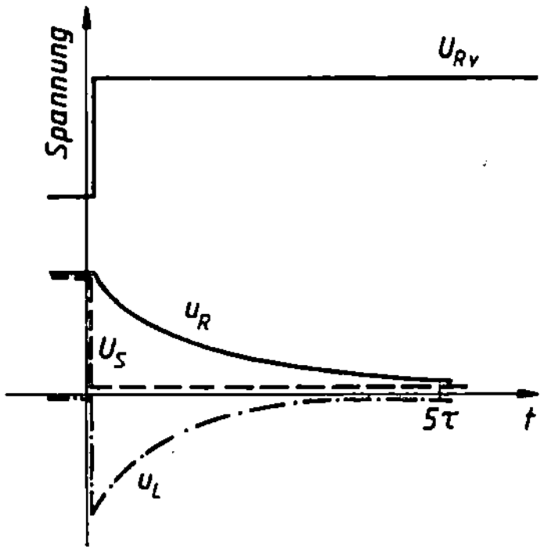

Spannung u_L an der Spule	$u_L = -U_s e^{-\frac{t}{\tau}}$ $t = \tau \ln \dfrac{U_s}{\lvert u_L \rvert}$ Anfangswert $= U_s = \dfrac{U_q}{R_v + R} R$
Spannung u_R am Widerstand R	$u_R = U_s e^{-\frac{t}{\tau}}$ $t = \tau \ln \dfrac{U_s}{u_R}$ Anfangswert $= U_s = \dfrac{U_q}{R_v + R} R$
Stromstärke i in der Spule	$i = I e^{-\frac{t}{\tau}}$ $t = \tau \ln \dfrac{I}{i}$ Anfangswert $= I = \dfrac{U_q}{R_v + R}$
Schalterstromstärke i_s	$i_s = \dfrac{U_q}{R_v} - i = \dfrac{U_q}{R_v} - \dfrac{U_q}{R_v + R} e^{-\frac{t}{\tau}}$ Schalterstromstärke zu Beginn des Ausgleichsvorganges $i_s = \dfrac{U_q}{R_v} - \dfrac{U_q}{R_v + R}$
Spannung U_{Rv} am Widerstand R_v	Anfangswert $\quad U_{Rv} = \dfrac{U_q}{R_v + R} R_v$ Endwert $\quad U_{Rv} = U_q$
Gesamtstromstärke I_{ges}	Anfangswert $\quad I_{ges} = \dfrac{U_q}{R_v + R}$ Endwert $\quad I_{ges} = \dfrac{U_q}{R_v}$
Spannung U_s am Schalter	Anfangswert $\quad U_s = \dfrac{U_q}{R_v + R} R$ Endwert $\quad U_s = 0$

19 Wechselstrom

19.1 Kennwerte von Wechselgrößen

ω Kreisfrequenz
f Frequenz
T Periodendauer
i Zeitwert des Stromes
u Zeitwert der Spannung
$\hat{i}$ Scheitelwert des Stromes
$\hat{u}$ Scheitelwert der Spannung
φ_i Nullphasenwinkel des Stromes
φ_u Nullphasenwinkel der Spannung
φ Phasenverschiebungswinkel der Spannung gegen den Strom
hier: u eilt i um $\sphericalangle \varphi$ voraus
       i eilt u um $\sphericalangle \varphi$ nach

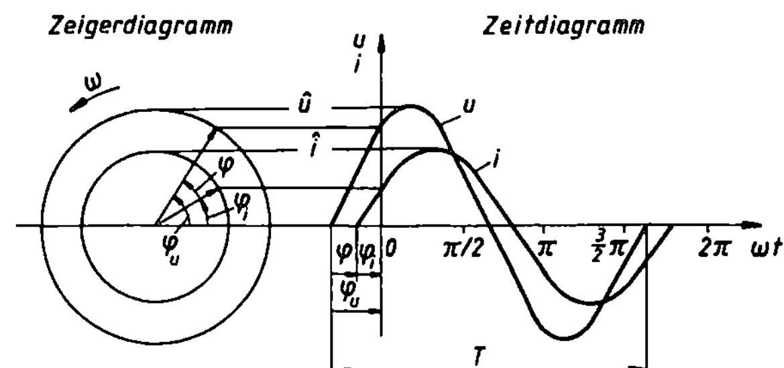

$$\omega = 2\pi f$$

$$f = \frac{1}{T}$$

$$i = \hat{i}\sin(\omega t + \varphi_i)$$

$$u = \hat{u}\sin(\omega t + \varphi_u)$$

$$\varphi = \varphi_u - \varphi_i$$

Bei Darstellung des Effektivwertes im Zeigerdiagramm:
Zeigerlänge = Scheitelwert/$\sqrt{2}$

ω	f	T, t	$i, \hat{i}$	$u, \hat{u}$
$\frac{1}{s}$	Hz $= \frac{1}{s}$	s	A	V

| Mittelwerte bei Sinusform | Effektivwert und Scheitelwert |

Effektivwert und Scheitelwert

$$I = \frac{\hat{i}}{\sqrt{2}} = 0{,}707\,\hat{i}$$

$$U = \frac{\hat{u}}{\sqrt{2}} = 0{,}707\,\hat{u}$$

$i, \hat{i}, I, \overline{|i|}$	$u, \hat{u}, U, \overline{|u|}$	F	S
A	V	1	1

Gleichrichtwert und Scheitelwert

$$\overline{|i|} = \frac{2}{\pi}\hat{i} = 0{,}637\,\hat{i}$$

$$\overline{|u|} = \frac{2}{\pi}\hat{u} = 0{,}637\,\hat{u}$$

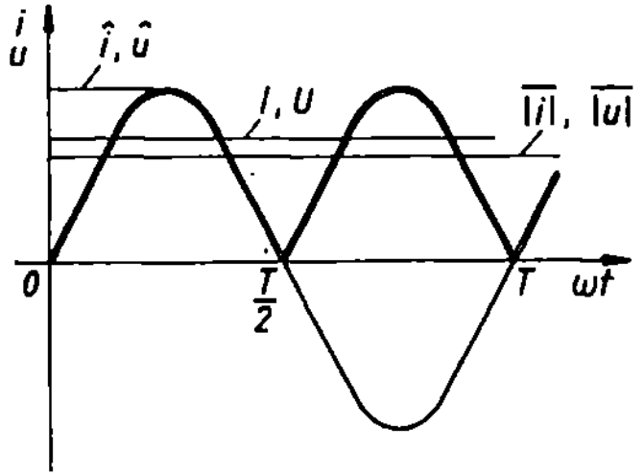

Effektivwert und Gleichrichtwert

$$I = 1{,}111\,\overline{|i|} \qquad \overline{|i|} = 0{,}9\,I$$
$$U = 1{,}111\,\overline{|u|} \qquad \overline{|u|} = 0{,}9\,U$$

$$\text{Formfaktor} = \frac{\text{Effektivwert}}{\text{Gleichrichtwert}}$$
$$F = 1{,}111$$

$$\text{Scheitelfaktor} = \frac{\text{Scheitelwert}}{\text{Effektivwert}}$$
$$S = \sqrt{2} = 1{,}414$$

i, u	Zeitwert
$\hat{i}, \hat{u}$	Scheitelwert
I, U	Effektivwert
$\overline{|i|}, \overline{|u|}$	Gleichrichtwert
F	Formfaktor
S	Scheitelfaktor

Mittelwerte bei beliebiger Kurvenform	Effektivwert	Linearer Mittelwert	Gleichrichtwert	Formfaktor
	$I = \sqrt{\dfrac{1}{T}\displaystyle\int_0^T i^2\,dt}$	$\bar{\imath} = \dfrac{1}{T}\displaystyle\int_0^T i\,dt$	$\overline{\lvert i\rvert} = \dfrac{1}{T}\displaystyle\int_0^T \lvert i\rvert\,dt$	$F = \dfrac{I}{\overline{\lvert i\rvert}} = \dfrac{U}{\overline{\lvert u\rvert}} \geqslant 1$ Scheitelfaktor
	$U = \sqrt{\dfrac{1}{T}\displaystyle\int_0^T u^2\,dt}$	$\bar{u} = \dfrac{1}{T}\displaystyle\int_0^T u\,dt$	$\overline{\lvert u\rvert} = \dfrac{1}{T}\displaystyle\int_0^T \lvert u\rvert\,dt$	$S = \dfrac{\hat{\imath}}{I} = \dfrac{\hat{u}}{U}$

Wechselgrößen mit Oberschwingungen

Effektivwert

$$I = \sqrt{I_1^2 + I_2^2 + I_3^2 + \dots}$$

$$U = \sqrt{U_1^2 + U_2^2 + U_3^2 + \dots}$$

Grundschwingungsgehalt

$$g_i = \frac{I_1}{I} = \frac{I_1}{\sqrt{I_1^2 + I_2^2 + I_3^2 + \dots}}$$

$$g_u = \frac{U_1}{U} = \frac{U_1}{\sqrt{U_1^2 + U_2^2 + U_3^2 + \dots}}$$

I, U	(Gesamt)Effektivwert der Wechselgröße/Mischgröße
$\bar{\imath}, \bar{u}$	Linearer Mittelwert, arithmetischer Mittelwert, Gleichstromanteil, Gleichspannungsanteil, Gleichwert, Gleichanteil
$\overline{\lvert i\rvert}, \overline{\lvert u\rvert}$	Gleichrichtwert
F	Formfaktor
S	Scheitelfaktor

Oberschwingungsgehalt (Klirrfaktor sämtlicher Oberschwingungen)

$$k_i = \frac{\sqrt{I_2^2 + I_3^2 + \dots}}{\sqrt{I_1^2 + I_2^2 + I_3^2 + \dots}} = \frac{\sqrt{I^2 - I_1^2}}{I} = \sqrt{1 - g_i^2}$$

$$k_u = \frac{\sqrt{U_2^2 + U_3^2 + \dots}}{\sqrt{U_1^2 + U_2^2 + U_3^2 + \dots}} = \frac{\sqrt{U^2 - U_1^2}}{U} = \sqrt{1 - g_u^2}$$

Klirrfaktor einer Teilschwingung

$$k_\nu = \frac{I_\nu}{I} = \frac{I_\nu}{\sqrt{I_1^2 + I_2^2 + I_3^2 + \dots}}$$

$$k_\nu = \frac{U_\nu}{U} = \frac{U_\nu}{\sqrt{U_1^2 + U_2^2 + U_3^2 + \dots}}$$

I_1, U_1	Effektivwert der Grundschwingung
$I_2, I_3 \dots$ $U_2, U_3 \dots$	Effektivwerte der Oberschwingungen
I_ν, U_ν	Effektivwert der ν-ten Oberschwingung
$I_\sim, U_\sim$	Effektivwert des Wechselanteils einer Mischgröße
g	Grundschwingungsgehalt
k	Oberschwingungsgehalt, Klirrfaktor
s	Schwingungsgehalt
w	Welligkeit, Wechselspannungsgehalt, Wechselstromgehalt

Schaltungslehre

Mischgrößen	**Effektivwert**

$$I = \sqrt{\overline{i}^2 + I_1^2 + I_2^2 + \ldots}$$ Wechselgröße: Gleichanteil ist Null

$$U = \sqrt{\overline{u}^2 + U_1^2 + U_2^2 + \ldots}$$ Mischgröße: Gleichanteil ist von Null verschieden

Für weitere Kenngrößen siehe DIN 40 110.

Effektivwert des Wechselanteils

$$I_\sim = \sqrt{I_1^2 + I_2^2 + I_3^2 + \ldots} = \sqrt{I^2 - \overline{i}^2}$$

$$U_\sim = \sqrt{U_1^2 + U_2^2 + U_3^2 + \ldots} = \sqrt{U^2 - \overline{u}^2}$$

Schwingungsgehalt	Welligkeit
$s = \dfrac{I_\sim}{I} = \dfrac{U_\sim}{U}$	$w = \dfrac{I_\sim}{\overline{i}} = \dfrac{U_\sim}{\overline{u}}$

Geschaltete Sinuswelle (Phasenanschnitt bei Ohmscher Last)

	Einweg-Gleichrichtung	Zweiweg-Gleichrichtung
Gleichricht-wert	$\overline{|i|} = \dfrac{\hat{i}}{2\pi}\,(1 + \cos\alpha)$	$\overline{|i|} = \dfrac{\hat{i}}{\pi}\,(1 + \cos\alpha)$
Effektiv-wert	$I = \dfrac{\hat{i}}{2}\sqrt{1 - \dfrac{\alpha}{180°} + \dfrac{\sin 2\alpha}{2\pi}}$	$I = \dfrac{\hat{i}}{\sqrt{2}}\sqrt{1 - \dfrac{\alpha}{180°} + \dfrac{\sin 2\alpha}{2\pi}}$

α Zündwinkel

Θ Stromflußwinkel

Zündwinkel		0°	30°	60°	90°	120°	150°
Einweg-Gleich-richtung	$\overline{|i|}$	$0{,}3183\,\hat{i}$	$0{,}2970\,\hat{i}$	$0{,}2387\,\hat{i}$	$0{,}1592\,\hat{i}$	$0{,}0796\,\hat{i}$	$0{,}0213\,\hat{i}$
	I	$0{,}5\,\hat{i}$	$0{,}4927\,\hat{i}$	$0{,}4485\,\hat{i}$	$0{,}3536\,\hat{i}$	$0{,}2211\,\hat{i}$	$0{,}0849\,\hat{i}$
Zweiweg-Gleich-richtung	$\overline{|i|}$	$0{,}6366\,\hat{i}$	$0{,}5940\,\hat{i}$	$0{,}4775\,\hat{i}$	$0{,}3183\,\hat{i}$	$0{,}1592\,\hat{i}$	$0{,}0427\,\hat{i}$
	I	$0{,}7071\,\hat{i}$	$0{,}6968\,\hat{i}$	$0{,}6342\,\hat{i}$	$0{,}5\,\hat{i}$	$0{,}3127\,\hat{i}$	$0{,}1201\,\hat{i}$

19.2 Fourier-Reihen

Rechteckschwingung

$U = \hat{u} \qquad F = 1$

$\overline{u} = 0 \qquad S = 1$

$$u = \frac{4\hat{u}}{\pi}\left[\frac{\sin(\omega t)}{1} + \frac{\sin(3\omega t)}{3} + \frac{\sin(5\omega t)}{5} + \frac{\sin(7\omega t)}{7} + \ldots\right]$$

Trapezschwingung

$$U = \hat{u}\,\sqrt{1 - \frac{8\alpha}{3\pi}} \qquad F = \frac{\dfrac{U}{\hat{u}}}{1 - \dfrac{\alpha}{\pi}}$$

$\overline{u} = 0$

$$u = \frac{4\hat{u}}{\alpha\pi}\left[\frac{\sin\alpha}{1^2}\sin(\omega t) + \frac{\sin(3\alpha)}{3^2}\sin(3\omega t) + \frac{\sin(5\alpha)}{5^2}\sin(5\omega t) + \ldots\right]$$

Dreieckschwingung

$U = 0{,}5774\,\hat{u} \qquad F = 1{,}1547$

$\overline{u} = 0 \qquad\qquad S = 1{,}7321$

$$u = \frac{8\hat{u}}{\pi^2}\left[\frac{\sin(\omega t)}{1^2} - \frac{\sin(3\omega t)}{3^2} + \frac{\sin(5\omega t)}{5^2} - \frac{\sin(7\omega t)}{7^2} + \ldots\right]$$

Sägezahnschwingung

$U = 0{,}5774\,\hat{u} \qquad F = 1{,}1547$

$\overline{u} = 0 \qquad\qquad S = 1{,}7321$

$$u = \frac{2\hat{u}}{\pi}\left[\frac{\sin(\omega t)}{1} - \frac{\sin(2\omega t)}{2} + \frac{\sin(3\omega t)}{3} - \frac{\sin(4\omega t)}{4} + \ldots\right]$$

Einphasen-Einwegschaltung

$U = 0{,}5\,\hat{u}$

$\overline{u} = \dfrac{\hat{u}}{\pi} = 0{,}318\,\hat{u}$

$F = \dfrac{\pi}{2}$

$S = 2$

$w = 1{,}21$

$$u = \frac{\hat{u}}{\pi}\left[1 + \frac{\pi}{2}\cos(\omega t) + \frac{2}{1\cdot 3}\cos(2\omega t) - \frac{2}{3\cdot 5}\cos(4\omega t) + \frac{2}{5\cdot 7}\cos(6\omega t) - \ldots\right]$$

Schaltungslehre

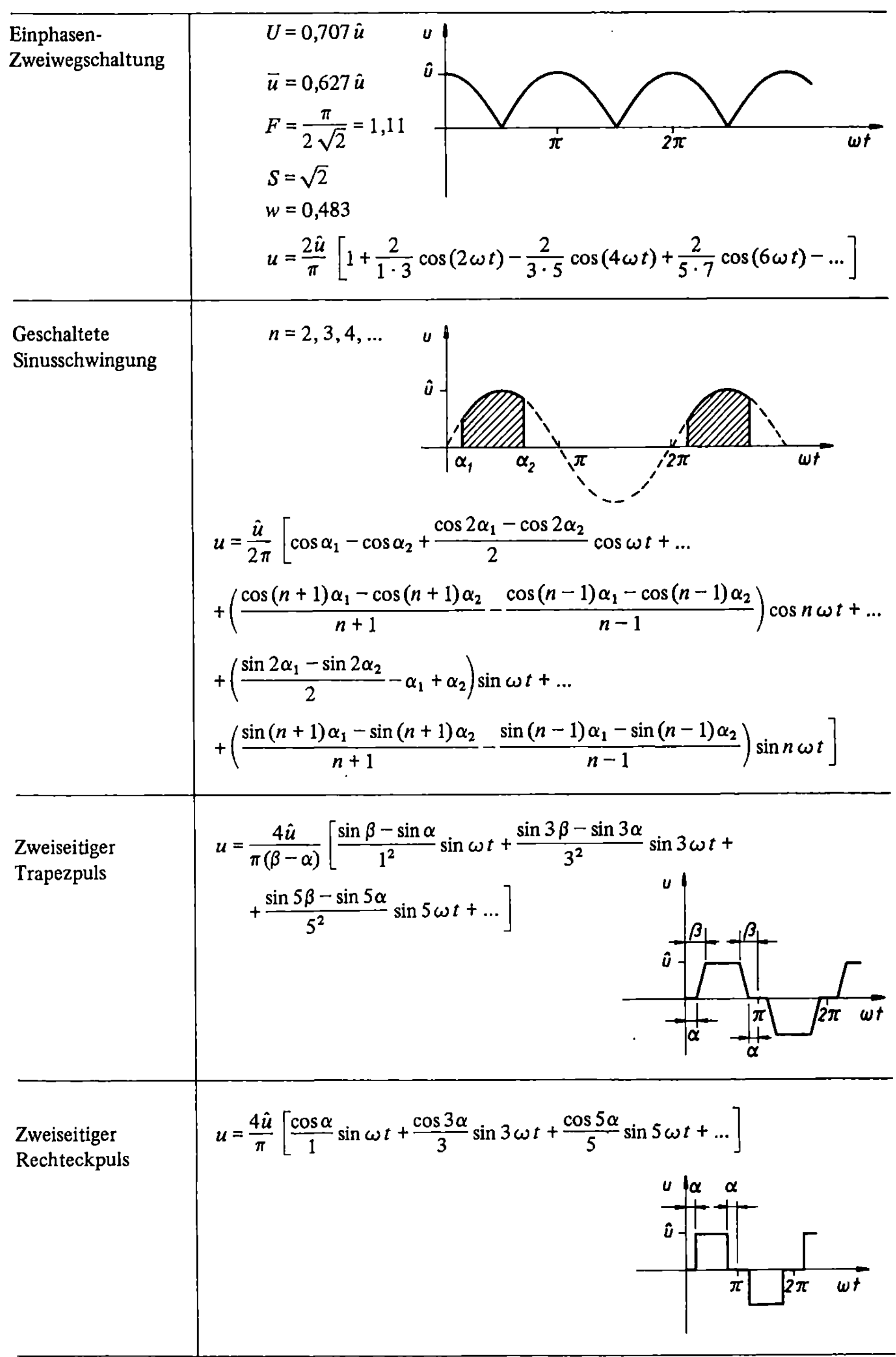

Einphasen- Zweiwegschaltung	$U = 0{,}707\,\hat{u}$ $\bar{u} = 0{,}627\,\hat{u}$ $F = \dfrac{\pi}{2\sqrt{2}} = 1{,}11$ $S = \sqrt{2}$ $w = 0{,}483$ $u = \dfrac{2\hat{u}}{\pi}\left[1 + \dfrac{2}{1\cdot 3}\cos(2\omega t) - \dfrac{2}{3\cdot 5}\cos(4\omega t) + \dfrac{2}{5\cdot 7}\cos(6\omega t) - \ldots\right]$
Geschaltete Sinusschwingung	$n = 2, 3, 4, \ldots$ $u = \dfrac{\hat{u}}{2\pi}\left[\cos\alpha_1 - \cos\alpha_2 + \dfrac{\cos 2\alpha_1 - \cos 2\alpha_2}{2}\cos\omega t + \ldots\right.$ $+ \left(\dfrac{\cos(n+1)\alpha_1 - \cos(n+1)\alpha_2}{n+1} - \dfrac{\cos(n-1)\alpha_1 - \cos(n-1)\alpha_2}{n-1}\right)\cos n\omega t + \ldots$ $+ \left(\dfrac{\sin 2\alpha_1 - \sin 2\alpha_2}{2} - \alpha_1 + \alpha_2\right)\sin\omega t + \ldots$ $\left.+ \left(\dfrac{\sin(n+1)\alpha_1 - \sin(n+1)\alpha_2}{n+1} - \dfrac{\sin(n-1)\alpha_1 - \sin(n-1)\alpha_2}{n-1}\right)\sin n\omega t\right]$
Zweiseitiger Trapezpuls	$u = \dfrac{4\hat{u}}{\pi(\beta-\alpha)}\left[\dfrac{\sin\beta - \sin\alpha}{1^2}\sin\omega t + \dfrac{\sin 3\beta - \sin 3\alpha}{3^2}\sin 3\omega t +\right.$ $\left.+ \dfrac{\sin 5\beta - \sin 5\alpha}{5^2}\sin 5\omega t + \ldots\right]$
Zweiseitiger Rechteckpuls	$u = \dfrac{4\hat{u}}{\pi}\left[\dfrac{\cos\alpha}{1}\sin\omega t + \dfrac{\cos 3\alpha}{3}\sin 3\omega t + \dfrac{\cos 5\alpha}{5}\sin 5\omega t + \ldots\right]$

Einseitiger Rechteckpuls	$$u = \frac{\hat{u}}{2} + \frac{2\hat{u}}{\pi}\left[\frac{\sin(\omega t)}{1} + \frac{\sin(3\omega t)}{3} + \frac{\sin(5\omega t)}{5} + \dots\right]$$ 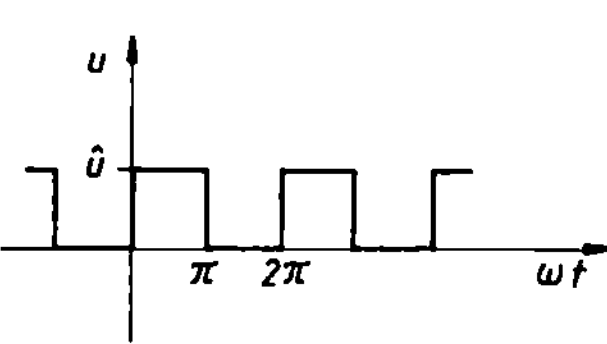
Einseitiger Rechteckpuls (beliebige Pulsbreite)	$$u = \frac{2\hat{u}}{\pi}\left[\frac{\varphi}{2} + \frac{\sin\varphi}{1}\cos\omega t + \frac{\sin 2\varphi}{2}\cos 2\omega t + \frac{\sin 3\varphi}{3}\cos 3\omega t + \dots\right]$$ 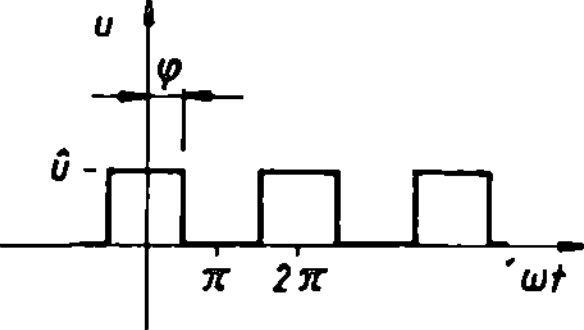
Steuerung an Kennlinien	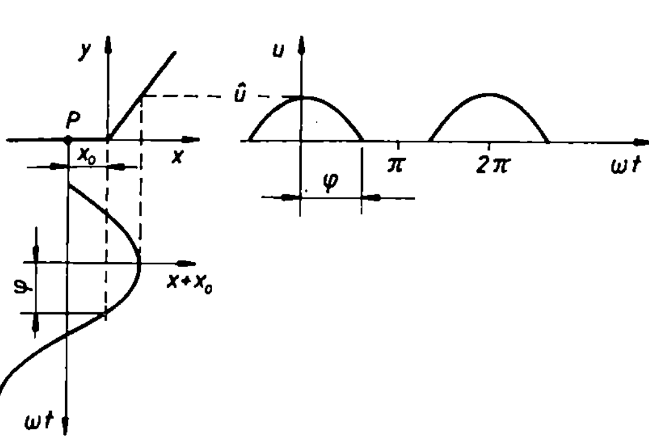

Gerade als Kennlinie

$$u = \frac{\hat{u}}{\pi(1-\cos\varphi)}\left[(\sin\varphi - \varphi\cos\varphi) + \left(\varphi - \frac{\sin 2\varphi}{2}\right)\cos\omega t + \right.$$

$$\left. + \left(\frac{\sin\varphi}{1\cdot 2} - \frac{\sin 3\varphi}{2\cdot 3}\right)\cos 2\omega t + \left(\frac{\sin 2\varphi}{2\cdot 3} - \frac{\sin 4\varphi}{3\cdot 4}\right)\cos 3\omega t + \dots\right]$$

Parabel zweiten Grades als Kennlinie

$$u = \frac{\hat{u}}{\pi(1-\cos\varphi)^2}\left[\varphi + \frac{1}{2}\varphi\cos 2\varphi - \frac{3}{4}\sin 2\varphi + \left(-2\varphi\cos\varphi + \frac{3}{2}\sin\varphi + \frac{\sin 3\varphi}{1\cdot 2\cdot 3}\right)\cos\omega t + \right.$$

$$+ \left(\frac{\varphi}{2} - \frac{2\sin 2\varphi}{1\cdot 2\cdot 3} + \frac{\sin 4\varphi}{2\cdot 3\cdot 4}\right)\cos 2\omega t + \left(\frac{\sin\varphi}{1\cdot 2\cdot 3} - \frac{2\sin 3\varphi}{2\cdot 3\cdot 4} + \frac{\sin 5\varphi}{3\cdot 4\cdot 5}\right)\cos 3\omega t +$$

$$\left. + \left(\frac{\sin 2\varphi}{2\cdot 3\cdot 4} - \frac{2\sin 4\varphi}{3\cdot 4\cdot 5} + \frac{\sin 6\varphi}{4\cdot 5\cdot 6}\right)\cos 4\omega t + \dots\right]$$

Schaltungslehre

Parabel dritten Grades als Kennlinie

$$u = \frac{3\hat{u}}{2\pi(1-\cos\varphi)^3} \left[\left(-\frac{1}{6}\varphi\cos 3\varphi - \frac{3}{2}\varphi\cos\varphi + \frac{3}{4}\sin\varphi + \frac{11}{36}\sin 3\varphi\right) + \right.$$

$$+ \left(\varphi\cos 2\varphi + \frac{3}{2}\varphi - \frac{7}{6}\sin 2\varphi - \frac{\sin 4\varphi}{1\cdot 2\cdot 3\cdot 4}\right)\cos\omega t +$$

$$+ \left(-\varphi\cos\varphi + \frac{4}{6}\sin\varphi + \frac{3\sin 3\varphi}{1\cdot 2\cdot 3\cdot 4} - \frac{\sin 5\varphi}{2\cdot 3\cdot 4\cdot 5}\right)\cos 2\omega t +$$

$$+ \left(\frac{\varphi}{6} - \frac{3\sin 2\varphi}{1\cdot 2\cdot 3\cdot 4} + \frac{3\sin 4\varphi}{2\cdot 3\cdot 4\cdot 5} - \frac{\sin 6\varphi}{3\cdot 4\cdot 5\cdot 6}\right)\cos 3\omega t +$$

$$+ \left.\left(\frac{\sin\varphi}{1\cdot 2\cdot 3\cdot 4} - \frac{3\sin 3\varphi}{2\cdot 3\cdot 4\cdot 5} + \frac{3\sin 5\varphi}{3\cdot 4\cdot 5\cdot 6} - \frac{\sin 7\varphi}{4\cdot 5\cdot 6\cdot 7}\right)\cos 4\omega t + \ldots\right]$$

19.3 Passive Wechselstrom-Zweipole an sinusförmiger Wechselspannung

Größen, Einheiten, Kennwerte

Leistungen

P Wirkleistung
Q Blindleistung
Q_L induktive Blindleistung
Q_C kapazitive Blindleistung
S Scheinleistung

Spannungen

U_R Wirkspannung
U_L induktive Blindspannung
U_C kapazitive Blindspannung
U Gesamtspannung

Leitwerte

G Wirkleitwert = Konduktanz
B Blindleitwert = Suszeptanz
Y Scheinleitwert = Admittanz

Ströme

I_R Wirkstrom
I_L induktiver Blindstrom
I_C kapazitiver Blindstrom
I Gesamtstrom

Widerstände

R Wirkwiderstand = Resistanz
X Blindwiderstand = Reaktanz
X_L induktiver Blindwiderstand = Induktanz
X_C kapazitiver Blindwiderstand = Kondensanz(Kapazitanz)
Z Scheinwiderstand = Impedanz

Kennwerte

$$\lambda = \cos\varphi \quad \text{Leistungsfaktor} = \frac{\text{Wirkgröße}}{\text{Scheingröße}}$$

$$\beta = \sin\varphi \quad \text{Blindfaktor} = \frac{\text{Blindgröße}}{\text{Scheingröße}}$$

$$d = \tan\delta \quad \text{Verlustfaktor} = \frac{\text{Wirkgröße}}{\text{Blindgröße}}$$

$$Q = \frac{1}{d} \quad \text{Gütefaktor} = \frac{1}{\text{Verlustfaktor}}$$

R, X, Z	G, B, Y	U	I	P	Q	S	$\cos\varphi, \sin\varphi, d, Q$
$\Omega = \dfrac{V}{A}$	$S = \dfrac{A}{V} = \dfrac{1}{\Omega}$	V	A	W	var[1]	VA[1]	1

[1] Die Einheit für alle Leistungen, also Wirk-, Blind- und Scheinleistung, ist das Watt mit dem Einheitenzeichen W. Die Einheit Watt wird bei der Angabe der elektrischen Blindleistung auch Var (Einheitenzeichen var) und bei der elektrischen Scheinleistung auch Voltampere (Einheitenzeichen VA) genannt (vgl. DIN 40 110).

Frequenzabhängigkeit	$R = \dfrac{l}{\gamma A}$ $\qquad$ $G = \dfrac{\gamma A}{l}$ $X_L = \omega L$ $\qquad$ $B_L = \dfrac{1}{\omega L}$ $X_C = \dfrac{1}{\omega C}$ $\qquad$ $B_C = \omega C$ f_r $\qquad$ Resonanzfrequenz $X_L = X_C$ Reihenresonanzbedingung $B_L = B_C$ Parallelresonanzbedingung (Zur Frequenzabhängigkeit des Wirkwiderstandes R siehe unter Skineffekt)	
Wirkwiderstand R	Strom I und Spannung U sind phasengleich $U = IR = \dfrac{I}{G}$ $\qquad$ $G = \dfrac{1}{R}$ $\qquad$ $\cos \varphi = 1$ $P = UI = I^2 R = \dfrac{U^2}{R}$ $\qquad$ $\sin \varphi = 0$	
Induktiver Blindwiderstand X_L	Spannung U eilt dem Strom I um 90° voraus $U = IX_L = \dfrac{I}{B_L}$ $\qquad$ $B_L = \dfrac{1}{X_L}$ $\qquad$ $\cos \varphi = 0$ $X_L = \omega L$ $Q_L = UI = I^2 X_L = \dfrac{U^2}{X_L}$ $\qquad$ $\sin \varphi = 1$	
Kapazitiver Blindwiderstand X_C	Spannung U eilt dem Strom I um 90° nach $U = IX_C = \dfrac{1}{B_C}$ $\qquad$ $B_C = \dfrac{1}{X_C} = \omega C$ $\qquad$ $\cos \varphi = 0$ $X_C = \dfrac{1}{\omega C}$ $Q_C = UI = I^2 X_C = \dfrac{U^2}{X_C}$ $\qquad$ $\sin \varphi = 1$	

19.3.1 Reihenschaltung von Widerständen

Reihenschaltung von induktiven Blindwiderständen X_L	$U = U_{L1} + U_{L2} + \ldots$ $I = \dfrac{U}{X_L} = \dfrac{U_{L1}}{X_{L1}} = \dfrac{U_{L2}}{X_{L2}} = \ldots$ $X_L = X_{L1} + X_{L2} + \ldots$ $L = L_1 + L_2 + \ldots$ $\cos \varphi = 0$ $\sin \varphi = 1$	*(Ersatzschaltung)*

Schaltungslehre

Reihenschaltung von kapazitiven Blindwiderständen X_C	$U = U_{C1} + U_{C2} + \dots$ $I = \dfrac{U}{X_C} = \dfrac{U_{C1}}{X_{C1}} = \dfrac{U_{C2}}{X_{C2}} = \dots$ $X_C = X_{C1} + X_{C2} + \dots$ $\dfrac{1}{C} = \dfrac{1}{C_1} + \dfrac{1}{C_2} + \dots$ $\cos\varphi = 0$ $\sin\varphi = 1$ Für zwei in Reihe geschaltete Kondensatoren gilt: $\quad C = \dfrac{C_1 C_2}{C_1 + C_2}$	*(Ersatzschaltung)*
Reihenschaltung von R und X_L	$U = \sqrt{U_R^2 + U_L^2}$ $I = \dfrac{U}{Z} = \dfrac{U_R}{R} = \dfrac{U_L}{X_L}$ $Z = \sqrt{R^2 + X_L^2}$ $\cos\varphi = \dfrac{U_R}{U} = \dfrac{R}{Z} = \dfrac{P}{S}$ $\sin\varphi = \dfrac{U_L}{U} = \dfrac{X_L}{Z} = \dfrac{Q_L}{S}$ $d_L = \tan\delta = \dfrac{R}{X_L} = \dfrac{U_R}{U_L} = \dfrac{P}{Q_L}$ $S = UI = I^2 Z = \dfrac{U^2}{Z} = \sqrt{P^2 + Q_L^2}$	*(Ersatzschaltung)*
Reihenschaltung von R und X_C	$U = \sqrt{U_R^2 + U_C^2}$ $I = \dfrac{U}{Z} = \dfrac{U_R}{R} = \dfrac{U_C}{X_C}$ $Z = \sqrt{R^2 + X_C^2}$ $\cos\varphi = \dfrac{U_R}{U} = \dfrac{R}{Z} = \dfrac{P}{S}$ $\sin\varphi = \dfrac{U_C}{U} = \dfrac{X_C}{Z} = \dfrac{Q_C}{S}$ $d_C = \tan\delta = \dfrac{R}{X_C} = \dfrac{U_R}{U_C} = \dfrac{P}{Q_C}$ $S = UI = I^2 Z = \dfrac{U^2}{Z} = \sqrt{P^2 + Q_C^2}$	*(Ersatzschaltung)*

Reihenschaltung von R, X_L und X_C $(X_L > X_C)$ $(U_L > U_C)$	$U = \sqrt{U_R^2 + (U_L - U_C)^2}$ $I = \dfrac{U}{Z} = \dfrac{U_R}{R} = \dfrac{U_L}{X_L} = \dfrac{U_C}{X_C}$ $\cos\varphi = \dfrac{U_R}{U} = \dfrac{R}{Z} = \dfrac{P}{S}$ $\sin\varphi = \dfrac{U_L - U_C}{U} = \dfrac{X_L - X_C}{Z} = \dfrac{Q_L - Q_C}{S}$ $Z = \sqrt{R^2 + (X_L - X_C)^2}$ $d = d_L + d_C$ $S = UI = I^2 Z = \dfrac{U^2}{Z} = \sqrt{P^2 + (Q_L - Q_C)^2}$

(Ersatzschaltung)

19.3.2 Parallelschaltung von Widerständen

Parallelschaltung von induktiven Blindwiderständen X_L	$U = I X_L = I_1 X_{L1} = I_2 X_{L2} = \dots$ $I = I_1 + I_2 + \dots$ $\cos\varphi = 0$ $\sin\varphi = 1$ $B_L = B_{L1} + B_{L2} + \dots$ $\dfrac{1}{X_L} = \dfrac{1}{X_{L1}} + \dfrac{1}{X_{L2}} + \dots$ $\dfrac{1}{L} = \dfrac{1}{L_1} + \dfrac{1}{L_2} + \dots$ Für zwei parallelgeschaltete induktive Blindwiderstände/Induktivitäten gilt: $X_L = \dfrac{X_{L1} X_{L2}}{X_{L1} + X_{L2}}$ $L = \dfrac{L_1 L_2}{L_1 + L_2}$

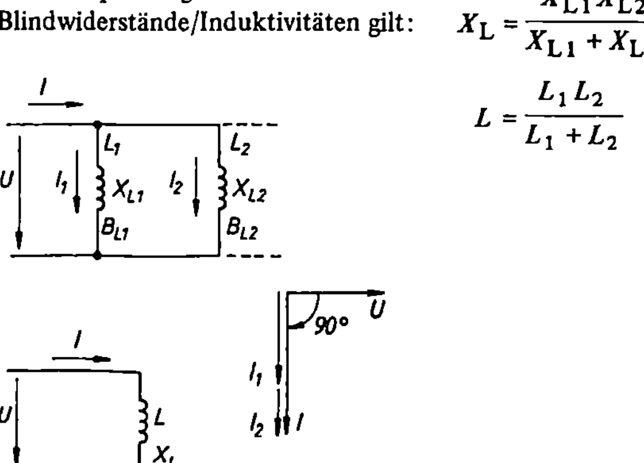

(Ersatzschaltung)

Schaltungslehre

Parallelschaltung von kapazitiven Blindwiderständen X_C	$U = IX_C = I_1 X_{C1} = I_2 X_{C2} = \dots \qquad I = I_1 + I_2 + \dots$ $\cos\varphi = 0 \qquad\qquad\qquad\qquad \sin\varphi = 1$ $B_C = B_{C1} + B_{C2} + \dots \qquad\qquad C = C_1 + C_2 + \dots$ $$\frac{1}{X_C} = \frac{1}{X_{C1}} + \frac{1}{X_{C2}} + \dots$$ *(Ersatzschaltung)*
Parallelschaltung von R und X_L	$U = IZ = I_R R = I_L X_L \qquad\qquad I = \sqrt{I_R^2 + I_L^2}$ $$\cos\varphi = \frac{I_R}{I} = \frac{G}{Y} = \frac{\frac{1}{R}}{\frac{1}{Z}} = \frac{Z}{R} = \frac{P}{S} \qquad \sin\varphi = \frac{I_L}{I} = \frac{B_L}{Y} = \frac{\frac{1}{X_L}}{\frac{1}{Z}} = \frac{Z}{X_L} = \frac{Q_L}{S}$$ $$Y = \frac{1}{Z} = \sqrt{G^2 + B_L^2} \qquad d_L = \tan\delta = \frac{G}{B_L} = \frac{X_L}{R} = \frac{I_R}{I_L} = \frac{P}{Q_L}$$ $$S = UI = I^2 Z = \frac{U^2}{Z} = \sqrt{P^2 + Q_L^2}$$ *(Ersatzschaltung)*

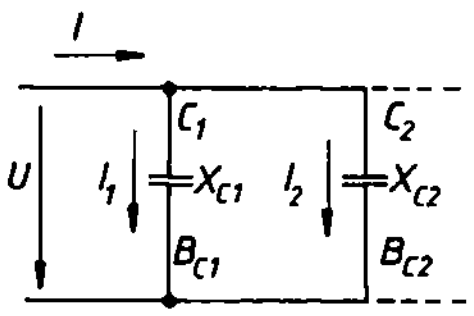

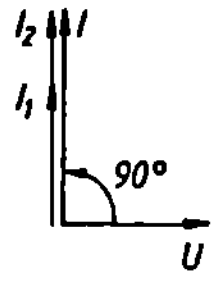

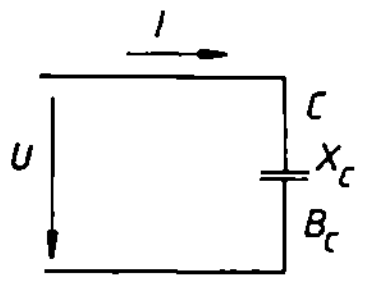

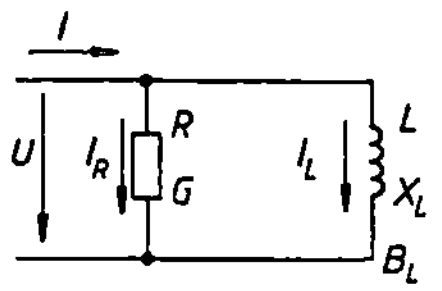

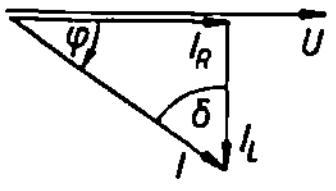

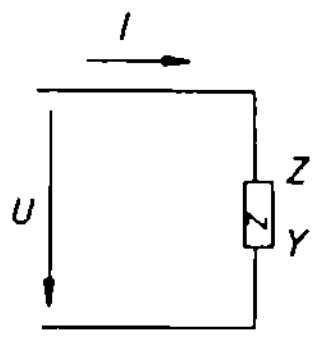

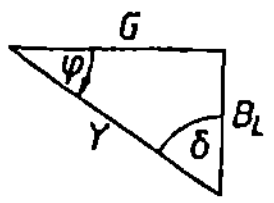

Parallelschaltung von R und X_C	(formulas below)

$$U = IZ = I_R R = I_C X_C \qquad\qquad I = \sqrt{I_R^2 + I_C^2}$$

$$\cos\varphi = \frac{I_R}{I} = \frac{G}{Y} = \frac{\frac{1}{R}}{\frac{1}{Z}} = \frac{Z}{R} = \frac{P}{S} \qquad\qquad \sin\varphi = \frac{I_C}{I} = \frac{B_C}{Y} = \frac{\frac{1}{X_C}}{\frac{1}{Z}} = \frac{Z}{X_C} = \frac{Q_C}{S}$$

$$Y = \frac{1}{Z} = \sqrt{G^2 + B_C^2}$$

$$d_C = \tan\delta = \frac{G}{B_C} = \frac{X_C}{R} = \frac{I_R}{I_C} = \frac{P}{Q_C}$$

$$S = UI = I^2 Z = \frac{U^2}{Z} = \sqrt{P^2 + Q_C^2}$$

(Ersatzschaltung)

Parallelschaltung von R, X_L und X_C $(X_L < X_C)$ $(B_L > B_C)$ $(I_L > I_C)$	(formulas below)

$$U = IZ = I_R R = I_L X_L = I_C X_C \qquad I = \sqrt{I_R^2 + (I_L - I_C)^2}$$

$$\cos\varphi = \frac{I_R}{I} = \frac{G}{Y} = \frac{\frac{1}{R}}{\frac{1}{Z}} = \frac{Z}{R} = \frac{P}{S} \qquad \sin\varphi = \frac{I_L - I_C}{I} = \frac{B_L - B_C}{Y} = \frac{Q_L - Q_C}{S}$$

$$d = d_L + d_C$$

$$Y = \frac{1}{Z} = \sqrt{G^2 + (B_L - B_C)^2}$$

$$S = UI = I^2 Z = \frac{U^2}{Z} = \sqrt{P^2 + (Q_L - Q_C)^2}$$

(Ersatzschaltung)

Schaltungslehre

19.4 Umwandlung passiver Wechselstrom-Zweipole in gleichwertige Schaltungen

Bei konstanter Frequenz hat die gleichwertige Schaltung auf den Generator die gleiche Wirkung wie die Originalschaltung.

	Gegebene Original- schaltung	Gesuchte gleichwertige Schaltung	Umrechnungsbeziehungen	
Umwandlung einer Reihenschaltung in eine gleichwertige Parallelschaltung			$G = \dfrac{R}{Z^2}$ $\quad B_L = \dfrac{X_L}{Z^2}$	$Z^2 = R^2 + X^2$
			$G = \dfrac{R}{Z^2}$ $\quad B_C = \dfrac{X_C}{Z^2}$	
Umwandlung einer Parallelschaltung in eine gleichwertige Reihenschaltung			$R = \dfrac{G}{Y^2}$ $\quad X_L = \dfrac{B_L}{Y^2}$	$Y^2 = G^2 + B^2$
			$R = \dfrac{G}{Y^2}$ $\quad X_C = \dfrac{B_C}{Y^2}$	

● **Beispiel:** Umwandlung einer Reihenschaltung in eine gleichwertige Parallelschaltung

Gegeben: Reihenschaltung von $R = 200\ \Omega$; $L = 1$ H; $f = 50$ Hz

Gesucht: Bauteiledaten der gleichwertigen Parallelschaltung

Lösung:

$$X_L = \omega L = 314\,\frac{1}{s}\,1\,\frac{Vs}{A} = 314\ \Omega$$

$$Z^2 = R^2 + X_L^2 = 200^2\ \Omega^2 + 314^2\ \Omega^2 = 138\ 696\ \Omega^2$$

$$G = \frac{R}{Z^2} = \frac{200\ \Omega}{138\ 696\ \Omega^2} = 1{,}44 \cdot 10^{-3}\ S$$

$$R = \frac{1}{G} = \frac{1}{1{,}44 \cdot 10^{-3}\ S} = 693{,}5\ \Omega \quad \text{(Ohmscher Widerstand der gleichwertigen Parallelschaltung)}$$

$$B_L = \frac{X_L}{Z^2} = \frac{314\ \Omega}{138\ 696\ \Omega^2} = 2{,}27 \cdot 10^{-3}\ S$$

$$X_L = \frac{1}{B_L} = \frac{1}{2{,}27 \cdot 10^{-3}\ S} = 441{,}5\ \Omega \text{ (induktiver Blindwiderstand der gleichwertigen Parallelschaltung)}$$

$$L = \frac{X_L}{\omega} = \frac{441{,}5\ \Omega}{314 \cdot 1/s} = 1{,}41\ H$$

- **Beispiel:** Umwandlung einer Parallelschaltung in eine gleichwertige Reihenschaltung

  Gegeben: Parallelschaltung von $R = 200\ \Omega$; $L = 2\ \text{H}$; $C = 8\ \mu\text{F}$; $f = 50\ \text{Hz}$

  Gesucht: Bauteiledaten der gleichwertigen Reihenschaltung

  Lösung:

$$G = \frac{1}{R} = \frac{1}{200\ \Omega} = 5 \cdot 10^{-3}\ \text{S}$$

$$B_\text{L} = \frac{1}{\omega L} = \frac{1}{314\ 1/\text{s}\ 2\ \text{Vs/A}} = 1{,}59 \cdot 10^{-3}\ \text{S}$$

$$B_\text{C} = \omega C = 314\ \frac{1}{\text{s}}\ 8 \cdot 10^{-6}\ \frac{\text{As}}{\text{V}} = 2{,}51 \cdot 10^{-3}\ \text{S}$$

$$B_\text{C Rest} = B_\text{C} - B_\text{L} = 0{,}922 \cdot 10^{-3}\ \text{S}$$

$$Y^2 = G^2 + B_\text{C Rest}^2 = 25{,}8495 \cdot 10^{-6}\ \text{S}^2$$

$$\underline{R} = \frac{G}{Y^2} = \frac{5 \cdot 10^{-3}\ \text{S}}{25{,}8495 \cdot 10^{-6}\ \text{S}^2} = \underline{\underline{193{,}4\ \Omega}}\quad \text{(Ohmscher Widerstand der gleichwertigen Reihenschaltung)}$$

$$X_\text{C Rest} = \frac{B_\text{C Rest}}{Y^2} = \frac{0{,}922 \cdot 10^{-3}\ \text{S}}{25{,}8495 \cdot 10^{-6}\ \text{S}^2} = 35{,}7\ \Omega$$

$$\underline{C} = \frac{1}{\omega X_\text{C Rest}} = \underline{\underline{89{,}2\ \mu\text{F}}}\quad \text{(Kapazität der gleichwertigen Reihenschaltung)}$$

19.5 Stern- und Dreieckschaltung

	Gegebene Originalschaltung	Gesuchte gleichwertige Schaltung	Umrechnungsbeziehungen
Umwandlung einer Sternschaltung in eine gleichwertige Dreieckschaltung	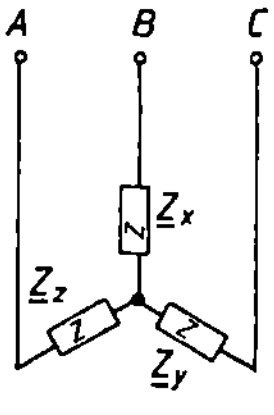	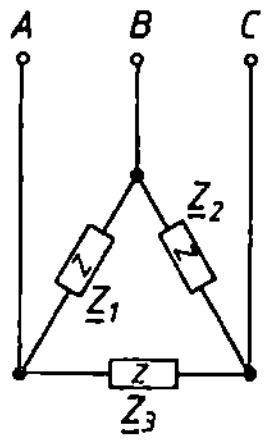	$\underline{Z}_1 = \underline{Z}_\text{x} + \underline{Z}_\text{z} + \dfrac{\underline{Z}_\text{x}\,\underline{Z}_\text{z}}{\underline{Z}_\text{y}}$ $\underline{Z}_2 = \underline{Z}_\text{x} + \underline{Z}_\text{y} + \dfrac{\underline{Z}_\text{x}\,\underline{Z}_\text{y}}{\underline{Z}_\text{z}}$ $\underline{Z}_3 = \underline{Z}_\text{y} + \underline{Z}_\text{z} + \dfrac{\underline{Z}_\text{y}\,\underline{Z}_\text{z}}{\underline{Z}_\text{x}}$
Umwandlung einer Dreieckschaltung in eine gleichwertige Sternschaltung	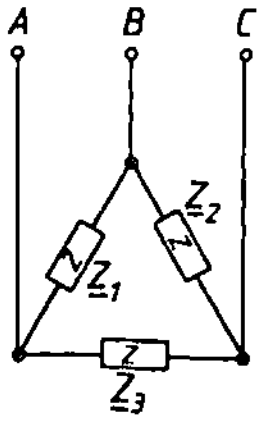	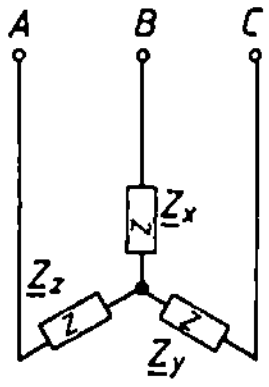	$\underline{Z}_\text{x} = \dfrac{\underline{Z}_1\,\underline{Z}_2}{\underline{Z}_1 + \underline{Z}_2 + \underline{Z}_3}$ $\underline{Z}_\text{y} = \dfrac{\underline{Z}_2\,\underline{Z}_3}{\underline{Z}_1 + \underline{Z}_2 + \underline{Z}_3}$ $\underline{Z}_\text{z} = \dfrac{\underline{Z}_1\,\underline{Z}_3}{\underline{Z}_1 + \underline{Z}_2 + \underline{Z}_3}$

Schaltungslehre

- **Beispiel:** Umwandlung einer Sternschaltung in eine gleichwertige Dreieckschaltung

  Gegeben: Sternschaltung (*T*-Schaltung)

  $C = 0{,}1\ \mu\text{F}$

  $L = 0{,}1\ \text{H}$

  $\boxed{f = 1\ \text{kHz} = \text{konst.}}$!

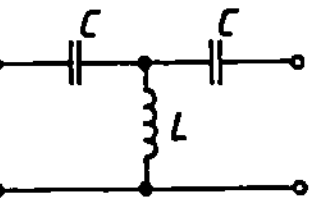

Gesucht: Bauteiledaten der gleichwertigen Dreieckschaltung (*Pi*-Schaltung)

Lösung:

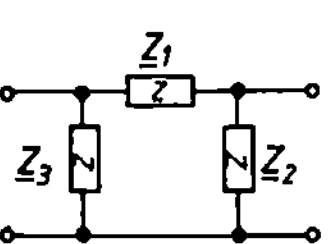

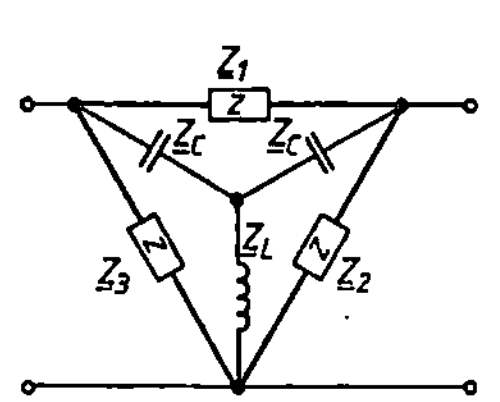

$$\underline{Z}_\text{L} = \text{j}\omega L = \text{j}2\pi f L$$

$$\underline{Z}_\text{L} = \text{j}2\pi \cdot 10^3\,\frac{1}{\text{s}}\,0{,}1\,\frac{\text{Vs}}{\text{A}}$$

$$\underline{Z}_\text{L} = \text{j}628\ \Omega = 628\ \Omega\ \underline{/90°}$$

$$\underline{Z}_\text{C} = -\text{j}\frac{1}{\omega C} = -\text{j}\frac{1}{2\pi f C} = -\text{j}\frac{1}{2\pi \cdot 10^3\,\frac{1}{\text{s}}\,0{,}1 \cdot 10^{-6}\,\frac{\text{As}}{\text{V}}}$$

$$\underline{Z}_\text{C} = -\text{j}1592\ \Omega = 1592\ \Omega\ \underline{/-90°}$$

$$\underline{Z}_1 = \underline{Z}_\text{C} + \underline{Z}_\text{C} + \frac{\underline{Z}_\text{C}\underline{Z}_\text{C}}{\underline{Z}_\text{L}} = -\text{j}1592\ \Omega - \text{j}1592\ \Omega + \frac{1592^2\ \Omega^2\ \underline{/-180°}}{628\ \Omega\ \underline{/90°}}$$

$$\underline{Z}_1 = -\text{j}3184\ \Omega + 4036\ \Omega\ \underline{/-270°} = -\text{j}3184\ \Omega + 4036\ \Omega\ \underline{/90°}$$

$$\underline{Z}_1 = -\text{j}3184\ \Omega + \text{j}4036\ \Omega = \text{j}852\ \Omega$$

$$X_\text{L1} = 852\ \Omega$$

$$\underline{\underline{L_1}} = \frac{X_\text{L1}}{2\pi f} = \underline{\underline{0{,}136\ \text{H}}}$$

$$\underline{Z}_2 = \underline{Z}_3 = \underline{Z}_\text{C} + \underline{Z}_\text{L} + \frac{\underline{Z}_\text{C}\underline{Z}_\text{L}}{\underline{Z}_\text{C}} = \underline{Z}_\text{C} + \underline{Z}_\text{L} + \underline{Z}_\text{L} = -\text{j}1592\ \Omega + \text{j}628\ \Omega + \text{j}628\ \Omega$$

$$\underline{Z}_2 = \underline{Z}_3 = -\text{j}336\ \Omega$$

$$X_{\text{C}2} = X_{\text{C}3} = 336\ \Omega$$

$$\underline{\underline{C_2 = C_3}} = \frac{1}{2\pi f X_\text{C}} = \underline{\underline{0{,}474\ \mu\text{F}}}$$

Umgewandelte Schaltung

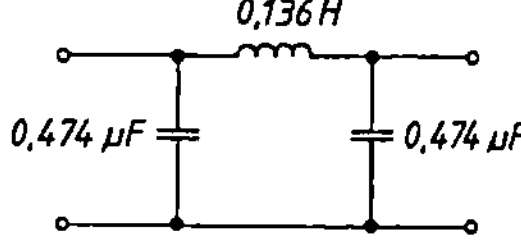

19.6 Brückenschaltung

Abgeglichene Brücke $\underline{U}_s = 0$ $\underline{I}_s = 0$	Abgleichbedingung $\dfrac{\underline{Z}_1}{\underline{Z}_2} = \dfrac{\underline{Z}_3}{\underline{Z}_4} \;\Rightarrow\; \dfrac{Z_1}{Z_2} = \dfrac{Z_3}{Z_4}$ und $\varphi_1 - \varphi_2 = \varphi_3 - \varphi_4$	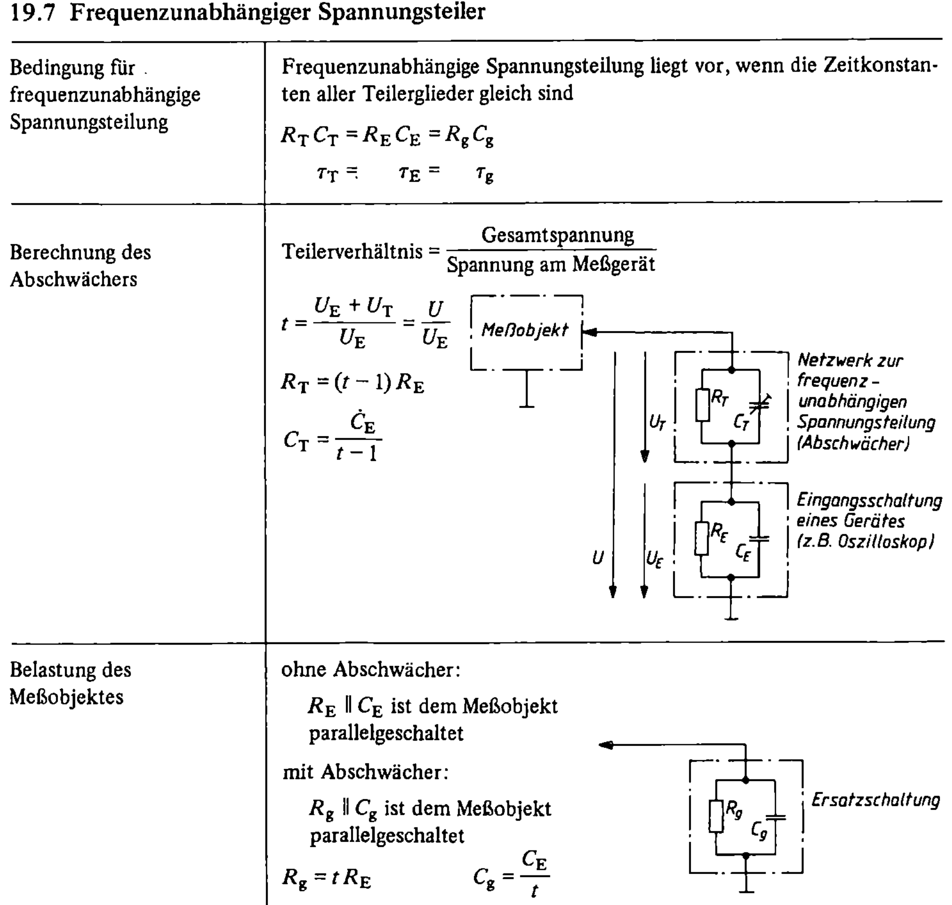
Nichtabgeglichene (verstimmte) Brücke $\underline{U}_s \neq 0$ $\underline{I}_s \neq 0$	Brückenstrom $\underline{I}_s$ $\underline{I}_s = \dfrac{\underline{U}_0}{\underline{Z}_i + \underline{Z}_s}$ Brückenspannung $\underline{U}_s$ $\underline{U}_s = \underline{I}_s \underline{Z}_s$	$\underline{Z}_i = \dfrac{\underline{Z}_1 \underline{Z}_2}{\underline{Z}_1 + \underline{Z}_2} + \dfrac{\underline{Z}_3 \underline{Z}_4}{\underline{Z}_3 + \underline{Z}_4}$ $\underline{U}_0 = \underline{U}\left(\dfrac{\underline{Z}_3}{\underline{Z}_3 + \underline{Z}_4} - \dfrac{\underline{Z}_1}{\underline{Z}_1 + \underline{Z}_2}\right)$

19.7 Frequenzunabhängiger Spannungsteiler

Bedingung für frequenzunabhängige Spannungsteilung	Frequenzunabhängige Spannungsteilung liegt vor, wenn die Zeitkonstanten aller Teilerglieder gleich sind $R_T C_T = R_E C_E = R_g C_g$ $\tau_T = \tau_E = \tau_g$
Berechnung des Abschwächers	Teilerverhältnis $= \dfrac{\text{Gesamtspannung}}{\text{Spannung am Meßgerät}}$ $t = \dfrac{U_E + U_T}{U_E} = \dfrac{U}{U_E}$ $R_T = (t-1) R_E$ $C_T = \dfrac{C_E}{t-1}$
Belastung des Meßobjektes	ohne Abschwächer: $R_E \parallel C_E$ ist dem Meßobjekt parallelgeschaltet mit Abschwächer: $R_g \parallel C_g$ ist dem Meßobjekt parallelgeschaltet $R_g = t R_E \qquad C_g = \dfrac{C_E}{t}$

Schaltungslehre

Kalibrierung des Abschwächers	Speisespannung U	Spannung U_E		
		C_T richtig eingestellt	C_T zu groß	C_T zu klein

19.8 Schwingkreise

19.8.1 Reihenresonanz/Spannungsresonanz (Erzwungene Schwingungen)

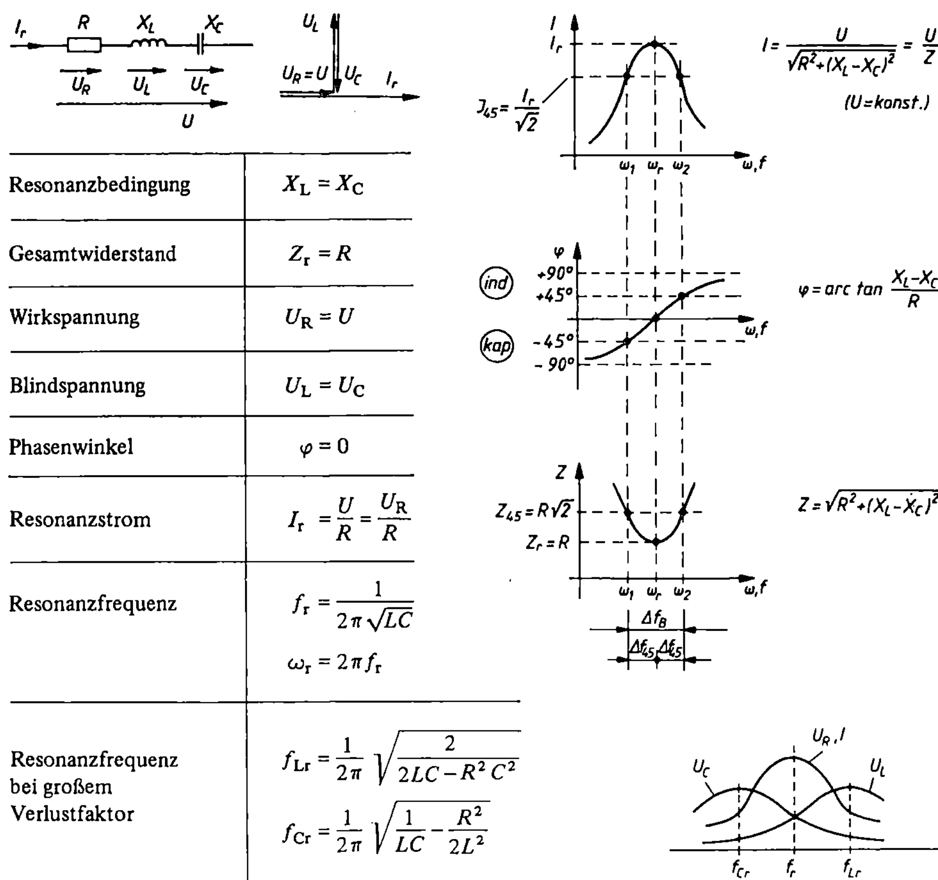

Resonanzbedingung	$X_L = X_C$
Gesamtwiderstand	$Z_r = R$
Wirkspannung	$U_R = U$
Blindspannung	$U_L = U_C$
Phasenwinkel	$\varphi = 0$
Resonanzstrom	$I_r = \dfrac{U}{R} = \dfrac{U_R}{R}$
Resonanzfrequenz	$f_r = \dfrac{1}{2\pi\sqrt{LC}}$ $\omega_r = 2\pi f_r$
Resonanzfrequenz bei großem Verlustfaktor	$f_{Lr} = \dfrac{1}{2\pi}\sqrt{\dfrac{2}{2LC-R^2C^2}}$ $f_{Cr} = \dfrac{1}{2\pi}\sqrt{\dfrac{1}{LC}-\dfrac{R^2}{2L^2}}$

Resonanz-Blindwiderstand	$\sqrt{\dfrac{L}{C}} = \omega_r L = \dfrac{1}{\omega_r C}$	Weitere Benennungen: Kennwiderstand, Schwingungswiderstand, z.T. auch „Wellenwiderstand"
Gütefaktor des Reihenschwingkreises	$Q = \dfrac{1}{d} = \dfrac{U_L}{U} = \dfrac{U_C}{U} = \dfrac{\omega_r L}{R} = \dfrac{1}{\omega_r C R} = \dfrac{1}{R}\sqrt{\dfrac{L}{C}}$	Der Gütefaktor ist ein Maß für die Spannungsüberhöhung bei Resonanz
Verlustfaktor (Dämpfung) des Reihenschwingkreises	$d = \dfrac{1}{Q} = \dfrac{U}{U_L} = \dfrac{U}{U_C} = \dfrac{R}{\omega_r L} = \omega_r C R = \dfrac{R}{\sqrt{L/C}} = R\sqrt{\dfrac{C}{L}}$	
Verstimmung	$v = \dfrac{f}{f_r} - \dfrac{f_r}{f} \approx \dfrac{2\Delta f}{f_r}$ f von der Resonanzfrequenz f_r abweichende Frequenz Δf Frequenzdifferenz zwischen beliebiger Frequenz f und Resonanzfrequenz f_r $\dfrac{I}{I_r} = \dfrac{1}{\sqrt{1 + (v/d)^2}}$	
Bandbreite (45°-Verstimmung)	$\Delta f_B = f_2 - f_1 = 2\Delta f_{45} \approx f_r d$ $\dfrac{I_{45}}{I_r} = \dfrac{1}{\sqrt{2}} = \dfrac{R}{Z_{45}}$ f_1 untere Grenzfrequenz f_2 obere Grenzfrequenz $P_R = \dfrac{I_r^2 R}{2}$ Leistungshalbwert	
Wellenlänge	$\lambda = \dfrac{c}{f}$ $c = 3 \cdot 10^8 \dfrac{m}{s}$ c Näherungswert der Lichtgeschwindigkeit	

19.8.2 Parallelresonanz/Stromresonanz (Erzwungene Schwingungen)

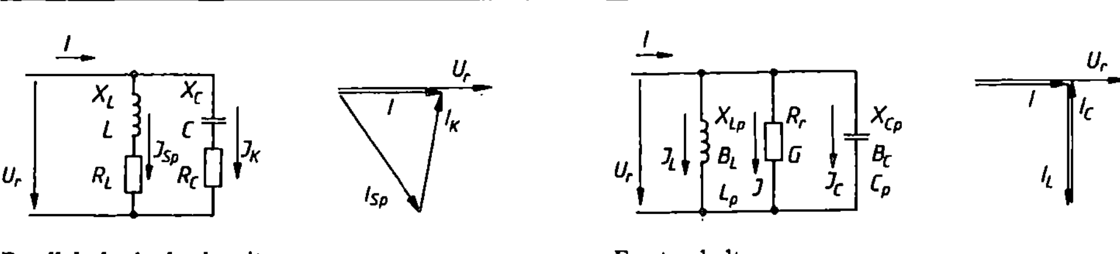

Parallelschwingkreis mit verlustbehafteten Bauelementen   Ersatzschaltung

Schaltungslehre

Resonanzbedingung	$B_{\mathrm{L}} = B_{\mathrm{C}}$
Blindleitwerte	$B_{\mathrm{L}} = \dfrac{1}{X_{\mathrm{Lp}}} = \dfrac{X_{\mathrm{L}}}{R_{\mathrm{L}}^2 + X_{\mathrm{L}}^2}$ $L_{\mathrm{p}} = \dfrac{1}{\omega_{\mathrm{r}} B_{\mathrm{L}}}$ $B_{\mathrm{C}} = \dfrac{1}{X_{\mathrm{Cp}}} = \dfrac{X_{\mathrm{C}}}{R_{\mathrm{C}}^2 + X_{\mathrm{C}}^2}$ $C_{\mathrm{p}} = \dfrac{B_{\mathrm{C}}}{\omega_{\mathrm{r}}}$
Resonanzwiderstand	$R_{\mathrm{r}} = \dfrac{1}{G} = \dfrac{1}{\dfrac{R_{\mathrm{L}}}{R_{\mathrm{L}}^2 + X_{\mathrm{L}}^2} + \dfrac{R_{\mathrm{C}}}{R_{\mathrm{C}}^2 + X_{\mathrm{C}}^2}}$ $R_{\mathrm{r}} \approx \dfrac{L}{(R_{\mathrm{L}} + R_{\mathrm{C}})\,C}$
Blindstrom/Kreisstrom	$I_{\mathrm{L}} = I_{\mathrm{C}} = \dfrac{U_{\mathrm{r}}}{X_{\mathrm{Lp}}} = \dfrac{U_{\mathrm{r}}}{X_{\mathrm{Cp}}} = \dfrac{U_{\mathrm{r}}}{\sqrt{\dfrac{L_{\mathrm{p}}}{C_{\mathrm{p}}}}} \approx \dfrac{U_{\mathrm{r}}}{\sqrt{\dfrac{L}{C}}}$
Wirkstrom/Speisestrom	$I = \dfrac{U_{\mathrm{r}}}{R_{\mathrm{r}}}$
Phasenwinkel	$\varphi = 0$
Resonanzfrequenz	$f_{\mathrm{r}} = \dfrac{1}{2\pi\sqrt{L_{\mathrm{p}} C_{\mathrm{p}}}} \approx \dfrac{1}{2\pi\sqrt{LC}}$ — Die Näherung gilt für Parallelschwingkreise mit kleinem Verlustfaktor $f_{\mathrm{r}} = \dfrac{1}{2\pi}\sqrt{\dfrac{L - CR_{\mathrm{L}}^2}{CL\,(L - CR_{\mathrm{C}}^2)}}$ — für $R_{\mathrm{L}} \neq 0$ und $R_{\mathrm{C}} \neq 0$ $f_{\mathrm{r}} = \dfrac{1}{2\pi}\sqrt{\dfrac{1}{LC} - \left(\dfrac{R_{\mathrm{L}}}{L}\right)^2}$ — für $R_{\mathrm{L}} \neq 0$ und $R_{\mathrm{C}} = 0$ $f_{\mathrm{r}} = \dfrac{1}{2\pi\sqrt{LC - (CR_{\mathrm{C}})^2}}$ — für $R_{\mathrm{L}} = 0$ und $R_{\mathrm{C}} \neq 0$

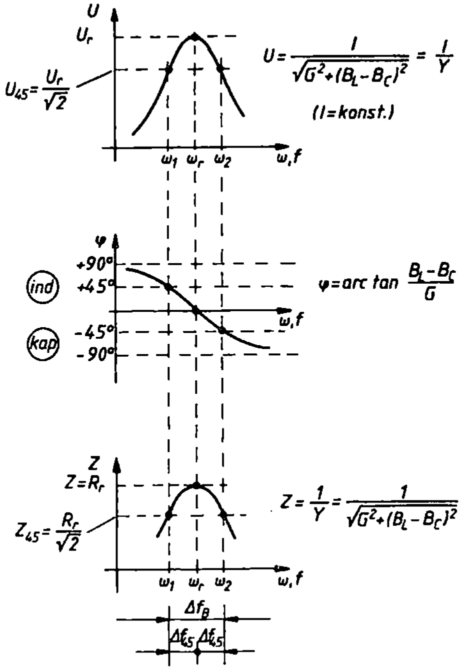

Zu den Diagrammen:

$$U = \frac{I}{\sqrt{G^2 + (B_L - B_C)^2}} = \frac{I}{Y} \qquad (I = \text{konst.})$$

$$\varphi = \arctan \frac{B_L - B_C}{G}$$

$$Z = \frac{1}{Y} = \frac{1}{\sqrt{G^2 + (B_L - B_C)^2}}$$

Resonanz-Blindwiderstand	$\sqrt{\dfrac{L_\mathrm{p}}{C_\mathrm{p}}} = \omega_\mathrm{r} L_\mathrm{p} = \dfrac{1}{\omega_\mathrm{r} C_\mathrm{p}} \approx \sqrt{\dfrac{L}{C}}$ Weitere Benennungen: Kennwiderstand, Schwingungswiderstand, z.T. auch „Wellenwiderstand"
Gütefaktor des Parallelschwingkreises	$Q = \dfrac{1}{d} = \dfrac{I_\mathrm{L}}{I} = \dfrac{I_\mathrm{C}}{I} = \dfrac{R_\mathrm{r}}{\omega_\mathrm{r} L_\mathrm{p}} = \omega_\mathrm{r} C_\mathrm{p} R_\mathrm{r} = \dfrac{R_\mathrm{r}}{\sqrt{\dfrac{L_\mathrm{p}}{C_\mathrm{p}}}} \approx \dfrac{R_\mathrm{r}}{\sqrt{\dfrac{L}{C}}}$ Der Gütefaktor ist ein Maß für die Stromüberhöhung bei Resonanz
Verlustfaktor (Dämpfung) des Parallelschwingkreises	$d = \dfrac{1}{Q} = \dfrac{I}{I_\mathrm{L}} = \dfrac{I}{I_\mathrm{C}} = \dfrac{\omega_\mathrm{r} L_\mathrm{p}}{R_\mathrm{r}} = \dfrac{1}{\omega_\mathrm{r} C_\mathrm{p} R_\mathrm{r}} = \dfrac{\sqrt{\dfrac{L_\mathrm{p}}{C_\mathrm{p}}}}{R_\mathrm{r}} \approx \dfrac{\sqrt{\dfrac{L}{C}}}{R_\mathrm{r}}$ $d = d_\mathrm{L} + d_\mathrm{C} = \dfrac{R_\mathrm{L}}{\omega_\mathrm{r} L} + R_\mathrm{C} \omega_\mathrm{r} C$
Verstimmung	$v = \dfrac{f}{f_\mathrm{r}} - \dfrac{f_\mathrm{r}}{f} \approx \dfrac{2\Delta f}{f_\mathrm{r}}$ f von der Resonanzfrequenz f_r abweichende Frequenz Δf Frequenzdifferenz zwischen beliebiger Frequenz f und Resonanzfrequenz f_r $\dfrac{U}{U_\mathrm{r}} = \dfrac{1}{\sqrt{1 + \left(\dfrac{v}{d}\right)^2}}$
Bandbreite (45°-Verstimmung)	$\Delta f_\mathrm{B} = f_2 - f_1 = 2\Delta f_{45} \approx f_\mathrm{r} d$ $\dfrac{U_{45}}{U_\mathrm{r}} = \dfrac{1}{\sqrt{2}} = \dfrac{Z_{45}}{R_\mathrm{r}}$ f_1 untere Grenzfrequenz f_2 obere Grenzfrequenz $P_{R_\mathrm{r}} = \dfrac{U_\mathrm{r}^2}{2R_\mathrm{r}}$ Leistungshalbwert
Wellenlänge	$\lambda = \dfrac{c}{f}$ $c = 3 \cdot 10^8\ \dfrac{\mathrm{m}}{\mathrm{s}}$
Verkleinerung des Resonanzwiderstandes	(Näherungen) $\omega_\mathrm{r} = \dfrac{1}{\sqrt{(L_1 + L_2)\, C}}$ $I = \dfrac{U_\mathrm{r}(R_1 + R_2)}{(\omega_\mathrm{r} L_1)^2}$ $R_{ab} = R_{ac}\left(\dfrac{L_1}{L_1 + L_2}\right)^2$ $R_{ac} = \dfrac{L_1 + L_2}{(R_1 + R_2)\, C}$

Schaltungslehre

19.8.3 Freie Schwingungen

Eigen-Kreisfrequenz	$\omega = \sqrt{\dfrac{1}{LC} - \left(\dfrac{R}{2L}\right)^2} = \sqrt{\omega_0^2 - \delta^2}$
Kenn-Kreisfrequenz	$\omega_0 = \dfrac{1}{\sqrt{LC}}$
Abklingkonstante	$\delta = \dfrac{R}{2L}$ $\delta < \omega_0$ freie gedämpfte Schwingungen $\delta = \omega_0$ aperiodischer Grenzfall $\delta > \omega_0$ aperiodischer Ausgleichsvorgang
Zeitwert	$i = \dfrac{U}{\omega L}\, e^{-\delta t}\, \sin(\omega t)$ $u_C = U e^{-\delta t}\left[\cos(\omega t) + \dfrac{\delta}{\omega}\sin(\omega t)\right]$ Bei kleiner Abklingkonstante δ ist der Ausdruck $\dfrac{\delta}{\omega}\sin(\omega t) \approx 0$
Logarithmisches Dekrement	$\Lambda = \ln\dfrac{A_1}{A_2} = \dfrac{2\pi\delta}{\omega} = \pi d$ $\dfrac{A_1}{A_2}$ Verhältnis von zwei Scheitelwerten, die um eine Periodendauer T auseinander liegen

19.8.4 Blindwiderstand-Frequenz-Diagramm („Hf-Tapete")

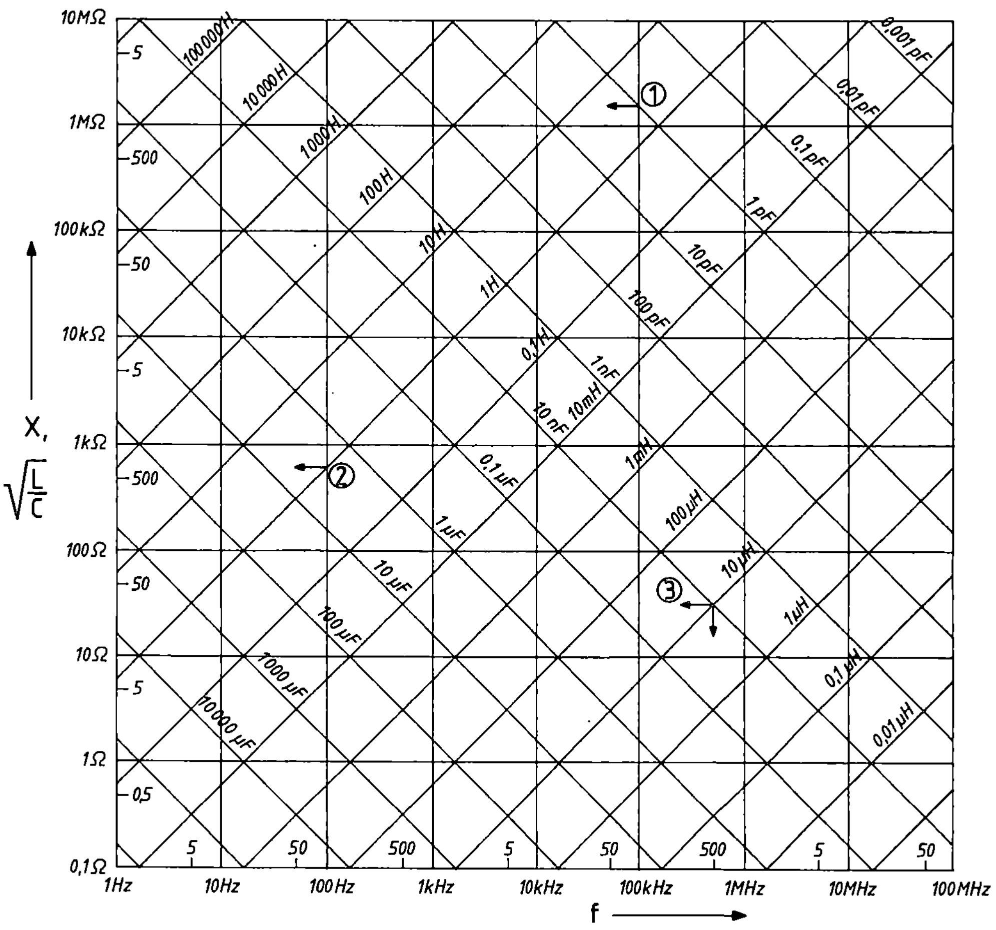

Ablesebeispiele:

(1) Kondensator $C = 1$ pF; $f = 100$ kHz
Nomogrammergebnis: $X_C \approx 1{,}6$ MΩ

(2) Spule $L = 1$ H; $f = 100$ Hz
Nomogrammergebnis: $X_L \approx 630$ Ω

(3) Schwingkreis $L = 10\,\mu$H; $C = 10$ nF
Nomogrammergebnis: $f_r = 500$ kHz; $X_L = X_C = \sqrt{\dfrac{L}{C}} \approx 32$ Ω

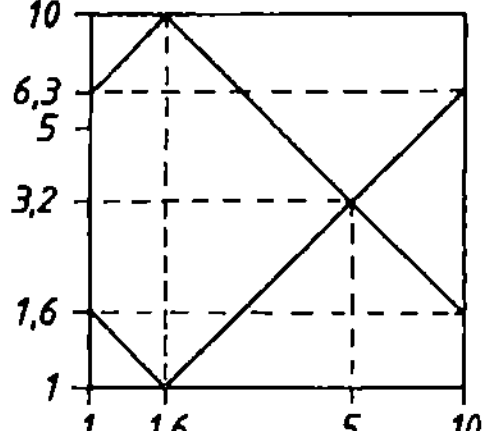

Schaltungslehre

19.9 Übertragungsfaktor, Übertragungsmaß, Pegel

Übertragungsfaktor

Begriff	Der Übertragungsfaktor ist ein Größenverhältnis	
	$T = \dfrac{S_2}{S_1}$	T Übertragungsfaktor S_1 Eingangsgröße (z.B. Spannung U_1) S_2 Ausgangsgröße (z.B. Spannung U_2)
Dämpfungsfaktor	$D = \dfrac{S_1}{S_2} = \dfrac{1}{T}$	D Dämpfungsfaktor
Verstärkungsfaktor	$V_u = \dfrac{U_2}{U_1}$ $V_i = \dfrac{I_2}{I_1}$ $V_p = \dfrac{P_2}{P_1}$	V_u Spannungsverstärkungsfaktor V_i Stromverstärkungsfaktor V_p Leistungsverstärkungsfaktor U_1, I_1, P_1 Eingangsspannung, -strom, -leistung U_2, I_2, P_2 Ausgangsspannung, -strom, -leistung

Übertragungsmaß

Begriff	Das Übertragungsmaß ist ein logarithmiertes Größenverhältnis	
Dämpfungsmaß in Dezibel	$a = 10 \lg \dfrac{P_1}{P_2}$ $P_1 = P_2 \cdot 10^{0,1a}$ $a = 20 \lg \dfrac{U_1}{U_2}$ $U_1 = U_2 \cdot 10^{0,05a}$	a Dämpfungsmaß P_1 Eingangsleistung P_2 Ausgangsleistung U_1 Eingangsspannung U_2 Ausgangsspannung
Dämpfungsmaß in Neper	$a = \dfrac{1}{2} \ln \dfrac{P_1}{P_2}$ $P_1 = P_2\, e^{2a}$ $a = \ln \dfrac{U_1}{U_2}$ $U_1 = U_2\, e^{a}$ Die Beziehungen für das logarithmierte Spannungsverhältnis sind auch für Stromverhältnisse gültig.	
Umrechnungsbeziehungen zwischen Dezibel und Neper	$1\ \text{dB} \mathrel{\hat{=}} 0{,}1151\ \text{Np}$ $1\ \text{Np} \mathrel{\hat{=}} 8{,}686\ \text{dB}$	
Leistungshalbwert	$P_2 = 0{,}5\,P_1$ $a = 10 \lg \dfrac{P_1}{0{,}5\,P_1} = 10 \lg 2 \approx 3\ \text{dB}$	
Verstärkungsmaß	$v = -a$ Das Verstärkungsmaß v ist ein negatives Dämpfungsmaß, da die Eingangsgröße kleiner als die Ausgangsgröße ist.	

Pegel

Begriff	Der Pegel ist ein logarithmiertes Größenverhältnis mit festgelegtem Nenner als Bezugsgröße.
Übliche Bezugsgröße	$P_0 = 1$ mW an $R = 600\ \Omega$. Dann sind: $U_0 = 0{,}775$ V $I_0 = 1{,}29$ mA

Absoluter Spannungspegel bezogen auf $U_0 = 0{,}775$ V

Pegel dB	Spannung mV	Pegel dB	Spannung V	Pegel dB	Spannung V
− 60	0,775	− 3,5	0,518	+ 2,5	1,033
− 50	2,45	− 3	0,548	+ 3,0	1,094
− 45	4,36	− 2,5	0,581	+ 3,5	1,159
− 40	7,75	− 2	0,615	+ 4,0	1,228
− 35	13,77	− 1,5	0,652	+ 4,5	1,300
− 30	24,49	− 1	0,690	+ 5,0	1,377
− 25	43,56	− 0,9	0,698	+ 5,5	1,459
− 20	77,46	− 0,8	0,706	+ 6,0	1,546
− 19	86,91	− 0,7	0,715	+ 6,5	1,637
− 18	97,52	− 0,6	0,723	+ 7,0	1,734
− 17	109,4	− 0,5	0,731	+ 7,5	1,837
− 16	122,8	− 0,4	0,740	+ 8,0	1,946
− 15	137,7	− 0,3	0,748	+ 8,5	2,061
− 14	154,6	− 0,2	0,757	+ 9,0	2,183
− 13	173,4	− 0,1	0,766	+ 9,5	2,312
− 12	194,6			+ 10	2,449
− 11	218,3	± 0,0	0,775	+ 11	2,748
− 10	244,9			+ 12	3,084
− 9,5	259,5	+ 0,1	0,784	+ 13	3,460
− 9	274,8	+ 0,2	0,793	+ 14	3,882
− 8,5	291,1	+ 0,3	0,802	+ 15	4,356
− 8	308,4	+ 0,4	0,811	+ 16	4,888
− 7,5	326,6	+ 0,5	0,820	+ 17	5,484
− 7	346,0	+ 0,6	0,830	+ 18	6,153
− 6,5	366,5	+ 0,7	0,840	+ 19	6,904
− 6	388,2	+ 0,8	0,849	+ 20	7,746
− 5,5	411,2	+ 0,9	0,859	+ 30	24,49
− 5	435,6	+ 1,0	0,869	+ 40	77,46
− 4,5	461,6	+ 1,5	0,921	+ 50	244,9
− 4	489,0	+ 2,0	0,975	+ 60	774,6

Achtung: hier Millivolt!

Schaltungslehre

Relativer Pegel

| Dämpfungsmaß | | Spannungs- | Leistungs- | Dämpfungsmaß | | Spannungs- | Leistungs- |
dB	Np	dämpfungsfaktor	dämpfungsfaktor	dB	Np	dämpfungsfaktor	dämpfungsfaktor
0,0	0,0	1,00	1,00	11	1,27	3,55	12,59
0,1	0,01	1,01	1,02	12	1,38	3,98	15,85
0,2	0,02	1,02	1,05	13	1,50	4,47	19,95
0,3	0,04	1,04	1,07	14	1,61	5,01	25,11
0,4	0,05	1,05	1,10	15	1,73	5,62	31,62
0,5	0,06	1,06	1,12	16	1,84	6,31	39,81
0,6	0,07	1,07	1,15	17	1,96	7,08	50,12
0,7	0,08	1,08	1,18	18	2,07	7,94	63,10
0,8	0,09	1,10	1,20	19	2,19	8,91	79,43
0,9	0,10	1,11	1,23	20	2,30	10,00	100,00
1,0	0,12	1,12	1,26	25	2,88	17,78	316,2
1,5	0,17	1,19	1,41	30	3,45	31,62	10^3
2,0	0,23	1,26	1,59	35	4,03	56,23	3162
2,5	0,29	1,33	1,78	40	4,61	100,00	10^4
3,0	0,35	1,41	2,00	45	5,18	177,83	$3,162 \cdot 10^4$
3,5	0,40	1,50	2,24	50	5,76	316,23	10^5
4,0	0,46	1,59	2,51	55	6,33	562,34	$3,162 \cdot 10^5$
4,5	0,52	1,68	2,82	60	6,91	10^3	10^6
5,0	0,58	1,78	3,16	65	7,48	1778,3	$3,162 \cdot 10^6$
5,5	0,63	1,88	3,55	70	8,06	3162,3	10^7
6,0	0,69	2,00	3,98	75	8,64	5629,4	$3,162 \cdot 10^7$
6,5	0,75	2,11	4,47	80	9,21	10^4	10^8
7,0	0,81	2,24	5,01	85	9,79	17782	$3,162 \cdot 10^8$
7,5	0,86	2,37	5,62	90	10,36	31623	10^9
8,0	0,92	2,51	6,31	95	10,94	56234	$3,162 \cdot 10^9$
8,5	0,98	2,66	7,08	100	11,51	10^5	10^{10}
9,0	1,04	2,82	7,94	110	12,66	$3,162 \cdot 10^5$	10^{11}
9,5	1,09	2,99	8,91	120	13,82	10^6	10^{12}
10,0	1,15	3,16	10,00	130	14,97	$3,162 \cdot 10^6$	10^{13}

Interpolationsbeispiele:

$1,8 \text{ dB} = (1 + 0,8) \text{ dB}$

$$\frac{U_1}{U_2} = 1,12 \cdot 1,1 = 1,23$$

$-1,8 \text{ dB} = (-1 - 0,8) \text{ dB}$

$$\frac{U_1}{U_2} = \frac{1}{1,12} \cdot \frac{1}{1,1} = 0,81$$

19.10 Blindleistungskompensation

Betriebswerte vor der Kompensation	$I_1 = \dfrac{S_1}{U} = \dfrac{P_{zu}}{U\cos\varphi_1} = \sqrt{I_R^2 + I_L^2}$ $P_{L1} = I_1^2 R_L$ $I_B = I_L = \dfrac{U}{X_L} = \dfrac{Q_L}{U} = \dfrac{S\sin\varphi_1}{U} = \dfrac{P_{zu}\tan\varphi_1}{U}$	
Betriebswerte nach der Kompensation	$I_2 = \dfrac{S_2}{U} = \dfrac{P_{zu}}{U\cos\varphi_2} = \sqrt{I_R^2 + (I_L - I_C)^2}$ $P_{L2} = I_2^2 R_L$ $I_B = I_L - I_C$ $I_C = \dfrac{U}{X_C} = \dfrac{Q_C}{U} = \dfrac{P_{zu}(\tan\varphi_1 - \tan\varphi_2)}{U}$ $P_{zu} = \dfrac{P_{ab}}{\eta}$ P_{zu} zugeführte Wirkleistung P_{ab} abgegebene Wirkleistung (Nennleistung) P_L Leistungsverlust auf der Zuleitung R_L Leitungswiderstand I_B Blindstrom auf der Zuleitung Q_C kompensierte Blindleistung ($Q_L = Q_C$ bei Vollkompensation)	
Erforderliche Kompensationskapazität	$Q_C = P_{zu}(\tan\varphi_1 - \tan\varphi_2)$ $C = \dfrac{Q_C}{U^2\omega}$ $\qquad$ $C = \dfrac{\dfrac{Q_C}{3}}{U_{Str}^2\,\omega}$ (Einphasennetz) $\qquad$ (Dreiphasennetz) C $\qquad$ Einzelkapazität $U_{Str} = U$ $\qquad$ bei Dreieckschaltung der Kondensatorbatterie $U_{Str} = \dfrac{U}{\sqrt{3}}$ $\qquad$ bei Sternschaltung der Kondensatorbatterie	
Leitungsverluste in Abhängigkeit vom Leistungsfaktor	$P_{LS} = \dfrac{P_L}{\cos^2\varphi} = P_L(1 + \tan^2\varphi)$ P_L $\qquad$ Leistungsverlust auf der Leitung bei $\cos\varphi = 1$ des Verbrauchers P_{LS} $\qquad$ Leistungsverlust auf der Leitung bei beliebigem $\cos\varphi$ des Verbrauchers $\cos\varphi,\ \tan\varphi$ Leistungsfaktor/Verlustfaktor des Verbrauchers	

Schaltungslehre

19.11 Drehstrom

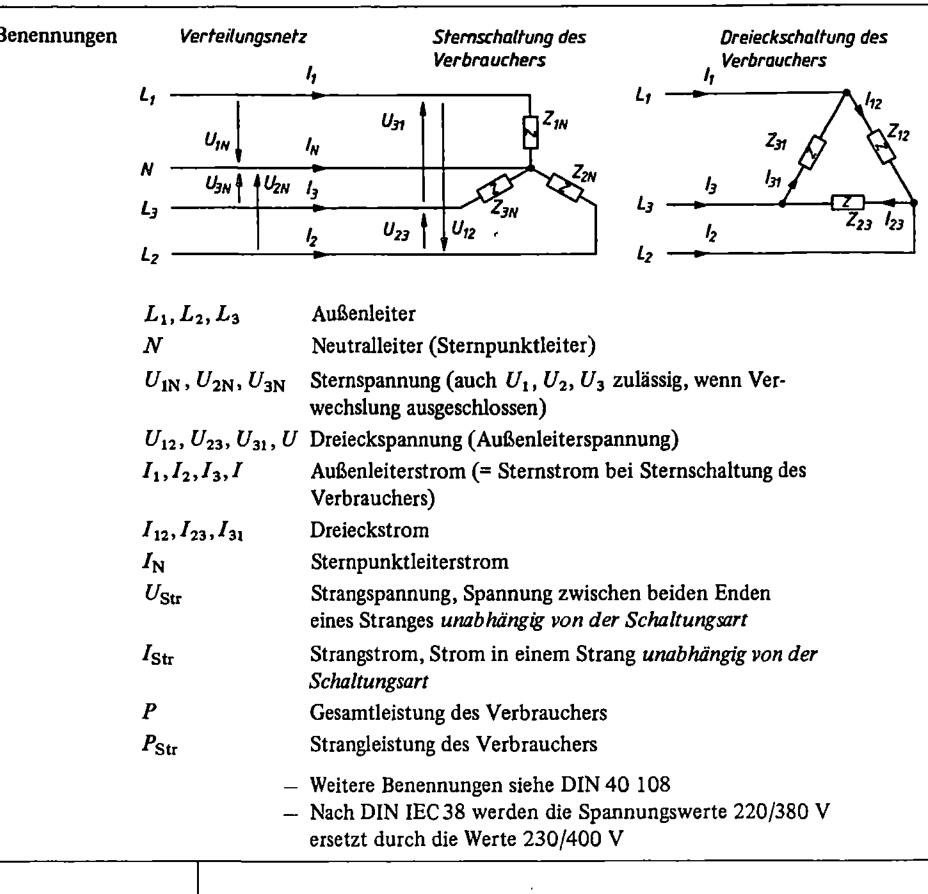

L_1, L_2, L_3	Außenleiter
N	Neutralleiter (Sternpunktleiter)
U_{1N}, U_{2N}, U_{3N}	Sternspannung (auch U_1, U_2, U_3 zulässig, wenn Verwechslung ausgeschlossen)
$U_{12}, U_{23}, U_{31}, U$	Dreieckspannung (Außenleiterspannung)
I_1, I_2, I_3, I	Außenleiterstrom (= Sternstrom bei Sternschaltung des Verbrauchers)
I_{12}, I_{23}, I_{31}	Dreieckstrom
I_N	Sternpunktleiterstrom
U_{Str}	Strangspannung, Spannung zwischen beiden Enden eines Stranges *unabhängig von der Schaltungsart*
I_{Str}	Strangstrom, Strom in einem Strang *unabhängig von der Schaltungsart*
P	Gesamtleistung des Verbrauchers
P_{Str}	Strangleistung des Verbrauchers

- Weitere Benennungen siehe DIN 40 108
- Nach DIN IEC 38 werden die Spannungswerte 220/380 V ersetzt durch die Werte 230/400 V

Zeigerdiagramm der Spannungen	Dreieckspannungen	Sternspannungen	
	$\underline{U}_{12} = U \,\underline{/-60°}$	$\underline{U}_{1N} = \dfrac{U}{\sqrt{3}}\,\underline{/-90°}$	
	$\underline{U}_{23} = U \,\underline{/180°}$		
	$\underline{U}_{31} = U \,\underline{/60°}$	$\underline{U}_{2N} = \dfrac{U}{\sqrt{3}}\,\underline{/150°}$	
		$\underline{U}_{3N} = \dfrac{U}{\sqrt{3}}\,\underline{/30°}$	
Sternschaltung des Verbrauchers	Stranggrößen		
	$U_{Str} = \dfrac{U}{\sqrt{3}}$	$I_{Str} = I$	
	$\underline{I}_1 = \dfrac{\underline{U}_{1N}}{\underline{Z}_{1N}}$	$\underline{I}_2 = \dfrac{\underline{U}_{2N}}{\underline{Z}_{2N}}$	$\underline{I}_3 = \dfrac{\underline{U}_{3N}}{\underline{Z}_{3N}}$

Sternschaltung des Verbrauchers	**Symmetrische Last**	**Unsymmetrische Last**

Symmetrische Last

$\underline{Z}_{1N} = \underline{Z}_{2N} = \underline{Z}_{3N}$

$I_1 = I_2 = I_3$

$\underline{I}_1 + \underline{I}_2 + \underline{I}_3 = 0$

$\underline{I}_N = 0$

$P = UI\sqrt{3} \cos\varphi = 3P_{Str}$

$P_{Str} = U_{Str} I_{Str} \cos\varphi$

Unsymmetrische Last

$\underline{Z}_{1N} \neq \underline{Z}_{2N} \neq \underline{Z}_{3N}$

$I_1 \neq I_2 \neq I_3$

$\underline{I}_1 + \underline{I}_2 + \underline{I}_3 + \underline{I}_N = 0$

$\underline{I}_N \neq 0$

$P = P_{Str1} + P_{Str2} + P_{Str3}$

$P_{Str1} = U_{1N} I_1 \cos\varphi_1$

$P_{Str2} = U_{2N} I_2 \cos\varphi_2$

$P_{Str3} = U_{3N} I_3 \cos\varphi_3$

Bei fehlendem Sternpunktleiter ergeben sich ungleiche Sternspannungen bei ungleichen gegenseitigen Phasenverschiebungswinkeln ($\neq 120°$).

Dreieckschaltung des Verbrauchers

Stranggrößen

$$U_{Str} = U \qquad \underline{I}_{12} = \frac{\underline{U}_{12}}{\underline{Z}_{12}} \qquad \underline{I}_{23} = \frac{\underline{U}_{23}}{\underline{Z}_{23}} \qquad \underline{I}_{31} = \frac{\underline{U}_{31}}{\underline{Z}_{31}}$$

Außenleiterströme

$$\underline{I}_1 = \underline{I}_{12} - \underline{I}_{31} \qquad \underline{I}_2 = \underline{I}_{23} - \underline{I}_{12} \qquad \underline{I}_3 = \underline{I}_{31} - \underline{I}_{23}$$

Symmetrische Last

$\underline{Z}_{12} = \underline{Z}_{23} = \underline{Z}_{31}$

$I_1 = I_2 = I_3$

$I_{12} = I_{23} = I_{31}$

$\underline{I}_1 + \underline{I}_2 + \underline{I}_3 = 0$

$P = UI\sqrt{3} \cos\varphi = 3P_{Str}$

$P_{Str} = U_{Str} I_{Str} \cos\varphi$

$$I_{Str} = \frac{I}{\sqrt{3}}$$

Unsymmetrische Last

$\underline{Z}_{12} \neq \underline{Z}_{23} \neq \underline{Z}_{31}$

$I_1 \neq I_2 \neq I_3$

$I_{12} \neq I_{23} \neq I_{31}$

$\underline{I}_1 + \underline{I}_2 + \underline{I}_3 = 0$

$P = P_{Str1} + P_{Str2} + P_{Str3}$

$P_{Str1} = U_{12} I_{12} \cos\varphi_1$

$P_{Str2} = U_{23} I_{23} \cos\varphi_2$

$P_{Str3} = U_{31} I_{31} \cos\varphi_3$

Leistung bei Stern-Dreieck-Umschaltung

Bedingungen: gleiche Außenleiterspannungen für beide Schaltungsarten und $R_{Str\,Y} = R_{Str\,\Delta}$

$$\frac{P_Y}{P_\Delta} = \frac{1}{3}$$

P_Y Leistung des Verbrauchers in Sternschaltung

P_Δ Leistung des Verbrauchers in Dreieckschaltung

Schaltungslehre

Leistung bei gestörten Drehstromschaltungen	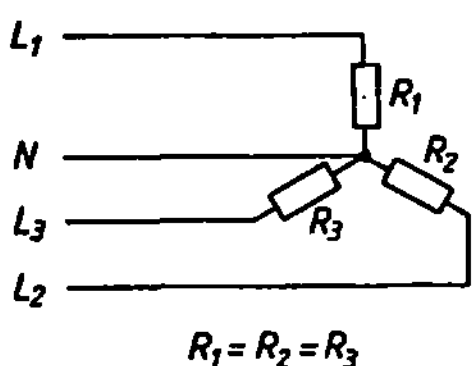

$R_1 = R_2 = R_3$ $R_{12} = R_{23} = R_{31}$

Unterbrechung von	$P_{\text{Stör}}$	Unterbrechung von	$P_{\text{Stör}}$
R_2	$\frac{2}{3}P$	R_{23}	$\frac{2}{3}P$
R_2, N	$\frac{1}{2}P$	L_2	$\frac{1}{2}P$
R_2, R_3	$\frac{1}{3}P$	R_{23}, R_{31}	$\frac{1}{3}P$
R_2, R_3, N	0	R_{23}, L_2	$\frac{1}{3}P$
		R_{31}, L_2	$\frac{1}{6}P$

$P_{\text{Stör}}$ Leistung der gestörten Schaltung
P Leistung der ungestörten Schaltung

● **Beispiel:** Unsymmetrischer Verbraucher in Sternschaltung am Vierleiter-Drehstromnetz

Gegeben: $U = 380$ V
           $f = 50$ Hz

Gesucht: Strangströme/Außenleiterströme, Sternpunktleiterstrom, maßstäbliches Zeigerdiagramm der Ströme, Strangleistungen, Gesamtleistung des Verbrauchers.

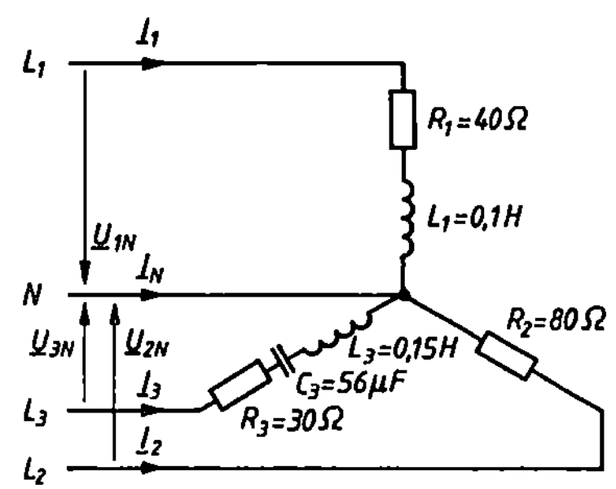

Lösung:

Berechnung der komplexen Strangwiderstände	*Strang 1* $\underline{Z}_{1N} = R_1 + j\omega L_1 = 40\ \Omega + j314\frac{1}{s}\,0{,}1\ \frac{\text{Vs}}{\text{A}} = (40 + j31{,}4)\ \Omega =$ $\qquad = 50{,}85\ \Omega\ \underline{/38{,}13°}$
	Strang 2 $\underline{Z}_{2N} = R_2 = 80\ \Omega\ \underline{/0°}$
	Strang 3 $\underline{Z}_{3N} = R_3 + j\omega L_3 - j\frac{1}{\omega C_3} = 30\ \Omega + j314\frac{1}{s}\,0{,}15\ \frac{\text{Vs}}{\text{A}} -$ $\qquad - j\dfrac{1}{314\frac{1}{s}\,56\cdot10^{-6}\frac{\text{As}}{\text{V}}}$ $\underline{Z}_{3N} = 30\ \Omega + j47{,}10\ \Omega - j56{,}87\ \Omega = (30 - j9{,}77)\ \Omega = 31{,}55\ \Omega\ \underline{/-18{,}04°}$

Berechnung der Strangströme	**Strang 1** $$I_1 = \frac{U_{1N}}{\underline{Z}_{1N}} = \frac{\dfrac{U}{\sqrt{3}}\ \underline{/-90^\circ}}{\underline{Z}_{1N}} = \frac{220\ \text{V}\ \underline{/-90^\circ}}{50{,}85\ \Omega\ \underline{/38{,}13^\circ}} = 4{,}33\ \text{A}\ \underline{/-128{,}13^\circ} =$$ $$= (-2{,}67 - \text{j}3{,}41)\ \text{A}$$
	Strang 2 $$I_2 = \frac{U_{2N}}{\underline{Z}_{2N}} = \frac{\dfrac{U}{\sqrt{3}}\ \underline{/-150^\circ}}{\underline{Z}_{2N}} = \frac{220\ \text{V}\ \underline{/150^\circ}}{80\ \Omega\ \underline{/0^\circ}} = 2{,}75\ \text{A}\ \underline{/150^\circ} = (-2{,}38 + \text{j}1{,}38)\ \text{A}$$
	Strang 3 $$I_{3N} = \frac{U_{3N}}{\underline{Z}_{3N}} = \frac{\dfrac{U}{\sqrt{3}}\ \underline{/30^\circ}}{\underline{Z}_{3N}} = \frac{220\ \text{V}\ \underline{/30^\circ}}{31{,}55\ \Omega\ \underline{/-18{,}04^\circ}} = 6{,}97\ \text{A}\ \underline{/48{,}04^\circ} =$$ $$= (4{,}66 + \text{j}5{,}18)\ \text{A}$$
Berechnung des Sternpunktleiterstromes	$$I_1 + I_2 + I_3 + I_N = 0$$ $$I_N = -(I_1 + I_2 + I_3) = -(-2{,}67\ \text{A} - \text{j}3{,}41\ \text{A} + 2{,}38\ \text{A} + \text{j}1{,}38\ \text{A} -$$ $$+\ 4{,}66\ \text{A} + \text{j}5{,}18\ \text{A})$$ $$I_N = -(-0{,}39\ \text{A} + \text{j}3{,}15\ \text{A}) = (0{,}39 - \text{j}3{,}15)\ \text{A} = 3{,}17\ \text{A}\ \underline{/-82{,}94^\circ}$$

Konstruktion des Zeigerdiagramms der Ströme aus den Rechenwerten

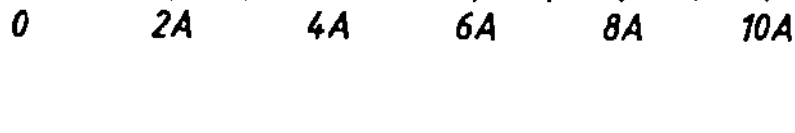

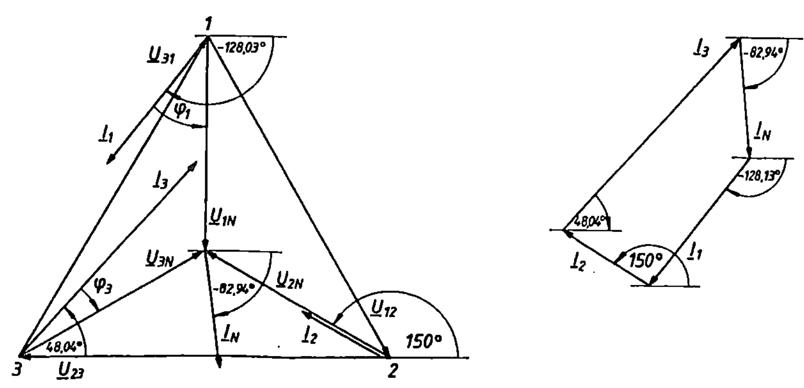

Schaltungslehre

Berechnung der Strangleistungen	*Strang 1* $\varphi_1 = \varphi_{\underline{U}_{1N}} - \varphi_{\underline{I}_1} = -90° - (-128,13°) = 38,13°$ $P_{Str1} = U_{1N}I_1 \cos\varphi_1 = 220\,V \cdot 4,33\,A \cos 38,13° = 749,3\,W$ *Strang 2* $\varphi_2 = \varphi_{\underline{U}_{2N}} - \varphi_{\underline{I}_2} = 150° - 150° = 0°$ $P_{Str2} = U_{2N}I_2 \cos\varphi_2 = 220\,V \cdot 2,75\,A \cos 0° = 605,0\,W$ *Strang 3* $\varphi_3 = \varphi_{\underline{U}_{3N}} - \varphi_{\underline{I}_3} = 30° - 48,04° = -18,04°$ (kap!) $P_{Str3} = U_{3N}I_3 \cos\varphi_3 = 220\,V \cdot 6,97\,A \cos 18,04° = 1458,0\,W$
Berechnung der Gesamtleistung	$P = P_{Str1} + P_{Str2} + P_{Str3}$ $P = 749,3\,W + 605,0\,W + 1458,0\,W = 2812,3\,W$

19.12 Komplexe Rechnung

19.12.1 Begriffe und Rechenregeln

Imaginäre Zahlen	$+\sqrt{-1} = +j \qquad \dfrac{1}{j} = -j \qquad j^2 = -1$ imaginäre Einheit — Kehrwert der imaginären Einheit — Quadrat der imaginären Einheit Potenzen der imaginären Einheit $j^1 = +j$ — $\dfrac{1}{j^1} = -j$ $j^2 = -1$ $j^3 = -j$ — $\dfrac{1}{j^2} = -1$ $j^4 = +1$ $j^5 = +j$ — $\dfrac{1}{j^3} = +j$ Drehung mathematisch positiv — $\dfrac{1}{j^4} = +1$ $\dfrac{1}{j^5} = -j$ Drehung mathematisch negativ

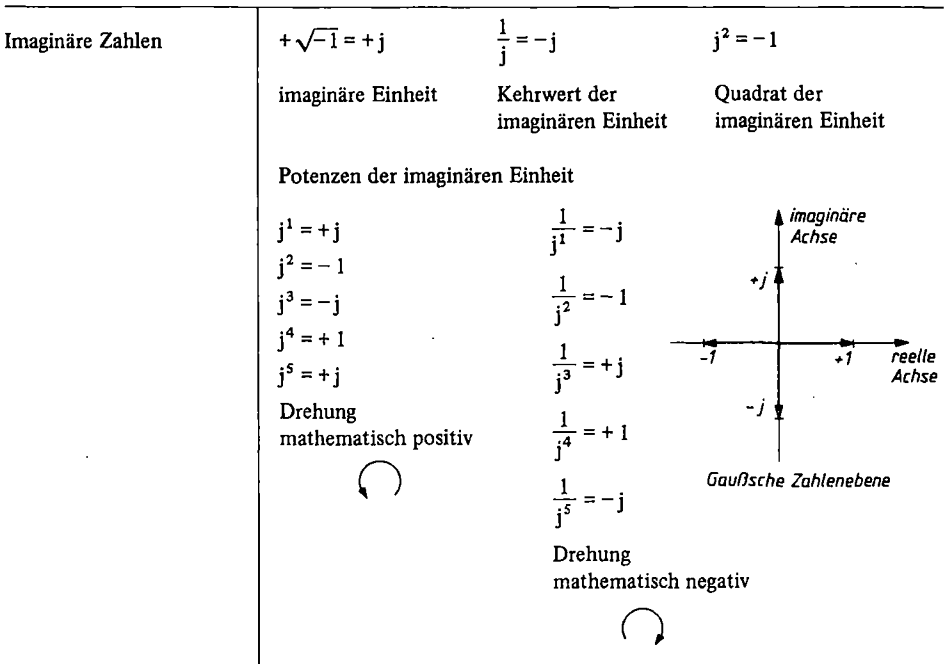

Komplexe Zahlen	

$$\underline{r} = \quad a + jb \quad = r(\cos\varphi + j\sin\varphi) = \quad r\,e^{j\varphi} \quad = \quad r\,\underline{/\varphi}$$

arithmetische   polare Form   Exponential-   Versor-
Form, Kom-   form   schreibweise
ponentenform

$$|\underline{r}| = r = \sqrt{a^2 + b^2}$$

$$a = r\cos\varphi$$

$$b = r\sin\varphi$$

$$\tan\varphi = \frac{b}{a}$$

$$\varphi^* + \varphi = 360°$$

$$\frac{1}{e^{j\varphi}} = e^{-j\varphi} = \cos\varphi - j\sin\varphi = \frac{1}{\cos\varphi + j\sin\varphi}$$

$\underline{r}$	komplexe Zahl
a	Realteil
jb	Imaginärteil
$r = |\underline{r}|$	Betrag der komplexen Zahl (Länge des Zeigers)
φ	Winkel
$\underline{/\varphi}$	Winkelfaktor (Richtung des Zeigers)
$a^2 + b^2$	Norm
$\underline{r}^* = a - jb$	konjugiert komplexe Zahl zu $\underline{r} = a + jb$

Rechenregeln	

Addieren

$$\underline{r} = \underline{r}_1 + \underline{r}_2 = (a + jb) + (c + jd) =$$
$$= (a + c) + j(b + d)$$
$$\underline{r}_1 + \underline{r}_1^* = (a + jb) + (a - jb) = 2a$$

(Summe konjugiert komplexer Zahlen)

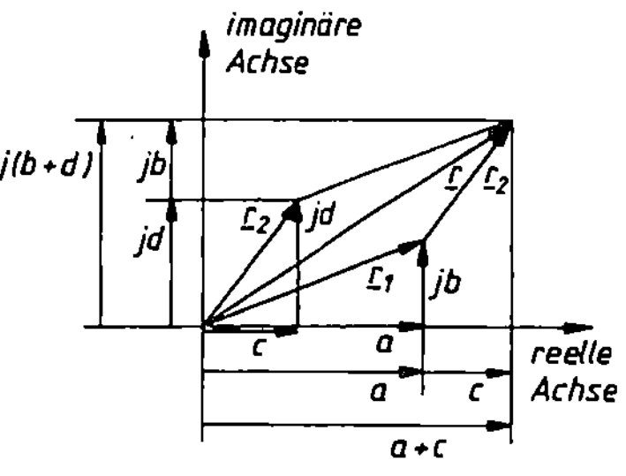

Subtrahieren

$$\underline{r} = \underline{r}_1 - \underline{r}_2 = (a + jb) - (c + jd) =$$
$$= (a - c) + j(b - d)$$
$$\underline{r}_1 - \underline{r}_1^* = (a + jb) - (a - jb) = j2b$$

(Differenz konjugiert komplexer Zahlen)

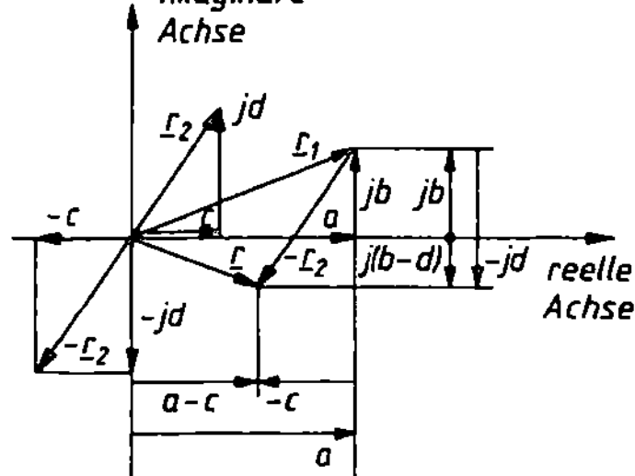

Schaltungslehre

<table>
<tr><td>Rechenregeln</td><td>

Multiplizieren

$$\underline{r} = \underline{r_1}\,\underline{r_2} = r_1\,\underline{/\varphi_1}\;r_2\,\underline{/\varphi_2} = r_1 r_2\,\underline{/\varphi_1 + \varphi_2}$$

$$\underline{r_1}\,\underline{r_1^*} = (a + jb)(a - jb) = a^2 + b^2$$

(Produkt konjugiert komplexer Zahlen)

$$\frac{m}{a - jb} \cdot \frac{a + jb}{a + jb} = \frac{m(a + jb)}{a^2 + b^2}$$

Durch konjugiert komplexes
Erweitern wird der Nenner
des Bruches reell

Dividieren

$$\underline{r} = \frac{\underline{r_1}}{\underline{r_2}} = \frac{r_1\,\underline{/\varphi_1}}{r_2\,\underline{/\varphi_2}} = \frac{r_1}{r_2}\,\underline{/\varphi_1 - \varphi_2}$$

$$\underline{r} = \frac{a + jb}{c + jd}$$

$$r = \sqrt{\frac{a^2 + b^2}{c^2 + d^2}}$$

Betrag des Quotienten aus zwei
komplexen Zahlen

Potenzieren

$$\underline{r}^n = (r\,e^{j\varphi})^n = r^n\,e^{jn\varphi} = r^n\,\underline{/n\,\varphi} = r^n(\cos n\,\varphi + j\sin n\,\varphi)$$

Radizieren

$$\sqrt[n]{\underline{r}} = \sqrt[n]{r}\;e^{j(\frac{\varphi}{n} + \frac{k\,360°}{n})}$$

$$k = 0; 1; 2; 3\ldots$$

Logarithmieren

$$\ln \underline{r} = \ln r + j\,(\varphi + k\,360°)$$

Differenzieren

$$\underline{r} = r\,e^{j\varphi} = r\,\underline{/\varphi} \qquad \frac{d\underline{r}}{d\varphi} = j\underline{r} = r\,\underline{/\varphi + \frac{\pi}{2}}$$

Drehung des Zeigers um $+90°$

Integrieren

$$\underline{r} = r\,e^{j\varphi} = r\,\underline{/\varphi} \qquad \int \underline{r}\,d\varphi = -j\underline{r} = r\,\underline{/\varphi - \frac{\pi}{2}}$$

Drehung des Zeigers um $-90°$

Komplexe Gleichung

$$x + j\,(m + n) = (z + v) + j\,d$$

Aufspaltung in zwei reelle Gleichungen

$$x = z + v \qquad \text{Realteile sind gleich}$$

$$m + n = d \qquad \text{Imaginärteile sind gleich}$$

</td></tr>
</table>

Umrechnung mit einfachen Taschenrechnern	*gegeben:* Komponentenform $\underline{r} = 3 + j\,4$ *gesucht:* Exponentialform $\underline{r} = r\,\underline{/\varphi}$

$\boxed{4}\;\boxed{\div}\;\boxed{3}\;\boxed{=}\;\boxed{\text{arc}}\;\boxed{\tan}$ $\qquad \dfrac{4}{3} = \tan\varphi \qquad \varphi = 53{,}13°$

Ausgabe nicht löschen!

$\boxed{\cos}\;\boxed{\div}\;\boxed{3}\;\boxed{=}\;\boxed{1/x}$ $\qquad \dfrac{\cos\varphi}{3} = \dfrac{1}{r} \qquad r = 5$

---

gegeben: Exponentialform $\underline{r} = 5\,\underline{/53{,}13°}$
gesucht: Komponentenform $\underline{r} = a + j\,b$

$\boxed{53{,}13}\;\boxed{\text{STO}}\;\boxed{\cos}\;\boxed{x}\;\boxed{5}\;\boxed{=}$ $\qquad a = r\cos\varphi = 3$

$\boxed{C}\;\boxed{\text{RCL}}\;\boxed{\sin}\;\boxed{x}\;\boxed{5}\;\boxed{=}$ $\qquad b = r\sin\varphi = 4$

19.12.2 Komplexe Darstellung sinusförmiger Wechselgrößen (Symbolische Methode)

Reihenschaltung von R und L	$\underline{U} = \underline{U}_R + \underline{U}_L = R\underline{I} + j\,X_L\underline{I} = \underline{I}(R + j\,X_L) = \underline{I}\,\underline{Z}$ $j\,X_L = \underline{X}_L = X_L\,\underline{/90°}$ $X_L = \omega L \qquad \tan\varphi = \dfrac{X_L}{R}$ $\underline{Z} = R + j\,X_L \qquad Z = \dfrac{1}{Y} = \sqrt{R^2 + X_L^2}$ $\underline{Y} = \dfrac{1}{\underline{Z}} = \dfrac{R}{R^2 + X_L^2} - j\,\dfrac{X_L}{R^2 + X_L^2}$ (Komplexer Leitwert der Parallel-Ersatzschaltung)

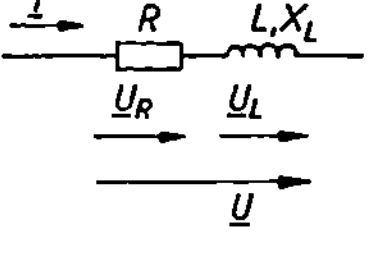

Reihenschaltung von R und C	$\underline{U} = \underline{U}_R + \underline{U}_C = R\underline{I} - j\,X_C\underline{I} = \underline{I}(R - j\,X_C) = \underline{I}\,\underline{Z}$ $-j\,X_C = \underline{X}_C = X_C\,\underline{/-90°}$ $X_C = \dfrac{1}{\omega C} \qquad \tan\varphi = \dfrac{-X_C}{R}$ $\underline{Z} = R - j\,X_C = R + \dfrac{X_C}{j} \qquad Z = \dfrac{1}{Y} = \sqrt{R^2 + X_C^2}$ $\underline{Y} = \dfrac{1}{\underline{Z}} = \dfrac{R}{R^2 + X_C^2} + j\,\dfrac{X_C}{R^2 + X_C^2}$ (Komplexer Leitwert der Parallel-Ersatzschaltung)

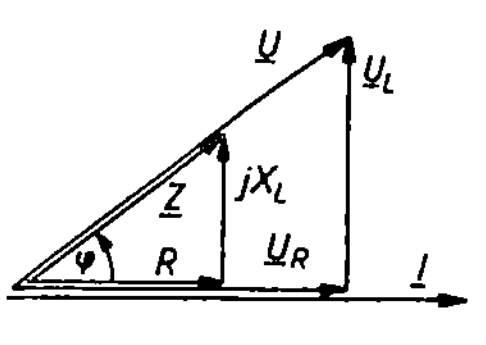

Schaltungslehre

Reihenschaltung von R, L und C	$\underline{U} = \underline{U}_R + \underline{U}_L + \underline{U}_C = R\underline{I} + jX_L\underline{I} - jX_C\underline{I} = \underline{I}(R + jX_L - jX_C) = \underline{I}\underline{Z}$ $\underline{Z} = R + jX_L - jX_C \qquad Z = \dfrac{1}{Y} = \sqrt{R^2 + (X_L - X_C)^2} \qquad \tan\varphi = \dfrac{X_L - X_C}{R}$ $\underline{Y} = \dfrac{1}{\underline{Z}} = \dfrac{R}{R^2 + (X_L - X_C)^2} - j\dfrac{X_L - X_C}{R^2 + (X_L - X_C)^2}$ (Komplexer Leitwert der Parallel-Ersatzschaltung) 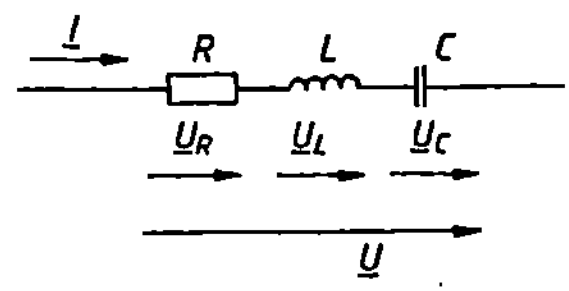 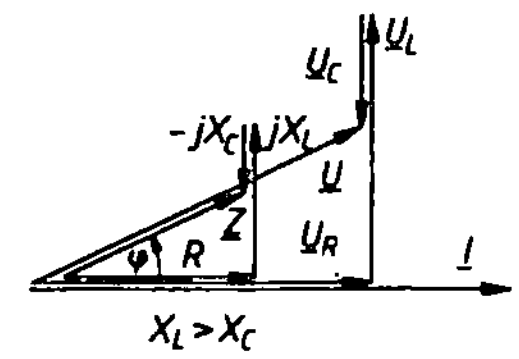
Parallelschaltung von R und L	$\underline{I} = \underline{I}_R + \underline{I}_L = G\underline{U} - jB_L\underline{U} = \underline{U}(G - jB_L) = \underline{U}\underline{Y}$ $-jB_L = \underline{B}_L = B_L \underline{/-90°} \qquad G = \dfrac{1}{R} \qquad B_L = \dfrac{1}{X_L} \qquad X_L = \omega L \qquad \tan\varphi = \dfrac{-B_L}{G}$ $\underline{Y} = G - jB_L \qquad Y = \dfrac{1}{Z} = \sqrt{G^2 + B_L^2} \qquad Z = \dfrac{RX_L}{\sqrt{R^2 + X_L^2}}$ $\underline{Z} = \dfrac{R \cdot jX_L}{R + jX_L} = \dfrac{RX_L^2}{R^2 + X_L^2} + j\dfrac{R^2 X_L}{R^2 + X_L^2} = \dfrac{G}{G^2 + B_L^2} + j\dfrac{B_L}{G^2 + B_L^2}$ (Komplexer Widerstand der Reihen-Ersatzschaltung) 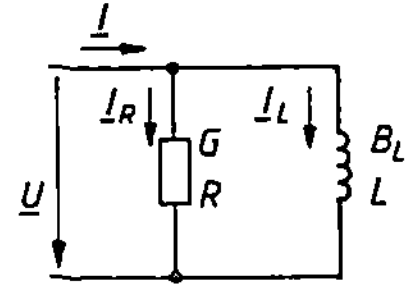 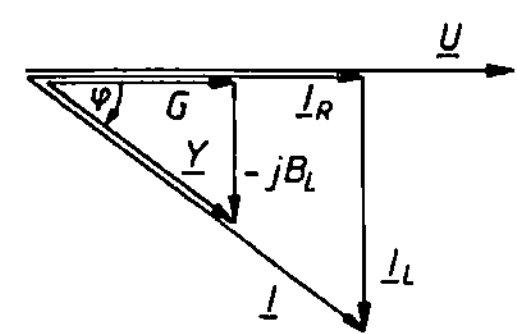
Parallelschaltung von R und C	$\underline{I} = \underline{I}_R + \underline{I}_C = G\underline{U} + jB_C\underline{U} = \underline{U}(G + jB_C) = \underline{U}\underline{Y}$ $jB_C = \underline{B}_C = B_C \underline{/90°} \qquad G = \dfrac{1}{R} \qquad B_C = \dfrac{1}{X_C} \qquad X_C = \dfrac{1}{\omega C} \qquad \tan\varphi = \dfrac{B_C}{G}$ $\underline{Y} = G + jB_C \qquad Y = \dfrac{1}{Z} = \sqrt{G^2 + B_C^2} \qquad Z = \dfrac{RX_C}{\sqrt{R^2 + X_C^2}}$ $\underline{Z} = \dfrac{R(-jX_C)}{R - jX_C} = \dfrac{RX_C^2}{R^2 + X_C^2} - j\dfrac{R^2 X_C}{R^2 + X_C^2} = \dfrac{G}{G^2 + B_C^2} - j\dfrac{B_C}{G^2 + B_C^2}$ (Komplexer Widerstand der Reihen-Ersatzschaltung) 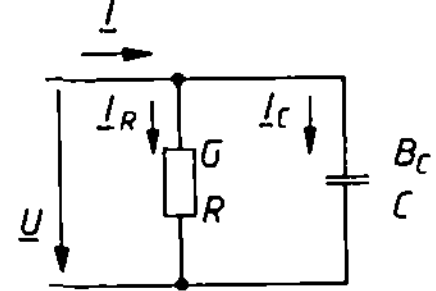 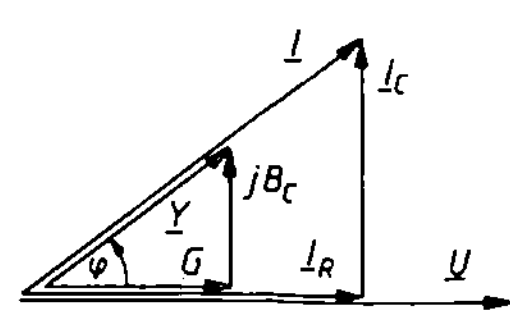

Parallelschaltung von R, L und C	$\underline{I} = \underline{I}_R + \underline{I}_L + \underline{I}_C = G\underline{U} - jB_L\underline{U} + jB_C\underline{U} = \underline{U}(G - jB_L + jB_C) = \underline{U}\underline{Y}$ $\underline{Y} = G - jB_L + jB_C \qquad Y = \dfrac{1}{Z} = \sqrt{G^2 + (B_C - B_L)^2} \qquad \tan\varphi = \dfrac{B_C - B_L}{G}$ $\underline{Z} = \dfrac{G \cdot j(B_C - B_L)}{G^2 + (B_C - B_L)^2} = \dfrac{G}{G^2 + (B_C - B_L)^2} - j\dfrac{B_C - B_L}{G^2 + (B_C - B_L)^2}$ (Komplexer Widerstand der Reihen-Ersatzschaltung) 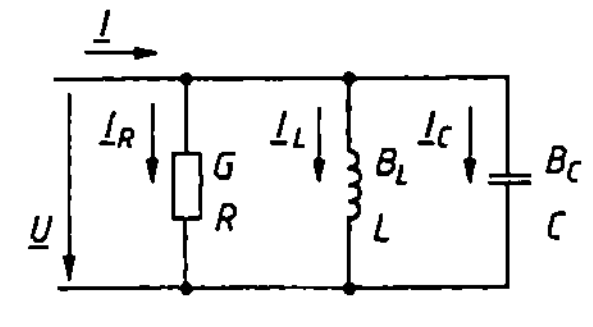 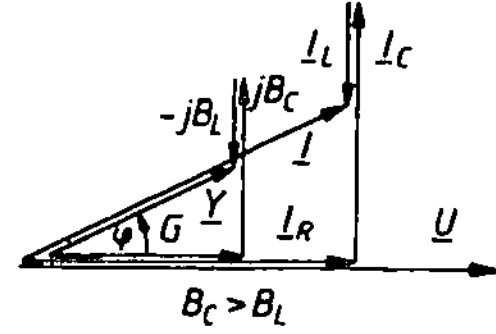

- **Beispiel:** Komplexe Berechnung eines verzweigten Stromkreises

Gegeben:

$$R_1 = 6\ \Omega$$
$$R_2 = 8\ \Omega$$
$$R_3 = 10\ \Omega$$
$$L_1 = 0{,}04\ \text{H}$$
$$L_2 = 0{,}05\ \text{H}$$
$$f = 50\ \text{Hz}$$
$$\underline{U} = 220\ \text{V}\ \underline{/0°}$$

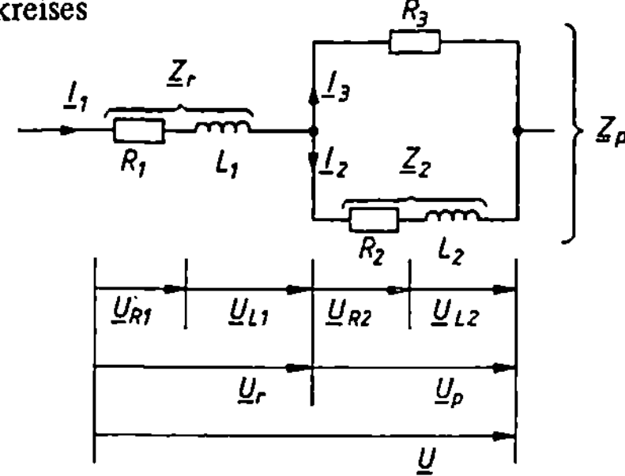

Gesucht: Reihen-Ersatzschaltung, alle Teilspannungen und Teilströme, maßstäbliches Zeigerdiagramm der Spannungen und Ströme.

Lösung:

- *Berechnung der Blindwiderstände*

$$X_{L1} = \omega L_1 = 2\pi f \frac{1}{\text{s}}\,0{,}04\ \Omega\text{s} = 12{,}56\ \Omega$$

$$X_{L2} = \omega L_2 = 2\pi f \frac{1}{\text{s}}\,0{,}05\ \Omega\text{s} = 15{,}7\ \Omega$$

- *Berechnung des komplexen Gesamtwiderstandes*

Allgemeiner Ansatz

$$\underline{Z}_{\text{ges}} = \underline{Z}_r + \underline{Z}_p = R_1 + jX_{L1} + \frac{(R_2 + jX_{L2})R_3}{(R_2 + jX_{L2}) + R_3}$$

Einsetzen der gegebenen Größen

$$\underline{Z}_{\text{ges}} = 6\ \Omega + j12{,}56\ \Omega + \frac{(8\ \Omega + j15{,}7\ \Omega)\,10\ \Omega}{8\ \Omega + j15{,}7\ \Omega + 10\ \Omega}$$

Numerische Auswertung

$$\underline{Z}_{\text{ges}} = 6\ \Omega + j\,12{,}56\ \Omega + \frac{\overbrace{17{,}62\ \Omega\ \underline{/63{,}0^\circ}}^{\underline{Z}_2}\ 10\ \Omega\ \underline{/0^\circ}}{23{,}89\ \Omega\ \underline{/41{,}1^\circ}}$$

$$\underline{Z}_{\text{ges}} = 6\ \Omega + j\,12{,}56\ \Omega + \overbrace{7{,}38\ \Omega\ \underline{/21{,}9^\circ}}^{\underline{Z}_p}$$

$$\underline{Z}_{\text{ges}} = 6\ \Omega + j\,12{,}56\ \Omega + 6{,}85\ \Omega + j\,2{,}75\ \Omega$$

$$\underline{Z}_{\text{ges}} = 12{,}85\ \Omega + j\,15{,}31\ \Omega = 19{,}99\ \Omega\ \underline{/50{,}0^\circ}$$

$$R = 12{,}85\ \Omega \qquad X_{\text{L}} = 15{,}31\ \Omega$$

$$Z = 19{,}99\ \Omega$$

$$\varphi = 50{,}0^\circ$$

- *Berechnung der Teilspannungen und Teilströme*

$$\underline{I}_1 = \frac{\underline{U}}{\underline{Z}_{\text{ges}}} = \frac{220\ \text{V}\ \underline{/0^\circ}}{19{,}99\ \Omega\ \underline{/50^\circ}} = 11\ \text{A}\ \underline{/-50^\circ}$$

$$\underline{U}_r = \underline{I}_1 \underline{Z}_r = 11\ \text{A}\ \underline{/-50^\circ}\ (6\ \Omega + j\,12{,}56\ \Omega) = 11\ \text{A}\ \underline{/-50^\circ}\ 13{,}92\ \Omega\ \underline{/64{,}5^\circ}$$

$$\underline{U}_r = 153{,}12\ \text{V}\ \underline{/14{,}5^\circ}$$

$$\underline{U}_{r1} = \underline{I}_1 R_1 = 11\ \text{A}\ \underline{/-50^\circ}\ 6\ \Omega\ \underline{/0^\circ} = 66\ \text{V}\ \underline{/-50^\circ}$$

$$\underline{U}_{\text{L1}} = \underline{I}_1 j X_{\text{L1}} = 11\ \text{A}\ \underline{/-50^\circ}\ 12{,}56\ \Omega\ \underline{/90^\circ} = 138{,}16\ \text{V}\ \underline{/40^\circ}$$

$$\underline{U}_p = \underline{I}_1 \underline{Z}_p = 11\ \text{A}\ \underline{/-50^\circ}\ 7{,}38\ \Omega\ \underline{/21{,}9^\circ} = 81{,}18\ \text{V}\ \underline{/-28{,}1^\circ}$$

$$\underline{I}_3 = \frac{\underline{U}_p}{R_3} = \frac{81{,}18\ \text{V}\ \underline{/-28{,}1^\circ}}{10\ \Omega\ \underline{/0^\circ}} = 8{,}12\ \text{A}\ \underline{/-28{,}1^\circ}$$

$$\underline{I}_2 = \frac{\underline{U}_p}{\underline{Z}_2} = \frac{81{,}18\ \text{V}\ \underline{/-28{,}1^\circ}}{17{,}62\ \Omega\ \underline{/63^\circ}} = 4{,}61\ \text{A}\ \underline{/-91{,}1^\circ}$$

$$\underline{U}_{\text{R2}} = \underline{I}_2 R_2 = 4{,}61\ \text{A}\ \underline{/-91{,}1^\circ}\ 8\ \Omega\ \underline{/0^\circ} = 36{,}88\ \text{V}\ \underline{/-91{,}1^\circ}$$

$$\underline{U}_{\text{L2}} = \underline{I}_2 j X_{\text{L2}} = 4{,}61\ \text{A}\ \underline{/-91{,}1^\circ}\ 15{,}7\ \Omega\ \underline{/90^\circ} = 72{,}38\ \text{V}\ \underline{/-1{,}1^\circ}$$

- *Konstruktion des Zeigerdiagramms der Spannungen aus den Rechenwerten*

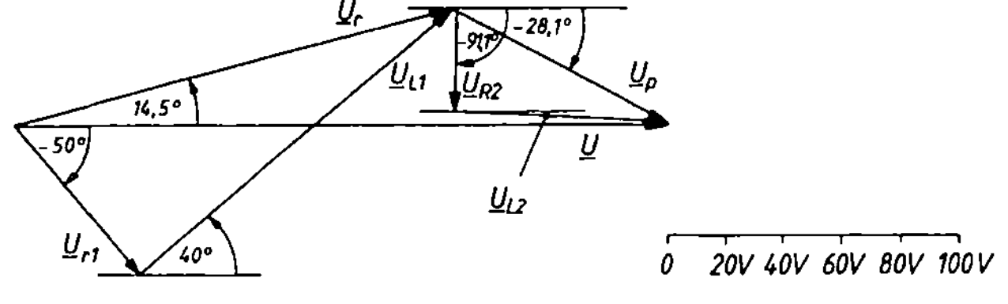

● *Konstruktion des Zeigerdiagramms der Ströme aus den Rechenwerten*

19.12.3 Komplexe Widerstände zusammengesetzter Schaltungen

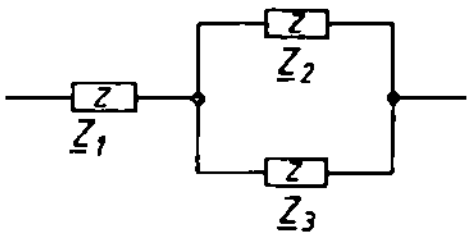 Z_1 — Z_2 ∥ Z_3	$$\underline{Z} = \underline{Z}_1 + \frac{\underline{Z}_2\,\underline{Z}_3}{\underline{Z}_2 + \underline{Z}_3}$$
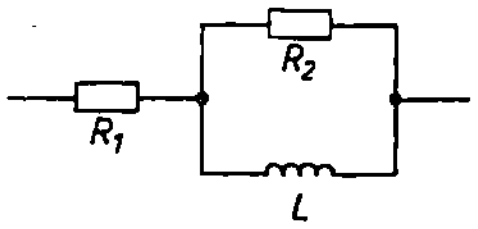 R_1 — R_2 ∥ L	$$\underline{Z} = \left[R_1 + \frac{R_2\,(\omega L)^2}{R_2^2 + (\omega L)^2} \right] + \mathrm{j}\,\frac{R_2^2\,(\omega L)}{R_2^2 + (\omega L)^2}$$
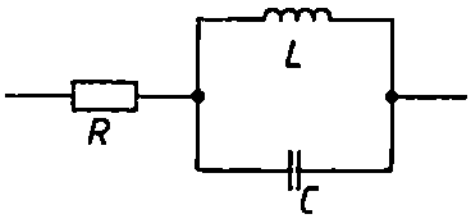 R — $L \parallel C$	$$\underline{Z} = R + \mathrm{j}\,\frac{\omega L}{1 - \omega^2 LC}$$
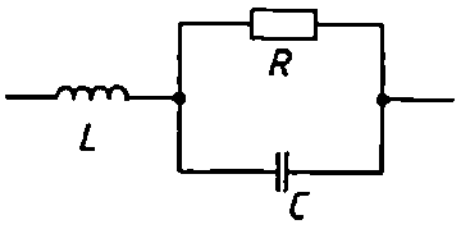 L — $R \parallel C$	$$\underline{Z} = \frac{R}{1 + (R\,\omega C)^2} + \mathrm{j}\left[\omega L - \frac{R^2\,\omega C}{1 + (R\,\omega C)^2} \right]$$
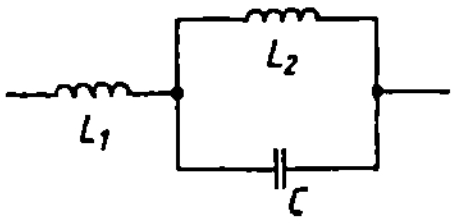 L_1 — $L_2 \parallel C$	$$\underline{Z} = \mathrm{j}\left[\frac{\omega L_2}{1 - \omega^2 L_2 C} + \omega L_1 \right]$$
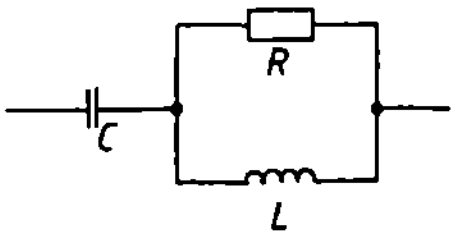 C — $R \parallel L$	$$\underline{Z} = \frac{R\,(\omega L)^2}{R^2 + (\omega L)^2} + \mathrm{j}\left[\frac{R^2\,(\omega L)}{R^2 + (\omega L)^2} - \frac{1}{\omega C} \right]$$
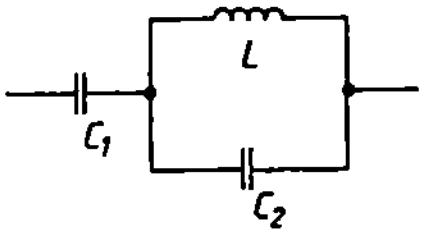 C_1 — $L \parallel C_2$	$$\underline{Z} = \mathrm{j}\left[\frac{\omega L}{1 - \omega^2 LC_2} - \frac{1}{\omega C_1} \right]$$

20 Elektrische Antriebe, Elektromotoren

20.1 Grundlagen

Generatoren erzeugen elektrische *Spannungen* ($U_q = B\,l\,v\,z$, vgl. S. 40). Sie wandeln die zugeführte mechanische Energie in elektrische Energie um.

Motoren erzeugen *Drehmomente* ($M = F\,r$). Dabei wird die zugeführte elektrische Energie in mechanische Energie umgewandelt. Ein Motor gibt an der Welle seine Bemessungsleistung ab.

Unter einem *elektrischen Antrieb* versteht man grundsätzlich das Zusammenwirken eines Elektromotors mit seiner Arbeitsmaschine.

Komplexe elektrische Antriebe verfügen u.a. über Elemente der Leistungselektronik, der Informationsverarbeitung und der Meß- und Regeltechnik.

Achtung: Der im Elektromaschinenbau seit Jahrzehnten benutzte Begriff *Nennwert* ist in der DIN VDE 0530 Teil 1/6.91 durch den Begriff *Bemessungswert* ersetzt worden.

Da man für diese Umstellung eine längere Übergangsphase voraussetzen kann, werden im folgenden beide Begriffe berücksichtigt.

Einheiten	P, P_{ab}, P_{zu}, P_v	W	η	M	F	s	t	r	v	n	ω	f	p
	W	Ws	1	Nm	N	m	s	m	m/s	1/s	1/s	Hz = 1/s	1

20.1.1 Leistung, Drehmoment, Wirkungsgrad

Mechanische Leistung	$P_{ab} = \dfrac{W}{t} = \dfrac{Fs}{t} = Fv$ $$v = 2\pi r n$$ $$\omega = 2\pi n \quad M = Fr$$ $$P_{ab} = M\omega$$	P_{ab} abgegebene Leistung, Bemessungsleistung W Arbeit t Zeit F Drehkraft s Weg v Geschwindigkeit n Drehzahl, Drehfrequenz ω Winkelgeschwindigkeit r Drehradius M Drehmoment
Bemessungs-Drehmoment	$M_N = \dfrac{P_{ab} \cdot 9{,}55}{n}$ $\dfrac{M_N}{\text{Nm}} \left\| \dfrac{P_{ab}}{\text{W}} \right\| \dfrac{n}{\text{min}^{-1}}$ Gebräuchliche Zahlenwertgleichung	M_N Bemessungsmoment (Nenndrehmoment)
Wirkungsgrad und Verlustleistung	$\eta = \dfrac{P_{ab}}{P_{zu}} \qquad P_v = P_{zu} - P_{ab}$ Elektrischer Antrieb	η Wirkungsgrad P_{ab} abgegebene Leistung, Bemessungsleistung P_v elektrische und mechanische Verluste P_{zu} zugeführte Leistung bei Drehstrom: $P_{zu} = \sqrt{3}\, U I \cos\varphi$

20.1.2 Wichtige Elektromotoren im Überblick

Drehstrommotoren	Asynchronmotoren ┬─ Kurzschlußläufermotor 　　　　　　　　　　　└─ (Käfigläufermotor) 　　　　　　　　　　　└─ Schleifringläufermotor
	Synchronmotoren

Gleichstrom-motoren	Reihenschlußmotor, Nebenschlußmotor, Doppelschlußmotor, Gleichstrommotor mit Fremderregung
Wechselstrom-motoren	Wechselstrommotor mit und ohne Hilfsphase, Kondensatormotor, Spaltpolmotor, Universalmotor (auch für Gleichstrom), Repulsionsmotor
Besondere Motoren	Drehstrommotor mit Stromwender, Schrittmotor, Servomotor

20.1.3 Angaben des Leistungsschildes (Auswahl)

① HERSTELLER		
② Typ MSL 1	③ IM B3	
④ 3~Mot.	⑤ Nr. 031091	
⑥ ΔY 220/380V	⑦ 1,1/0,65A	
⑧ 0,22 kW	⑨ cos φ = 0,8	
⑩ 1435 min⁻¹	⑪ 50 Hz	
⑫ Lfr. 100V	⑬ 0,7A	
⑭ Is. kl. B	⑮ IP 44	

1) Hersteller
2) Typenbezeichnung , Art der Maschine
3) Bauform
4) Stromart
5) Fertigungsnummer, Bemessungsspannung und Herstellungsjahr
6) Schaltungsart und Bemessungs-spannung(Nennspannung)
7) Bemessungsstrom (Nennstrom)
8) Bemessungsleistung (Nennleistung)
9) Leistungsfaktor
10) Bemessungsdrehzahl (Drehzahl der Maschine bei Nennbetrieb)
11) Bemessungsfrequenz (Nennfrequenz)
12) Läuferstillstandsspannung
13) Schleifringstrom
14) Isolationsklasse
15) Schutzart

Leistungsschild eines Schleifringläufermotors für Drehstrom

20.1.4 Anschlußkennzeichnungen elektrischer Maschinen

Wechselstrom- und Drehstrom-maschinen ohne Stromwender	Primär-wicklung	Strang 1:	U	*Beispiel:* Polumschaltbarer Drehstrom-motor mit 2 Wicklungen
		Strang 2:	V	
		Strang 3:	W	
		Sternpunkt:	N	
	Sekundär-wicklung	Strang 1:	K	
		Strang 2:	L	
		Strang 3:	M	
		Sternpunkt:	Q	
	Andersartige Wicklungen (z.B. Hilfswicklungen): R, S, T, X, Y, Z Gleichstromerregung: F			
Gleichstrom-maschinen	Ankerwicklung:		A	*Beispiel:* Gleichstromreihenschluß-motor mit Wendepolwicklung und Kompensationswicklung
	Wendepolwicklung:		B	
	Kompensationswicklung:		C	
	Erregerwicklungen:			
	Reihenschlußwicklung		D	
	Nebenschlußwicklung		E	
	Fremderregung		F	
	Hilfswicklung (Längsachse):		H	
	Hilfswicklung (Querachse):		J	

Schaltungslehre

20.1.5 Drehrichtung elektrischer Motoren

Drehstrommotor	$L1$ $L2$ $L3$ $U1$ $V1$ $W1$ $W2$ $U2$ $V2$ Rechtslauf	Änderung der Drehrichtung durch das Vertauschen von zwei Außenleitern. *Beispiele*: L1 mit L2 oder L1 mit L3 oder L2 mit L3
Gleichstrom-motor	Änderung der Drehrichtung durch Umkehr des Stromes in der Ankerwicklung (vorzugsweise) oder in der Feldwicklung. Rechtslauf $\qquad\qquad$ Linkslauf	

20.1.6 Stellglieder für elektrische Antriebe

Übersicht	*Geräte* und Maschinen der Starkstromtechnik — Leistungsschalter $\quad$ — Stelltransformatoren — Stellwiderstände $\quad$ — Maschinenumformer

Stromrichter mit Bauteilen der Leistungselektronik

	Umwandlung/ Veränderung
– Gleichrichter:	Wechselspannung in Gleichspannung
– Wechselrichter:	Gleichspannung in Wechselspannung
– Gleichstromsteller:	Veränderung der Höhe der Gleichspannung
– Wechselstrom-/ Drehstromsteller:	Veränderung der Höhe der Wechselspannung bei konstanter Frequenz
– Umrichter	Veränderung der Frequenz

Stromrichter nach Kommutierung	Fremdgeführte Stromrichter $\qquad$ Selbstgeführte Stromrichter lastgeführt $\qquad$ netzgeführt (häufigste Ausführung)
Stromrichter-Bauteile	Thyristoren verschiedener Ausführungen, TRIAC's, Leistungsdioden, Leistungstransistoren (bipolar und FET). (Vgl. dazu den Abschnitt *Halbleiterbauelemente*, S. 50 ff.).

20.2 Drehstrom-Asynchronmotoren

Typ	Kurzschlußläufermotor	Schleifringläufermotor
Schaltzeichen		
Ständer	Gehäuse, Ständerblechpaket, Ständerwicklung	wie Kurzschlußläufer
Läufer	Blechpaket, Käfigwicklung aus Stäben und Kurzschlußringen	Blechpaket, Läuferwicklung, Schleifringe, Kohlebürsten, evtl. Bürstenabhebevorrichtung
Zubehör	z.B. Stern-Dreieck-Schalter	z.B. Läuferanlasser
Merkmale	Standardmotor, einfacher Aufbau, wirtschaftlich, preiswert, betriebssicher	aufwendiger Aufbau, teurer in Anschaffung und Betrieb, gut geeignet für schweren Anlauf
Einsatz	Für Arbeitsmaschinen in weitem Leistungsbereich, Werkzeug- maschinen, Hebezeuge, Gebläse	Für Maschinen mit Vollast- und Schweranlauf, große Werk- zeugmaschinen, große Hebezeuge

20.2.1 Drehfeld

Ein Drehfeld entsteht 1) durch die Drehung eines Dauermagneten oder eines Elektromagneten, 2) durch Drehstrom.

In einem Drehstrommotor ist im Ständer eine Drehstromwicklung untergebracht, die im Prinzip aus drei um je 120° versetzten Spulen besteht.
In diesen Spulen wird bei Anschluß an Drehstrom ein Drehfeld erzeugt.
Während sich in einer *Synchronmaschine* der Läufer synchron mit der Drehzahl des Ständerdreh-feldes dreht, ist die Läuferdrehzahl eines *Asynchronmotors* immer um die Schlupfdrehzahl ge-ringer als seine Drehfelddrehzahl.

Drehfelddrehzahl	$n_f = \dfrac{f \cdot 60}{p}$ $\quad \dfrac{n_f}{\min^{-1}} \Bigg| \dfrac{f}{Hz}$ gebräuchliche Zahlenwertgleichung	n_f Drehfelddrehzahl, synchrone Drehzahl in der Ständerwicklung f Frequenz p Polpaarzahl
Läuferdrehzahl, Schlupf	$n = n_f - n_{Sch}$ $\quad n, n_f, n_{Sch}$ in $\min^{-1}$ $s = \dfrac{n_f - n}{n_f} \cdot 100\ \%$ Der Schlupf ist belastungsabhängig.	n Läuferdrehzahl, Läuferdrehfrequenz n_f Drehfelddrehzahl n_{Sch} Schlupfdrehzahl s Schlupf in Prozent der Drehfelddrehzahl üblicher Schlupf ca. (2 bis 10) %

Schaltungslehre

20.2.1.1 Möglichkeiten der Drehzahlsteuerung

Art der Steuerung	Veränderte Größe	Technische Lösung	Einsatz
Polumschaltung	Polzahl (Polpaarzahl) der Maschine	Getrennte Wicklungen, Dahlanderschaltung	KL
Frequenzsteuerung	Ständerfrequenz	Frequenzumformer, Umrichter	KL, SL
Steuerung der Ständerspannung	Ständerspannung	Stelltransformator, Drehstromsteller	KL, SL (verlustreich)
Steuerung der Läuferspannung	Läuferspannung, Läuferfrequenz	Umrichter im Läuferkreis, Stromrichterkaskade	SL
Widerstandssteuerung	Widerstand des Läuferkreises	Läuferwiderstände, Pulssteller im Läuferkreis	SL (verlustreich)

(KL = Kurzschlußläufermotor, SL = Schleifringläufermotor)

20.2.2 Der Drehstrom-Asynchronmotor mit Kurzschlußläufer

Entsprechend ihren Nutformen werden Kurzschlußläufer eingeteilt in Rundstabläufer und Stromverdrängungsläufer.

Rundstabläufer besitzen bei hohem Anlaufstrom ein geringes Anzugsmoment.

Stromverdrängungsläufer zeichnen sich durch einen geringen Anlaufstrom und ein großes Anzugsmoment aus (vgl. Kennlinien).

20.2.2.1 Betriebsverhalten und Kennlinien

Drehmoment-kennlinien $M = f(n)$	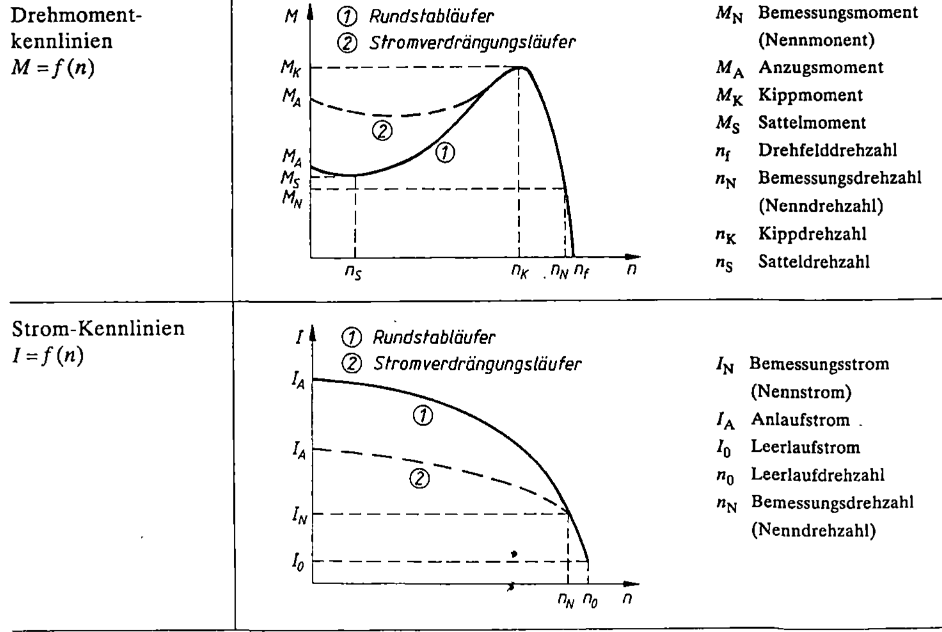	M_N Bemessungsmoment (Nennmonent) M_A Anzugsmoment M_K Kippmoment M_S Sattelmoment n_f Drehfelddrehzahl n_N Bemessungsdrehzahl (Nenndrehzahl) n_K Kippdrehzahl n_S Satteldrehzahl
Strom-Kennlinien $I = f(n)$		I_N Bemessungsstrom (Nennstrom) I_A Anlaufstrom I_0 Leerlaufstrom n_0 Leerlaufdrehzahl n_N Bemessungsdrehzahl (Nenndrehzahl)

Betriebskenn-linien (Belastungs-kennlinien)	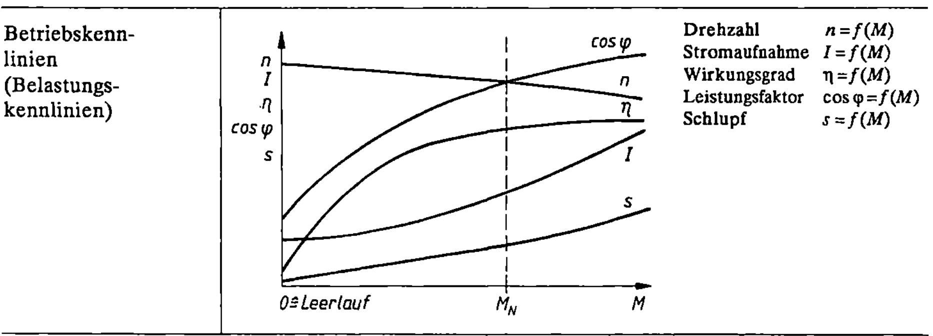

20.2.2.2 Ausgewählte Anlaßverfahren

Um die hohen Einschalt- und Anlaufströme (auch bei Sonderläufern noch etwa 4 bis 7 mal dem Nennstrom) bei Kurzschlußläufermotoren größerer Leistungen auf Werte herabzusetzen, die Netzschwankungen ausschließen, schreiben die örtlichen Elektrizitätsversorgungsunternehmen (EVU) in den Technischen Anschlußbedingungen (TAB) für diese Motoren den Einsatz von Anlaßverfahren, z.B. mit Anlaßtrafos oder Stern-Dreieck-Schaltern, vor.

Klemmenbrett und Verkettung	Sternschaltung (Y)	Dreieckschaltung (Δ)
	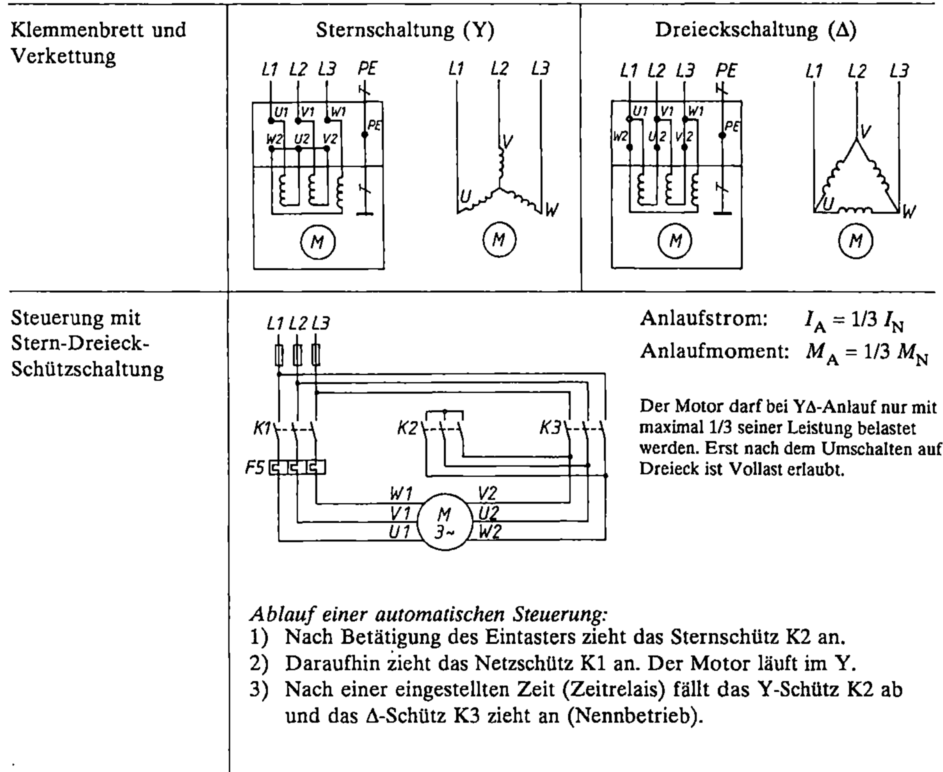	

Steuerung mit Stern-Dreieck-Schützschaltung		

Anlaufstrom: $I_A = 1/3\ I_N$

Anlaufmoment: $M_A = 1/3\ M_N$

Der Motor darf bei YΔ-Anlauf nur mit maximal 1/3 seiner Leistung belastet werden. Erst nach dem Umschalten auf Dreieck ist Vollast erlaubt.

Ablauf einer automatischen Steuerung:
1) Nach Betätigung des Eintasters zieht das Sternschütz K2 an.
2) Daraufhin zieht das Netzschütz K1 an. Der Motor läuft im Y.
3) Nach einer eingestellten Zeit (Zeitrelais) fällt das Y-Schütz K2 ab und das Δ-Schütz K3 zieht an (Nennbetrieb).

Schaltungslehre

Kusa-Schaltung (Kurzschlußläufer-Sanftanlauf)	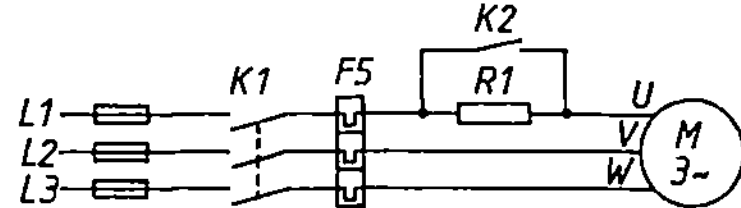
	Funktion: Durch das Zuschalten eines Widerstandes in die Zuleitung des Motors wird ein „sanfter" Anlauf erreicht. Nach der Anlaufzeit wird der Widerstand überbrückt und der Motor arbeitet im Nennbetrieb (Anwendung z.B. in Textilmaschinen).

20.2.2.3 Drehzahlumschaltung mit Dahlanderschaltung

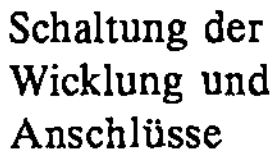Schaltung der Wicklung und Anschlüsse	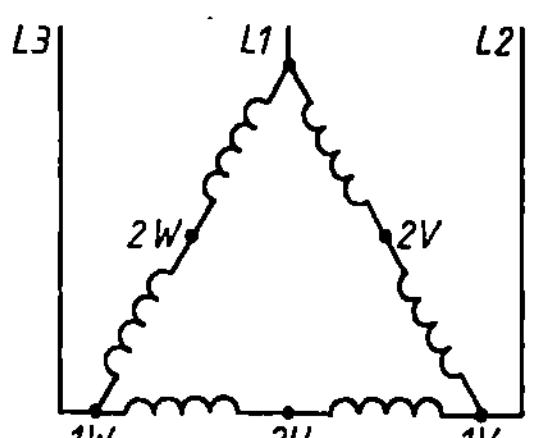 *Dreieckschaltung:* Δ = große Polzahl = niedrige Drehzahl	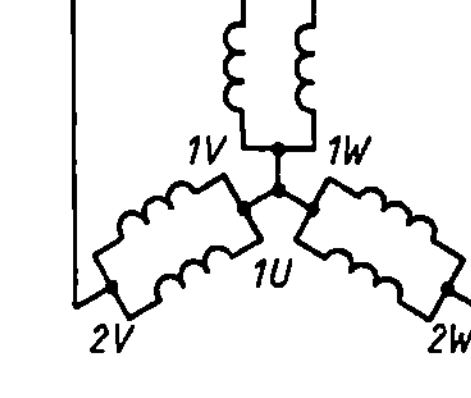 *Doppelsternschaltung:* YY = kleine Polzahl = hohe Drehzahl
Eigenschaften	Während ein Asynchronmotor mit mehreren Wicklungen für die verschiedensten Drehzahlen ausgelegt werden kann, ist mit der Dahlanderschaltung immer nur ein Drehzahlverhältnis von 2:1 zu erreichen (z.B. n_{f1} = 3000 min^{-1} und n_{f2} = 1500 min^{-1}). Dabei ergibt sich ein Leistungsverhältnis zwischen der Dreieck-Schaltung und der Doppelstern-Schaltung von 1: (1,3 ... 1,8). Ein Anwendungsgebiet sind z.B. Werkzeugmaschinen.	

20.2.3 Der Drehstrom-Asynchronmotor mit Schleifringläufer

20.2.3.1 Betriebsverhalten und Kennlinien

Die Betriebseigenschaften eines Schleifringläufermotors entsprechen denen des Kurzschluß-läufers (vgl. Betriebskennlinien des Kurzschlußläufermotors, S. 153). Beim Anlassen mit Widerständen im Läuferkreis entwickelt der Schleifringläufer jedoch ein hohes Anzugs-Drehmoment bei geringem Anlaufstrom. Die Werte sind noch günstiger als beim Stromverdrängungsläufer.

Motor in Y-Schaltung mit Anlaßwiderständen	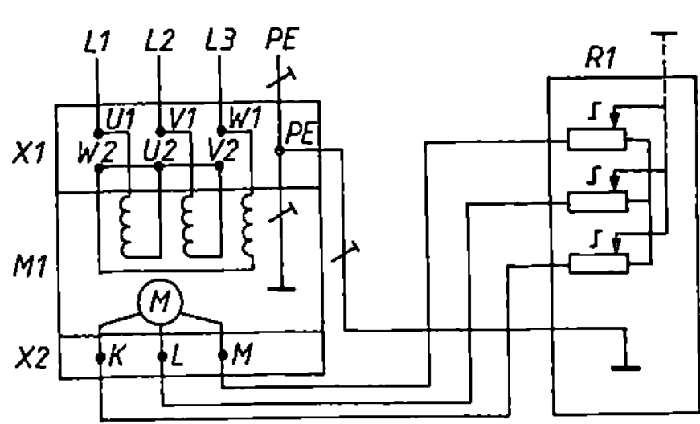

Hochlaufkennlinien mit 4-stufigem Anlasser:

Drehmoment-Kennlinie $M = f(n)$

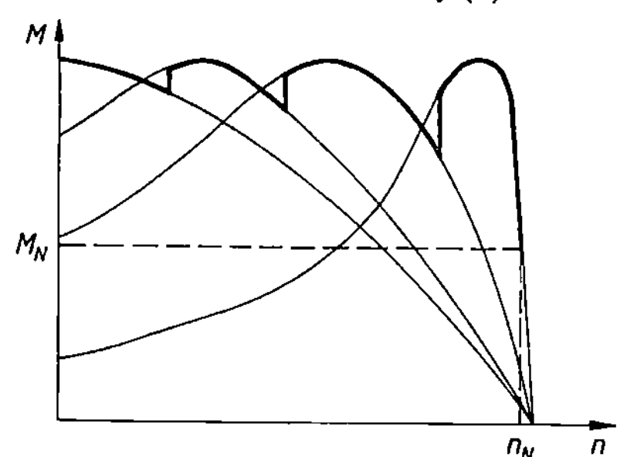

Strom-Kennlinie $I = f(n)$

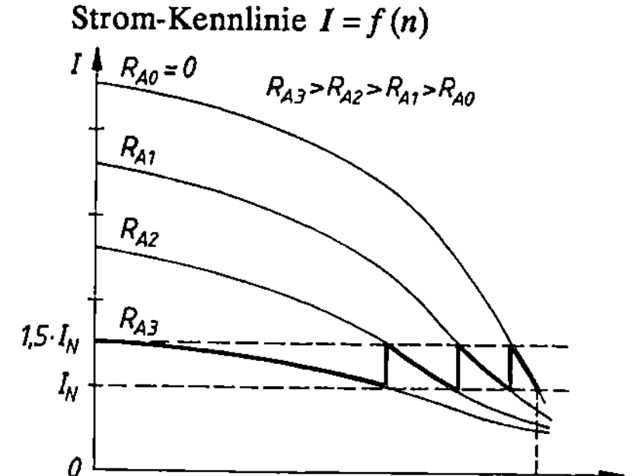

20.2.3.2 Schleifringläufer und Anlasser

Anlaßschaltung	

Anlaßstrom	$I_{\mathrm{m}} = \dfrac{I_1 + I_2}{2}$	I_{m} Mittlerer Anlaßstrom I_1 Läuferstrom, unmittelbar vor dem Kurzschließen einer Widerstandsstufe I_2 Läuferstrom, unmittelbar nach dem Kurzschließen einer Widerstandsstufe
Anlaßschwere	$k = \dfrac{I_{\mathrm{m}}}{I_{\mathrm{er}}}$	k Anlaßschwere I_{m} Mittlerer Anlaßstrom I_{er} Nennstrom des Läufers

Vorzugswerte für k: Leeranlauf: $k = 0{,}4$;   Halblastanlauf: $k = 0{,}7$

Vollastanlauf: $k = 1{,}4$;   Schweranlauf: $k = 2{,}0$

Läufer-widerstand	$Z_{\mathrm{r}} = \dfrac{U_{\mathrm{er}}}{\sqrt{3}\,I_{\mathrm{er}}}$	Z_{r} Läuferimpedanz U_{er} Läuferstillstandsspannung I_{er} Nennstrom des Läufers
Anlasser-kennwert	$k_{\mathrm{a}} \approx 1{,}4\,\dfrac{Z_{\mathrm{r}}}{k}$	k_{a} Anlasserkennwert Z_{r} Läuferimpedanz k Anlaßschwere

Genormte Anlasserkennwerte für Drehstrom-Schleifringläufermotoren nach DIN 46062:

k_{a} in Ω:	0,4	0,5	0,63	0,8	1	1,25	1,6	2	2,5	3,2	4	5	6,3	8	10	12,5	16

Schaltungslehre

● **Beispiel:** Drehstrom-Schleifringläufermotor mit Anlaßwiderständen

Gegeben: Vom Datenschild eines 2-poligen Schleifringläufers werden folgende Werte abgelesen: Nennspannung 380 V; Nennstrom 3,4 A; abgegebene Leistung 1,5 kW; Leistungsfaktor 0,8; Nenndrehzahl 2880 min^{-1}; Frequenz 50 Hz; Läuferstillstandsspannung 150 V; Läufernennstrom 5,1 A.

Gesucht: Wirkungsgrad; Schlupf in min^{-1} und %; Anlasserkennwert (Normwert) bei Schweranlauf; Drehmoment bei Nennleistung.

Lösung:	
Wirkungsgrad η	$P_{zu} = \sqrt{3}\; UI \cos\varphi = \sqrt{3}\; 380\text{ V } 3,4\text{ A } 0,8 = 1790\text{ W}$ $\eta = \dfrac{P_{ab}}{P_{zu}} = \dfrac{1500\text{ W}}{1790\text{ W}} = 0,838 \qquad \eta \approx 84\text{ \%}$
Schlupf n_{Sch} und s	$n_f = \dfrac{f \cdot 60}{p} = \dfrac{50 \cdot 60}{1}\text{ min}^{-1} = 3000\text{ min}^{-1}$ vgl. Formeln auf S. 151 Polpaarzahl $p = 1$, weil 2-poliger Motor $n_{Sch} = n_f - n = 3000\text{ min}^{-1} - 2880\text{ min}^{-1} = 120\text{ min}^{-1}$ $s = \dfrac{n_f - n}{n_f}\, 100\text{ \%} = \dfrac{3000\text{ min}^{-1} - 2880\text{ min}^{-1}}{3000\text{ min}^{-1}}\, 100\text{ \%} = 4\text{ \%}$
Anlasserkennwert k_a	Vorzugswert für Anlaßschwere k bei Schweranlauf: $k = 2,0$. $Z_r = \dfrac{U_{er}}{\sqrt{3}\, I_{er}} = \dfrac{150\text{ V}}{\sqrt{3}\; 5,1\, A} = 16,98\ \Omega$ $k_a \approx 1,4\,\dfrac{Z_r}{k} = 1,4\,\dfrac{16,98\ \Omega}{2,0} = 11,88\ \Omega$ Genormter Wert: $k_a = 12,5\ \Omega$
Drehmoment M_N	$M_N = \dfrac{P_{ab} \cdot 9,55}{n} = \dfrac{1500 \cdot 9,55}{2880}\text{ Nm} = 4,97\text{ Nm} \approx 5\text{ Nm}$ vgl. Formeln auf S. 148

20.2.4 Stromrichtergespeiste Drehstrom-Asynchronmaschinen

System des Stromrichterantriebs	
	3 ~ Netz Stellglied Maschine Last (U, I, f) (E-Motor) 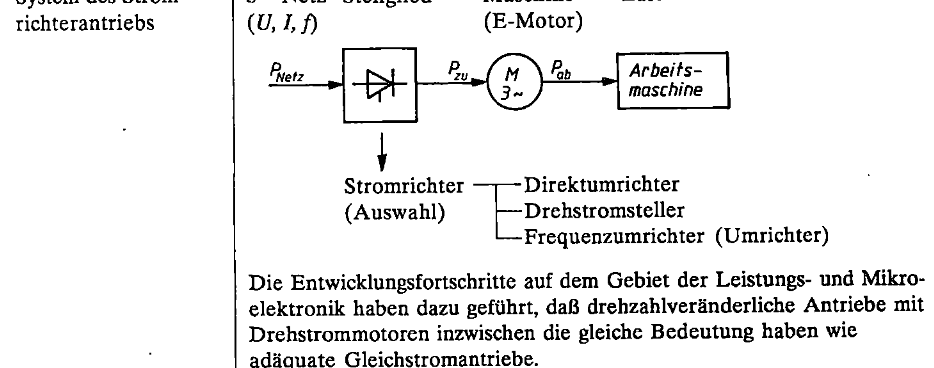

Die Entwicklungsfortschritte auf dem Gebiet der Leistungs- und Mikroelektronik haben dazu geführt, daß drehzahlveränderliche Antriebe mit Drehstrommotoren inzwischen die gleiche Bedeutung haben wie adäquate Gleichstromantriebe.

20.2.4.1 Ausgewählte Stromrichter

Direkter Umrichter mit Thyristoren	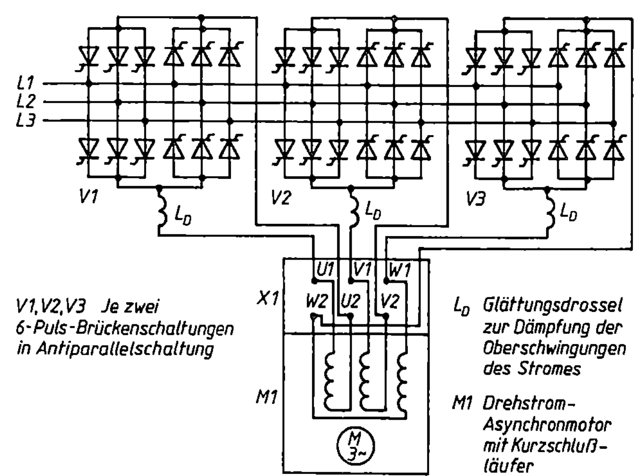

– Beim Direktumrichter sind Eingang und Ausgang der Schaltung direkt über Thyristoren (Transistoren) verbunden.

– Es erfolgt eine Änderung der Ständerspannung ($u = \hat{u}\sin\omega t$) und der Ständerfrequenz ($0 < f < f_N$).

Einsatz: Geeignet für Antriebe mit hohem Anzugsmoment und niedriger Drehzahl, z.B. Mühlenantriebe großer Leistung (> 200 kW).

Drehstromsteller, voll gesteuert, mit Kurzschlußläufer	**Schaltbild** 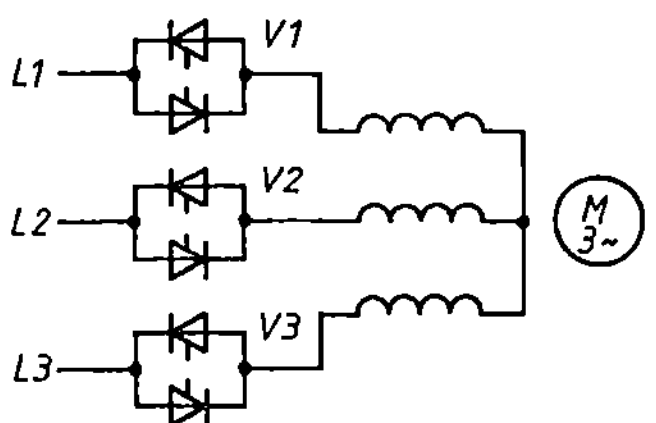

Aufbau:	Drei Wechselstromsteller in Antiparallelschaltung.
Bauteile:	Einzelne Thyristoren oder TRIAC's.
Steuerung:	Phasenanschnittsteuerung (vgl. dazu auch S. 191 f.).

– Drehstromsteller gehören zu den netzgeführten Stromrichtern.

– Bei konstanter Frequenz wird die Spannung variabel verstellt.

– *Einsatz:*	Zum Beispiel Pumpen und Lüfterantriebe kleiner Leistung (< 10 kW), gut geeignet für „sanften" Anlauf (Kurzzeitbetrieb).
– *Nachteile:*	Bemerkenswerte Maschinenverluste (Läuferverluste), bei niedriger Drehzahl (Spannung) kleines Drehmoment ($M \sim U^2 \sim n^2$).

Schaltungslehre

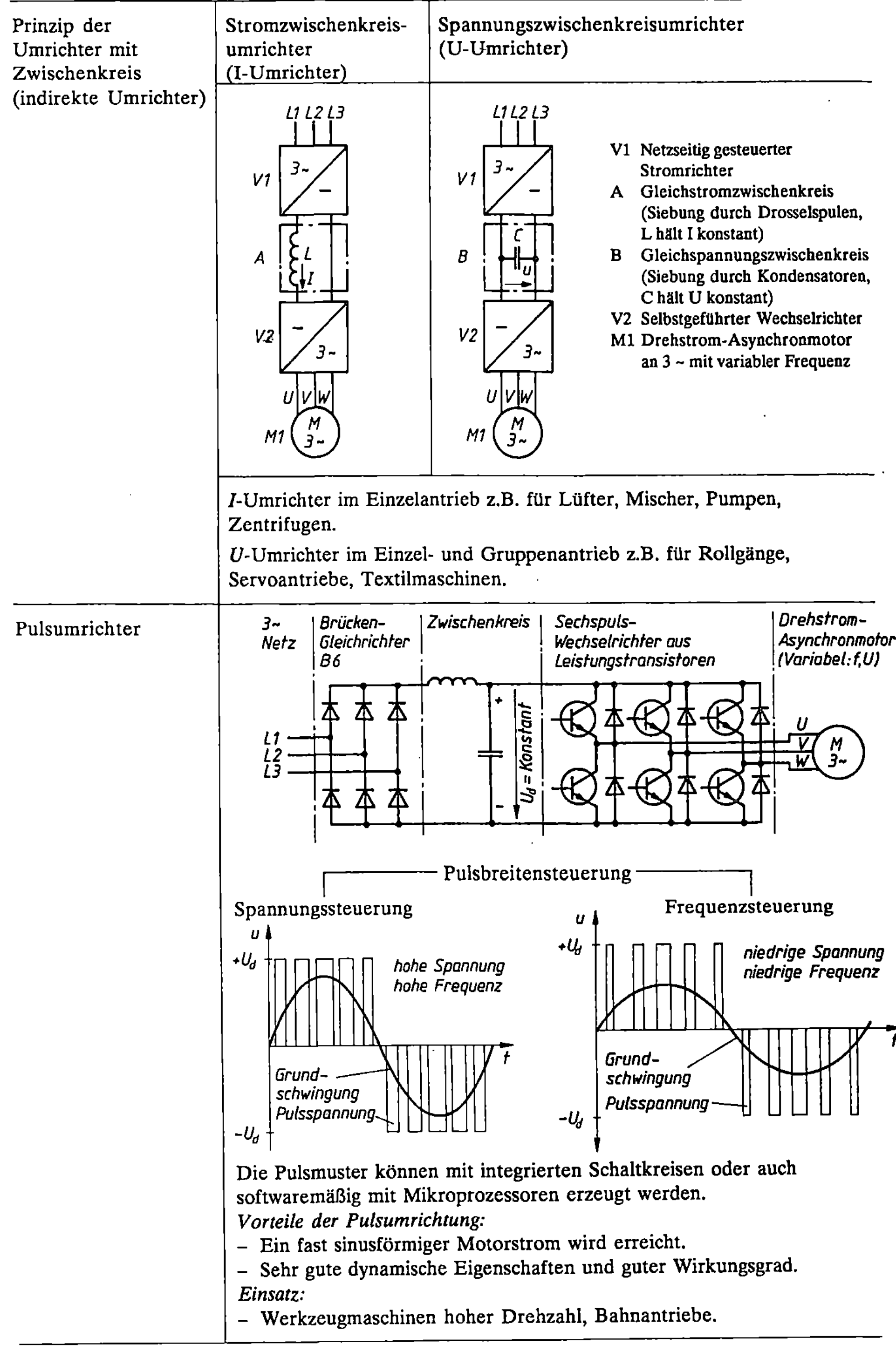

Prinzip der Umrichter mit Zwischenkreis (indirekte Umrichter)	Stromzwischenkreis- umrichter (I-Umrichter)	Spannungszwischenkreisumrichter (U-Umrichter)

V1 Netzseitig gesteuerter Stromrichter
A Gleichstromzwischenkreis (Siebung durch Drosselspulen, L hält I konstant)
B Gleichspannungszwischenkreis (Siebung durch Kondensatoren, C hält U konstant)
V2 Selbstgeführter Wechselrichter
M1 Drehstrom-Asynchronmotor an 3 ~ mit variabler Frequenz

I-Umrichter im Einzelantrieb z.B. für Lüfter, Mischer, Pumpen, Zentrifugen.

U-Umrichter im Einzel- und Gruppenantrieb z.B. für Rollgänge, Servoantriebe, Textilmaschinen.

Pulsumrichter

┌─────────── Pulsbreitensteuerung ───────────┐

Spannungssteuerung · Frequenzsteuerung

Die Pulsmuster können mit integrierten Schaltkreisen oder auch softwaremäßig mit Mikroprozessoren erzeugt werden.

Vorteile der Pulsumrichtung:
- Ein fast sinusförmiger Motorstrom wird erreicht.
- Sehr gute dynamische Eigenschaften und guter Wirkungsgrad.

Einsatz:
- Werkzeugmaschinen hoher Drehzahl, Bahnantriebe.

20.3 Gleichstrommotoren

20.3.1 Aufbau von Gleichstrommaschinen

Bauteile einer 2-poligen Gleichstrommaschine Beispiel: Motor im Linkslauf	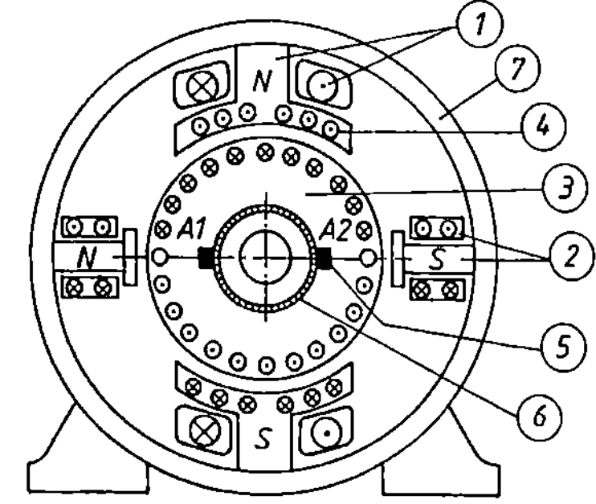 	1) Hauptpol mit Erregerwicklung 2) Wendepol mit Wendepolwicklung 3) Anker mit Ankerwicklung 4) Kompensationswicklung 5) Kohlebürste 6) Stromwender, Kollektor, Kommutator 7) Gehäuse mit Jochring Gleichstromgeneratoren und Gleichstrommotoren haben grundsätzlich den gleichen Aufbau.

20.3.2 Der Nebenschlußmotor

Schaltbild mit Klemmenbezeichnung	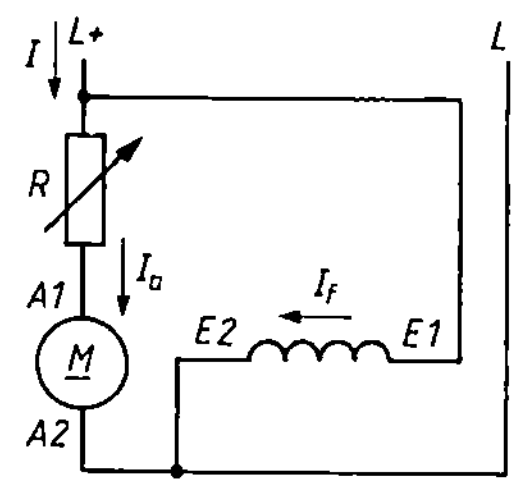 	A1, A2 Ankerwicklung E1, E2 Feldwicklung
Betriebskennlinien und Eigenschaften	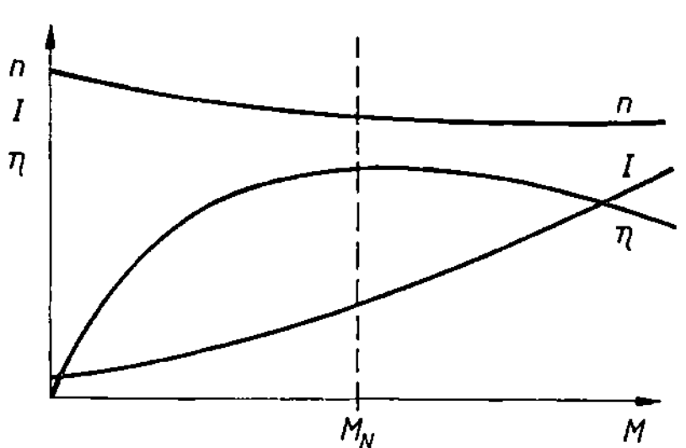 	*Wichtige Eigenschaft:* Die Drehzahl sinkt bei Belastung nur wenig ab (Nebenschlußverhalten).
	Geeignet für Antriebe mit gleichförmiger Drehzahl über einen großen Belastungsbereich. Damit ergibt sich ein weiter *Einsatzbereich*, u.a. in Werkzeugmaschinen, Förderanlagen, Walzwerken.	
Benennungen	I Bemessungsstrom (Nennstrom) I_a Ankerstrom I_f Erregerstrom, Feldstrom I_A Anlaufstrom R_i Widerstand des Ankerkreises (Wicklungen und Bürsten) R_a Widerstand der Ankerwicklung	R_B Bürstenwiderstand R_W Widerstand der Wendepolwicklung R_K Widerstand der Kompensationswicklung R_{Anl} Anlaßwiderstand U Bemessungsspannung (Nennspannung) U_q Induzierte Gegenspannung

Schaltungslehre

Berechnungs-grundlagen	$I = I_a + I_f$
	
	 $I_A = \dfrac{U}{R_i + R_{Anl}} + I_f$
	
	 $U = U_q + I_a(R_i + R_{Anl})$
	
	 $R_i = R_a + R_B + (R_W + R_K)$
		I Bemessungsstrom
		     (Nennstrom)
		 I_A Anlaufstrom
		 U Bemessungsspannung
		     (Nennspannung)
		 R_i Widerstand des Ankerkreises

Beispiel: Gleichstrom-Nebenschlußmotor

Gegeben: Die Bemessungsdaten (Nenndaten) eines Gleichstrom-Nebenschlußmotors: Bemessungsspannung 220 V–; Ankerstrom 8,6 A; Widerstand der Ankerwicklung 3,3 Ω; Widerstand der Feldwicklung 400 Ω; Bürstenspannungsfall 2 V; Bemessungsmoment 6,25 Nm; Bemessungsdrehzahl 2500 min⁻¹.

Gesucht: Bemessungsstrom; induzierte Gegenspannung; Wirkungsgrad; Anlaßwiderstand, wenn der Anlaufstrom das 2,5fache des Bemessungsstromes betragen darf.

Lösung:

Bemessungs-strom I	$I = I_a + I_f = I_a + \dfrac{U}{R_f} = 8,6\ \text{A} + \dfrac{220\ \text{V}}{400\ \Omega} = 8,6\ \text{A} + 0,55\ \text{A} = 9,15\ \text{A}$
Induzierte Gegen-spannung U_q	$U_q = U - I_a(R_i + R_{Anl})$ Im Bemessungsbetrieb $R_{Anl} = 0$ $R_B = \dfrac{U_B}{I_a} = \dfrac{2\ \text{V}}{8,6\ \text{A}} = 0,23\ \Omega$ $R_i = R_a + R_B = 3,3\ \Omega + 0,23\ \Omega = 3,53\ \Omega$ $U_q = 220\ \text{V} - 8,6\ \text{A} \cdot 3,53\ \Omega = 189,64\ \text{V} \approx 190\ \text{V}$
Wirkungsgrad η	$P_{zu} = U I = 220\ \text{V} \cdot 9,15\ \text{A} = 2013\ \text{W}$ $P_{ab} = \dfrac{M_N\, n}{9,55} = \dfrac{6,25 \cdot 2500}{9,55}\ \text{W} = 1636\ \text{W}$ vgl. dazu Formeln auf S. 148 $\eta = \dfrac{P_{ab}}{P_{zu}} = \dfrac{1636\ \text{W}}{2013\ \text{W}} = 0,81$ $\eta = 81\ \%$
Anlaßwiderstand R_{Anl}	$I_A = 2,5\, I_N = 2,5 \cdot 9,15\ \text{A} = 22,88\ \text{A}$ $R_{Anl} = \dfrac{U}{I_A - I_f} - R_i = \dfrac{220\ \text{V}}{22,88\ \text{A} - 0,55\ \text{A}} - 3,53\ \Omega = 6,32\ \Omega$

20.3.3 Der Reihenschlußmotor

Schaltbild mit Klemmen-bezeichnung	I L+ L- R 1B1 (1B2) (A1) M D2 D1 (2B1) (A2) 2B2	A1, A2 Ankerwicklung D1, D2 Feldwicklung B1, B2 Wendepolwicklung (geteilt)

Betriebskenn- linien und Eigenschaften	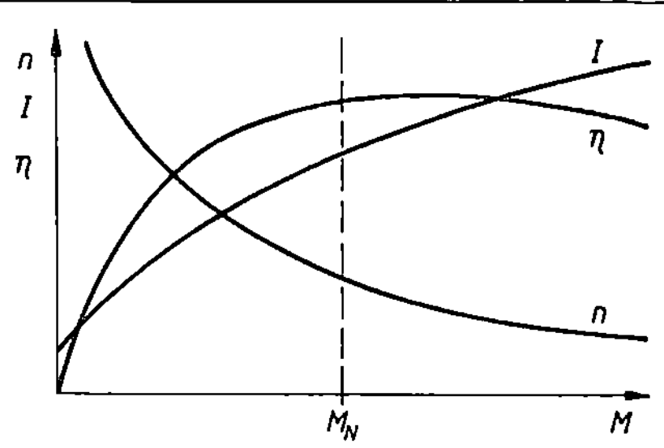 *Wichtige Eigenschaft:* Der Motor hat ein großes Anzugsmoment. Ohne Belastung (Leerlauf) geht er „durch".

Geeignet für Antriebe mit hohem Anzugsmoment. *Einsatz* z.B. in Fahrzeugen, als Kfz-Anlasser.

Berechnungs- grundlagen	$I = I_a = I_f$ $I_A = \dfrac{U}{R_i + R_{Anl}}$ $U = U_q + I(R_i + R_{Anl})$ $R_i = R_a + R_B + R_f + (R_W + R_K)$	I Bemessungsstrom (Nennstrom) I_a Ankerstrom I_f Erregerstrom, Feldstrom I_A Anlaufstrom R_i Widerstand des Ankerkreises (Wicklungen und Bürsten) R_a Widerstand der Ankerwicklung R_B Bürstenwiderstand R_f Widerstand der Erregerwicklung R_W Widerstand der Wendepolwicklung R_K Widerstand der Kompensationswicklung R_{Anl} Anlaßwiderstand U Bemessungsspannung (Nennspannung) U_q Induzierte Gegenspannung

20.3.4 Der Doppelschlußmotor (Kompoundmotor)

Schaltbild mit Klemmen- bezeichnung	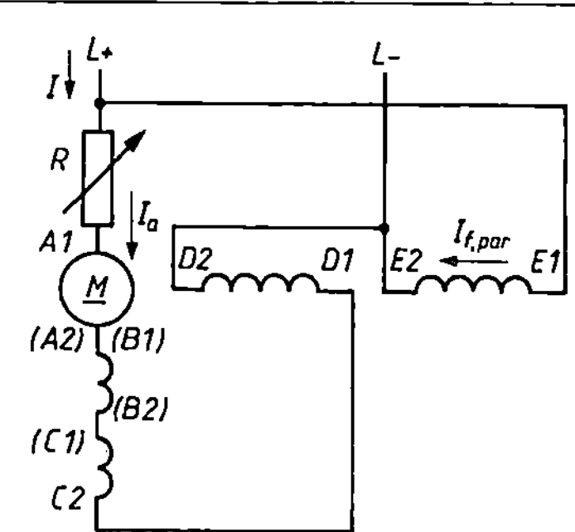 A, A2 Ankerwicklung B1, B2 Wendepolwicklung C1, C2 Kompensationswicklung D1, D2 Reihenschlußwicklung E1, E2 Nebenschlußwicklung

Doppelschlußmotoren finden dort Anwendung, wo ein größeres Anzugsmoment als das eines Nebenschlußmotors gefordert wird. Gleichzeitig darf die Drehzahl im Leerlauf nicht unzulässig hoch werden.
Einsatz: Pressen, Stanzen, Schwungradantriebe.

Schaltungslehre

Betriebskennlinien und Eigenschaften	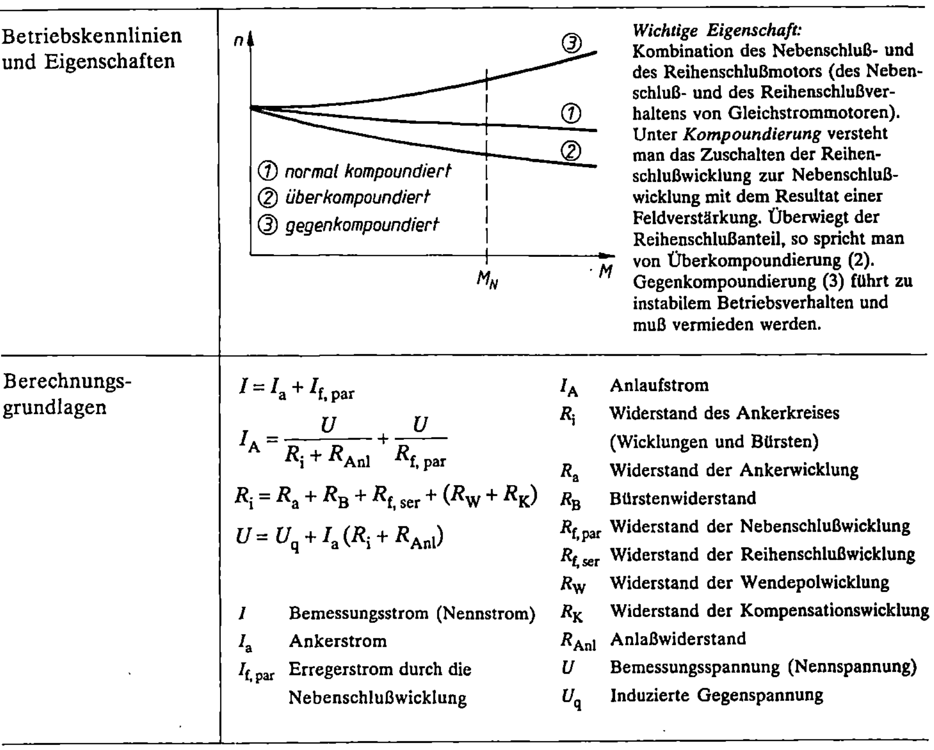	*Wichtige Eigenschaft:* Kombination des Nebenschluß- und des Reihenschlußmotors (des Nebenschluß- und des Reihenschlußverhaltens von Gleichstrommotoren). Unter *Kompoundierung* versteht man das Zuschalten der Reihenschlußwicklung zur Nebenschlußwicklung mit dem Resultat einer Feldverstärkung. Überwiegt der Reihenschlußanteil, so spricht man von Überkompoundierung (2). Gegenkompoundierung (3) führt zu instabilem Betriebsverhalten und muß vermieden werden.
Berechnungsgrundlagen	$I = I_a + I_{f,\,par}$ $$I_A = \frac{U}{R_i + R_{Anl}} + \frac{U}{R_{f,\,par}}$$ $R_i = R_a + R_B + R_{f,\,ser} + (R_W + R_K)$ $U = U_q + I_a (R_i + R_{Anl})$ I Bemessungsstrom (Nennstrom) I_a Ankerstrom $I_{f,\,par}$ Erregerstrom durch die Nebenschlußwicklung	I_A Anlaufstrom R_i Widerstand des Ankerkreises (Wicklungen und Bürsten) R_a Widerstand der Ankerwicklung R_B Bürstenwiderstand $R_{f,par}$ Widerstand der Nebenschlußwicklung $R_{f,ser}$ Widerstand der Reihenschlußwicklung R_W Widerstand der Wendepolwicklung R_K Widerstand der Kompensationswicklung R_{Anl} Anlaßwiderstand U Bemessungsspannung (Nennspannung) U_q Induzierte Gegenspannung

20.3.5 Stromrichterbetrieb von Gleichstrommotoren

Die Kombination von Gleichstrommotoren und Stromrichtern hat dort große Bedeutung, wo eine Drehzahlregelung in weiten Bereichen verlangt wird, oft verbunden mit einem dynamischen Drehrichtungswechsel.
Die verschiedenen Betriebszustände einer Gleichstrommaschine können im *Vier-Quadranten-Diagramm* dargestellt werden.

Betriebsdiagramm eines Stromrichterantriebs	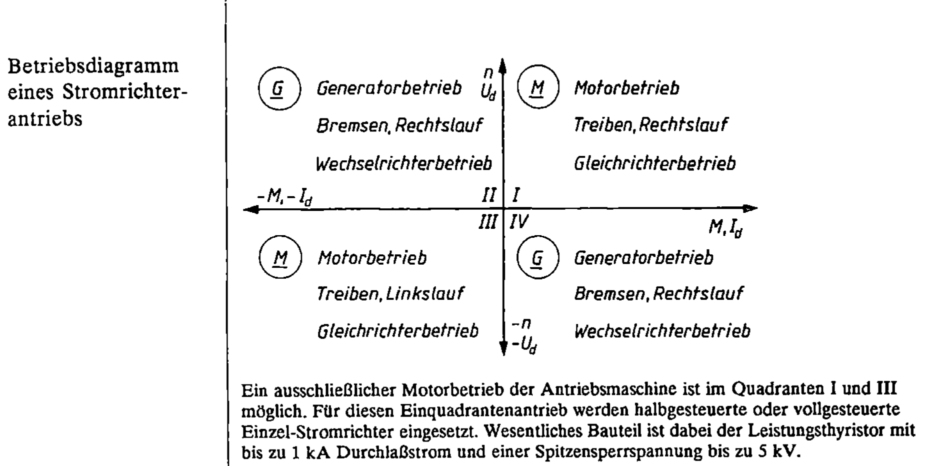
	Ein ausschließlicher Motorbetrieb der Antriebsmaschine ist im Quadranten I und III möglich. Für diesen Einquadrantenantrieb werden halbgesteuerte oder vollgesteuerte Einzel-Stromrichter eingesetzt. Wesentliches Bauteil ist dabei der Leistungsthyristor mit bis zu 1 kA Durchlaßstrom und einer Spitzensperrspannung bis zu 5 kV.

20.3.5.1 Netzgeführte Stromrichter

Grundschaltungen (Prinzipschaltplan)	Zweipulsbrückenschaltung (halbgesteuert)	Sechspulsbrückenschaltung (vollgesteuert)
	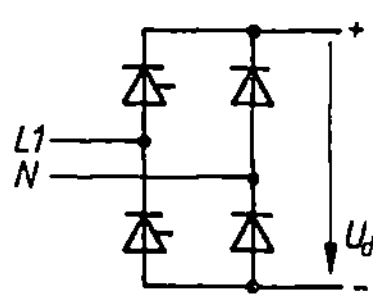	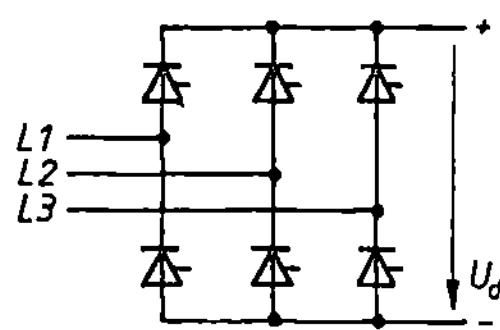
Begriffs-erklärungen	*Netzgeführt:* Die Netzspannung als Führungsspannung bestimmt die Kommutierung des Stromrichters, d.h. den Stromübergang von einem elektrischen Ventil auf das folgende. Die variable Ausgangsspannung wird durch Phasenanschnittsteuerung erzeugt. *Halbgesteuert:* Weniger steuerbare Ventile. Entlastet das Netz von Steuerblindleistung (blindleistungsarme Schaltung). Unproblematisch für 1-Quadranten-Betrieb, aber kein Wechselrichterbetrieb möglich. *Vollgesteuert:* Nur steuerbare Stromrichterventile (Thyristoren) im Einsatz. Dadurch Wechselrichterbetrieb (Umkehrung der Drehrichtung bei gleicher Richtung des Drehmoments) möglich.	

20.3.5.2 Stromrichterschaltungen

Gleichstromsteller (Chopper, Pulssteller)	Schaltung mit Thyristoren (für größte Leistungen)	Schaltung mit Transistoren
Schaltsymbol	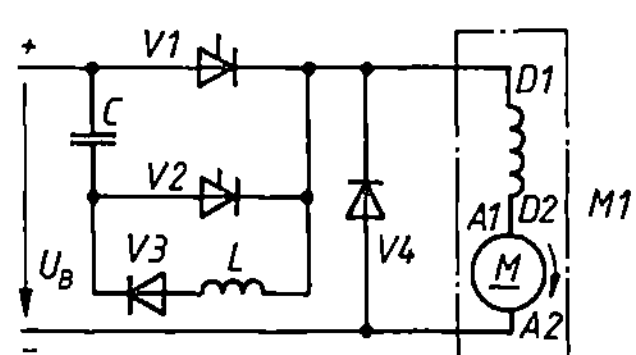	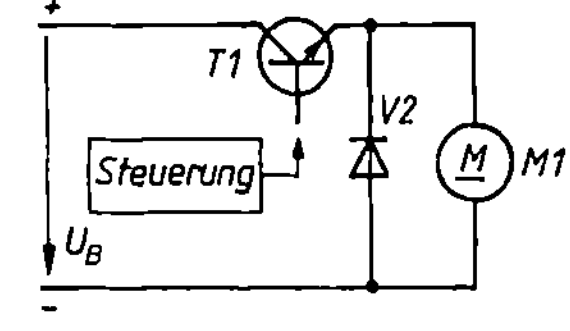

V1   Thyristor im Hauptzweig
V2, C Löschkreis
V3, L Umschwingkreis
V4   Freilaufdiode
M1   Reihenschlußmotor

T1   Leistungstransistor als elektronischer Schalter
V2   Freilaufdiode
M1   Gleichstrommotor

Beim Gleichstromsteller wird bei konstanter Eingangsgleichspannung die Ankerspannung des Gleichstrommotors (z.B. durch Pulsbreitensteuerung) variabel verstellt.

Einsatz: Besonders geeignet zur Drehzahlsteuerung von Reihenschlußmotoren in Fahrzeugantrieben. Transistorsteller u.a. in Servo- und Positionierungsmotoren.

Schaltungslehre

Gleichstromsteller mit Transistor-Brückenschaltung für 4-Quadrantenbetrieb	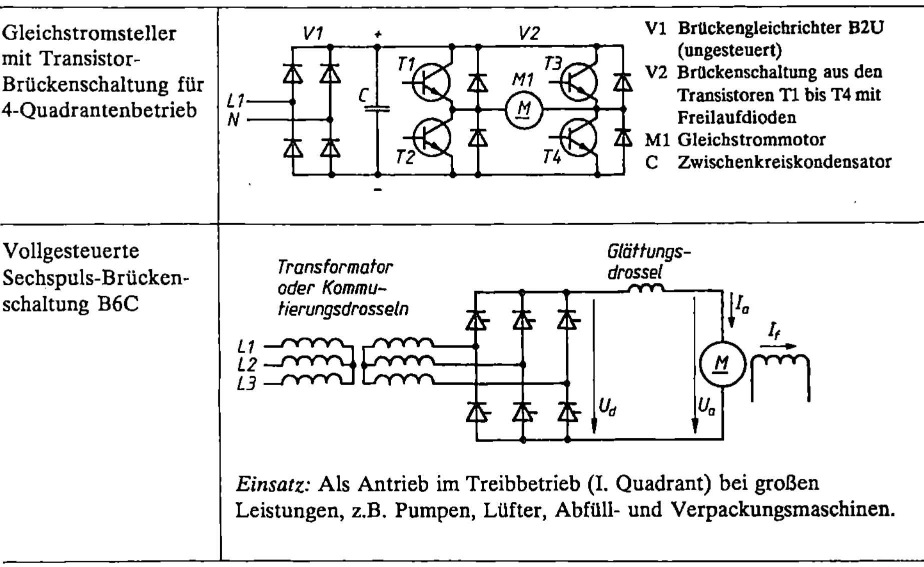	V1 Brückengleichrichter B2U (ungesteuert) V2 Brückenschaltung aus den Transistoren T1 bis T4 mit Freilaufdioden M1 Gleichstrommotor C Zwischenkreiskondensator
Vollgesteuerte Sechspuls-Brücken-schaltung B6C		

Einsatz: Als Antrieb im Treibbetrieb (I. Quadrant) bei großen Leistungen, z.B. Pumpen, Lüfter, Abfüll- und Verpackungsmaschinen.

20.4 Motoren am Einphasennetz

20.4.1 Der Kondensatormotor

Schaltbild mit Klemmen-bezeichnung	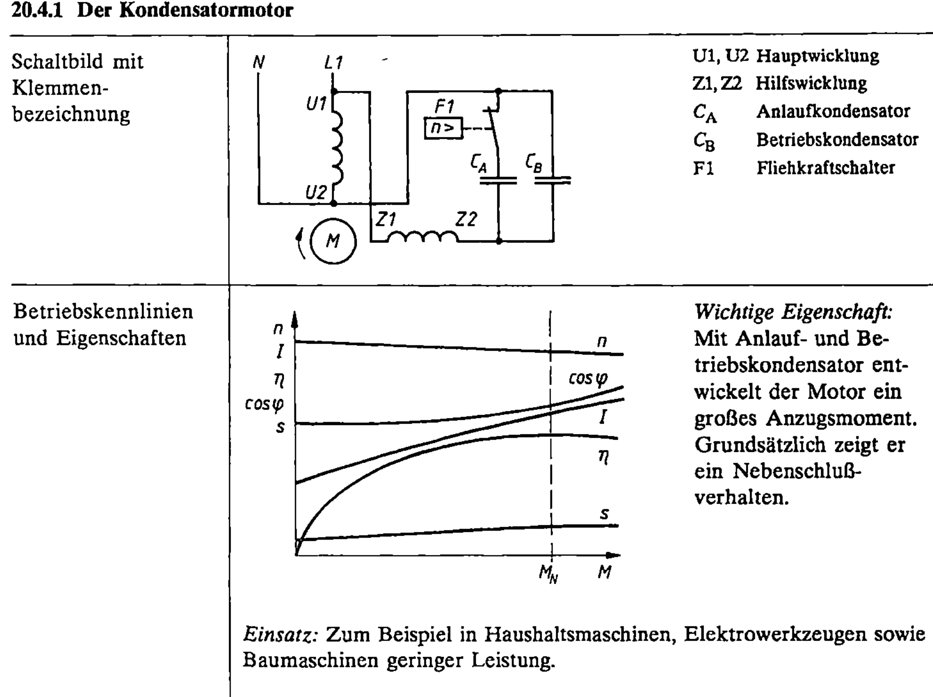	U1, U2 Hauptwicklung Z1, Z2 Hilfswicklung C_A Anlaufkondensator C_B Betriebskondensator F1 Fliehkraftschalter
Betriebskennlinien und Eigenschaften		*Wichtige Eigenschaft:* Mit Anlauf- und Be-triebskondensator ent-wickelt der Motor ein großes Anzugsmoment. Grundsätzlich zeigt er ein Nebenschluß-verhalten.

Einsatz: Zum Beispiel in Haushaltsmaschinen, Elektrowerkzeugen sowie Baumaschinen geringer Leistung.

Berechnungs-grundlagen	$P = U I \cos\varphi$ $Q = U^2 \omega C$ *Praxiswerte* für die Kondensatoren: Je kW Motorleistung $Q_{CB} \approx (1 \dots 1{,}3)\ \text{kvar}$ $C_A \approx 3\ C_B$	P U I $\cos\varphi$ Q Q_{CB} ω C C_A C_B	Leistung (zugeführt) Netzspannung Bemessungsstrom (Nennstrom) Leistungsfaktor Blindleistung Blindleistung des Betriebskondensators Kreisfrequenz Kapazität Kapazität des Anlauf-kondensators Kapazität des Betriebs-kondensators

20.4.2 Der Universalmotor

Schaltbild und Klemmen-bezeichnung	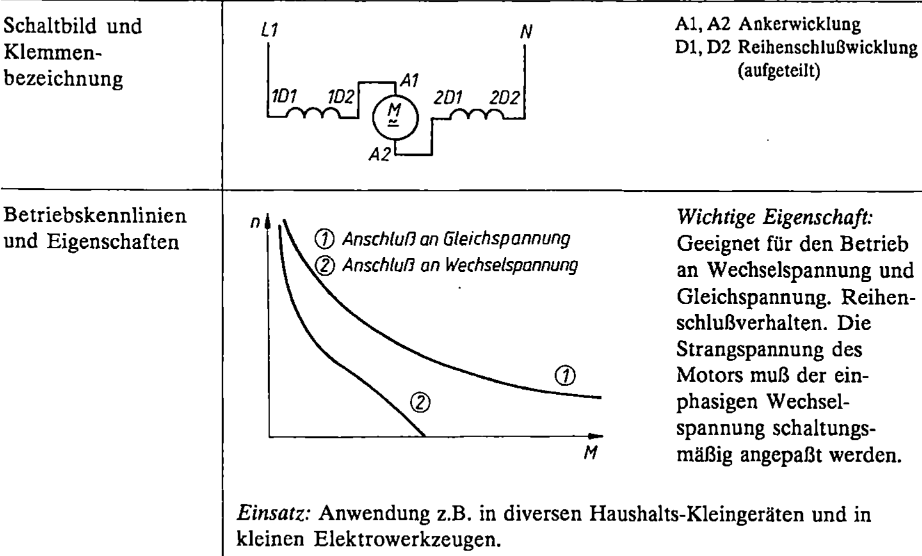	A1, A2 Ankerwicklung D1, D2 Reihenschlußwicklung (aufgeteilt)
Betriebskennlinien und Eigenschaften		*Wichtige Eigenschaft:* Geeignet für den Betrieb an Wechselspannung und Gleichspannung. Reihen-schlußverhalten. Die Strangspannung des Motors muß der ein-phasigen Wechsel-spannung schaltungs-mäßig angepaßt werden.

Einsatz: Anwendung z.B. in diversen Haushalts-Kleingeräten und in kleinen Elektrowerkzeugen.

20.4.3 Der Drehstrom-Asynchronmotor in Steinmetzschaltung

Anschluß und Klemmen-bezeichnung	Drehstrom Wechselstrom	U, V, W Anschlüsse der Drehstromwicklung C_B Betriebskondensator
Kondensatorwerte	*Betriebskondensator* C_B an 230 V/50 Hz: 70 µF je kW Motorleistung 400 V/50 Hz: 20 µF je kW Motorleistung *Anlaufkondensator* $C_A = 2\ C_B$	

Schaltungslehre

Betriebskennlinien und Eigenschaften	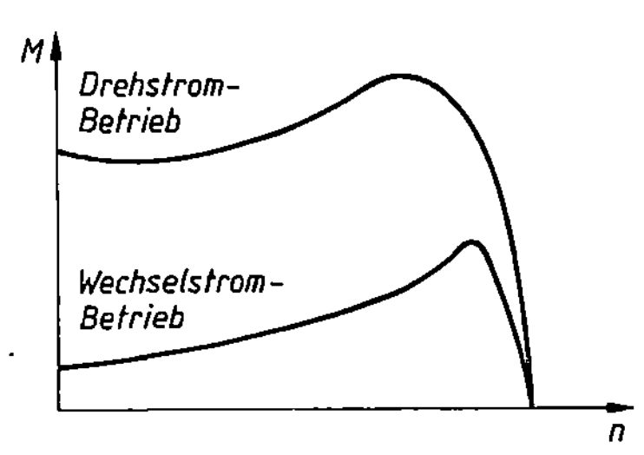 	***Wichtige Eigenschaft:*** Abfall von Anlaufdreh- moment (um ca. 70 % ohne Anlaufkondensator) und Leistung (um ca. 25 %) bei Wechselstrombetrieb.

Einsatz: Erfolgt u.a. dann, wenn z.B. auf einer Baustelle der Drehstrom- anschluß fehlt. Geeignet für Maschinen mit einer Leistung bis ca. 2 kW.

20.5 Sonderformen von Elektromotoren

20.5.1 Der Schrittmotor

Schrittmotoren wandeln elektrische Steuerbefehle in eine proportionale Drehbewegung des Läufers um. Nach einer bestimmten Anzahl elektrischer Impulse hat sich der Läufer um die gleiche Anzahl von *Schritten* (Schrittwinkeln) weiterbewegt. Je schneller die Folge der Steuer- impulse wird, umso mehr geht die Schrittbewegung in eine annähernd kontinuierliche Dreh- bewegung über.
Damit eignet sich der Schrittmotor besonders für Positionierungsaufgaben in der Steuer- und Automatisierungstechnik.

Prinzip eines Antriebes mit Schrittmotor	
Motortypen	Permanentmagnet- Motor (PM) ─┐ ├─ Hybrid-Motor (HM) Reluktanz- Motor (VR) ─┘ *VR-Motoren* (Variable Reluktanz) haben einen Läufer aus weichmagne- tischem Material. *HM-Motoren* haben einen dauermagnetischen Läufer mit Zahnringen. *Hybrid-Motoren* sind ausgelegt für große Drehmomente und große Drehzahlen. In Verbindung mit kleinen Schrittwinkeln eignen sie sich besonders für schnelle Verstellungen mit anschließender genauer Positionierung.
Einsatz	Stellantriebe, Fernschreiber, Drucker, Zähleinrichtungen, Programm- schalter in der Steuerungs- und Regelungstechnik.

Schrittzahl, Schrittwinkel	*1) Vollschrittbetrieb*					

z, p, m	α	n	f_z, f_s
1	grd	$\dfrac{1}{\text{min}}$	$\text{Hz} = \dfrac{1}{\text{s}}$

$z = 2\,p\,m$

$\alpha = \dfrac{2\pi}{z} = \dfrac{360°}{2\,p\,m}$

$n = \dfrac{f_z\,60}{z} = \dfrac{f_z\,60}{2\,p\,m}$

z	Schrittzahl pro Umdrehung
p	Polpaarzahl des Läufers
m	Phasenzahl/Strangzahl des Ständers
α	Schrittwinkel
n	Drehzahl des Schrittmotors
f_z	Schrittfrequenz
f_s	Steuerfrequenz
$f_z = f_s$	wenn der Schrittmotor ohne Schrittfehler läuft

Praxiswerte: m = 2 bis 5; z = 8 bis 500 Vollschritte

α	1,8°	2,0°	3,6°	7,5°	9,0°	11,25°	15°	18°	30°	45°
z	200	180	100	48	40	32	24	20	12	8

2) Halbschrittbetrieb
Bei Halbschrittbetrieb verdoppelt sich die Schrittzahl z und halbiert sich der Schrittwinkel α.

Betriebsarten	Vollschrittbetrieb:	Jeder Impuls schaltet eine Wicklung ab und gleichzeitig eine Wicklung dazu.
	Halbschrittbetrieb:	Hier werden abwechselnd erst eine Wicklung und danach zwei Wicklungen angesteuert.

● **Beispiel:** Schrittmotor

Gegeben: Ein zweisträngiger Schrittmotor (m = 2) ist für eine Schrittzahl von z = 100 ausgelegt, was einem Schrittwinkel von 3,6° entspricht. Das erzeugte Drehmoment wird mittels Riementrieb übertragen. Der Durchmesser der Riemenscheibe beträgt 10 mm.
Zur Positionierung in Vorwärtsrichtung wird eine Drehzahl von 600 min^{-1} gefordert. Die Rückstellung soll mit 1500 min^{-1} erfolgen.

Gesucht: Polzahl des Motors; Schrittfrequenz bei Vor- und Rücklauf; Weg des Transportriemens nach 500 Schritten.

Lösung:	
Polzahl	$p = \dfrac{360°}{2\,\alpha\,m} = \dfrac{360°}{2 \cdot 3,6° \cdot 2} = 25 \qquad$ Polzahl $= 2p = 50$
Schrittfrequenz f_z	a) Vorwärts $f_{z,\text{vor}} = \dfrac{n\,2\,p\,m}{60} = \dfrac{600 \cdot 2 \cdot 25 \cdot 2}{60}\,\text{Hz} = 1000\,\text{Hz} = 1\,\text{kHz}$ b) Rückwärts $f_{z,\text{rück}} = \dfrac{n\,2\,p\,m}{60} = \dfrac{1500 \cdot 2 \cdot 25 \cdot 2}{60}\,\text{Hz} = 2500\,\text{Hz} = 2{,}5\,\text{kHz}$
Weg des Transportriemens s	$s = d\pi\,\dfrac{\text{Schritte}}{z} = 10\,\text{mm}\,\pi\,\dfrac{500}{100} = 157\,\text{mm}$

Schaltungslehre

Ansteuerung	Unipolare Schaltung	Bipolare Schaltung (aufwendig)
	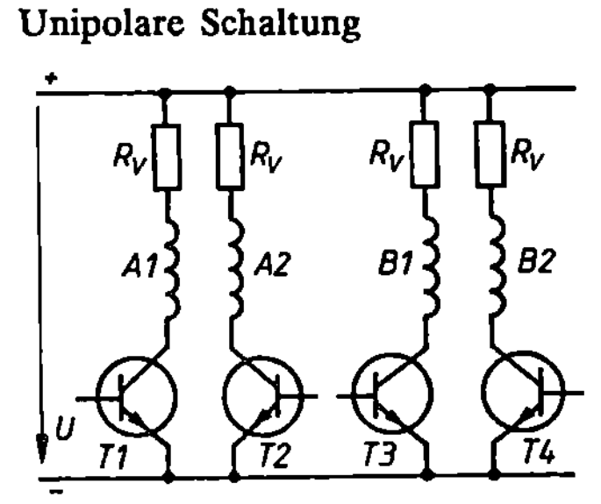	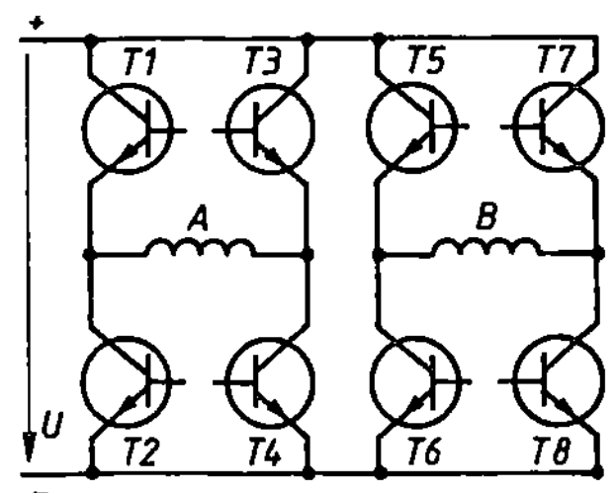

A, B Motorwicklungen (bei unipolarer Schaltung 2 Teilwicklungen)

R_v Vorwiderstände zur Verkürzung der Zeitkonstanten

T1 ... T8 Leistungstransistoren der Leistungsstufen

● **Beispiel:**   Zweistrang-Schrittmotor mit zweipoligem Läufer in bipolarer Schaltung.

$m = 2; p = 1; \rightarrow z = 4; \rightarrow \alpha = 90°$

Steuerung der Schrittfolge bei Vollschrittbetrieb

Schritt	Schalterstellung		Drehrichtung
	S1	S2	
0	1	1	Rechtslauf
1	1	2	
2	2	2	
3	2	1	
4	1	1	
5	1	1	Linkslauf
6	2	1	
7	2	2	
8	1	2	
9	1	1	

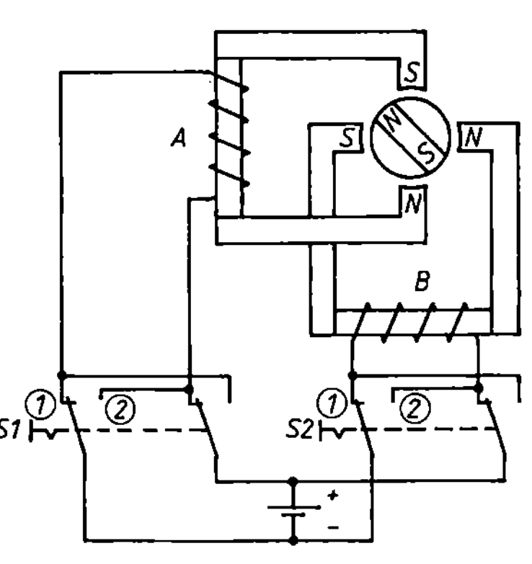

Kennlinien des Schrittmotors
$M_L = f(f_z)$,
$J_L = f(f_z)$

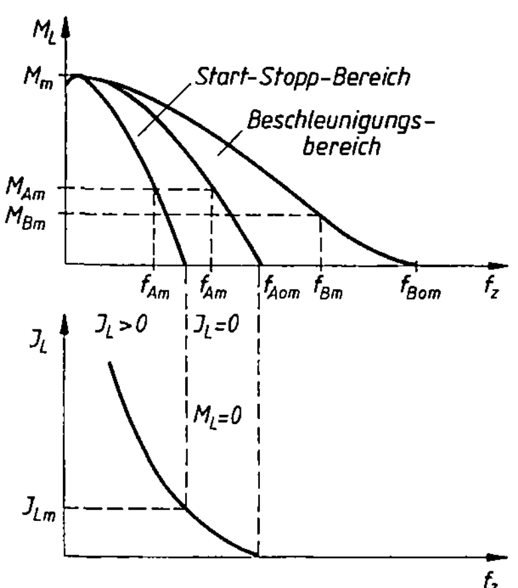

M_L	Lastdrehmoment
M_m	Maximales Drehmoment
M_{Am}	Start-Grenzmoment
M_{Bm}	Betriebs-Grenzmoment
J_L	Lastträgheitsmoment
J_{Lm}	Grenz-Lastträgheits- moment im Startbereich
f_z	Schrittfrequenz
f_{Am}	Start-Grenzfrequenz (lastabhängig)
f_{Aom}	Maximale Startfrequenz des unbelasteten Motors
f_{Bm}	Betriebs-Grenzfrequenz
f_{Bom}	Maximale Betriebsfrequenz des unbelasteten Motors

21 Elektronik

21.1 Belastbarkeit und Kühlung von Halbleiterbauelementen

● **Beispiel 1:** Belastbarkeit einer Siliziumdiode

Für die Diode 1N4148 ist die maximal zulässige Verlustleistung zu berechnen. Es wird eine Umgebungstemperatur von 60 °C erwartet.

Lösung: Aus dem Datenblatt für die Universaldiode 1N4148 (vgl. S. 57) ergibt sich:
1) Sperrschichttemperatur $T_{jmax} = 200$ °C
2) Wärmewiderstand $R_{thJU} = 350$ K/W

$$P_{Vzul} = \frac{T_{jmax} - T_U}{R_{thJU}} = \frac{200\ °C - 60\ °C}{350\ K/W} = 0{,}4\ W = 400\ mW$$

● **Beispiel 2:** Kühlflächenberechnung für eine Z-Diode

Gegeben: Eine Leistungs-Z-Diode ZX12 soll bei einer angenommenen Umgebungstemperatur von 45 °C eine Spannung von 12 V stabilisieren. Der Strom durch die Zenerdiode beträgt dabei 0,8 A.

$(R_{thGK} = 1{,}5$ K/W).

Gesucht: Die erforderliche (quadratische) Kühlfläche für 2 mm starkes geschwärztes Aluminiumblech bei senkrechter Anordnung ist zu berechnen.
Lösung nach Arbeitsplan

▶ **Arbeitsplan**

Kennwerte aus dem Datenblatt	Für die Z-Diode ZX12 (vgl. S. 59) ergeben sich folgende Werte: 1) Sperrschichttemperatur $T_j = 150$ °C 2) Wärmewiderstand zwischen Sperrschicht und Gehäuse $R_{thJG} = 5$ K/W	$\boxed{1}$
Verlustleistung	$P_V = U_Z\, I_Z = 12\ V \cdot 0{,}8\ A = 9{,}6\ W$	$\boxed{2}$
Gesamtwärme-widerstand	$R_{thJU} = \dfrac{T_j - T_U}{P_V} = \dfrac{150\ °C - 45\ °C}{9{,}6\ W} = 10{,}94 K/W$	$\boxed{3}$
Wärmewiderstand des Kühlkörpers	$R_{thK} = R_{thJU} - R_{thJG} - R_{thGK} = (10{,}94 - 5 - 1{,}5)\ K/W = 4{,}44\ K/W$	$\boxed{4}$
Länge des (quadratischen) Kühlbleches (vgl. S. 51)	Aus der Kennlinie $R_{thK} = f(l)$ ergibt sich für $R_{thK} = 4{,}44$ K/W eine Länge l von 14 cm	$\boxed{5}$
Kühlfläche	$A = l^2 = (14\ cm)^2 = 196\ cm^2$ Kühlfläche für geschwärztes Blech: $A = 196\ cm^2 \cdot 0{,}7 = 137{,}2\ cm^2$	$\boxed{6}$

Schaltungslehre

21.2 Ungesteuerte Gleichrichterschaltungen (Stromrichter)

Benennungen nach DIN 41 761	Beispiel: Schaltung $\underline{M \quad 1 \quad U}$ $\boxed{1 \mid 2 \mid 3/4}$
	$\boxed{1}$ Kennbuchstabe: Schaltungsgruppe und Schaltungsart
	$\boxed{2}$ Kennzahl: Pulszahl bzw. Phasenzahl
	$\boxed{3/4}$ Ergänzungsbuchstaben: Steuerbarkeit, Haupt- und Hilfszweige

21.2.1 Einpuls-Mittelpunktschaltung mit Wirklast

Schaltung (M1U) und Spannungsverläufe	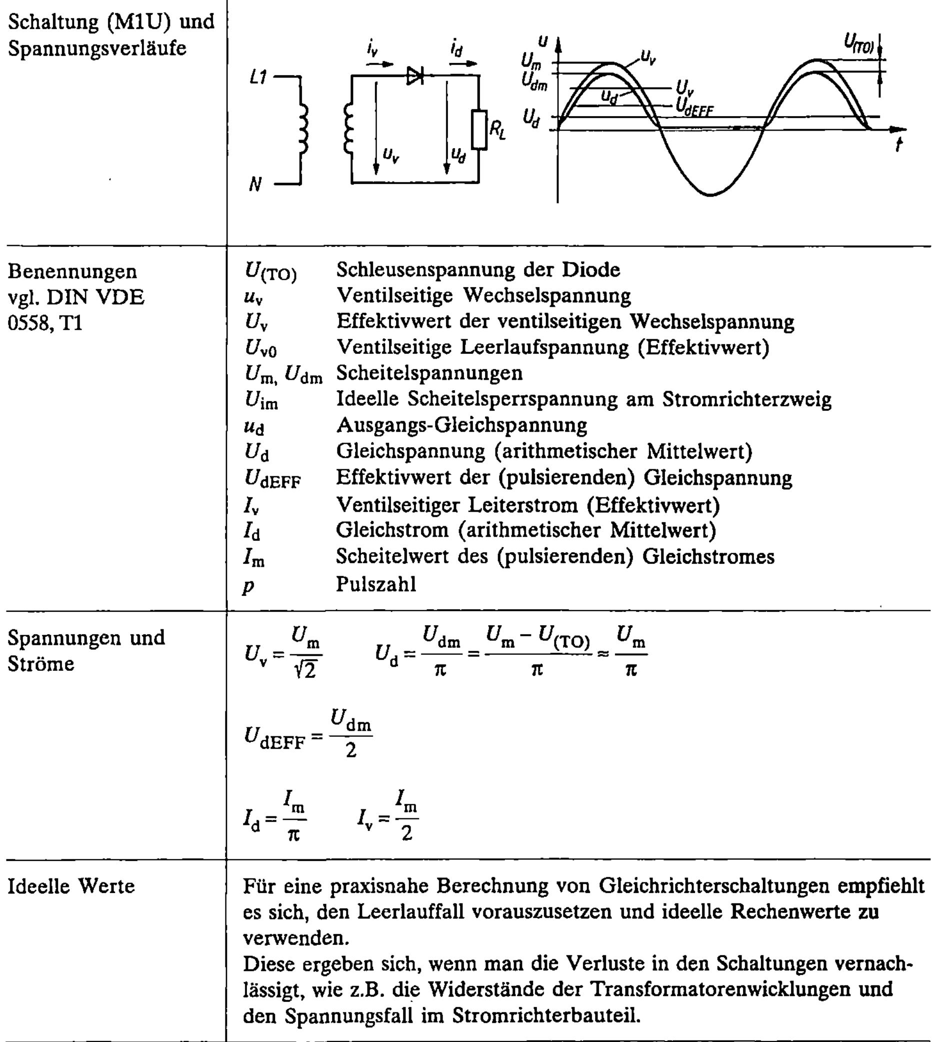

Benennungen vgl. DIN VDE 0558, T1	$U_{(TO)}$	Schleusenspannung der Diode
	u_v	Ventilseitige Wechselspannung
	U_v	Effektivwert der ventilseitigen Wechselspannung
	U_{v0}	Ventilseitige Leerlaufspannung (Effektivwert)
	U_m, U_{dm}	Scheitelspannungen
	U_{im}	Ideelle Scheitelsperrspannung am Stromrichterzweig
	u_d	Ausgangs-Gleichspannung
	U_d	Gleichspannung (arithmetischer Mittelwert)
	U_{dEFF}	Effektivwert der (pulsierenden) Gleichspannung
	I_v	Ventilseitiger Leiterstrom (Effektivwert)
	I_d	Gleichstrom (arithmetischer Mittelwert)
	I_m	Scheitelwert des (pulsierenden) Gleichstromes
	p	Pulszahl

Spannungen und Ströme	$U_v = \dfrac{U_m}{\sqrt{2}} \qquad U_d = \dfrac{U_{dm}}{\pi} = \dfrac{U_m - U_{(TO)}}{\pi} \approx \dfrac{U_m}{\pi}$ $U_{dEFF} = \dfrac{U_{dm}}{2}$ $I_d = \dfrac{I_m}{\pi} \qquad I_v = \dfrac{I_m}{2}$

Ideelle Werte	Für eine praxisnahe Berechnung von Gleichrichterschaltungen empfiehlt es sich, den Leerlauffall vorauszusetzen und ideelle Rechenwerte zu verwenden. Diese ergeben sich, wenn man die Verluste in den Schaltungen vernachlässigt, wie z.B. die Widerstände der Transformatorenwicklungen und den Spannungsfall im Stromrichterbauteil.

Ideelle Berechnung der Einpuls-Mittelpunktschaltung ($U_{dm} = U_m$; Index i = ideell)

Spannungen	$\dfrac{U_{di}}{U_{v0}} = \dfrac{U_m/\pi}{U_m/\sqrt{2}} = \dfrac{\sqrt{2}}{\pi} = 0{,}45 \qquad\qquad U_{v0} = 2{,}22\,U_{di}$
Formfaktor	$F = \dfrac{U_{dEFF}}{U_{di}} = \dfrac{U_m/2}{U_m/\pi} = \dfrac{\pi}{2} = 1{,}57 \qquad\qquad$ (Formfaktor > 1)
Ströme	$\dfrac{I_d}{I_v} = \dfrac{I_m/\pi}{I_m/2} = \dfrac{2}{\pi} = 0{,}637 \qquad\qquad I_v = 1{,}57\,I_d$
Scheitelfaktor	$S = \dfrac{U_m}{U_{dEFF}} = \dfrac{U_m}{U_m/2} = 2$
Leistungsverhältnis	$\dfrac{S_{Li}}{P_d} = \dfrac{U_{v0}\,I_v}{U_{di}\,I_d} = 2{,}22 \cdot 1{,}57 = 3{,}49 \qquad$ Formel gilt auch für die Schaltung B2U $S_{Li} = U_{v0}\,I_v \qquad S_{Li}$ Primärseitige ideelle Scheinleistung $\qquad\qquad\qquad\qquad$ (ohne Berücksichtigung der Verluste im Transformator) $P_d = U_{di}\,I_d \qquad P_d$ ideelle Gleichstromleistung **Bemerkung:** Der Faktor hat Bedeutung für die Wahl des Transformators. Die primärseitige ideelle Scheinleistung S_{Li} ist bei der Schaltung M1U um den Faktor 3,49 mal größer als die Gleichstromleistung am Verbraucher.
Diodensperrspannung	$U_{RRM} = U_{im} = \sqrt{2}\,U_{v0} = 3{,}14\,U_{di} \qquad$ U_{im} ideelle Scheitelsperrspannung am Stromrichterzweig $\qquad\qquad U_{RRM}$ periodische Spitzensperrspannung bei Leistungsdioden
Welligkeit und Brummspannung	$w_u = \dfrac{U_{Br}}{U_d} = 1{,}21 \qquad$ w_u Welligkeit, Wechselspannungsgehalt der Gleichspannung $\qquad\qquad U_{Br}$ Brummspannung (Effektivwert aller Wechselspannungsanteile) vgl. Fourier-Reihen, S. 113

21.2.2 Einpuls-Mittelpunktschaltung mit Wirklast und kapazitiver Last

Schaltung	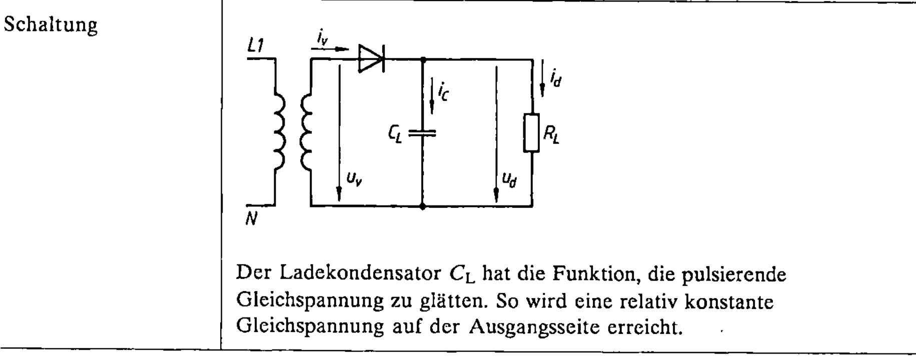 Der Ladekondensator C_L hat die Funktion, die pulsierende Gleichspannung zu glätten. So wird eine relativ konstante Gleichspannung auf der Ausgangsseite erreicht.

Schaltungslehre

Spannungs- und Stromverlauf (mit C_L)

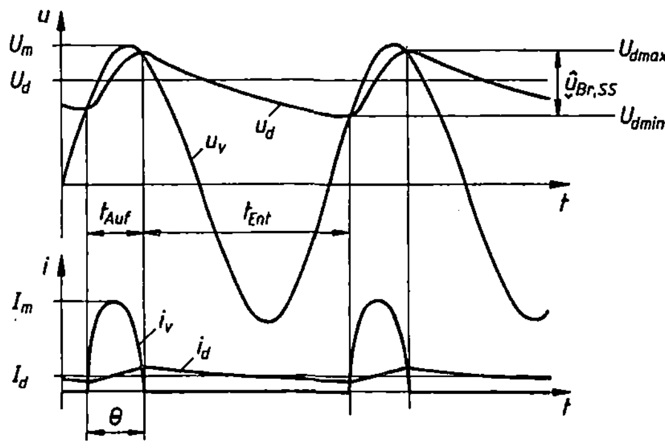

I_m	Dioden-Spitzenstrom
U_{dmax}	Gleichspannungshöchstwert
U_{dmin}	Gleichspannungstiefstwert
$\hat{u}_{Br,SS}$	Brummspannung (Spitze-Spitze)
t_{Auf}	Aufladezeit des Kondensators
t_{Ent}	Entladezeit des Kondensators
Θ	Stromflußwinkel $\approx (60° < \Theta < 90°)$

Spannungen	$U_d = \dfrac{U_v \cos(\Theta/2)}{0{,}71}$ Formel gilt auch für die Zweipulsschaltungen M2U und B2U. Praxiswert bei mittlerem Stromflußwinkel Θ: $U_d \approx 1{,}2\, U_v$
Ströme	$I_d \approx 0{,}5\, I_v$ Während der Aufladezeit t_{Auf} gilt: $i_1 = i_c + i_d$ Während der Entladezeit t_{Ent} gilt: $i_c = i_d$
Diodensperr-spannung U_{RRM} (ideelle Scheitelsperr-spannung U_{im})	$U_{RRM} = U_{im} = U_m + U_d \approx 2\,U_m = 2 \cdot \sqrt{2}\, U_v$ In der Praxis wird mit 1,5-facher Sicherheit gearbeitet; so ergibt sich: $U_{RRM} = U_{im} = 3 \cdot \sqrt{2}\, U_v$
Brummspannung	$U_{Br} = K \dfrac{I_d}{C_L}$ $\begin{array}{c\|c\|c} U & I_d & C_L \\ \hline V & A & \mu F \end{array}$ U_{Br} Effektivwert der Brummspannung f_{Br} Frequenz der Brummspannung K Schaltungskonstante C_L Kapazität des Ladekondensators Schaltungskonstante K für $U_d \gg U_{Br}$ und $f_{Br} = 50$ Hz: Einpuls-Schaltung M1U: $K \approx 4{,}8 \cdot 10^{-3}$ s Zweipuls-Schaltung M2U und B2U: $K \approx 1{,}8 \cdot 10^{-3}$ s
Dimensionierung des Ladekondensators C_L	*Praxiswert:* 1 mA Ausgangsgleichstrom I_d erfordert eine Kapazität des Ladekondensators C_L von 1 μF.
a) Einpuls- und Vervielfacher-schaltungen	$C_L = 250 \dfrac{I_d}{U_{Br}\, f_{Br}}$
b) Einphasen-Zweipuls-schaltungen	$C_L = 200 \dfrac{I_d}{U_{Br}\, f_{Br}}$ $\begin{array}{c\|c\|c\|c} C_L & I_d & U_{Br} & f_{Br} \\ \hline \mu F & mA & V & Hz \end{array}$

21.2.3 Kennwerte ungesteuerter Gleichrichterschaltungen

Bezeichnung	Schaltung	Kennwerte der Schaltung (Index i = ideelle Werte, Index 0 = Leerlauf)					Kennwerte der einzelnen Diode	
		$\dfrac{U_{v0}}{U_{di}}$	$\dfrac{I_v}{I_d}$	$w=\dfrac{U_{Br}}{U_{di}}$	$\dfrac{f_{Br}}{f_1}=p$	$\dfrac{S_{Li}}{P_d}$	$\dfrac{U_{im}}{U_{di}}$	$\dfrac{I_{FAV}}{I_d}$
Einpuls-Mittel-punkt-Schaltung M1U		2,22 (0,85)	1,57 (2,1)	1,21 ($\approx 0{,}05$)	1	3,49 (1,73)	3,14 (6,28)	1
Zweipuls-Mittel-punkt-Schaltung M2U		2,22 (0,71)	0,79 (1,1)	0,48 ($\approx 0{,}05$)	2	1,23 (1,23)	3,14 (2,5)	0,5
Zweipuls-Brücken-Schaltung B2U		1,11 (0,8)	1,11 (1,57)	0,48 ($\approx 0{,}05$)	2	1,23 (1,23)	1,57 (1,25)	0,5
Dreipuls-Mittel-punkt-Schaltung M3U		0,86 (0,77)	0,58 (0,75)	0,18	3	1,35 (1,57)	2,09 (2,41)	0,33
Sechspuls-Brücken-Schaltung B6U		0,74 (0,74)	0,82 (0,82)	0,042	6	1,05 (1,05)	1,05 (1,15)	0,33

Die Werte in Klammern gelten als Berechnungsgrundlage in Industrienetzen für Belastung mit Gegenspannung (Kondensatoren, Akkumulatoren, Gleichstrommotoren).
Dabei wird empfohlen, die Dioden nur bis ca. 70 % des Wertes für Widerstandslast auszunützen.

Schaltungslehre

Gleichrichter- schaltung mit Siebung	 Siebglieder in Gleichrichterschaltungen haben die Eigenschaften eines Tiefpasses. Sie reduzieren die Brummspannung.
Benennungen	U_{Br1} Brummspannung am Eingang des Siebgliedes U_{Br2} Brummspannung am Ausgang des Siebgliedes U_1, U_2 Gleichspannungen am Eingang und Ausgang des Siebgliedes I_{L} Gleichstrom (Laststrom) ω_{Br} Kreisfrequenz der Brummspannung ($\omega_{\text{Br}} = 2\,\pi f_{\text{Br}}$) R_{S} Siebwiderstand C_{S} Kapazität des Siebkondensators L_{S} Induktivität der Siebdrosselspule
Glättungsfaktor G (Siebfaktor)	$G = \dfrac{U_{\text{Br1}}}{U_{\text{Br2}}}$ $G_{\text{ges}} = G_1\,G_2\,G_3 \ldots G_n$ für mehrere Siebglieder in Reihe *Praxiswerte:* $G \approx 10 \ldots 20$ $U_{\text{Br2}} \approx (0{,}05 \ldots 0{,}1)\,U_{\text{Br1}}$
RC-Siebglied	Schaltung $G = \dfrac{U_{\text{Br1}}}{U_{\text{Br2}}} = \dfrac{\sqrt{R_{\text{S}}^2 + X_{\text{C}}^2}}{X_{\text{C}}} = \sqrt{\dfrac{R_{\text{S}}^2}{X_{\text{C}}^2} + 1}$ für $R_{\text{S}} \gg X_{\text{C}}$ gilt: $G \approx \dfrac{R_{\text{S}}}{X_{\text{C}}} = \omega_{\text{Br}}\,R_{\text{S}}\,C_{\text{S}}$ $U_2 = U_1 - U_{\text{RS}}$ *Praxiswert:* $U_{\text{RS}} \approx 0{,}1\,U_2$
LC-Siebglied	Schaltung $G = \dfrac{U_{\text{Br1}}}{U_{\text{Br2}}} = \dfrac{X_{\text{L}} - X_{\text{C}}}{X_{\text{C}}} = \dfrac{X_{\text{L}}}{X_{\text{C}}} - 1$ für $X_L/X_C \gg 1$ gilt: $G \approx \dfrac{X_{\text{L}}}{X_{\text{C}}} = \omega_{\text{Br}}^2\,L_{\text{S}}\,C_{\text{S}}$

21.3 Stabilisierungsschaltungen

21.3.1 Spannungsstabilisation mit Z-Diode

● **Beispiel:**

Gegeben: Leistungs-*Z*-Diode ZX9,1 mit $U_Z = 9,1$ V;
auf Al-Kühlblech (10 cm × 10 cm × 2 mm),
senkrecht und ungeschwärzt, montiert.
Eingangsspannung $U_E = 20$ V ± 10 %
Lastwiderstand $R_L = (\infty \dots 100)$ Ω
Umgebungstemperatur $T_{Umax} = 60$ °C
Wärmewiderstand $R_{thGK} = 1$ K/W

Gesucht: R_V, G, S, ΔU_Z.
Lösung nach Arbeitsplan

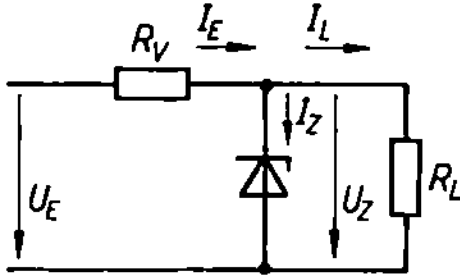

(*Z*-Dioden vgl. S. 55 f.)

▶ **Arbeitsplan**

Werte aus Datenblatt und Kennlinien ermitteln (vgl. S. 59)	$P_{tot} = 1,56$ W (ohne Kühlblech) bei $T_U = 25$ °C $P_{tot} = 12,5$ W (mit Al-Kühlblech 12,5 cm × 12,5 cm × 2 mm, senkrechte Montage) $T_j = 150$ °C $R_{thJG} = 5$ K/W $R_{thK} = 7$ K/W (vgl. S. 51) $I_{Zmax} = 117$ mA (ohne Kühlblech)	**1**
Grenzwerte	$U_{Emin} = 20$ V $- 2$ V $= 18$ V $\qquad U_{Emax} = 20$ V $+ 2$ V $= 22$ V $R_{thJU} = R_{thJG} + R_{thGK} + R_{thK} = (5 + 1 + 7)$ K/W $= 13$ K/W $P_{Vzul} = \dfrac{T_j - T_U}{R_{thJU}} = \dfrac{150\ °C - 60\ °C}{13\ K/W} = 6,92$ W $I_{Zmax} = \dfrac{P_{Vzul}}{U_{Zmax}} = \dfrac{P_{Vzul}}{1,1\ U_Z} = \dfrac{6,92\ W}{1,1 \cdot 9,1\ V} = 0,691$ A $= 691$ mA $I_{Zmin} \approx 0,1\ I_{Zmax}$ (für I_{Zmax} ohne Kühlblech) $I_{Zmin} \approx 0,1 \cdot 117$ mA $= 11,7$ mA	**2**
Lastwerte	I_{Lmin} (bei $R_{Lmax} = \infty$) $= 0$ A $I_{Lmax} = \dfrac{U_Z}{R_{Lmin}} = \dfrac{9,1\ V}{100\ Ω} = 0,091$ A $= 91$ mA	**3**
Daten des Vorwiderstandes	$R_{Vmin} = \dfrac{U_{Emax} - U_Z}{I_{Zmax} + I_{Lmin}} = \dfrac{22\ V - 9,1\ V}{691\ mA + 0\ mA} = 18,67$ Ω $R_{Vmax} = \dfrac{U_{Emin} - U_Z}{I_{Zmin} + I_{Lmax}} = \dfrac{18\ V - 9,1\ V}{11,7\ mA + 91\ ,mA} = 86,66$ Ω R_V gewählt aus Reihe E24: 82 Ω *Merke:* Je größer R_V, umso besser (größer) ist der Glättungsfaktor G $P_{RVmax} = \dfrac{(U_{Emax} - U_Z)^2}{R_V} = \dfrac{(22\ V - 9,1\ V)^2}{82\ Ω} = 2,03$ W	**4**

Schaltungslehre

5	Differentieller Widerstand	Aus Datenblatt S. 59 höchste (ungünstigste) Werte: $r_{zj} = 4\ \Omega \qquad \alpha_{UZ} = +8 \cdot 10^{-4}\ 1/K$ $r_{zth} = U_Z^2\ \alpha_{UZ}\ R_{thJU} = (9{,}1\ \text{V})^2\ 8 \cdot 10^{-4}\ 1/K\ \ 13\ \text{K/W} = 0{,}861\ \Omega$ $r_z = r_{zj} + r_{zth} = 4\ \Omega + 0{,}861\ \Omega = 4{,}861\ \Omega$
6	Glättungsfaktor	$G = 1 + \dfrac{R_V}{r_z} = 1 + \dfrac{82\ \Omega}{4{,}861\ \Omega} = 16{,}87$
7	Stabilisierungsfaktor	$S = \dfrac{U_Z}{U_E}\ G = \dfrac{9{,}1\ \text{V}}{20\ \text{V}}\ 16{,}87 = 7{,}68$
8	Änderung der Ausgangsspannung	$G = \dfrac{\Delta U_E}{\Delta U_Z} \qquad \Delta U_Z = \dfrac{\Delta U_E}{G} = \dfrac{4\ \text{V}}{16{,}87} = 0{,}24\ \text{V}$

21.3.2 Spannungsstabilisierung mit Z-Diode und Reihentransistor

Schaltung	(Schaltbild)	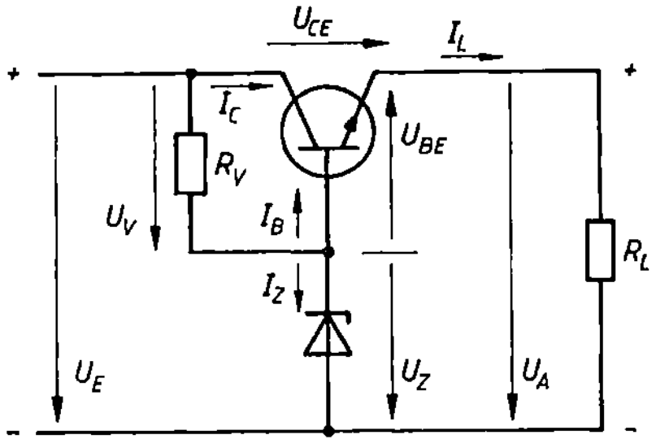 Vorteil dieser Schaltung gegenüber der einfachen Z-Dioden-Stabilisierung: Die Ausgangsseite kann höher belastet werden.
Benennungen	U_E Eingangsspannung, unstabilisiert U_A Ausgangsspannung, stabilisiert U_Z Z-Spannung U_{CE} Kollektor-Emitter-Spannung U_{BE} Basis-Emitter-Spannung U_V Spannung am Vorwiderstand I_L Laststrom I_B, I_C Transistorströme	
Ausgangsspannung	$U_A = U_Z - U_{BE}$ oder $U_A = U_E - U_{CE}$	
Laststrom	$I_L = I_C + I_B \approx I_C$	
Vorwiderstand	$R_V = \dfrac{U_E - U_Z}{I_Z + I_B}$	

21.4 Transistorschaltungen

21.4.1 Arbeitspunkteinstellung

Schaltbild und Kenn-linienfeld eines angesteuerten Transistors in Emitterschaltung	Der Arbeitspunkt A liegt: a) auf der Wider-standsgeraden b) auf einer Kennlinie des Ausgangs-kennlinienfeldes

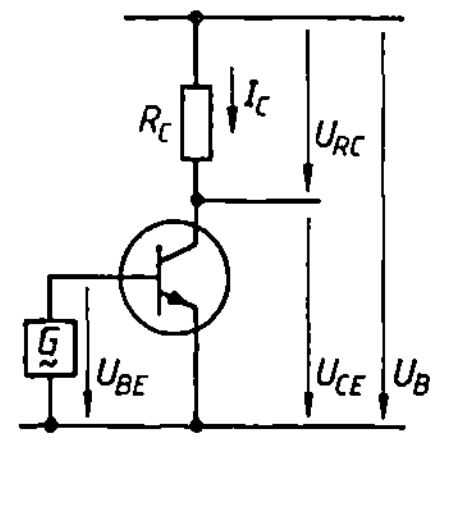

Der Arbeitspunkt A liegt:

a) auf der Widerstandsgeraden
b) auf einer Kennlinie des Ausgangskennlinienfeldes

Ströme und Spannungen	Die Basisvorspannung U_{BE} und der Kollektorwiderstand R_C bestimmen den Arbeitspunkt.

$$U_B = U_{RC} + U_{CE}$$

$$I_C = \frac{U_B - U_{CE}}{R_C}$$

$$U_{CE} = 0 \Rightarrow I_C = \frac{U_B}{R_C}$$

$$I_C = 0 \Rightarrow U_{CE} = U_B$$

$I_{C1} = I_{Cmin}$

$I_{C3} = I_{Cmax}$

I_{C2} = Kollektor-Ruhestrom

$\Delta I_C = I_{Cmax} - I_{Cmin}$

I_{B2} = Basis-Ruhestrom

$\Delta I_B = I_{Bmax} - I_{Bmin}$

Arbeitspunkt-einstellung mit Basisspannungs-teiler (Emitterschaltung)	

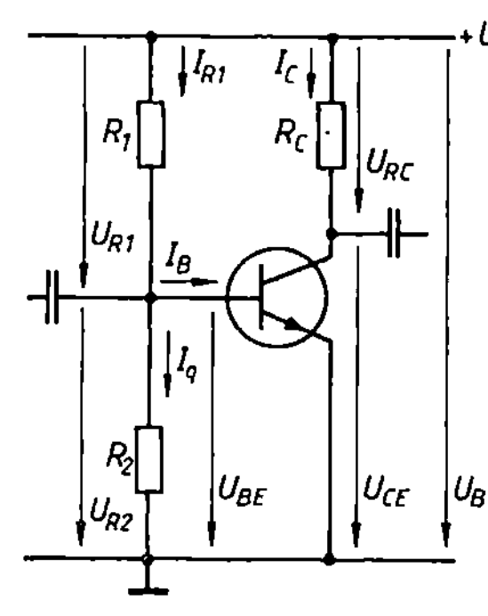

$$U_{R1} + U_{R2} = U_B$$

$$U_{RC} + U_{CE} = U_B$$

$$U_{R2} = U_{BE}$$

$$I_{R1} = I_B + I_q$$

$$I_q \approx (2 \dots 10)\, I_B$$

$$I_q = \text{Querstrom}$$

$$R_1 = \frac{U_B - U_{BE}}{I_B + I_q}$$

$$R_2 = \frac{U_{BE}}{I_q}$$

$$R_C = \frac{U_B - U_{CE}}{I_C}$$

Schaltungslehre

Arbeitspunktein- stellung mit Basis- vorwiderstand (Emitterschaltung)	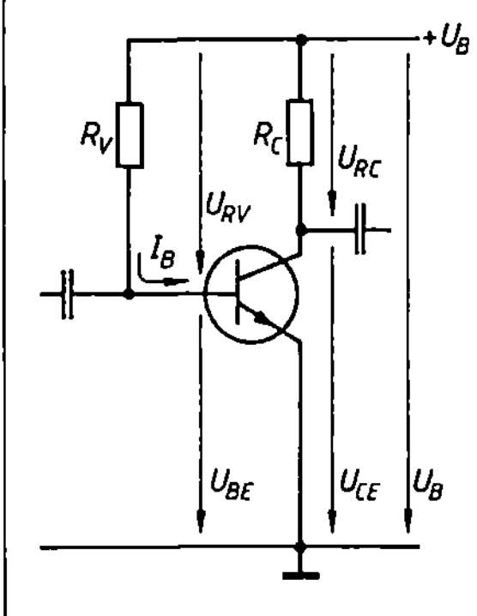	$R_\mathrm{V} = \dfrac{U_\mathrm{B} - U_\mathrm{BE}}{I_\mathrm{B}}$ $R_\mathrm{C} = \dfrac{U_\mathrm{B} - U_\mathrm{CE}}{I_\mathrm{C}}$ $I_\mathrm{C} = B\,I_\mathrm{B} + B\,I_\mathrm{CBO}$ B Stromverstärkung I_CBO Kollektor-Basis-Reststrom

21.4.2 Arbeitspunktstabilisierung

„Prinzip der halben Betriebsspannung"	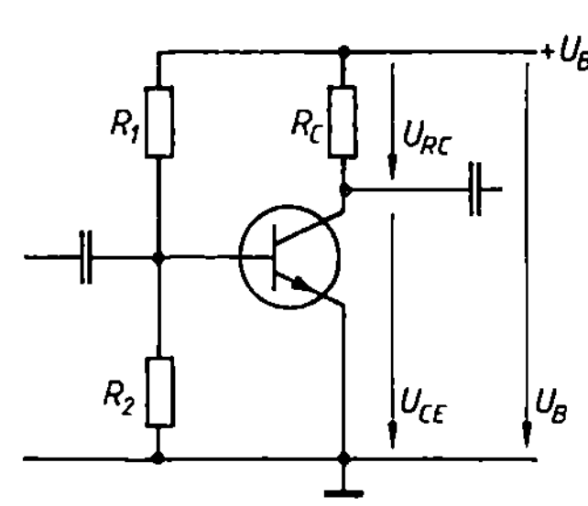	$U_\mathrm{RC} = U_\mathrm{CE} = \dfrac{U_\mathrm{B}}{2}$ U_B Betriebsspannung *Anwendung:* Nur in Vorstufen, da bei Temperaturschwankungen eine Verschiebung des Arbeits- punktes eintritt.
Gleichspannungs- gegenkopplung	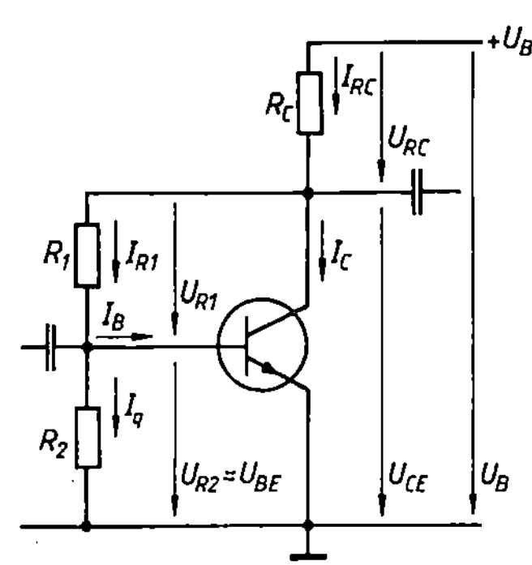	$U_\mathrm{CE} = U_\mathrm{R1} + U_\mathrm{R2}$ $R_\mathrm{C} = \dfrac{U_\mathrm{RC}}{I_\mathrm{C} + I_\mathrm{R1}} = \dfrac{U_\mathrm{B} - U_\mathrm{CE}}{I_\mathrm{C} + I_\mathrm{R1}}$ $R_1 = \dfrac{U_\mathrm{R1}}{I_\mathrm{R1}} = \dfrac{U_\mathrm{CE} - U_\mathrm{BE}}{I_\mathrm{B} + I_\mathrm{q}}$ $R_2 = \dfrac{U_\mathrm{BE}}{I_\mathrm{q}}$ $I_\mathrm{R1} = I_\mathrm{B} + I_\mathrm{q} \qquad I_\mathrm{q} \approx (2 \dots 10)\,I_\mathrm{B}$ $U_\mathrm{RC} \geq 0{,}15\,U_\mathrm{B}$ (Richtwert)

Nachteil der Schaltung: Die Verstärkung geht durch die zusätzliche
Wechselspannungsgegenkopplung stark zurück.

Gleichstromgegen- kopplung	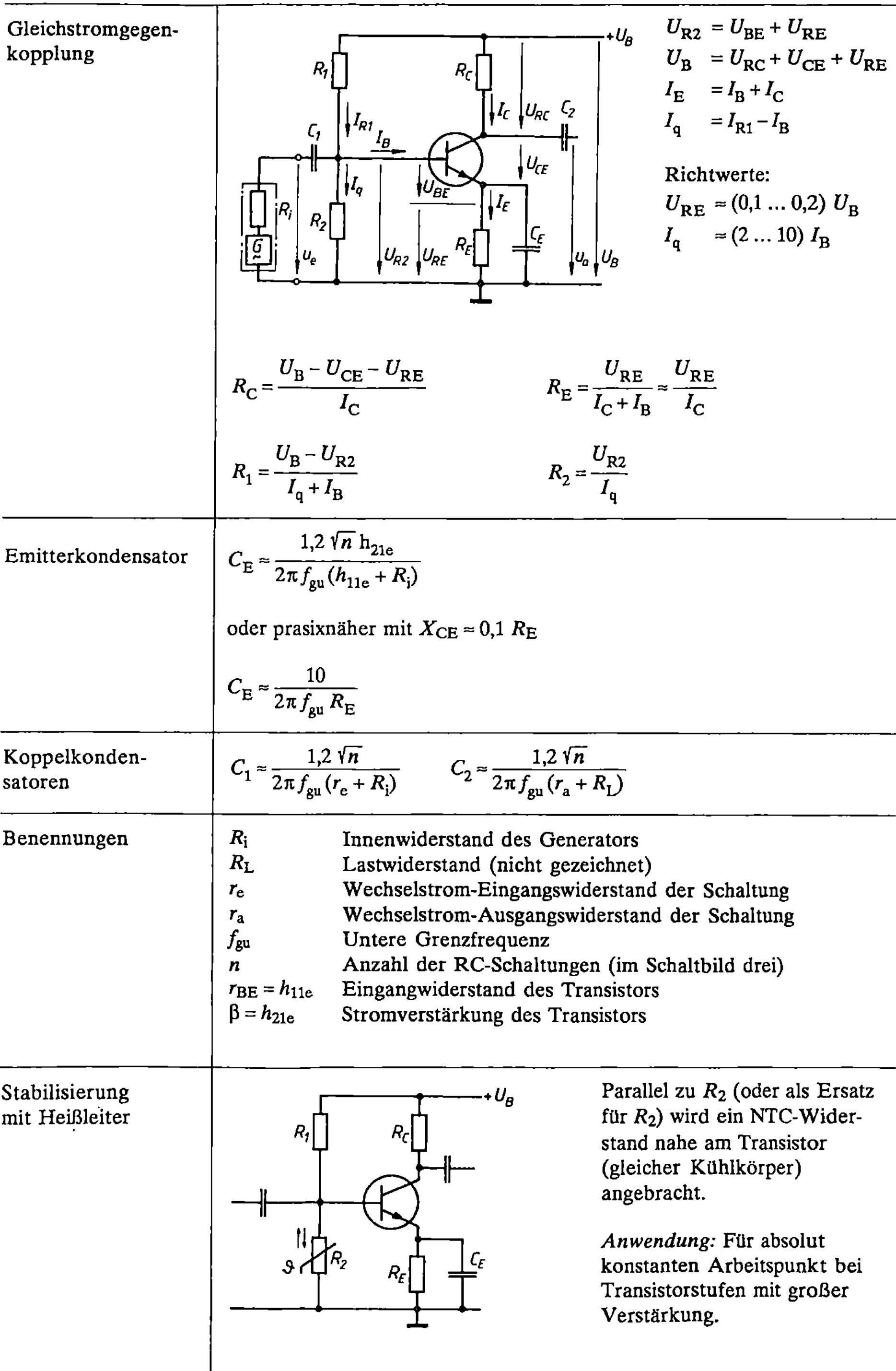

$$U_{R2} = U_{BE} + U_{RE}$$
$$U_B = U_{RC} + U_{CE} + U_{RE}$$
$$I_E = I_B + I_C$$
$$I_q = I_{R1} - I_B$$

Richtwerte:
$$U_{RE} \approx (0{,}1 \dots 0{,}2)\, U_B$$
$$I_q \approx (2 \dots 10)\, I_B$$

$$R_C = \frac{U_B - U_{CE} - U_{RE}}{I_C} \qquad\qquad R_E = \frac{U_{RE}}{I_C + I_B} \approx \frac{U_{RE}}{I_C}$$

$$R_1 = \frac{U_B - U_{R2}}{I_q + I_B} \qquad\qquad R_2 = \frac{U_{R2}}{I_q}$$

Emitterkondensator

$$C_E \approx \frac{1{,}2\,\sqrt{n}\ h_{21e}}{2\pi f_{gu}\,(h_{11e} + R_i)}$$

oder prasixnäher mit $X_{CE} \approx 0{,}1\, R_E$

$$C_E \approx \frac{10}{2\pi f_{gu}\, R_E}$$

**Koppelkonden-
satoren**

$$C_1 \approx \frac{1{,}2\,\sqrt{n}}{2\pi f_{gu}\,(r_e + R_i)} \qquad C_2 \approx \frac{1{,}2\,\sqrt{n}}{2\pi f_{gu}\,(r_a + R_L)}$$

Benennungen

R_i	Innenwiderstand des Generators
R_L	Lastwiderstand (nicht gezeichnet)
r_e	Wechselstrom-Eingangswiderstand der Schaltung
r_a	Wechselstrom-Ausgangswiderstand der Schaltung
f_{gu}	Untere Grenzfrequenz
n	Anzahl der RC-Schaltungen (im Schaltbild drei)
$r_{BE} = h_{11e}$	Eingangwiderstand des Transistors
$\beta = h_{21e}$	Stromverstärkung des Transistors

**Stabilisierung
mit Heißleiter**

Parallel zu R_2 (oder als Ersatz für R_2) wird ein NTC-Widerstand nahe am Transistor (gleicher Kühlkörper) angebracht.

Anwendung: Für absolut konstanten Arbeitspunkt bei Transistorstufen mit großer Verstärkung.

Schaltungslehre

21.4.3 Transistor-Grundschaltungen

Bezeichnung	Emitterschaltung	Kollektorschaltung	Basisschaltung
Schaltung			
Dynamischer Eingangswiderstand	$r_e = r_{BE} \parallel R_1 \parallel R_2$ $r_e \approx r_{BE}$	$r_e = (r_{BE} + \beta\, R_E \parallel r_{CE}) \parallel R_1$ $r_e \approx (r_{BE} + \beta\, R_E) \parallel R_1$	$r_e = \dfrac{r_{BE}}{\beta} \parallel R_E$
Dynamischer Ausgangswiderstand	$r_a = R_C \parallel r_{CE}$ $r_a \approx R_C$	$r_a = \dfrac{r_{BE} + R_i}{\beta} \parallel R_E$	$r_a = R_C \parallel (r_{CE} + R_E)$ $r_a \approx R_C \parallel r_{CE} \approx R_C$
Spannungsverstärkung	$V_u = \dfrac{\beta}{r_{BE}}(R_C \parallel r_{CE})$ $V_u \approx \dfrac{\beta\, R_C}{r_{BE}}$	$V_u = \dfrac{\beta\, R_E}{\beta\, R_E + r_{BE}}$ $V_u \approx 1$	$V_u \approx \dfrac{\beta}{r_{BE}}(R_C \parallel r_{CE})$ $V_u \approx \dfrac{\beta\, R_C}{r_{BE}}$
Stromverstärkung	$V_i = \dfrac{\beta\, r_{CE}}{R_C + r_{CE}} \approx \beta$	$V_i = \dfrac{r_{CE}(1 + \beta)}{R_E + r_{CE}} \approx \beta$	$V_i = \dfrac{\beta}{1 + \beta} \approx 1$
Leistungsverstärkung	$V_p = V_u\, V_i \approx \beta^2 \dfrac{R_C}{r_{BE}}$	$V_p = V_u\, V_i \approx \beta$	$V_p = V_u\, V_i \approx V_u$
Phasenwinkel zwischen u_e und u_a	180 Grad	0 Grad	0 Grad
Anwendungsgebiete	Standardschaltung für NF- und HF-Verstärker	Vorwiegend als Impedanzwandler	Geeignet für HF-Verstärker
Schaltungen mit Lastwiderstand R_L	Der Lastwiderstand R_L ist den Ausgangsgrößen parallel zu schalten. Beispiel Emitterschaltung: $r_a = R_C \parallel r_{CE} \parallel R_L$		

Benennungen		
R_1, R_2	Spannungsteilerwiderstände	
R_E	Emitterwiderstand	
R_C	Kollektorwiderstand	
R_L	Lastwiderstand (siehe Ersatzschaltbild)	
R_i	Innenwiderstand des Generators	
u_e	Eingangsspannung	
u_a	Ausgangsspannung	
r_e	Dynamischer Eingangswiderstand der Schaltung	
r_a	Dynamischer Ausgangswiderstand der Schaltung	
r_{BE}	Dynamischer Eingangswiderstand des Transistors (h_{11e})	
r_{CE}	Dynamischer Ausgangswiderstand des Transistors ($1/h_{22e}$)	
β	Stromverstärkung des Transistors (h_{21e})	
V_u	Dynamische Spannungsverstärkung	
V_i	Dynamische Stromverstärkung	
V_p	Dynamische Leistungsverstärkung	

Schaltung	Emitterschaltung	Kollektorschaltung	Basisschaltung
Prinzip der drei Grundschaltungen und Praxiswerte	Der gemeinsame Anschluß des Ein- und Ausgangs gibt der jeweiligen Schaltung den Namen.		
Eingangswiderstand r_e	500 Ω bis 2 kΩ	100 kΩ bis 500 kΩ	30 Ω bis 200 Ω
Ausgangswiderstand r_a	10 kΩ bis 100 kΩ	50 Ω bis 500 Ω	500 kΩ bis 2 MΩ
Spannungsverstärkung V_u	100 bis 1000	< 1	100 bis 1000
Stromverstärkung V_i	10 bis 100	10 bis 100	< 1
Leistungsverstärkung V_p	1000 bis 10000	10 bis 100	100 bis 1000

Wechselstrom-Ersatzschaltbild der Emitterschaltung

- Die Widerstände R_1 und R_C liegen direkt an Masse (parallel), weil die Spannungsquelle der Betriebsspannung U_B für die Eingangs-Wechselspannung u_e einen Kurzschluß darstellt.
- Die Kondensatoren können entfallen, weil sie im Wechselstromkreis ebenfalls einen Kurzschluß bilden.
- Der Emitterwiderstand R_E wird von C_E überbrückt und entfällt somit auch.

Besondere Vorteile der Emitterschaltung

1) Die große Strom- und Spannungsverstärkung ergibt eine größtmögliche Leistungsverstärkung.
2) Wegen geringer Anpassungsschwierigkeiten auch für mehrstufige Verstärker geeignet.
3) Kennwerte und Kennlinien in Datenbüchern beziehen sich überwiegend auf die Emitterschaltung.

Schaltungslehre

21.4.4 Dimensionierung eines einstufigen Wechselspannungsverstärkers in Emitterschaltung

● **Beispiel:**

Gegeben: Ein Transistor vom Typ BC 108B. Der Arbeitspunkt soll bei $U_{CE} = 5$ V und $I_C = 2$ mA liegen. Der speisende Generator mit dem Innenwiderstand $R_i = 3$ kΩ gibt ein Signal $U_0 = 10$ mV ab. Betriebsspannung $U_B = 12$ V; Lastwiderstand $R_L = 2$ kΩ; untere Grenzfrequenz $f_{gu} = 30$ Hz.

Gesucht: Die Schaltung ist zu dimensionieren.
Dazu sind zu berechnen: Die Widerstände R_1, R_2, R_C, R_E. Die Kondensatorkapazitäten C_1, C_2, C_E. Die Verstärkungsfaktoren V_u, V_i, V_p. Die Effektivwerte der Ein- und Ausgangsspannung der Stufe U_e, U_a.

Die Auswahl der Widerstände soll nach der Reihe E24 erfolgen, die Auswahl der Kondensatoren nach der Reihe E12 (vgl. S. 4).

Lösung nach Arbeitsplan

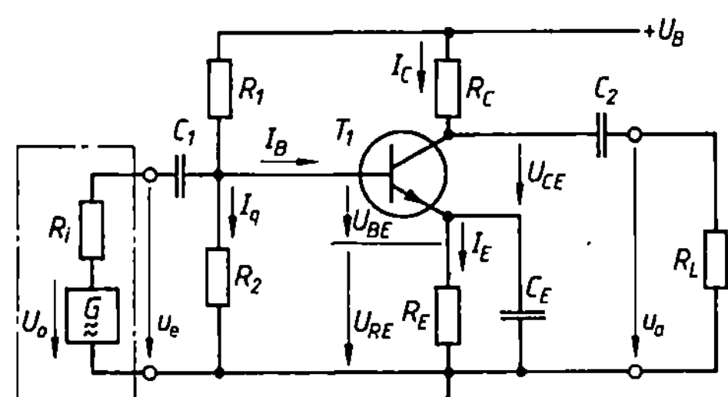

$$T_1 = \text{BC 108 B}$$
$$U_B = 12\ \text{V}$$
$$U_0 = 10\ \text{mV}$$
$$R_i = 3\ \text{kΩ}$$
$$R_L = 2\ \text{kΩ}$$
$$f_{gu} = 30\ \text{Hz}$$

▶ **Arbeitsplan**

A	Kennwerte aus den Datenblättern (vgl. S. 71)	a) h-Parameter (Emitterschaltung) $h_{11e} = r_{BE} = 4{,}5$ kΩ $h_{12e} = 2 \cdot 10^{-4}$ $h_{21e} = \beta = 330$ $h_{22e} = 1/r_{CE} = 30\ \mu\text{S}$ b) Statische Stromverstärkung $B = 290$ (bei $U_{CE} = 5$ V und $I_C = 2$ mA) c) Basis-Emitter-Spannung $U_{BE} = 0{,}62$ V (bei $I_C = 2$ mA)
B	Richtwerte bestimmen (vgl. S. 179)	a) Spannungsabfall an R_E: $\quad U_{RE} \approx 0{,}1\ U_B = 1{,}2$ V b) Querstrom I_q: $\quad I_q \approx 5\ I_B$
1	Kollektorwider-stand R_C	$$R_C = \frac{U_B - U_{CE} - U_{RE}}{I_C} = \frac{12\ \text{V} - (5\ \text{V} + 1{,}2\ \text{V})}{2\ \text{mA}} = 2{,}9\ \text{kΩ}$$ Gewählt: $R_C = 3{,}0$ kΩ

Basisstrom I_B und Querstrom I_q	$I_B = \dfrac{I_C}{B} = \dfrac{2\ \text{mA}}{290} = 6{,}9\ \mu\text{A} \approx 7\ \mu\text{A}$ $I_q \approx 5\,I_B = 35\ \mu\text{A}$	$\boxed{2}$
Emitterwiderstand R_E	$R_E = \dfrac{U_{RE}}{I_C + I_B} \approx \dfrac{U_{RE}}{I_C} = \dfrac{1{,}2\ \text{V}}{2\ \text{mA}} = 600\ \Omega$ Gewählt: $R_E = 620\ \Omega$	$\boxed{3}$
Spannungsteiler $R_1,\ R_2$	$R_1 = \dfrac{U_B - U_{R2}}{I_q + I_B} = \dfrac{12\ \text{V} - (0{,}62\ \text{V} + 1{,}2\ \text{V})}{35\ \mu\text{A} + 7\ \mu\text{A}} = 242{,}38\ \text{k}\Omega$ Gewählt: $R_1 = 240\ \text{k}\Omega$ $R_2 = \dfrac{U_{R2}}{I_q} = \dfrac{0{,}62\ \text{V} + 1{,}2\ \text{V}}{35\ \mu\text{A}} = 52\ \text{k}\Omega$ Gewählt: $R_2 = 51\ \text{k}\Omega$	$\boxed{4}$
Ein- und Ausgangswiderstand r_e, r_a	$\dfrac{1}{r_e} = \dfrac{1}{r_{BE}} + \dfrac{1}{R_1} + \dfrac{1}{R_2} = \dfrac{1}{4{,}5\ \text{k}\Omega} + \dfrac{1}{240\ \text{k}\Omega} + \dfrac{1}{51\ \text{k}\Omega} \qquad r_e = 4{,}07\ \text{k}\Omega$ $\dfrac{1}{r_a} = \dfrac{1}{r_{CE}} + \dfrac{1}{R_C} = 30\ \mu\text{S} + \dfrac{1}{3{,}0\ \text{k}\Omega} \qquad\qquad\qquad r_a = 2{,}75\ \text{k}\Omega$	$\boxed{5}$
Kondensatoren C_E, C_1, C_2	$C_E \approx \dfrac{1{,}2\ \sqrt{n}\ h_{21e}}{2\pi f_{gu}\,(h_{11e} + R_i)} = \dfrac{1{,}2\ \sqrt{3}\ 330}{2\pi\ 30\ \text{Hz}\ (4{,}5\ \text{k}\Omega + 3\ \text{k}\Omega)} = 485\ \mu\text{F}$ Gewählt: $C_E = 470\ \mu\text{F}$ $C_1 \approx \dfrac{1{,}2\ \sqrt{n}}{2\pi f_{gu}\,(r_e + R_i)} = \dfrac{1{,}2\ \sqrt{3}}{2\pi\ 30\ \text{Hz}\ (4{,}07\ \text{k}\Omega + 3\ \text{k}\Omega)} = 1{,}56\ \mu\text{F}$ Gewählt: $C_1 = 1{,}5\ \mu\text{F}$ $C_2 \approx \dfrac{1{,}2\ \sqrt{n}}{2\pi f_{gu}\,(r_a + R_L)} = \dfrac{1{,}2\ \sqrt{3}}{2\pi\ 30\ \text{Hz}\ (1{,}2\ \text{k}\Omega + 2\ \text{k}\Omega)} = 3{,}45\ \mu\text{F}$ Gewählt: $C_2 = 3{,}3\ \mu\text{F}$	$\boxed{6}$
Verstärkungsfaktoren $V_u,\ V_i,\ V_p$	$V_u = \dfrac{\beta r_a}{r_{BE}} = \dfrac{330 \cdot 2{,}75\ \text{k}\Omega}{4{,}5\ \text{k}\Omega} = 202$ $V_i = \dfrac{\beta\, r_{CE}}{r_{CE} + (R_C \parallel R_L)} = \dfrac{330 \cdot 1/30\ \mu\text{S}}{1/30\ \mu\text{S} + (3{,}0\ \text{k}\Omega \parallel 2\ \text{k}\Omega)} = 319$ $V_p = V_u\, V_i = 88 \cdot 319 = 2{,}81 \cdot 10^4$	$\boxed{7}$
Eingangs- und Ausgangsspannung $U_e,\ U_a$	$\dfrac{U_e}{U_0} = \dfrac{r_e}{R_i + r_e}$ $U_e = \dfrac{U_0\, r_e}{R_i + r_e} = \dfrac{10\ \text{mV} \cdot 4{,}07\ \text{k}\Omega}{3\ \text{k}\Omega + 4{,}07\ \text{k}\Omega} = 5{,}76\ \text{mV}$ $U_a = U_e\, V_u = 5{,}76\ \text{mV} \cdot 88 = 507\ \text{mV}$	$\boxed{8}$

Schaltungslehre

21.4.5 JFET-Verstärker-Grundschaltungen

Bezeichnung	Sourceschaltung	Drainschaltung	Gateschaltung
Schaltung	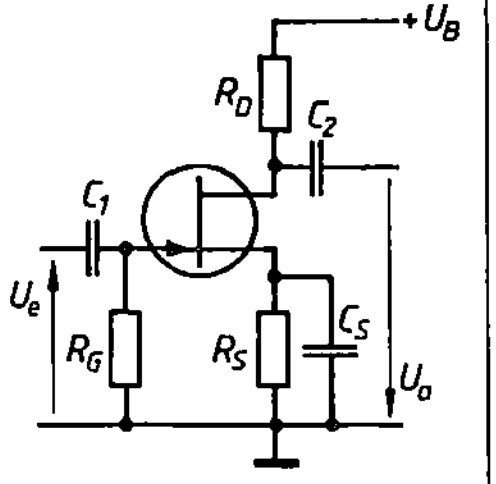	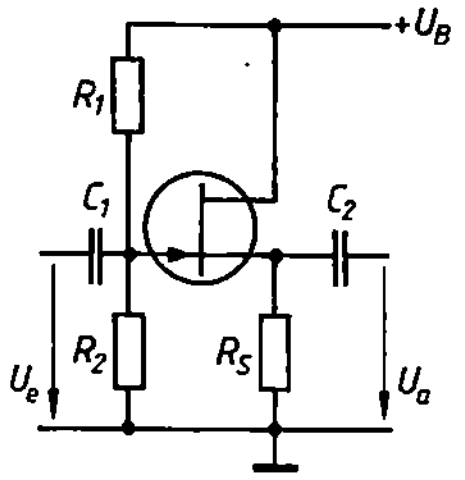	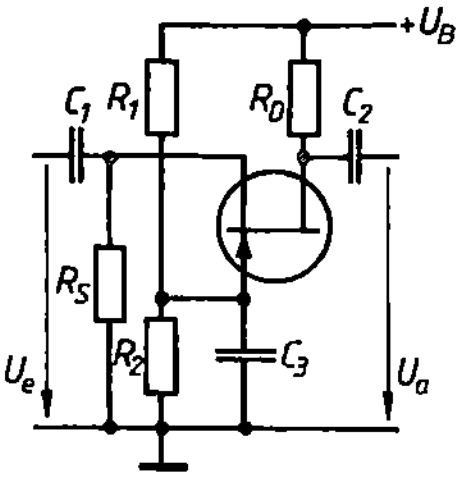
Dynamischer Eingangswiderstand	$r_e = \dfrac{R_G\,R_{GS}}{R_G + R_{GS}} \approx R_G$	$r_e = (1 + S\,R_S)\,R_{GS} \parallel R_1 \parallel R_2$ $r_e \approx R_1 \parallel R_2 = \dfrac{R_1\,R_2}{R_1 + R_2}$	$r_e \approx R_S + \dfrac{1}{S}$
Dynamischer Ausgangswiderstand	$r_a = \dfrac{R_D\,r_{DS}}{R_D + r_{DS}} \approx R_D$	$r_a = \dfrac{1}{S} \parallel R_S \approx \dfrac{1}{S}$	$r_a \approx R_D$
Spannungsverstärkung	$V_U = S\,r_a \approx S\,R_D$	$V_U = \dfrac{S\,R_S}{1 + S\,R_S} \approx 1$	$V_U \approx \dfrac{S\,R_D}{1 + S\,R_S} \approx S\,R_D$
Phasendrehung	180 Grad	0 Grad	0 Grad
Anwendungsgebiete	Spannungsverstärker im NF- und HF-Bereich	Impedanzwandler und Vorverstärker	Nur für spezielle Anwendungen, z.B. bei sehr hohen Frequenzen (Antennenverstärker)

Benennungen (vgl. S. 68 f.)		
R_S	Sourcewiderstand	
R_D	Drainwiderstand	
R_G	Gatewiderstand	
R_1, R_2	Spannungsteilerwiderstände	
R_{GS}	Statischer Eingangswiderstand des Transistors	
r_{GS}	Differentieller Eingangswiderstand des Transistors	
r_{DS}	Differentieller Ausgangswiderstand des Transistors	
r_e	Dynamischer Eingangswiderstand der Schaltung	
r_a	Dynamischer Ausgangswiderstand der Schaltung	
S	Vorwärtssteilheit	
V_U	Spannungsverstärkung	
U_B	Betriebsspannung	
C_1	Koppelkondensator	
C_2	Koppelkondensator	
C_S	Sourcekondensator	

21.4.6 Einstufiger Wechselspannungsverstärker mit JFET in Sourceschaltung

Schaltung	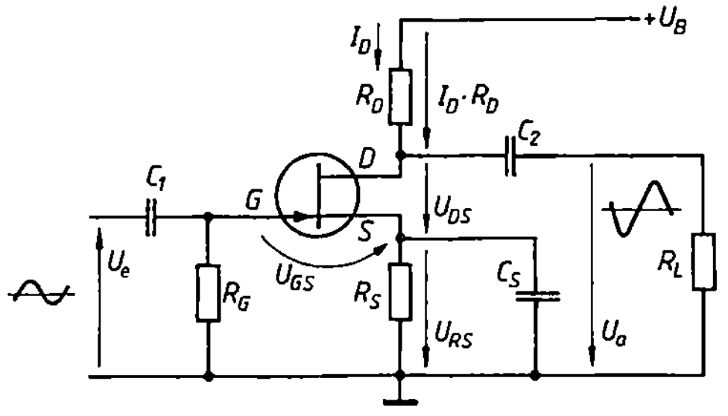	Benennungen (vgl. S. 184)

Drainwiderstand	$R_D = \dfrac{U_B - U_{DS} - U_{RS}}{I_D}$	$U_{RS} = I_D\,R_S = -U_{GS}$
Sourcewiderstand	$R_S = \dfrac{-U_{GS}}{I_D} = \dfrac{\lvert U_{GS}\rvert}{I_D}$	U_{GS} im Arbeitspunkt. Der Arbeitspunkt sollte in der Mitte des geradlinigen Kennlinienteils liegen.
Gatewiderstand	$R_G = \dfrac{U_{RG}}{-I_{GSS}} \approx \dfrac{0,5\ \text{V}}{\lvert I_{GSS}\rvert}$	I_{GSS} Gate-Source-Reststrom Praxiswert für U_{RG}: $U_{RG} \le 0,5$ V
Gate-Source-Widerstand	$R_{GS} = \dfrac{U_{GS}}{I_{GSS}}$	U_{GS} aus Datenblatt (vgl. statische Kenndaten)
Koppelkondensator C_1	$C_1 = \dfrac{1}{2\pi f_{gu}\, r_e}$	f_{gu} untere Grenzfrequenz $r_e = R_G \parallel r_{GS} \approx R_G$ (für $C_S \to \infty$)
Koppelkondensator C_2	$C_2 = \dfrac{1}{2\pi f_{gu}\,(r_a + R_L)}$	R_L Lastwiderstand $r_a = R_D \parallel r_{DS} \approx R_D$
Sourcekondensator	$C_S \approx 0,2\,\dfrac{S}{f_{gu}}$	S (y_{21}) Vorwärtssteilheit
Dynamischer Eingangswiderstand	$r_e = \dfrac{R_G\,R_{GS}}{R_G + R_{GS}} \approx R_G$	
Dynamischer Ausgangswiderstand	$r_a = \dfrac{R_D\,r_{DS}}{R_D + r_{DS}} \approx R_D$	
Spannungsverstärkung	$V_u = S\,r_a \approx S\,R_D$	Mit Lastwiderstand R_L: $V_u \approx S \cdot R_D \parallel R_L$

Schaltungslehre

● **Beispiel:** Sourceschaltung mit JFET

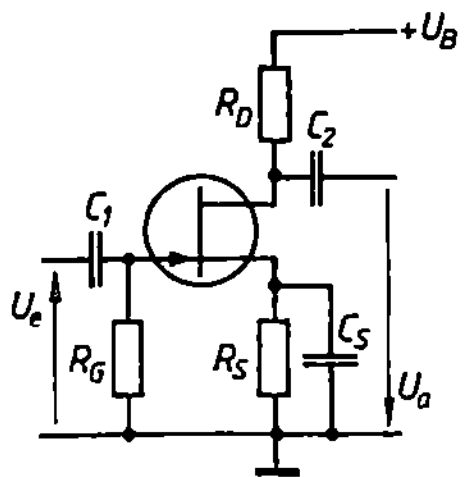

Gegeben: Ein Feldeffekttransistor (JFET) vom Typ BF 245A.
Betriebsspannung U_B = 15 V; Drainstrom I_D = 2,4 mA;
untere Grenzfrequenz f_{gu} = 30 Hz; Lastwiderstand R_L = 10 kΩ.

Gesucht: R_S; R_D; R_G; C_1; C_2; C_S; V_U

Lösung:

Kennwerte aus den Datenblättern (vgl. S. 74 f.)	Aus der Übertragungskennlinie und dem Ausgangskennlinienfeld: Gate-Source-Spannung U_{GS} = – 0,5 V; Drain-Source-Spannung $U_{DS} \approx$ 11 V; Vorwärtssteilheit $S \approx$ 3 mS *Kenndaten:* Gate-Source-Reststrom $-I_{GSS} \approx$ 300 nA für T_j > 25 °C; Vierpolgröße y_{22} = 25 µS ($y_{22} = 1/r_{DS}$)
Sourcewiderstand R_S	$R_S = \dfrac{\lvert U_{GS} \rvert}{I_D} = \dfrac{0,5 \text{ V}}{2,4 \text{ mA}} = 208,33 \text{ Ω}$
Drainwiderstand R_D	$R_D = \dfrac{U_B - U_{DS} - U_{RS}}{I_D} = \dfrac{15 \text{ V} - 11 \text{ V} - 0,5 \text{ V}}{2,4 \text{ mA}} = 1,46 \text{ kΩ} \qquad U_{RS} = -U_{GS}$
Gatewiderstand R_G	$R_G = \dfrac{U_{RG}}{\lvert I_{GSS} \rvert} \approx \dfrac{0,5 \text{ V}}{300 \text{ nA}} = 1,67 \text{ MΩ}$
Eingangs-Koppelkondensator C_1	$C_1 = \dfrac{1}{2\pi f_{gu}\, r_e} = \dfrac{1}{2\pi \cdot 30 \text{ Hz} \cdot 1,67 \text{ MΩ}} = 3,18 \text{ nF}$ $r_e = R_G \parallel r_{GS} \approx R_G = 1,67 \text{ kΩ}$
Ausgangs-Koppelkondensator C_2	$C_2 = \dfrac{1}{2\pi f_{gu}\, (r_a + R_L)} = \dfrac{1}{2\pi \cdot 30 \text{ Hz} \cdot (1,46 \text{ kΩ} + 10 \text{ kΩ})} = 0,46 \text{ µF}$ $r_a = R_D \parallel r_{DS} \approx R_D = 1,46 \text{ kΩ}$
Sourcekondensator	$C_S = 0,2 \dfrac{S}{f_{gu}} = 0,2 \dfrac{3 \text{ mS}}{30 \text{ Hz}} = 20 \text{ µF}$
Spannungsverstärkung V_U	$V_U \approx S\, R_d \parallel R_L = 3 \text{ mS} \cdot 1,46 \text{ kΩ} \parallel 10 \text{ kΩ} = 3,82$

21.5 OP-Grundschaltungen

21.5.1 Differenzverstärker (Subtrahierer)

Schaltung und Benennungen	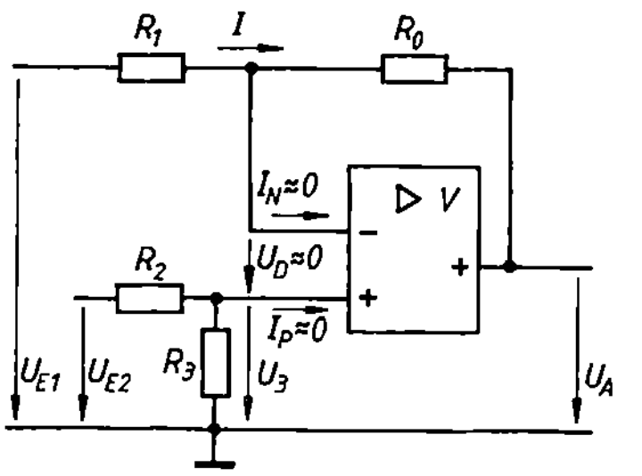 U_{E1}, U_{E2} Eingangsspannungen U_A Ausgangsspannung V_1, V_2 Verstärkungsfaktoren $R_0 \dots R_3$ Beschaltungswiderstände *Ausgangsbedingungen:* OP nicht übersteuert, $I_N \approx 0$ $I_P \approx 0$ $U_D \approx 0$
Spannungsverstärkungen	$V_1 = \frac{R_0}{R_1}$ $\quad V_2 = \frac{1+\frac{R_0}{R_1}}{1+\frac{R_2}{R_3}} = \left(1+\frac{R_0}{R_1}\right)\left(\frac{R_3}{R_2+R_3}\right)$
Ausgangsspannung	$U_A = V_2\, U_{E2} - V_1\, U_{E1}$ $U_A = \left(1+\frac{R_0}{R_1}\right)\left(\frac{R_3}{R_2+R_3}\right) U_{E2} - \frac{R_0}{R_1}\, U_{E1}$
Sonderfälle	a) $R_0 = R_1 = R_2 = R_3 \Rightarrow U_A = U_{E2} - U_{E1}$
	b) $R_1 = R_2$ und $R_0 = R_3 \Rightarrow U_A = \frac{R_0}{R_1}(U_{E2} - U_{E1})$

● **Beispiel:** Brückenschaltung mit Differenzverstärker

Gegeben. Werte der Brückenschaltung: siehe Schaltung
Beschaltung des OP: (Sonderfall b)
$R_1 = R_2 = 15\ \text{k}\Omega$
$R_0 = R_3 = 150\ \text{k}\Omega$

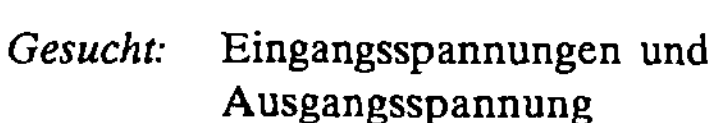

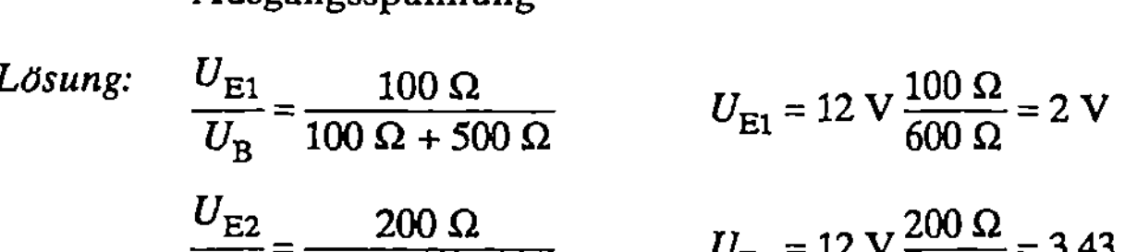

Gesucht: Eingangsspannungen und Ausgangsspannung

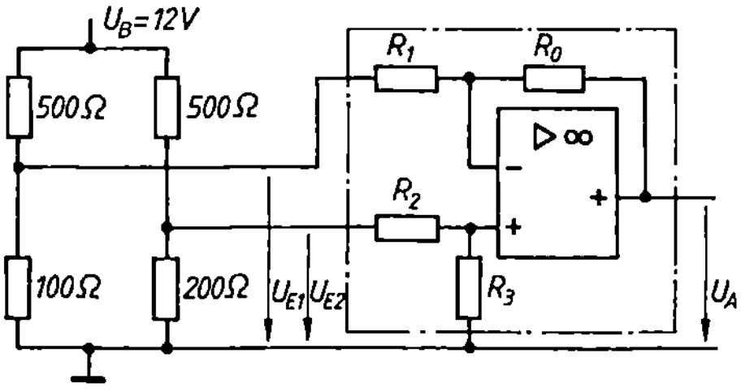

Lösung:

$$\frac{U_{E1}}{U_B} = \frac{100\ \Omega}{100\ \Omega + 500\ \Omega} \qquad U_{E1} = 12\ \text{V}\,\frac{100\ \Omega}{600\ \Omega} = 2\ \text{V}$$

$$\frac{U_{E2}}{U_B} = \frac{200\ \Omega}{200\ \Omega + 500\ \Omega} \qquad U_{E2} = 12\ \text{V}\,\frac{200\ \Omega}{700\ \Omega} = 3{,}43\ \text{V}$$

Die Ausgangsspannung U_A ergibt sich wie folgt:

$$U_A = \frac{R_0}{R_1}(U_{E2} - U_{E1}) = \frac{150\ \text{k}\Omega}{15\ \text{k}\Omega}(3{,}43\ \text{V} - 2\ \text{V}) = 14{,}3\ \text{V}$$

Schaltungslehre

21.5.2 Summierverstärker (Addierer)

<table>
<tr><td>Schaltung und
Benennungen</td><td>

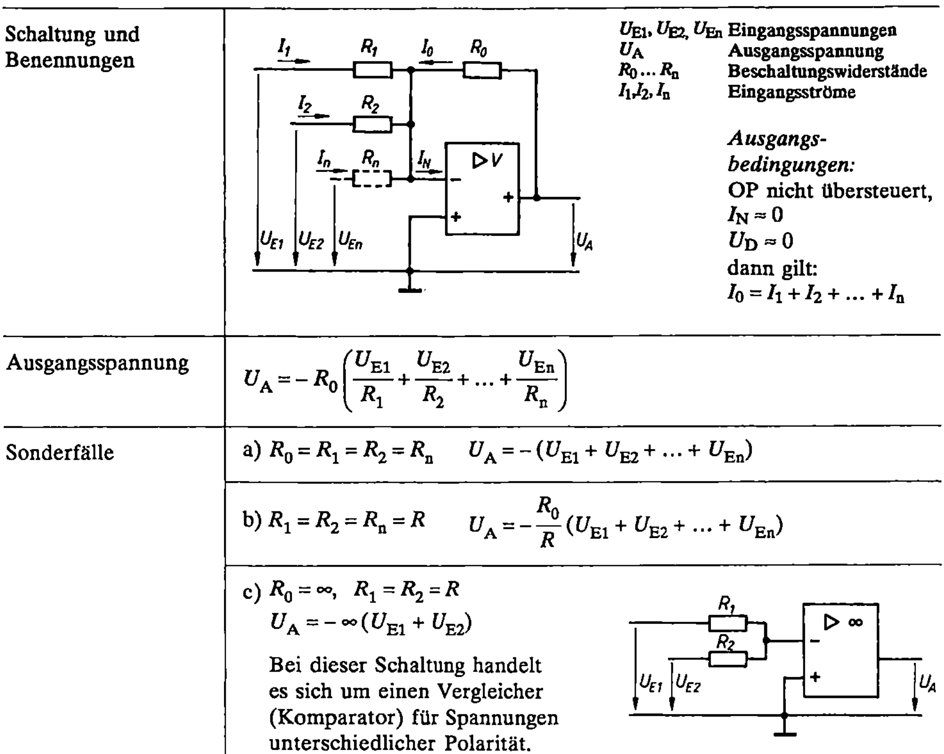

</td><td>

U_{E1}, U_{E2}, U_{En} Eingangsspannungen
U_A Ausgangsspannung
$R_0 ... R_n$ Beschaltungswiderstände
I_1, I_2, I_n Eingangsströme

*Ausgangs-
bedingungen:*
OP nicht übersteuert,
$I_N \approx 0$
$U_D \approx 0$
dann gilt:
$I_0 = I_1 + I_2 + ... + I_n$

</td></tr>
<tr><td>Ausgangsspannung</td><td colspan="2">

$$U_A = - R_0 \left(\frac{U_{E1}}{R_1} + \frac{U_{E2}}{R_2} + ... + \frac{U_{En}}{R_n} \right)$$

</td></tr>
<tr><td>Sonderfälle</td><td colspan="2">

a) $R_0 = R_1 = R_2 = R_n$ $U_A = - (U_{E1} + U_{E2} + ... + U_{En})$

</td></tr>
<tr><td></td><td colspan="2">

b) $R_1 = R_2 = R_n = R$ $U_A = - \dfrac{R_0}{R} (U_{E1} + U_{E2} + ... + U_{En})$

</td></tr>
<tr><td></td><td colspan="2">

c) $R_0 = \infty$, $R_1 = R_2 = R$
$U_A = - \infty (U_{E1} + U_{E2})$

Bei dieser Schaltung handelt
es sich um einen Vergleicher
(Komparator) für Spannungen
unterschiedlicher Polarität.

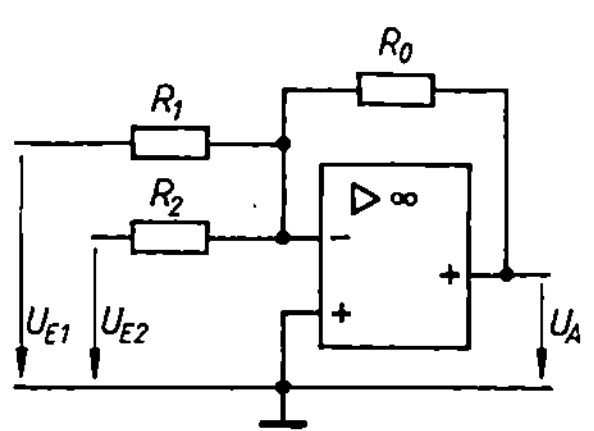

</td></tr>
</table>

● **Beispiel:** Summierverstärker

Gegeben: Ein Summierverstärker mit der Beschaltung $R_0 = 1\ k\Omega$; $R_1 = 2\ k\Omega$; $R_2 = 3\ k\Omega$.

Gesucht: a) Die Ausgangsspannung, wenn die Eingangsspannungen $U_{E1} = 4\ V$ und $U_{E2} = 6\ V$ betragen.

b) Die Ausgangsspannung für den Fall, daß alle
Widerstände den Wert $R = 1\ k\Omega$ haben.

Lösung: a) $U_A = - R_0 \left(\dfrac{U_{E1}}{R_1} + \dfrac{U_{E2}}{R_2} \right) = - 1\ k\Omega \left(\dfrac{4\ V}{2\ k\Omega} + \dfrac{6\ V}{3\ k\Omega} \right) = - 4\ V$

b) $U_A = - (U_{E1} + U_{E2}) = - (4\ V + 6\ V) = - 10\ V$

21.5.3 Differenzierer

Einfache Differen- zierer-Schaltung mit Spannungs- Zeit-Diagrammen	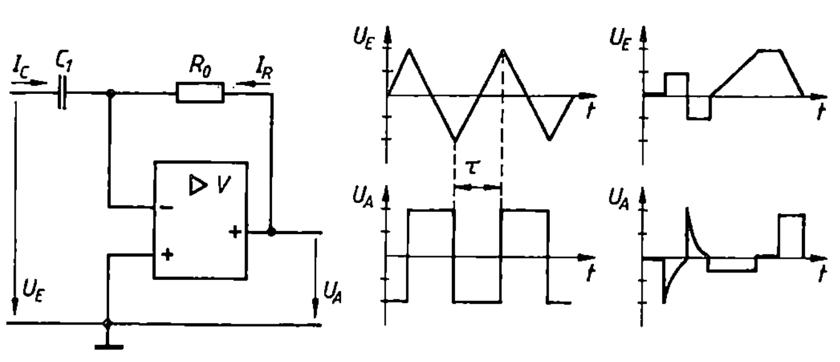 $I_N \approx 0;\ U_D \approx 0$

| Lineare Spannungs-
änderung am
Eingang | $I_R = -I_C \quad U_A = I_R R_0 = -I_C R_0$

 $\Delta Q = I_C \Delta t = C_1 \Delta U_E$

 $I_C = C_1 \dfrac{\Delta U_E}{\Delta t} \qquad \tau = R_0 C_1$

 $U_A = -R_0 C_1 \dfrac{\Delta U_E}{\Delta t} = \tau \dfrac{\Delta U_E}{\Delta t}$ | U_E Eingangsspannung
 U_A Ausgangsspannung
 C_1 Beschaltungskapazität
 R_0 Beschaltungswiderstand
 ΔU_E Änderung der Eingangsspannung
 Δt Zeitdifferenz
 τ Zeitkonstante |
| Sinusförmiger
Verlauf der
Eingangsspannung | $V = -\dfrac{U_A}{U_E} = \dfrac{R_0}{X_{C1}}$

 $V = 2\pi f R_0 C_1$

 $U_A = -2\pi f R_0 C_1 U_E$ | U_E Eingangswechselspannung
 U_A Ausgangswechselspannung
 V Verstärkungsfaktor
 f Frequenz

 Bei sinusförmiger Ansteuerung verhält sich die Spannungsver-stärkung proportional zur Frequenz.
 U_A eilt dabei U_E um 90° nach. |

● **Beispiel:**   Differenzierer-Schaltung

Gegeben: Differenzierer-Schaltung mit $R_0 = 1\ \text{k}\Omega;\ U_A = -7\ \text{V}$.

Gesucht: a)   Wie groß ist C_1, wenn die Eingangsspannung für einen Spannungsanstieg von -2 V auf $+5$ V eine Zeitdifferenz von 100 µs benötigt?

          b)   Welche Grenzfrequenz ergibt sich, wenn bei sinus-förmiger Ansteuerung mit 15 V noch ein unver-zerrtes Ausgangssignal von 8 V gemessen wird?

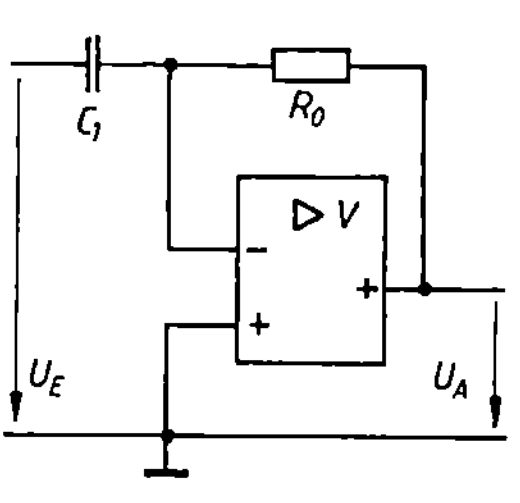

Lösung: a) $U_A = -R_0 C_1 \dfrac{\Delta U_E}{\Delta t}$ $C_1 = \dfrac{-U_A \,\Delta t}{R_0 \,\Delta U_E} = \dfrac{7\ \text{V}\ 100\ \text{µs}}{1\ \text{k}\Omega\ 7\ \text{V}} = 100\ \text{nF}$

          b) $V = \dfrac{U_A}{U_E} = 2\pi f R_0 C_1$ $f = \dfrac{U_A}{U_E\ 2\pi R_0 C_1} = \dfrac{8\ \text{V}}{15\ \text{V}\ 2\pi\ 1\ \text{k}\Omega\ 100\ \text{nF}} = 849\ \text{Hz}$

Schaltungslehre

21.5.4 Integrierer

Einfache Integrierer-Schaltung mit Spannungs-Zeit-Diagrammen	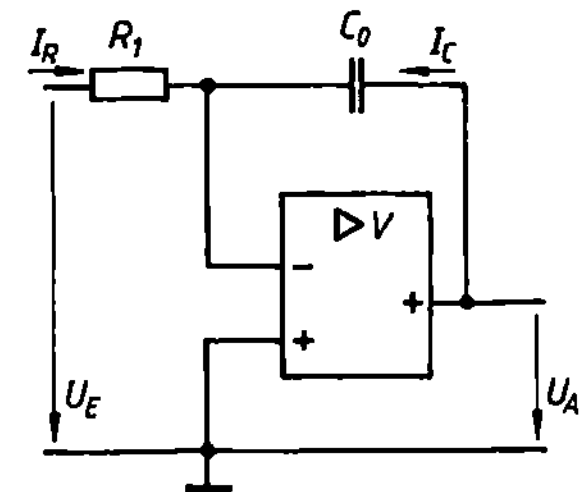	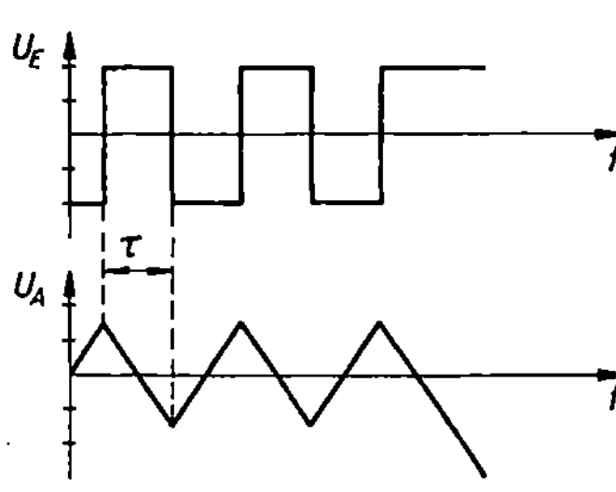
	$I_N \approx 0;\ U_D \approx 0$	

| Rechteckförmiger Verlauf der Eingangsspannung | $I_R = \dfrac{U_E}{R_1}$ $I_R = -I_C$ $U_C = U_A$

 $\Delta Q = I_C\,\Delta t = C_0\,\Delta U_C$

 $\Delta U_A = -\dfrac{1}{R_1 C_0}\,U_E\,\Delta t$

 $\tau = R_1 C_0$ | U_E Eingangsspannung
 U_A Ausgangsspannung
 C_0 Beschaltungskapazität
 R_1 Beschaltungswiderstand
 ΔU_A Änderung der Ausgangsspannung
 Δt Zeitdifferenz
 τ Zeitkonstante |
| Sinusförmiger Verlauf der Eingangsspannung | $V = -\dfrac{U_A}{U_E} = \dfrac{X_{C0}}{R_1}$

 $V = \dfrac{1}{2\pi f R_1 C_0}$

 $U_A = -\dfrac{U_E}{2\pi f R_1 C_0}$ | U_E Eingangswechselspannung
 U_A Ausgangswechselspannung
 V Verstärkungsfaktor
 f Frequenz

 Bei sinusförmiger Ansteuerung verhält sich die Spannungsverstärkung umgekehrt proportional zur Frequenz.
 U_A eilt dabei U_E um 90° vor. |

● **Beispiel:**   Integrierer-Schaltung

Gegeben: Ein Integrierer wird mit einer sinusförmigen Wechselspannung von 10 V und einer Frequenz von 1 kHz betrieben. $C_0 = 4,7$ nF; $U_A = 3$ V.

Gesucht: a) Welchen Wert hat der Beschaltungswiderstand R_1?

       b) In welcher Zeit hat sich bei einer rechteckförmigen Eingangsspannung von 1 V die Ausgangsspannung von 0 V auf − 15 V geändert?

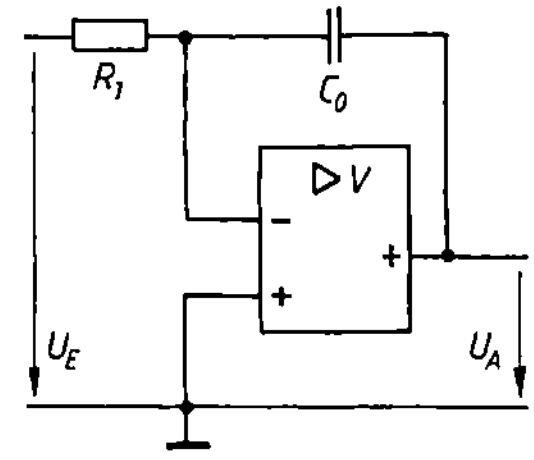

Lösung: a) $U_A = \dfrac{U_E}{2\pi f R_1 C_0}$ $R_1 = \dfrac{U_E}{U_A\,2\pi f C_0} = \dfrac{10\ \text{V}}{3\ \text{V}\,2\pi\,10\ \text{kHz}\,4{,}7\ \text{nF}} = 11{,}29\ \text{k}\Omega$

      b) $\Delta U_A = \dfrac{1}{R_1 C_0}\,U_E\,\Delta t$ $\Delta t = \dfrac{\Delta U_A\,R_1\,C_0}{U_E} = \dfrac{15\ \text{V}\,11{,}29\ \text{k}\Omega\,4{,}7\ \text{nF}}{1\ \text{V}} = 796\ \mu\text{s} = 0{,}796\ \text{ms}$

21.6 Schalten mit Thyristoren

21.6.1 Phasenanschnittsteuerung

Phasenanschnitt-schaltung mit Diac und Triac	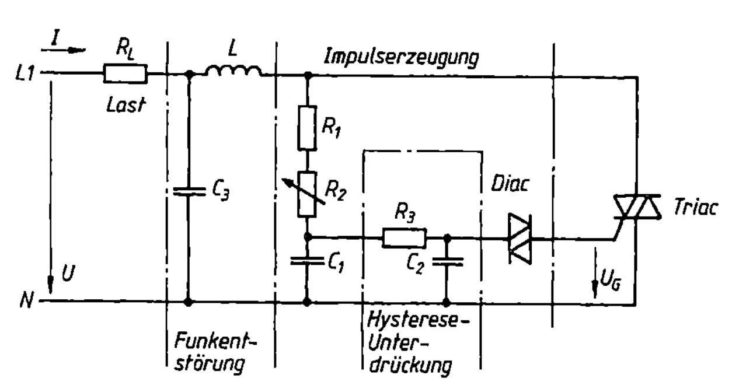
Phasenanschnitt-steuerung mit Diac und Triac	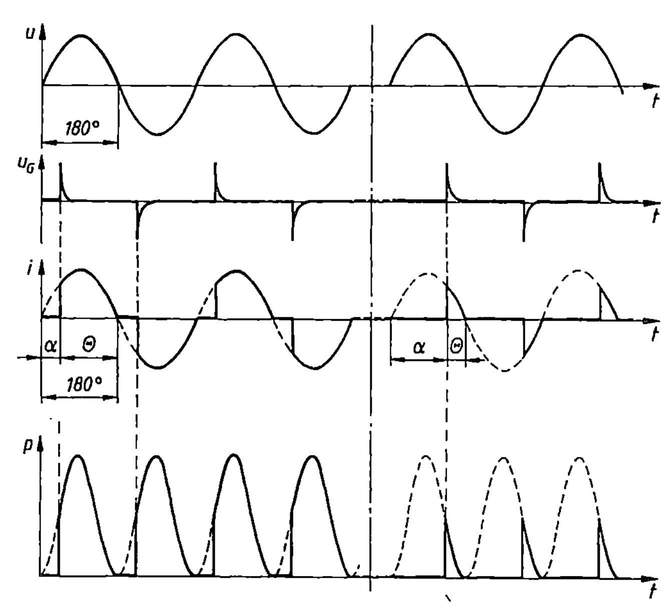 u Netzspannung — α Zündverzögerungswinkel u_G Steuerimpulse — Θ Stromflußwinkel i Laststrom — $\alpha + \Theta = 180°$ p Im Lastwiderstand umgesetzte Leistung
Beschreibung der Steuerung	– Die Steuerschaltung liefert netzsynchrone Zündimpulse. – Steuerbar zwischen den Zündverzögerungswinkeln 0° bis 180°. – Stufenlose Leistungssteuerung zwischen P_0 und P_{max}.

Schaltungslehre

Einsatz	In Dimmern zur Helligkeitssteuerung von Lampen. Bei der Drehzahlsteuerung von Elektromotoren. (Eine ausreichende Entstörung ist vorgeschrieben.)
Steuerkennlinien der Effektivwerte in Abhängigkeit des Zündverzögerungswinkels α bei Vollwellenbetrieb	 P_α, U_α Effektivwert der Leistung und Wechselspannung am Lastwiderstand bei verschiedenen Zündverzögerungswinkeln U, P Effektivwert der Netzspannung und maximale Leistung des Lastwiderstandes

● **Beispiel:** Effektivwerte bei Phasenanschnittsteuerung mit Triac

Gegeben: Eine Phasenanschnittsteuerung wird mit einer Netzspannung $U = 220$ V betrieben.
Die Einstellung des Zündverzögerungswinkels beträgt $\alpha = 75°$.
Der Lastwiderstand hat eine Leistung von $P = 200$ W.

Gesucht: a) Um welche Leistung reduziert sich die maximale am Lastwiderstand umgesetzte Leistung P?
b) Welcher Zündverzögerungswinkel ist einzustellen, wenn der Effektivwert der Wechselspannung am Lastwiderstand die halbe Netzspannung betragen soll?

Lösung: Mit Hilfe der obigen Tabelle

a) Für $\alpha = 75°$ ergibt sich ein Verhältnis $\dfrac{P_\alpha}{P} = 0{,}65$

$P_\alpha = 0{,}65 \cdot 200 \text{ W} = 130 \text{ W}$ Die Leistung P reduziert sich damit um 70 W.

b) $\dfrac{U_\alpha}{U} = \dfrac{110 \text{ V}}{220 \text{ V}} = 0{,}5$ Daraus ergibt sich ein Zündverzögerungswinkel α von 113°.

Bemerkungen: Die obigen Steuerkennlinien gelten für eine Belastung mit Wirkwiderständen. Die mit handelsüblichen Drehspulinstrumenten mit Gleichrichter ermittelten Strom- und Spannungs-Meßwerte in Phasenanschnittsteuerungen sind fehlerhaft und müssen mittels Korrekturfaktor korrigiert werden.

22 Zahlensysteme

22.1 Analoge und digitale Größen

Analoge Meßwerte	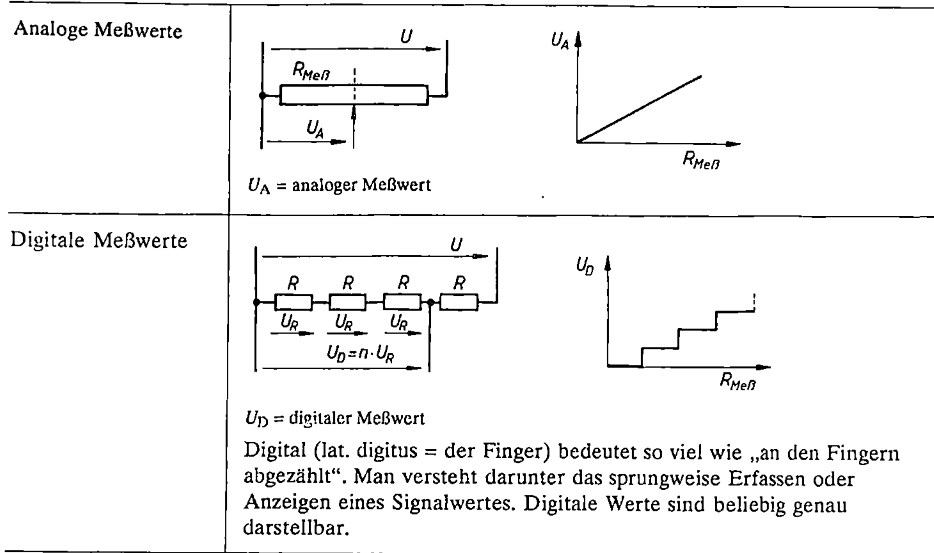

U_A = analoger Meßwert

Digitale Meßwerte	

U_D = digitaler Meßwert

Digital (lat. digitus = der Finger) bedeutet so viel wie „an den Fingern abgezählt". Man versteht darunter das sprungweise Erfassen oder Anzeigen eines Signalwertes. Digitale Werte sind beliebig genau darstellbar.

22.2 Logische Zustände und Pegel

Positive und negative Logik

Pegel der TTL-74xx Digitalbausteine

Logischer Zustand	Positive Logik	Negative Logik
1	$+5\,V \mathrel{\hat{=}} H$	$0\,V \mathrel{\hat{=}} L$
0	$0\,V \mathrel{\hat{=}} L$	$+5\,V \mathrel{\hat{=}} H$

H = high = hoher Pegel
L = low = niedriger Pegel

Die positive Logik wird in der Praxis bevorzugt verwendet.

Beispiel für Darstellungsformen logischer Verknüpfungen

Spannung			Pegel			Signal		
I1	I2	Q	I1	I2	Q	I1	I2	Q
0 V	0 V	0 V	L	L	L	0	0	0
0 V	5 V	0 V	L	H	L	0	1	0
5 V	0 V	0 V	H	L	L	1	0	0
5 V	5 V	5 V	H	H	H	1	1	1

$0\,V \mathrel{\hat{=}} L \mathrel{\hat{=}} 0$
$5\,V \mathrel{\hat{=}} H \mathrel{\hat{=}} 1$

Eingänge: I1, I2
Ausgang: Q

Grundlagen der Digitaltechnik

22.3 Darstellung relevanter Zahlensysteme

Zahlensystem	Dezimalsystem	Dualsystem	Oktalsystem	Sedezimalsystem
Basis	10	2	8	16
Wertigkeit der Stellen	$10^2\,10^1\,10^0$	$2^5\,2^4\,2^3\,2^2\,2^1\,2^0$	$8^2\,8^1\,8^0$	$16^1\,16^0$
Zahlenschreibweise	0	0	0	0
	1	1	1	1
	2	10	2	2
	3	11	3	3
	4	100	4	4
	5	101	5	5
	6	110	6	6
	7	111	7	7
	8	1000	10	8
	9	1001	11	9
	10	1010	12	A
	11	1011	13	B
	12	1100	14	C
	13	1101	15	D
	14	1110	16	E
	15	1111	17	F
	16	10000	20	10
	17	10001	21	11
	18	10010	22	12
	19	10011	23	13
	20	10100	24	14
	21	10101	25	15
	22	10110	26	16
	23	10111	27	17
	24	11000	30	18
	25	11001	31	19
	26	11010	32	1A
	27	11011	33	1B
	28	11100	34	1C
	29	11101	35	1D
	30	11110	36	1E
	31	11111	37	1F
	32	100000	40	20
	33	100001	41	21
	34	100010	42	22
	35	100011	43	23
	36	100100	44	24
	37	100101	45	25
	38	100110	47	26
	39	100111	47	27
	40	101000	50	28
Werte < 1	Nach dem Komma hat die erste Stelle den Wert: Basis^{-1}, die zweite Stelle den Wert: Basis^{-2} usw.			

Beispiel: a) $2^{-4} = \dfrac{1}{16} = 0{,}0625$ b) $16^{-2} = \dfrac{1}{256} = 0{,}0039$

22.4 Umwandlung von Zahlensystemen

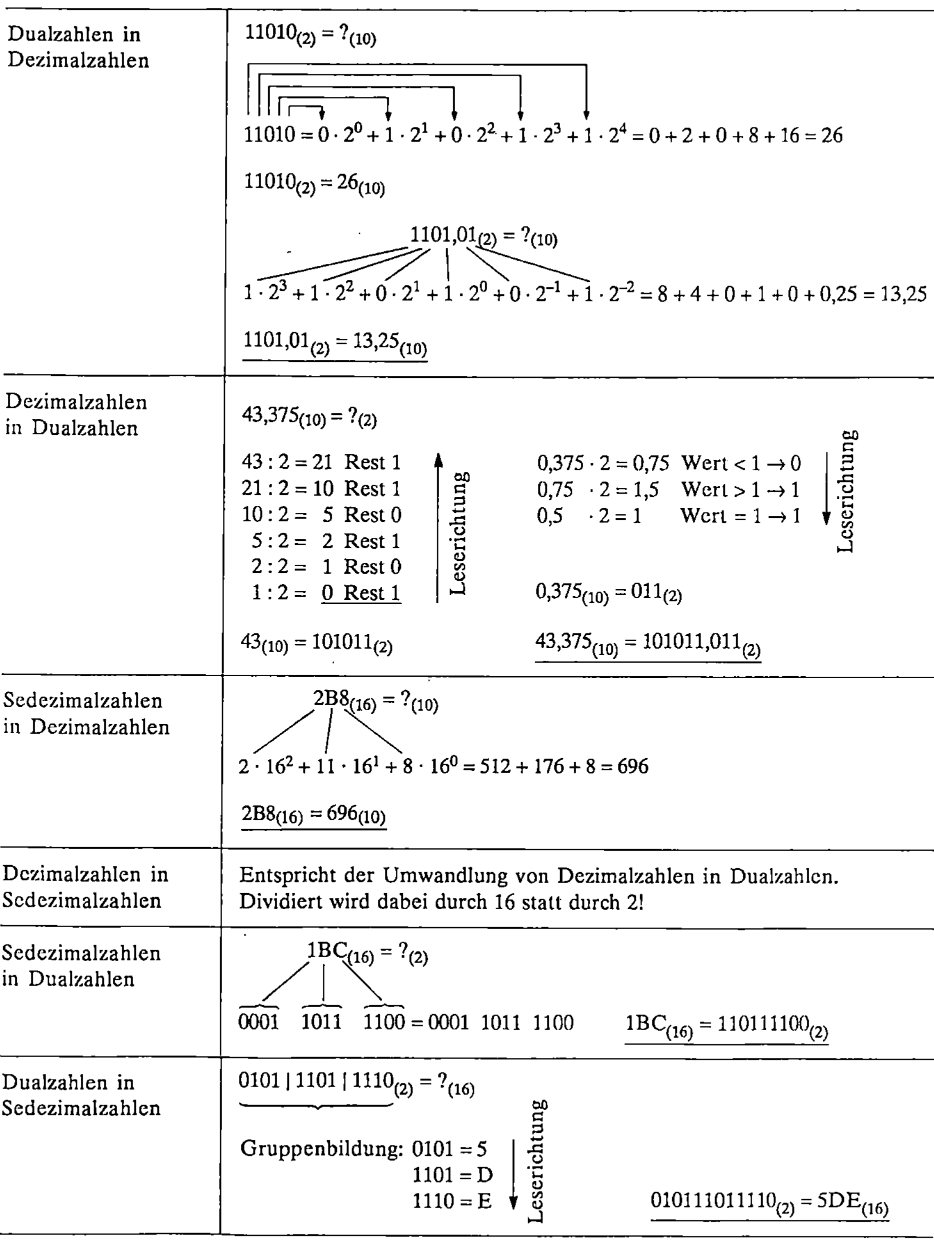

Grundlagen der Digitaltechnik

22.5 Rechnen mit Dualzahlen

Rechenregeln	Addition	Subtraktion
	$0 + 0 = 0$	$0 - 0 = 0$
	$0 + 1 = 1$	$1 - 0 = 1$
	$1 + 0 = 1$	$1 - 1 = 0$
	$1 + 1 = 1\,0$ (Übertrag 1)	$1\,0 - 1 = 1$ (Aus nächster Stelle
	$1 + 1 + 1 = 1\,1$	eine 1 „geborgt")
	Multiplikation	**Division**
	$0 \cdot 0 = 0$	$\left.\begin{array}{l}0 : 0 \\ 1 : 0\end{array}\right\}$ (Unbestimmte Ausdrücke)
	$1 \cdot 0 = 0$	
	$0 \cdot 1 = 0$	$0 : 1 = 0$
	$1 \cdot 1 = 1$	$1 : 1 = 1$

1. Beispiel: Addition von 2 Dualzahlen

Gegeben: Die Dualzahlen 110101 und 10011.

Gesucht: Die Summe der Dualzahlen. Das Ergebnis ist durch Dezimalrechnung zu kontrollieren.

Lösung:

```
  1 1 0 1 0 1
+ 1 0 0 1 1 1                              5 3
-----------    Kontrolle mittels Dezimalrechnung:  + 3 9
  1 0 1 1 1 0 0                           -----
                                            9 2
```

2. Beispiel: Division von 2 Dualzahlen

Gegeben: Die Dualzahlen 1100110 und 11000.

Gesucht: Der Quotient der Dualzahlen. Kontrolle durch Dezimalrechnung.

Lösung:

```
1 1 0 0 1 1 0 : 1 1 0 0 0 = 1 0 0,0 1    Kontrolle: 1 0 2 : 2 4 = 4,25
1 1 0 0 0
        1 1 0 0 0
        1 1 0 0 0
        0 0 0 0 0
```

3. Beispiel: Multiplikation von 2 Dualzahlen.

Gegeben: Die Dualzahlen 10101 und 11010.

Gesucht: Das Produkt der Dualzahlen. Kontrolle durch Dezimalrechnung.

Lösung:

```
10101 · 11010          Kontrolle: 21 · 26 = 546
10101
10101
  00000
  10101
    00000
----------
1000100010
```

22.6 Codierung und Codes

Die Umwandlung einer Information von einer Form in eine andere bezeichnet man als Codierung. Die Verschlüsselung geschieht durch Codes. Binäre Codes verwenden nur zwei Zeichen.

22.6.1 Auswahl binärer Codes zum Zählen und Rechnen

Dezimalziffer	BCD-Code 8-4-2-1-Code		Dezimalziffer	Aiken-Code 2-4-2-1-Code		Dezimalziffer	3-Exzeß-Code (Wert + 3)	
0	0000	Tetraden (Vierergruppen)	0	0000			0000	Pseudotetraden
1	0001		1	0001			0001	
2	0010		2	0010			0010	
3	0011		3	0011		0	0011	Symmetrie
4	0100		4	0100		1	0100	
5	0101			0101	Pseudotetraden / Symmetrie	2	0101	
6	0110			0110		3	0110	
7	0111			0111		4	0111	
8	1000			1000		5	1000	
9	1001			1001		6	1001	
	1010	Pseudotetraden		1010		7	1010	
	1011		5	1011		8	1011	
	1100		6	1100		9	1100	
	1101		7	1101			1101	Pseudotetraden
	1110		8	1110			1110	
	1111		9	1111			1111	

22.6.2 Der ASCII-Code

American Standard Code for Information-Interchange zur Darstellung von alphanumerischen Zeichen, Sonderzeichen und Steuerbefehlen (128 Zeichen).

				Bitposition 7	0	0	0	0	1	1	1	1
		ohne Prüfbit 6			0	0	1	1	0	0	1	1
		lsb 5			0	1	0	1	0	1	0	1
4	3	2	1	Hexadezimalzahl	0	1	2	3	4	5	6	7
0	0	0	0	0	NUL	DLE	SP	0	@	P	`	p
0	0	0	1	1	SOH	DC1	!	1	A	Q	a	q
0	0	1	0	2	STX	DC2	"	2	B	R	b,	r
0	0	1	1	3	ETX	DC3	#	3	C	S	c	s
0	1	0	0	4	EOT	DC4	$	4	D	T	d	t
0	1	0	1	5	ENQ	NAK	%	5	E	U	e	u
0	1	1	0	6	ACK	SYN	&	6	F	V	f	v
0	1	1	1	7	BEL	ETB	'	7	G	W	g	w
1	0	0	0	8	BS	CAN	(	8	H	X	h	x
1	0	0	1	9	HT	EM	)	9	I	Y	i	y
1	0	1	0	A	LF	SUB	*	:	J	Z	j	z
1	0	1	1	B	VT	ESC	+	;	K	[	k	{
1	1	0	0	C	FF	FS	,	<	L	\	l	|
1	1	0	1	D	CR	GS	–	=	M	]	m	}
1	1	1	0	E	SO	RS	.	>	N	^	n	~
1	1	1	1	F	SI	US	/	?	O	_	o	DEL

lsb = least significant bit (Bit mit niedrigster Wertigkeit)

Information und Codierung

● **Beispiele:**

a) BEL (Klingel) ≙ 07   b) Z ≙ 5A   c) DEL (Löschen) ≙ 7F

23 Logische Schaltglieder

23.1 Die logischen Grundfunktionen

Variable und Ver- knüpfungszeichen	UND (AND)		ODER (OR)		NICHT (NOT)	
	$A \wedge B$	$(A \cdot B)$	$A \vee B$	$(A + B)$	$\overline{X}$	$\neg\, X$

im Weiteren verwendet

Eingangsvariable: A, B Ausgangsvariable: X

Die drei Grundfunktionen	UND (Konjunktion)	ODER (Disjunktion)	NICHT (Negation)
Schaltzeichen	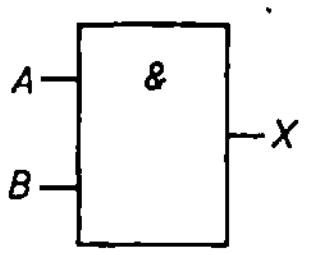	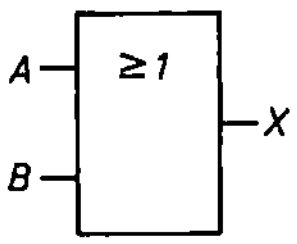	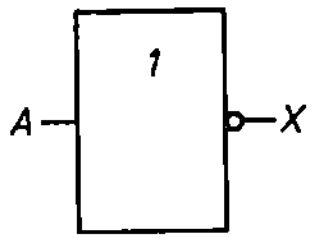
Kontakt-Ersatzschaltung	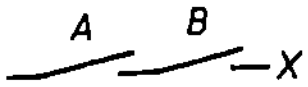	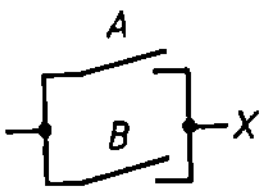	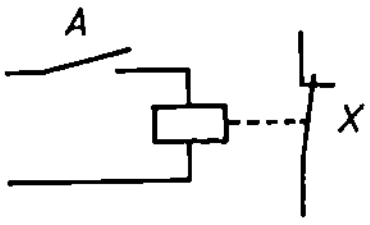
Wahrheitstabelle	$A\ B\ X$ 0 0 0 0 1 0 1 0 0 1 1 1	$A\ B\ X$ 0 0 0 0 1 1 1 0 1 1 1 1	$A\ X$ 0 1 1 0
Funktionsgleichung	$A \wedge B = X$	$A \vee B = X$	$A = \overline{X}$
Impulsdiagramm	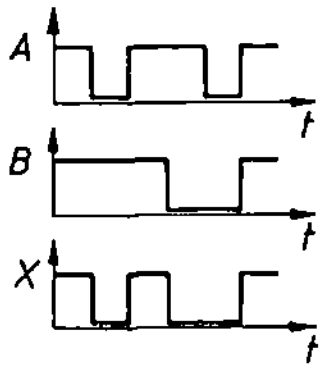	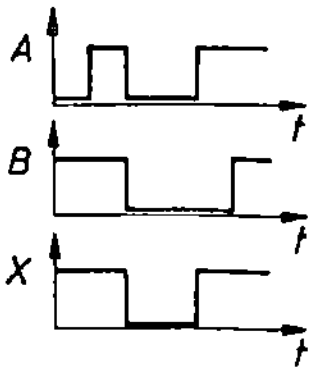	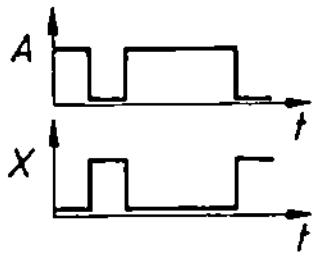

23.2 Erweiterte Grundfunktionen

Bezeichnung	NAND	NOR	Ex-OR (Antivalenz)	Ex-NOR (Äquivalenz)
Schaltzeichen				
Kontakt-Ersatzschaltung				
Wahrheits-tabelle	A B X 0 0 1 0 1 1 1 0 1 1 1 0	A B X 0 0 1 0 1 0 1 0 0 1 1 0	A B X 0 0 0 0 1 1 1 0 1 1 1 0	A B X 0 0 1 0 1 0 1 0 0 1 1 1
Funktions-gleichung	$A \wedge B = \overline{X}$ $\overline{A \wedge B} = X$	$A \vee B = \overline{X}$ $\overline{A \vee B} = X$	$(\overline{A} \wedge B) \vee (A \wedge \overline{B}) = X$	$(\overline{A} \wedge \overline{B}) \vee (A \wedge B) = X$
Prinzipielle technische Realisierung von NAND- und NOR-Elementen mit Transistoren	NAND-Element	NOR-Element		

Neben den hier behandelten Verknüpfungsgliedern gibt es eine Vielzahl weiterer wichtiger logischer Bausteine.

Eine Zusammenfassung der binären Elemente findet man in der DIN 40 900 T.12.

Grundlagen der Digitaltechnik

23.3 Verknüpfungsschaltungen aus NAND- und NOR-Elementen

Verknüpfung	mit NAND-Elementen	mit NOR-Elementen
UND	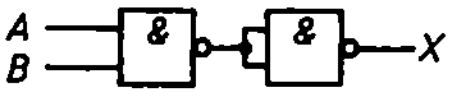 $X = \overline{\overline{A \wedge B}} = A \wedge B$	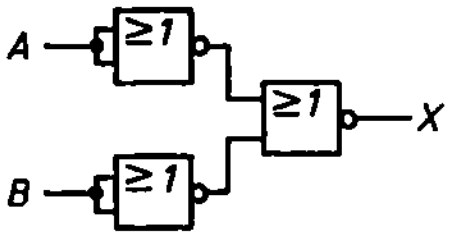 $X = \overline{\overline{A} \vee \overline{B}} = A \wedge B$
ODER	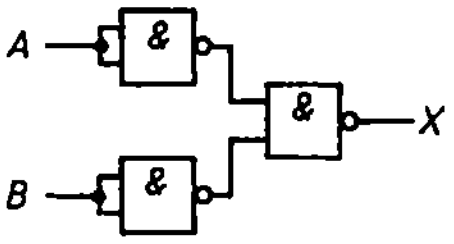 $X = \overline{\overline{A} \wedge \overline{B}} = A \vee B$	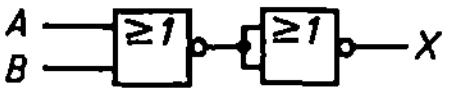 $X = \overline{\overline{A \vee B}} = A \vee B$
NICHT	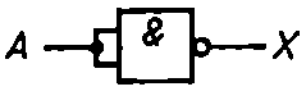 $X = \overline{A \wedge A} = \overline{A}$	 $X = \overline{A \vee A} = \overline{A}$
NAND	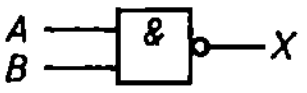 $X = \overline{A \wedge B}$	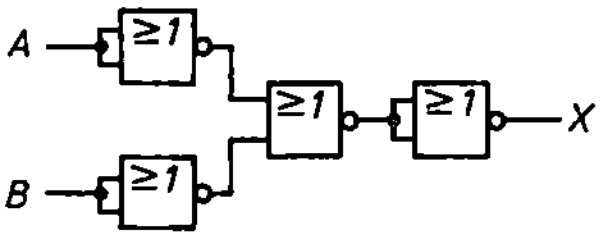 $X = \overline{\overline{A} \vee \overline{B}} = \overline{A \wedge B}$
NOR	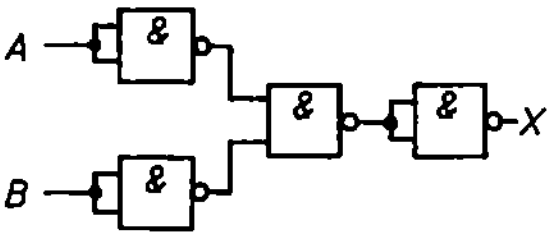 $X = \overline{\overline{A} \wedge \overline{B}} = \overline{A \vee B}$	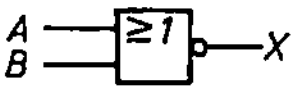 $X = \overline{A \vee B}$
Ex-OR	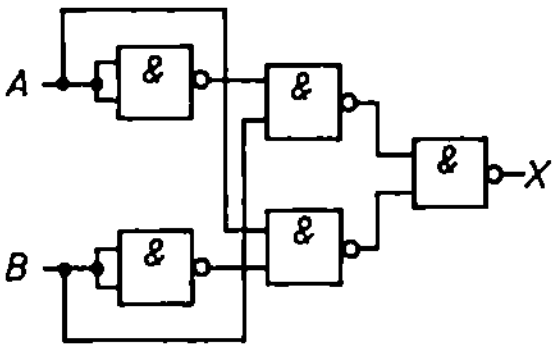 $X = \overline{(A \wedge \overline{B}) \wedge (\overline{A} \wedge B)}$ $X = (A \wedge \overline{B}) \vee (\overline{A} \wedge B)$	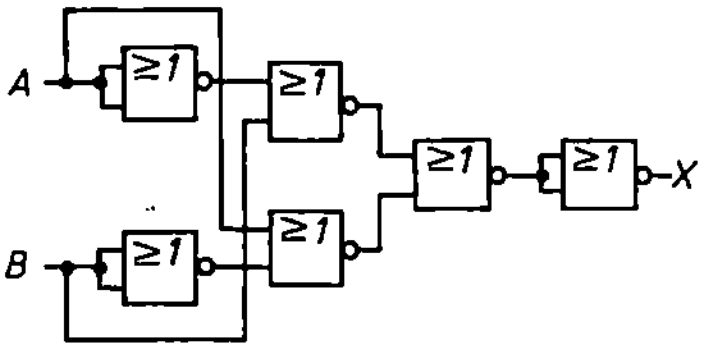 $X = \overline{(\overline{A} \vee B) \vee (A \vee \overline{B})}$ $X = (A \wedge \overline{B}) \vee (\overline{A} \wedge B)$

23.4 Analyse logischer Schaltungen

● **Beispiel:** Analyse eines Schaltnetzes

Gegeben: Logisches Schaltnetz

Gesucht: a) Funktionsgleichungen
   b) Wahrheitstabelle
   c) Aussage der Schaltung

   Lösung nach Arbeitsplan

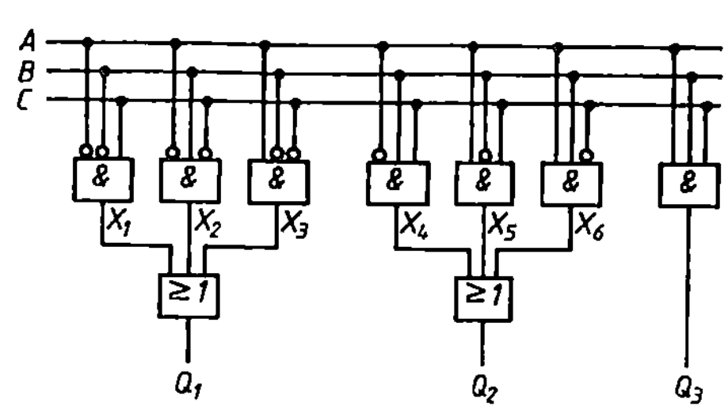

▶ **Arbeitsplan**

Zwischenschritt	Kennzeichnen der Ausgänge X_1 bis X_6 in der Schaltung. (Bereits in der Schaltung eingetragen).	**1**
Aufstellen der Funktionsgleichungen für $X_1 ... X_6$	$X_1 = \overline{A} \wedge \overline{B} \wedge C$ $\qquad$ $X_4 = \overline{A} \wedge B \wedge C$ $X_2 = \overline{A} \wedge B \wedge \overline{C}$ $\qquad$ $X_5 = A \wedge \overline{B} \wedge C$ $X_3 = A \wedge \overline{B} \wedge \overline{C}$ $\qquad$ $X_6 = A \wedge B \wedge \overline{C}$	**2**
Ermitteln der Funktionsgleichungen für Q_1, Q_2 und Q_3	$Q_1 = X_1 \vee X_2 \vee X_3 = (\overline{A} \wedge \overline{B} \wedge C) \vee (\overline{A} \wedge B \wedge \overline{C}) \vee (A \wedge \overline{B} \wedge \overline{C})$ $Q_2 = X_4 \vee X_5 \vee X_6 = (\overline{A} \wedge B \wedge C) \vee (A \wedge \overline{B} \wedge C) \vee (A \wedge B \wedge \overline{C})$ $Q_3 = A \wedge B \wedge C$	**3**

Erstellen der vollständigen Wahrheitstabelle	A	B	C	X_1	X_2	X_3	X_4	X_5	X_6	Q_1	Q_2	Q_3	**4**
	0	0	0	0	0	0	0	0	0	0	0	0	
	0	0	1	1	0	0	0	0	0	1	0	0	
	0	1	0	0	1	0	0	0	0	1	0	0	
	0	1	1	0	0	0	1	0	0	0	1	0	
	1	0	0	0	0	1	0	0	0	1	0	0	
	1	0	1	0	0	0	0	1	0	0	1	0	
	1	1	0	0	0	0	0	0	1	0	1	0	
	1	1	1	0	0	0	0	0	0	0	0	1	

| Aussage der Schaltung | 1) *Ausgang Q_1* ist nur dann in Funktion (führt nur dann „1"-Signal), wenn mindestens eine Variable „1"-Signal führt (1 aus 3-Schaltung).
 2) *Ausgang Q_2* ist nur dann in Funktion, wenn mindestens zwei Variable „1"-Signal führen (2 aus 3-Schaltung).
 3) *Ausgang Q_3* ist nur dann in Funktion, wenn alle drei Variablen „1"-Signal führen (UND-Verknüpfung). | **5** |

24 Schaltalgebra

24.1 Regeln und Gesetze der Schaltalgebra

Vorrangregel	*1. Funktionsgleichung* Schaltung

Vorrangregel	**1. Funktionsgleichung**	Schaltung
	$X = A \wedge B \vee \overline{C}$ UND hat Vorrang *Reihenfolge:* NICHT vor UND vor ODER	
	2. Funktionsgleichung Schaltung	
	$X = A \wedge (B \vee \overline{C})$ (Klammer vorgegeben!)	
Kommutativ-gesetze	$A \vee B = B \vee A \qquad A \wedge B = B \wedge A$	
Assoziativ-gesetze	$A \wedge B \wedge C = A \wedge (B \wedge C) = (A \wedge B) \wedge C$ $A \vee B \vee C = A \vee (B \vee C) = (A \vee B) \vee C$	
Distributiv-gesetze	$(A \wedge B) \vee (A \wedge C) = A \wedge (B \vee C)$ $(A \vee B) \wedge (A \vee C) = A \vee (B \wedge C)$	
Postulate	$0 \wedge 0 = 0$ $0 \vee 0 = 0$ $\overline{1} = 0$ $0 \wedge 1 = 0$ $0 \vee 1 = 1$ $\overline{0} = 1$ $1 \wedge 0 = 0$ $1 \vee 0 = 1$ $1 \wedge 1 = 1$ $1 \vee 1 = 1$	

Theoreme mit 1 bis 3 Variablen	1 Variable	2 Variable	3 Variable
	$A \wedge 0 = 0$	$A \wedge (A \vee B) = A$	$(A \wedge B) \vee (A \wedge C) = A \wedge (B \vee C)$
	$A \wedge 1 = A$	$A \wedge (\overline{A} \vee B) = A \wedge B$	$(A \vee B) \wedge (A \vee C) = A \vee (B \wedge C)$
	$A \wedge A = A$	$A \vee (A \wedge B) = A$	$(A \vee B) \wedge (\overline{A} \vee C) = (A \wedge C) \vee (\overline{A} \wedge B)$
	$A \wedge \overline{A} = 0$	$A \vee (\overline{A} \wedge B) = A \vee B$	
	$\overline{A} \wedge \overline{A} = \overline{A}$	$(A \wedge B) \vee (\overline{A} \wedge B) = B$	
	$A \vee 0 = A$	$(A \vee B) \wedge (A \vee \overline{B}) = A$	
	$A \vee 1 = 1$		
	$A \vee A = A$		
	$A \vee \overline{A} = 1$		
	$\overline{A} \vee \overline{A} = \overline{A}$		

Die De-Morganschen Gesetze	$\overline{A \wedge B \wedge C} = X$	$\overline{A} \vee \overline{B} \vee \overline{C} = X$

NAND-Element   ODER-Element mit drei invertierten Eingängen

Gesetz: $\overline{A \wedge B \wedge C \wedge \dots n} = \overline{A} \vee \overline{B} \vee \overline{C} \vee \dots \overline{n}$

$\overline{A \vee B \vee C} = X$ $\overline{A} \wedge \overline{B} \wedge \overline{C} = X$

NOR-Element   UND-Element mit drei invertierten Eingängen

Gesetz: $\overline{A \vee B \vee C \vee \dots n} = \overline{A} \wedge \overline{B} \wedge \overline{C} \wedge \dots \overline{n}$

24.2 Synthese logischer Schaltungen

● **Beispiel:**   Synthese einer logischen Schaltung.

Gegeben: Die Wahrheitstabelle der Schaltung.

Gesucht: Die Schaltung mit dem geringsten Schaltungsaufwand.

Bildung der Minterme und Maxterme aus der Wahrheitstabelle $\boxed{1}$

Wahrheitstabelle

A	B	C	X	Minterme	Maxterme
0	0	0	0		$A \vee B \vee C$
0	0	1	0		$A \vee B \vee \overline{C}$
0	1	0	1	$\overline{A} \wedge B \wedge \overline{C}$	
0	1	1	0		$A \vee \overline{B} \vee \overline{C}$
1	0	0	1	$A \wedge \overline{B} \wedge \overline{C}$	
1	0	1	0		$\overline{A} \vee B \vee \overline{C}$
1	1	0	0		$\overline{A} \vee \overline{B} \vee C$
1	1	1	1	$A \wedge B \wedge C$	

Aufstellen der Normalformen der Schaltung: $\boxed{2}$

Disjunktive Normalform: $(\overline{A} \wedge B \wedge \overline{C}) \vee (A \wedge \overline{B} \wedge \overline{C}) \vee (A \wedge B \wedge C) = X$

Konjunktive Normalform:
$(A \vee B \vee C) \wedge (A \vee B \vee \overline{C}) \wedge (A \vee \overline{B} \vee \overline{C}) \wedge (\overline{A} \vee B \vee \overline{C}) \wedge (\overline{A} \vee \overline{B} \vee C) = X$

Grundlagen der Digitaltechnik

Aufbau der Schaltungen nach der disjunktiven und konjunktiven Normalform

A) disjunktive Schaltung	B) konjunktive Schaltung

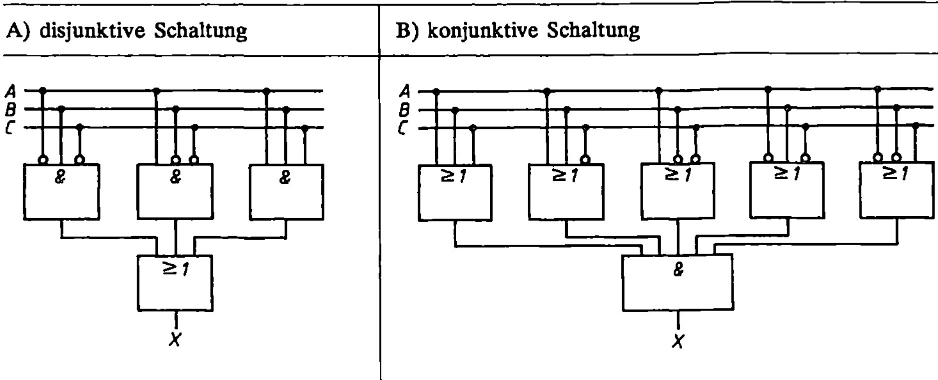

Ergebnis: Schaltung A (nach der disjunktiven Normalform) hat den geringsten Schaltungsaufwand.

Schaltungen dieser Art können in den meisten Fällen weiter vereinfacht werden.

24.3 Minimierung logischer Schaltungen

Eine Minimierung der disjunktiven bzw. der konjunktiven Normalform ist durch die Anwendung der Regeln der Schaltalgebra (vgl. S. 202 f.) oder mit Hilfe der Diagramme von Karnaugh und Veitch (KV-Tafeln) zu erreichen.

Auch hier bildet die Wahrheitstabelle den Ausgangspunkt.

Anwendung der KV-Tafel (2 Variable)	Wahrheitstabelle	

Wahrheitstabelle

A	B	X
0	0	0
0	1	1
1	0	1
1	1	1

Übertragung in die KV-Tafel →

$X = (\overline{A} \wedge B) \vee (A \wedge \overline{B}) \vee (A \wedge B)$

Disjunktive Normalform

$X = A \vee B$

Vereinfachung   Schaltglied

KV-Tafeln für mehrere Variable	KV-Tafel für 3 Variable	KV-Tafel für 4 Variable

"

Schleifenbildung	Beispiel 1	Beispiel 2

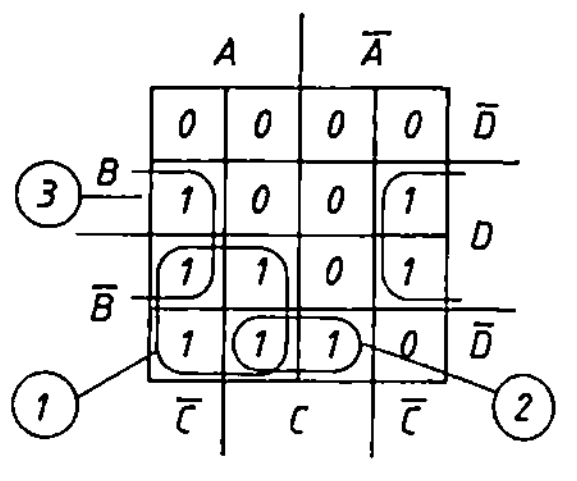

$$\text{①} \; X_1 = A \wedge \overline{B}$$
$$\text{②} \; X_2 = \overline{B} \wedge C \wedge \overline{D}$$
$$\text{③} \; X_3 = \overline{C} \wedge D$$

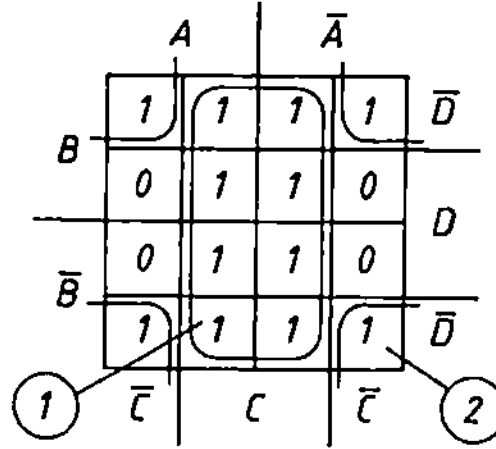

$$\text{①} \; X_1 = C$$
$$\text{②} \; X_2 = \overline{C} \wedge \overline{D}$$

● **Beispiel:** Minimierung einer logischen Schaltung.

Gegeben: Die Wahrheitstabelle einer logischen Schaltung

A	B	C	D	X
0	0	0	0	0
0	0	0	1	0
0	0	1	0	0
0	0	1	1	0
0	1	0	0	0
0	1	0	1	0
0	1	1	0	1
0	1	1	1	1
1	0	0	0	1
1	0	0	1	0
1	0	1	0	1
1	0	1	1	0
1	1	0	0	0
1	1	0	1	0
1	1	1	0	0
1	1	1	1	0

Gesucht: a) Die vereinfachte Funktionsgleichung mittels KV-Tafel.

b) Die miniminierte Schaltung in NAND-Technik.

Lösung:

a) KV-Tafel für 4 Variable

Minimierte Funktionsgleichung:

$$X = (A \wedge \overline{B} \wedge \overline{D}) \vee (\overline{A} \wedge B \wedge C)$$

Umwandlung nach De-Morgan:

$$X = \overline{\overline{(A \wedge \overline{B} \wedge \overline{D})} \wedge \overline{(\overline{A} \wedge B \wedge C)}}$$

b) Schaltung in NAND-Technik

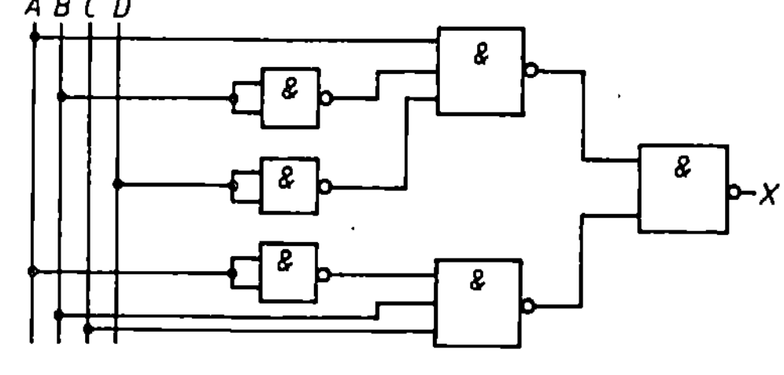

25 Sequentielle logische Schaltungen

25.1 Bistabile Elemente (Flipflops)

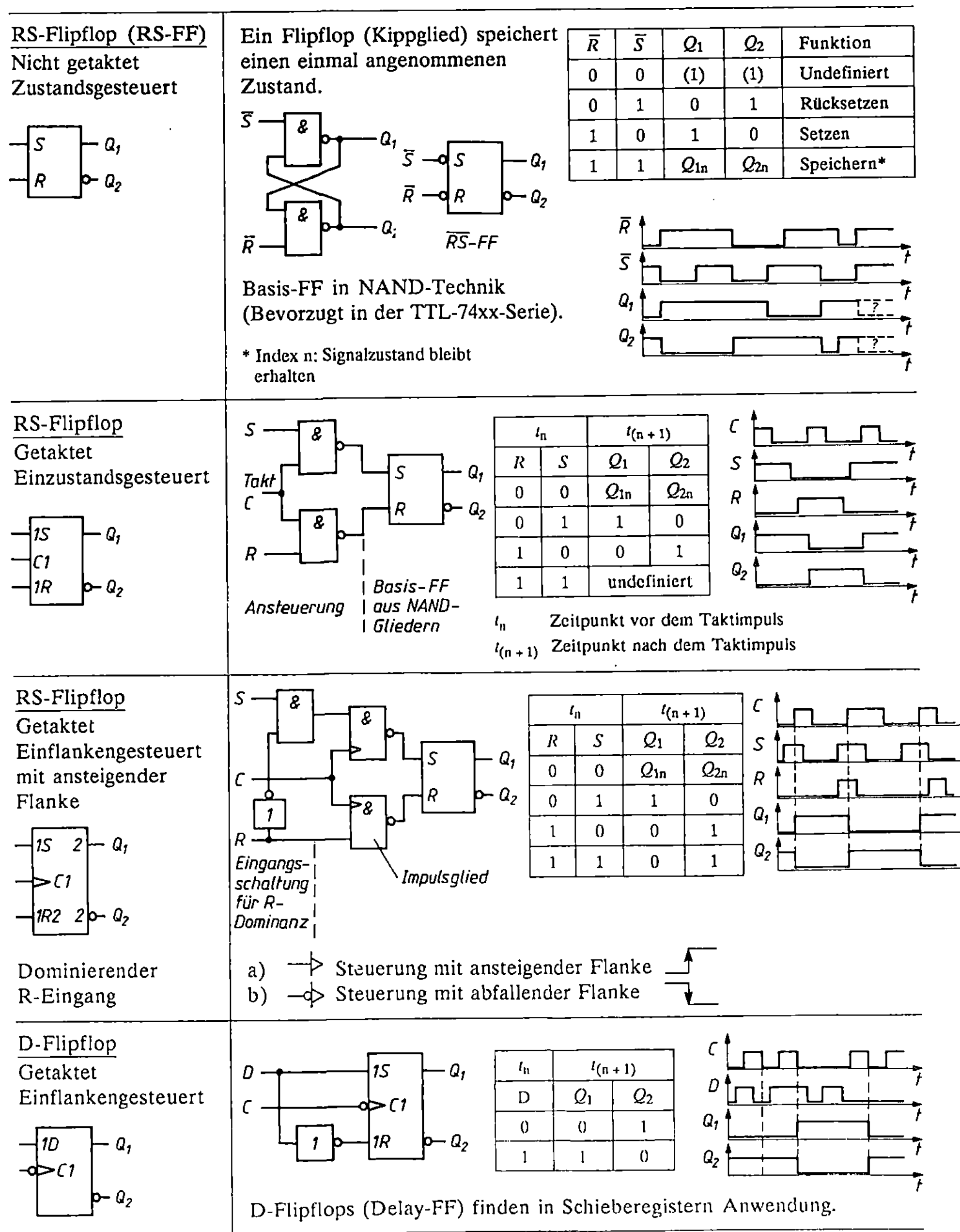

$\overline{R}$	$\overline{S}$	Q_1	Q_2	Funktion
0	0	(1)	(1)	Undefiniert
0	1	0	1	Rücksetzen
1	0	1	0	Setzen
1	1	Q_{1n}	Q_{2n}	Speichern*

	t_n	$t_{(n+1)}$	
R	S	Q_1	Q_2
0	0	Q_{1n}	Q_{2n}
0	1	1	0
1	0	0	1
1	1	undefiniert	

t_n Zeitpunkt vor dem Taktimpuls
$t_{(n+1)}$ Zeitpunkt nach dem Taktimpuls

	t_n	$t_{(n+1)}$	
R	S	Q_1	Q_2
0	0	Q_{1n}	Q_{2n}
0	1	1	0
1	0	0	1
1	1	0	1

a) Steuerung mit ansteigender Flanke
b) Steuerung mit abfallender Flanke

t_n	$t_{(n+1)}$	
D	Q_1	Q_2
0	0	1
1	1	0

D-Flipflops (Delay-FF) finden in Schieberegistern Anwendung.

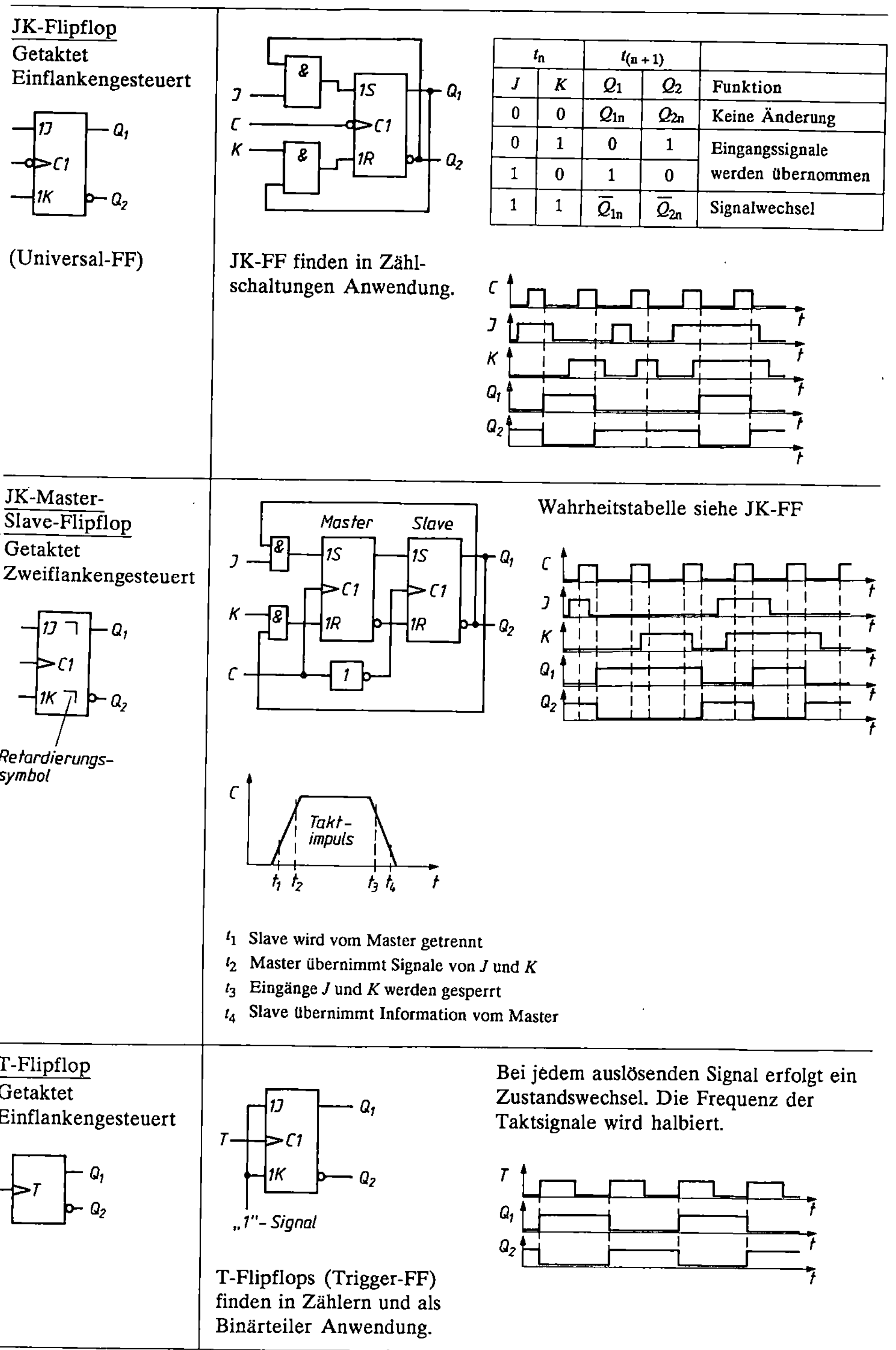

t_n		$t_{(n+1)}$		
J	K	Q_1	Q_2	Funktion
0	0	Q_{1n}	Q_{2n}	Keine Änderung
0	1	0	1	Eingangssignale
1	0	1	0	werden übernommen
1	1	$\overline{Q}_{1n}$	$\overline{Q}_{2n}$	Signalwechsel

t_1 Slave wird vom Master getrennt

t_2 Master übernimmt Signale von J und K

t_3 Eingänge J und K werden gesperrt

t_4 Slave übernimmt Information vom Master

Bei jedem auslösenden Signal erfolgt ein
Zustandswechsel. Die Frequenz der
Taktsignale wird halbiert.

T-Flipflops (Trigger-FF)
finden in Zählern und als
Binärteiler Anwendung.

207

Grundlagen der Digitaltechnik

25.2 Bistabile Elemente im Dualzähler, Frequenzteiler und Schieberegister

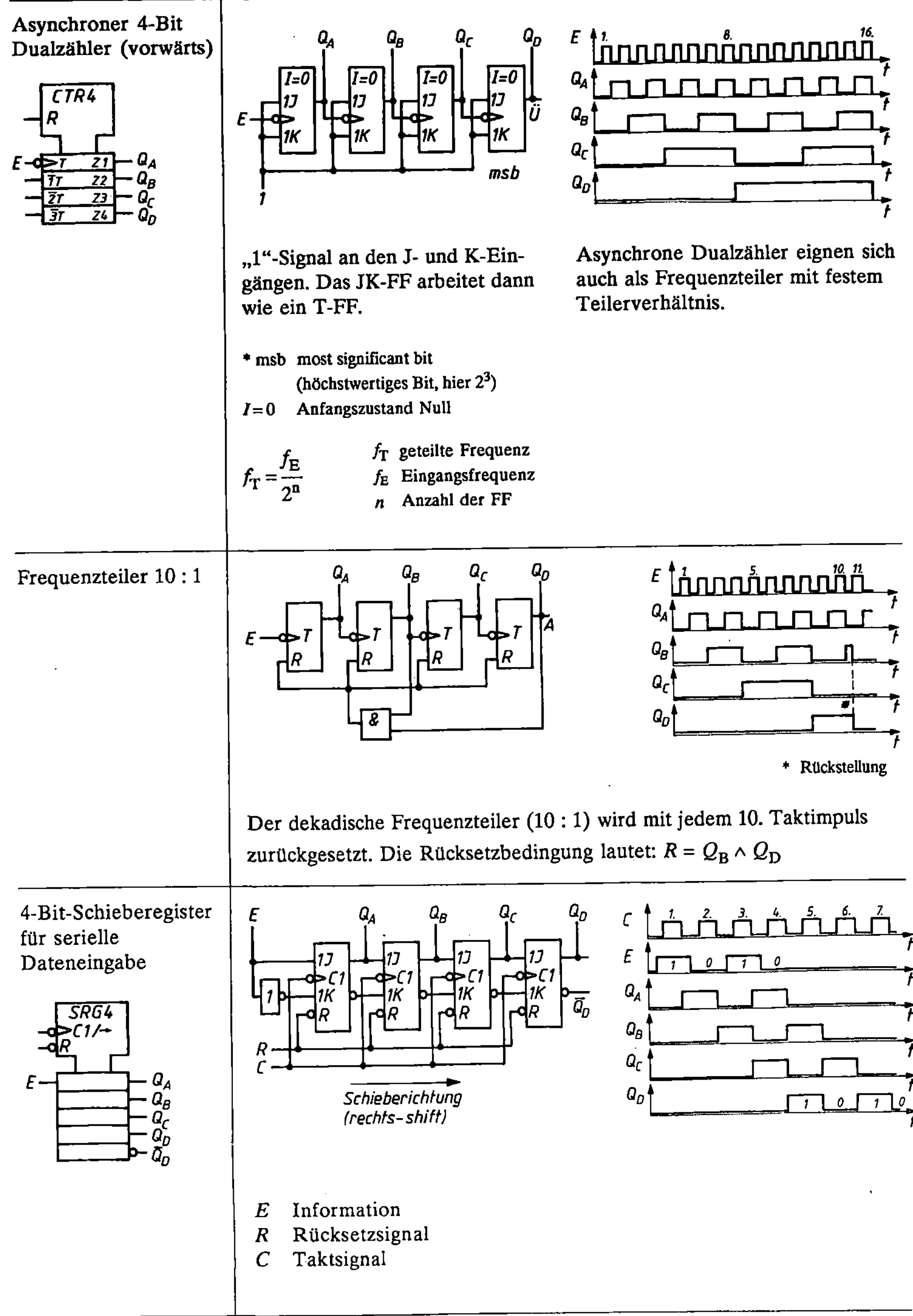

„1"-Signal an den J- und K-Eingängen. Das JK-FF arbeitet dann wie ein T-FF.

Asynchrone Dualzähler eignen sich auch als Frequenzteiler mit festem Teilerverhältnis.

* msb most significant bit
(höchstwertiges Bit, hier 2^3)

$I = 0$ Anfangszustand Null

$$f_\mathrm{T} = \frac{f_\mathrm{E}}{2^n}$$

f_T geteilte Frequenz
f_E Eingangsfrequenz
n Anzahl der FF

* Rückstellung

Der dekadische Frequenzteiler (10 : 1) wird mit jedem 10. Taktimpuls zurückgesetzt. Die Rücksetzbedingung lautet: $R = Q_\mathrm{B} \wedge Q_\mathrm{D}$

E Information
R Rücksetzsignal
C Taktsignal

26 Schaltkreisfamilien

26.1 Allgemeine Hinweise

Integrierte Schaltungen, bei denen die einzelnen Bauelemente wie Transistoren, Dioden und Widerstände in einem gemeinsamen „Chip" untergebracht sind, haben besonders in der Digitaltechnik eine große Bedeutung. Je nach der verwendeten Technologie gibt es heute eine große Anzahl digitaler Schaltungen, die in sogenannten Schaltkreisfamilien zusammengefaßt werden und zu denen, bedingt durch fortschreitende technologische Verfahren, laufend neue hinzukommen.

Drei Schaltungen aus dieser Palette sollen hier nur erwähnt werden:

a) **DTL-Schaltungen (DTL = Dioden-Transistor-Logik)**
   Eine der älteren Schaltkreisfamilien; nicht schnell, aber sehr störsicher.

b) **ECL-Schaltungen (ECL = Emitter-Coupled-Logik)**
   Außerordentlich schnelle Schaltkreisfamilie.

c) **MOS-Schaltungen (MOS = Metallic-Oxided-Semiconductor)**
   Relativ langsame Logik; Steuerleistung praktisch Null; empfindlich gegen statische Aufladungen.

Im folgenden wird wegen ihrer großen Anwendungsbreite und ihrer Bedeutung im praktischen Einsatz auf die **TTL-Schaltungen** und die **CMOS-Schaltungen** ausführlicher eingegangen.

26.2 TTL-Schaltungen

TTL-Schaltungen (TTL = Transistor-Transistor-Logik) bestehen aus bipolaren Transistoren. Typisch sind Multi-Emitter-Transistoren. Dieser Transistortyp ist nur dann gesperrt, wenn alle Eingänge H-Pegel angenommen haben.

Die Schottky-TTL-Schaltungen enthalten Schottky-Transistoren. Diese speziellen bipolaren Transistoren ermöglichen eine wesentlich geringere Signal-Laufzeit gegenüber den Standard-TTL-Schaltungen.

TTL-Familien		Standard	Low-Power	Schottky
Eigenschaften (Auswahl)	Betriebsspannung	5 V	5 V	5 V
	Signal-Laufzeit	10 ns	35 ns	3 ns
	Leistungsaufnahme (pro Gatter)	10 mW	1 mW	20 mW
	Bezeichnung	74xx	74Lxx	74LSxx
	xx = weitere Zahlen zur Spezifizierung der integrierten Bausteine			

Grundlagen der Digitaltechnik

Schaltung eines Standard-TTL-NAND-
Elementes

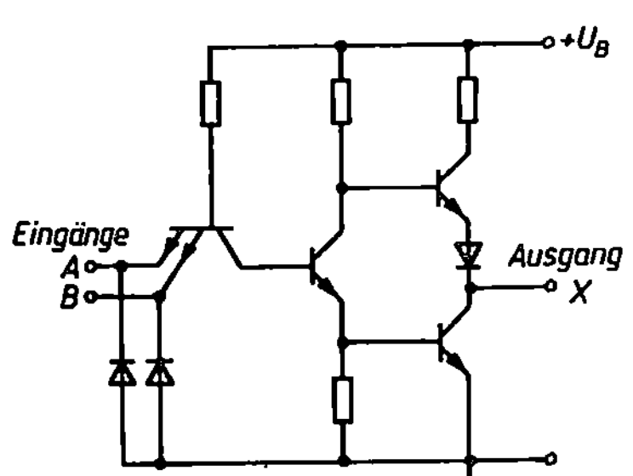

Anschlußbelegung der integrierten Schaltung
(7400 = 4 NAND)

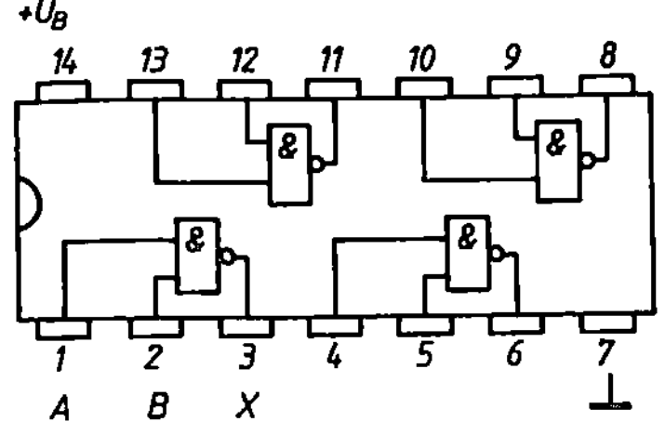

26.3 CMOS-Schaltungen

CMOS-Schaltungen (CMOS = Complementär-MOS) sind mit N-Kanal-MOS-FET und P-Kanal-
MOS-FET aufgebaut. Sie zeichnen sich durch eine hohe Integrationsdichte aus und benötigen nur
wenig Leistung. Ihre Betriebsspannung beträgt maximal 15 V.

Schaltung eines CMOS-NAND-Elementes

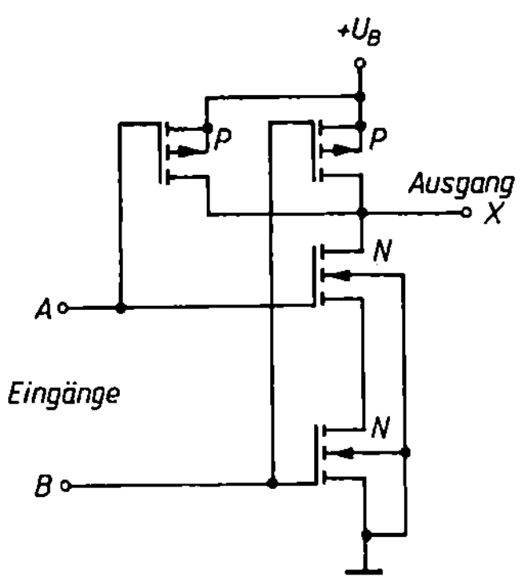

Anschlußbelegung der integrierten Schaltung
(4011 = 4 NAND)

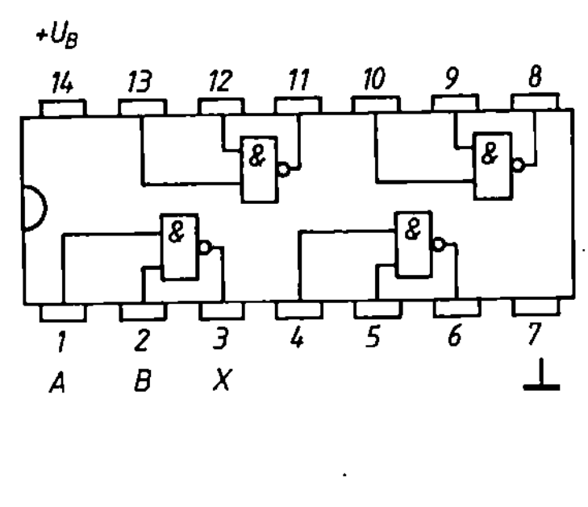

Anmerkung: Die Seriennummern 74xx bzw. 40xx werden international von verschiedenen Herstellern verwendet. Als Gehäuse wird üblicherweise das Dual-In-Line-Gehäuse (DIL) verwendet.
Eingänge, die nicht belegt sind, können eine Störquelle sein. Es empfiehlt sich, alle Eingänge zu
beschalten. (Bei UND- und NAND-Elementen legt man die nicht benötigten Eingänge auf „1", bei
ODER- und NOR-Elementen auf „0").

26.4 Auswahl integrierter Logikbausteine

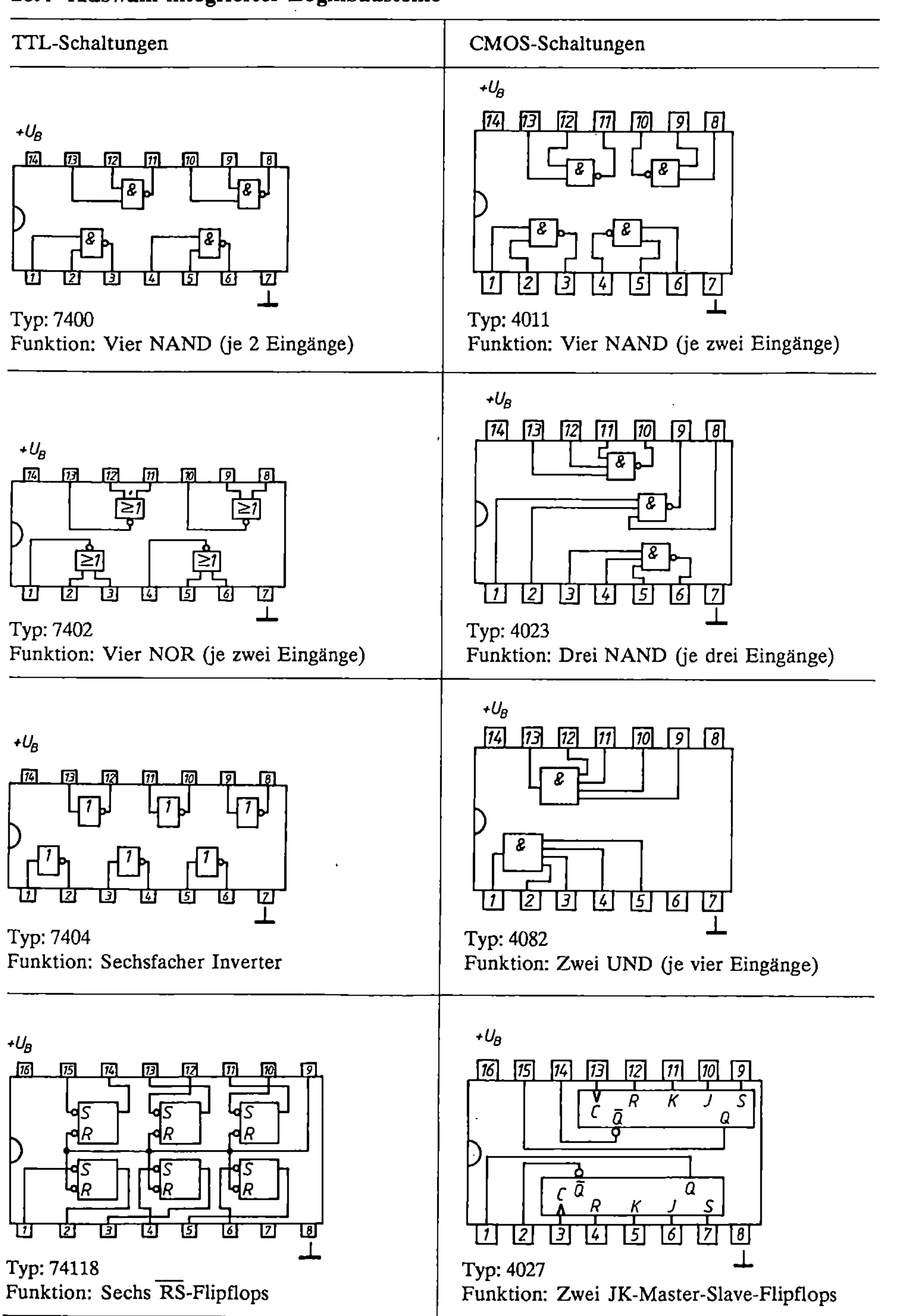

27 Grundlagen der Steuerungstechnik

27.1 Steuerung und Regelung

Steuern		*Kennzeichen einer Steuerung:*
	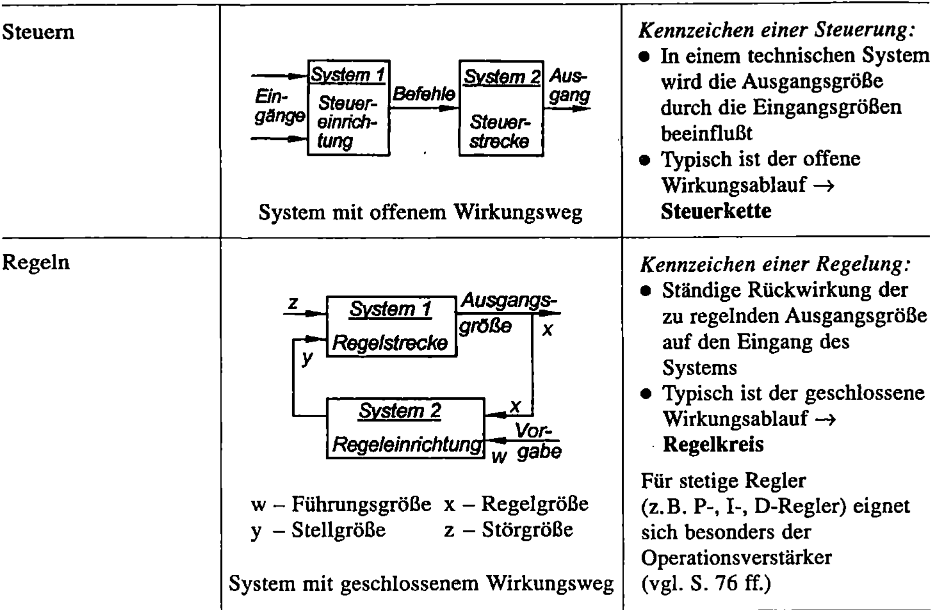	• In einem technischen System wird die Ausgangsgröße durch die Eingangsgrößen beeinflußt
	System mit offenem Wirkungsweg	• Typisch ist der offene Wirkungsablauf → **Steuerkette**
Regeln		*Kennzeichen einer Regelung:*
		• Ständige Rückwirkung der zu regelnden Ausgangsgröße auf den Eingang des Systems
		• Typisch ist der geschlossene Wirkungsablauf → · **Regelkreis**
	w – Führungsgröße x – Regelgröße y – Stellgröße z – Störgröße	Für stetige Regler (z.B. P-, I-, D-Regler) eignet sich besonders der Operationsverstärker (vgl. S. 76 ff.)
	System mit geschlossenem Wirkungsweg	

27.2 Merkmale elektrischer Steuerungen

Blockschaltbild der Steuerung einer Werkzeugmaschine	
	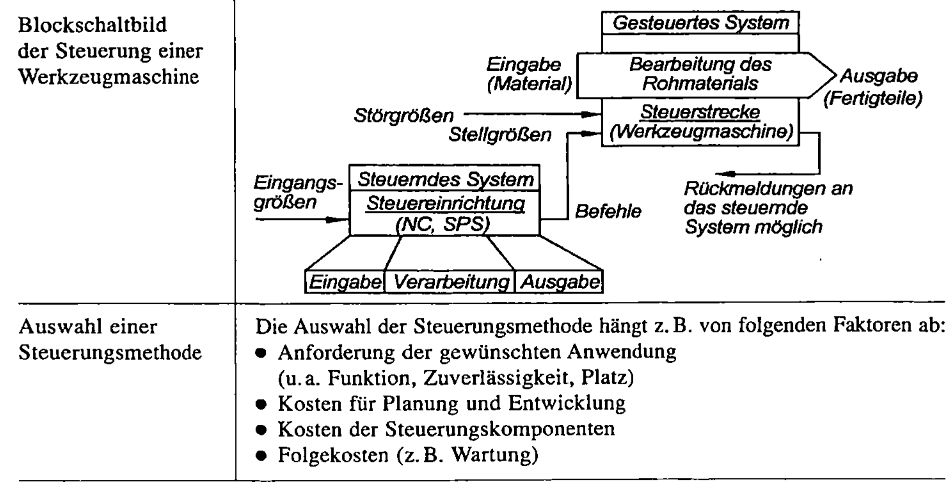
Auswahl einer Steuerungsmethode	Die Auswahl der Steuerungsmethode hängt z.B. von folgenden Faktoren ab: • Anforderung der gewünschten Anwendung (u.a. Funktion, Zuverlässigkeit, Platz) • Kosten für Planung und Entwicklung • Kosten der Steuerungskomponenten • Folgekosten (z.B. Wartung)

Elektrische Motorsteuerung	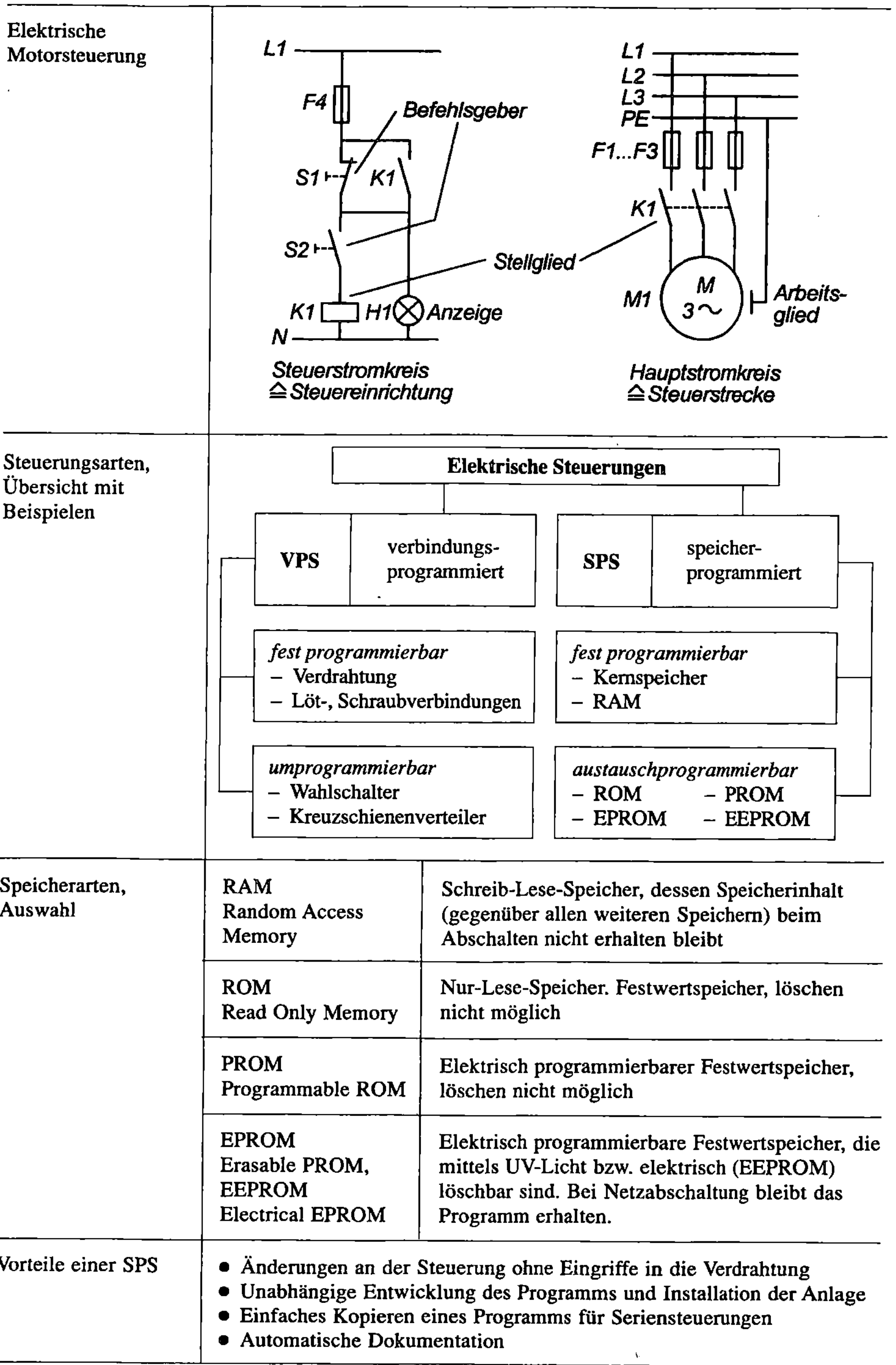

Steuerungsarten, Übersicht mit Beispielen

Elektrische Steuerungen	
VPS verbindungs-programmiert	**SPS** speicher-programmiert
fest programmierbar – Verdrahtung – Löt-, Schraubverbindungen	*fest programmierbar* – Kernspeicher – RAM
umprogrammierbar – Wahlschalter – Kreuzschienenverteiler	*austauschprogrammierbar* – ROM – PROM – EPROM – EEPROM

Speicherarten, Auswahl

RAM Random Access Memory	Schreib-Lese-Speicher, dessen Speicherinhalt (gegenüber allen weiteren Speichern) beim Abschalten nicht erhalten bleibt
ROM Read Only Memory	Nur-Lese-Speicher. Festwertspeicher, löschen nicht möglich
PROM Programmable ROM	Elektrisch programmierbarer Festwertspeicher, löschen nicht möglich
EPROM Erasable PROM, EEPROM Electrical EPROM	Elektrisch programmierbare Festwertspeicher, die mittels UV-Licht bzw. elektrisch (EEPROM) löschbar sind. Bei Netzabschaltung bleibt das Programm erhalten.

Vorteile einer SPS

- Änderungen an der Steuerung ohne Eingriffe in die Verdrahtung
- Unabhängige Entwicklung des Programms und Installation der Anlage
- Einfaches Kopieren eines Programms für Seriensteuerungen
- Automatische Dokumentation

28 Speicherprogrammierbare Steuerungen (SPS)

28.1 Die Hardware einer SPS

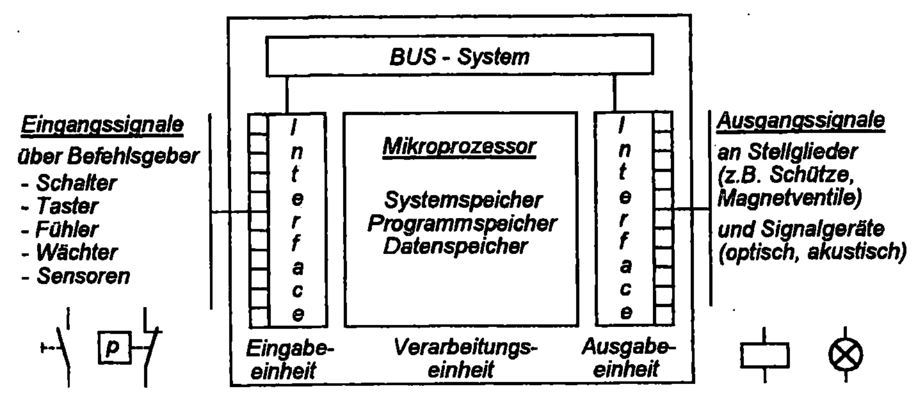

Funktionsblöcke einer SPS

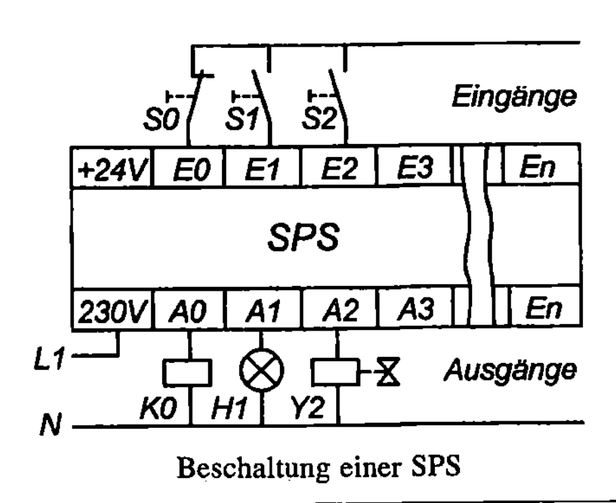

Beschaltung einer SPS

Die SPS-Systeme der verschiedenen
Hersteller weisen in ihren grundlegenden
Eigenschaften eine große Übereinstim-
mung auf. Daran ändert auch die unterschiedliche Benennung der Operanden
und Operationen nichts.

Beispiel:

	Firma A	Firma B
Eingänge	E0.0, E0.1,...	I0.0, I0.1,...
Ausgänge	A0.0, A0.1,...	Q0.0, Q0.1,...
Merker	M0.0, M0.1,...	

28.2 Programmierung einer SPS

Struktur einer
Anweisung
(Beispiel)

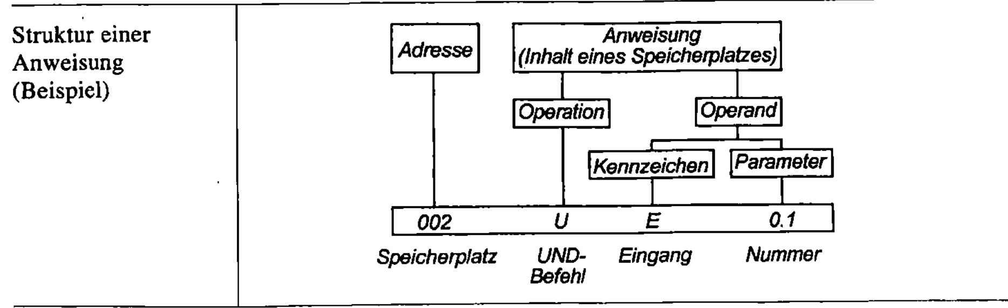

Operationen, Auswahl	L Laden U, A UND (AND) UN UND NICHT O (ODER Klammer AUF ⎫ = N Gleich NICHT ⎭	N NICHT (NOT) O ODER (OR) Verbindungen sind zulässig
	= Zuweisung S Setzen (Speicher) SP Sprung (Fortsetzung des Programms an angegebener Adresse) NOP Nulloperation (leerer Speicherplatz)	PE Programmende R Rücksetzen (Speicher)
Operanden	E Eingang M Merker A Ausgang T Timer (Zeitglied)	K Konstante Z Zähler

28.2.1 Programmierdarstellungen

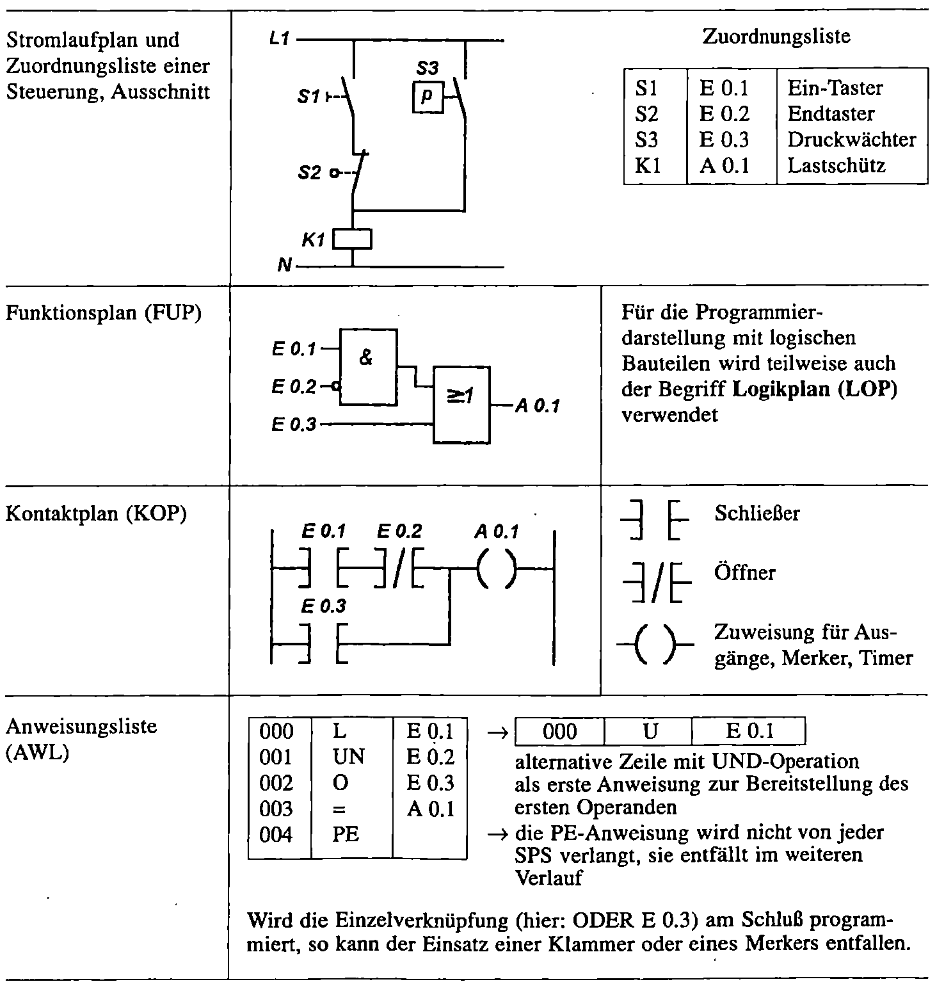

Für die Programmierdarstellung mit logischen Bauteilen wird teilweise auch der Begriff **Logikplan (LOP)** verwendet

Anweisungsliste (AWL)	000 L E 0.1

000	L	E 0.1
001	UN	E 0.2
002	O	E 0.3
003	=	A 0.1
004	PE	

→ | 000 | U | E 0.1 |

alternative Zeile mit UND-Operation als erste Anweisung zur Bereitstellung des ersten Operanden

→ die PE-Anweisung wird nicht von jeder SPS verlangt, sie entfällt im weiteren Verlauf

Wird die Einzelverknüpfung (hier: ODER E 0.3) am Schluß programmiert, so kann der Einsatz einer Klammer oder eines Merkers entfallen.

28.2.2 Programmieren grundlegender Funktionen

Anmerkungen	
	• Die im weiteren Verlauf verwendeten Operationen und Operanden werden nicht von allen SPS-Herstellern in dieser Form verwendet. Auch wenn sie in Anzahl, Benennung und Funktion davon abweichen, lassen sie sich leicht übertragen, da die Programmierung aller SPS grundsätzlich einheitlichen Prinzipien folgt.
	• Alle Eingabeglieder (E 0...) dieser Beispiele sind als Schließer an die SPS angeschlossen. Auf den Aspekt der Drahtbruchsicherheit wird auf S. 219 besonders eingegangen.
	• Die erste Anweisung erfolgt mit einem Lade-Befehl (L).
	• Die PE-Operation am Ende des Programms entfällt.

Funktion	Stromlaufplan	Funktionsplan (FUP)	Kontaktplan (KOP)
UND, NICHT	EO.1 / EO.2 / AO.1	EO.1 EO.2 & AO.1	EO.1 EO.2 AO.1
			Der Öffner E 0.1 ergibt NICHT-Funktion
	Anweisungsliste (AWL):	000 LN E 0.1 001 U E 0.2 002 = A 0.1	

Funktion	Stromlaufplan	Funktionsplan (FUP)	Kontaktplan (KOP)
ODER mit parallelen Ausgängen	EO.1 EO.2 / AO.1 AO.2	EO.1 EO.2 ≥ 1 AO.1 AO.2	EO.1 AO.1 EO.2 AO.2
	Anweisungsliste (AWL):	000 L E 0.1 001 ON E 0.2 002 = A 0.1 003 = A 0.2	

Funktion	Stromlaufplan	Funktionsplan (FUP)	Kontaktplan (KOP)
Exklusiv-ODER	EO.1 EO.2 AO.1	EO.1 EO.2 = 1 AO.1	EO.1 EO.2 AO.1 EO.1 EO.2
	Anweisungsliste (AWL):	000 L E 0.1 001 XO E 0.2 002 = A 0.1	

216

Funktion	Stromlaufplan	Funktionsplan (FUP)	Kontaktplan (KOP)

Merker

Anweisungsliste (AWL):

			Anmerkung:
000	L	E 0.1	Für Aufgaben dieses
001	UN	E 0.2	Typs sind auch
002	=	M 0.0	Klammer-Operationen
003	LN	E 0.3	üblich. Vgl. Schaltalgebra:
004	U	E 0.4	$(E1 \wedge \overline{E2}) \vee (\overline{E3} \wedge E4)$
005	O	M 0.0	
006	=	A 0.1	

Merker speichern SPS-intern Zwischenergebnisse. Sie sind vergleichbar mit einem Hilfsschütz in VPS-Technik und werden wie Ausgänge behandelt.

Speicher, Selbsthalteschaltung

Setzen:
Selbsthaltung
EIN

Rücksetzen:
Selbsthaltung
AUS

Anweisungsliste (FUP oben):
dominierend rücksetzend

000	L	E 0.1
001	U	E 0.2
002	S	A 0.1
003	L	E 0.3
004	O	E 0.4
005	R*	A 0.1

Anweisungsliste (FUP unten):
dominierend setzend

000	L	E 0.3
001	O	E 0.4
002	R	A .01
003	L	E 0.1
004	U	E 0.2
005	S*	A 0.1

* Bei gleichzeitigem Ansteuern des Setz- und Rücksetzeinganges dominiert der **zuletzt** gegebene Befehl

Elektrische Steuerungstechnik

Funktion	Stromlaufplan	Funktionsplan (FUP)	Kontaktplan (KOP)
Ansprech- (Einschalt-) verzögerung Timer (Zeitglied)	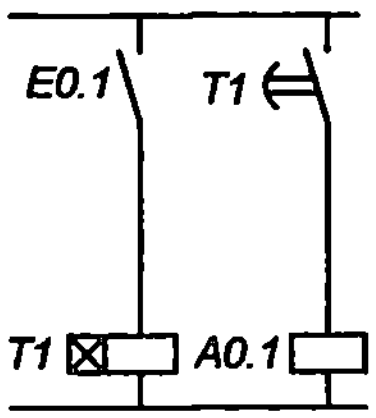 (Stromlaufplan-Schaltbild mit $E0.1$, $T1$, $A0.1$)	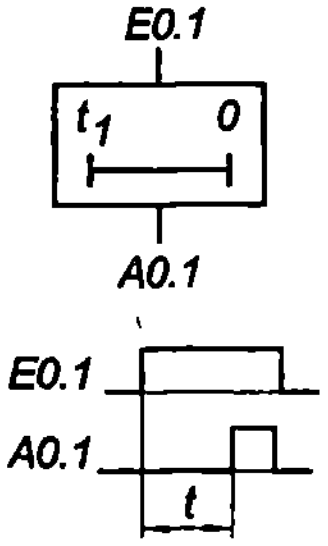 (FUP-Schaltbild mit $E0.1$, t_1, 0, $A0.1$ und Zeitdiagramm $E0.1$, $A0.1$, t)	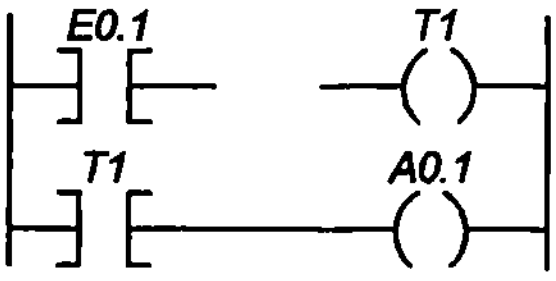 (KOP-Schaltbild mit $E0.1$, $T1$, $A0.1$)

	Anweisungsliste (AWL):		Timer-Baustein
	000 L E 0.1 001 = T1 002 L T1 003 = A 0.1 verkürzte Form (Prinzip)	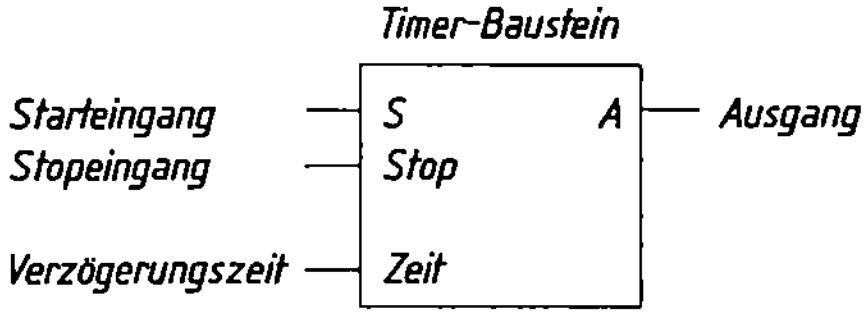 Starteingang — S A — Ausgang Stopeingang — Stop Verzögerungszeit — Zeit	

| Rückfall- (Abschalt-) verzögerung | 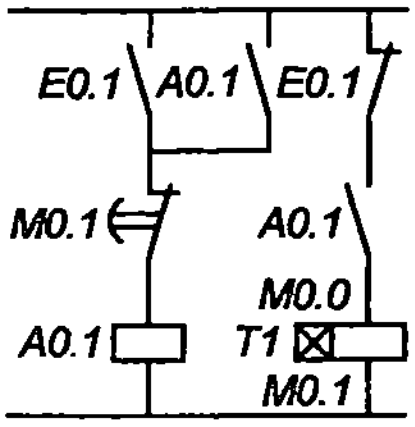 (Stromlaufplan mit $E0.1$, $A0.1$, $E0.1$, $M0.1$, $A0.1$, $M0.0$, $T1$, $M0.1$) | 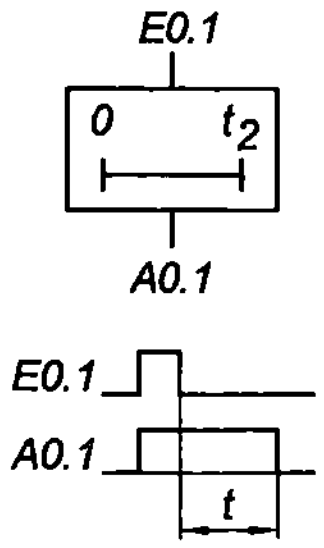 (FUP mit $E0.1$, 0, t_2, $A0.1$ und Zeitdiagramm $E0.1$, $A0.1$, t) | 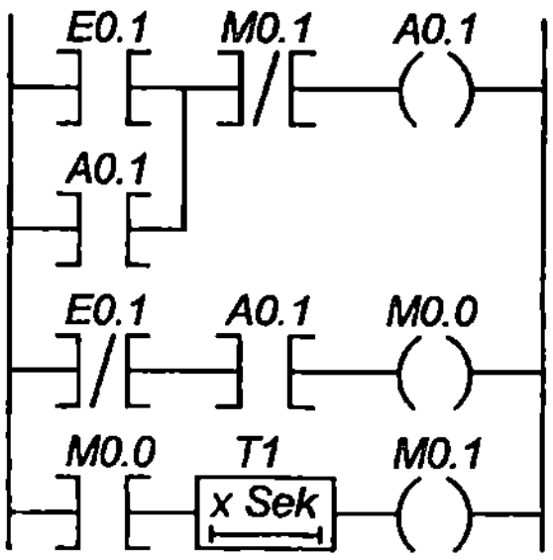 (KOP mit $E0.1$, $M0.1$, $A0.1$, $A0.1$, $E0.1$, $A0.1$, $M0.0$, $M0.0$, $T1$, x Sek, $M0.1$) |

| | Anweisungsliste (AWL): | 000 L   E 0.1
001 O   A 0.1
002 UN M .01
003 =   A 0.1
004 L N E 0.1
005 U   A 0.1
006 =   M 0.0
007 T 1
      S   : M 0.0
      Stop: −
      Zeit : × Sek
      A   : M 0.1 | |

28.3 Programmbeispiel: Wendeschützsteuerung

● Beschreibung der Schaltung:
Die Wendeschützsteuerung für einen Drehstrommotor ist so auszulegen, daß der Motor erst dann in eine andere Drehrichtung geschaltet werden kann, wenn er vorher abgeschaltet worden ist (umschalten über Halt). Die Leistungsschütze sollen gegenseitig verriegelt werden (Software). Aus Sicherheitsgründen sind zusätzliche Verriegelungskontakte einzusetzen (Hardware). Die jeweilige Drehrichtung soll durch Leuchtmelder angezeigt werden. Auf Drahtbruchsicherheit ist zu achten.

Gesucht: Der *Anschlußplan (Belegungsplan)* an die SPS und die *Zuordnungsliste* sind zu erstellen
Der *Funktionsplan (FUP) mit logischen Bausteinen* ist zu entwickeln
Die *Anweisungsliste (AWL)* und der *Kontaktplan (KOP)* sind aus dem Funktionsplan zu erstellen.
Der *Funktionsplan (FUP)* ist zusätzlich *mit Speicherbausteinen* zu entwickeln.
Auch dafür ist die entsprechende *AWL* zu schreiben.

Lösung nach Arbeitsplan:

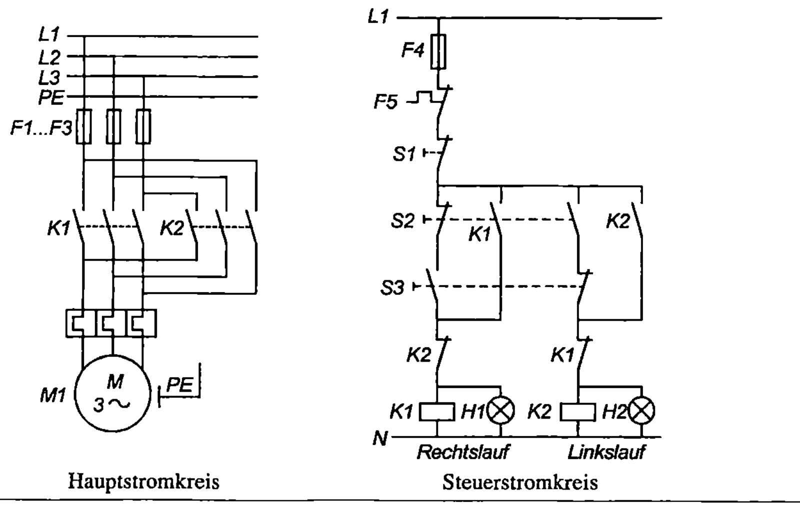

Hauptstromkreis · Steuerstromkreis

▶ Arbeitsplan

Anschlußplan der SPS unter Berücksichtigung der Drahtbruchsicherheit		*Drahtbruchsicherheit:* Die Ausschaltkontakte F5 und S1 werden als „echte Öffner" an die SPS angeschlossen. Sollte ein Anschlußdraht dieser Kontakte ausfallen (brechen), so hat das ein Abschalten der Anlage zur Folge. Vgl. Befehle in der AWL:

1

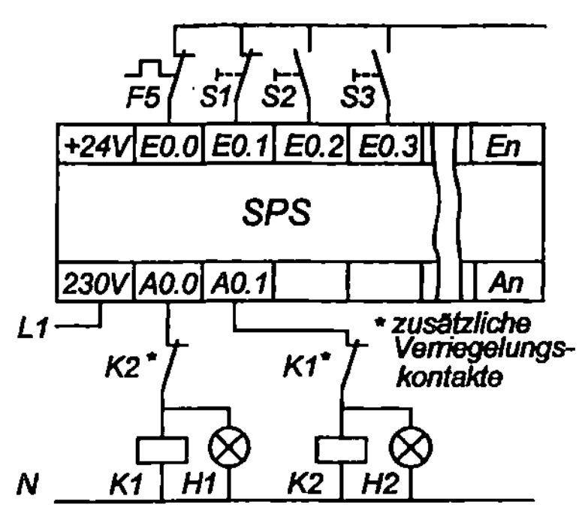


```
000   L      E 0.0
001   U      E 0.1
```

Elektrische Steuerungstechnik

<table>
<tr><td>**2**</td><td>Zuordnungsliste</td><td colspan="3">

Symbol	Operand	Funktion/Kommentar
F5	E 0.0	Motorschutzkontakt
S1	E 0.1	Aus-Taster
S2	E 0.2	Ein-Taster Linkslauf
S3	E 0.3	Ein-Taster Rechtslauf
K1, H1	A 0.0	Schütz Rechtslauf, Leuchtmelder Rechtslauf
K2, H2	A 0.1	Schütz Linkslauf, Leuchtmelder Linkslauf

</td></tr>
</table>

3A   Funktionsplan (FUP) mit logischen Grundbausteinen (Darstellung A)

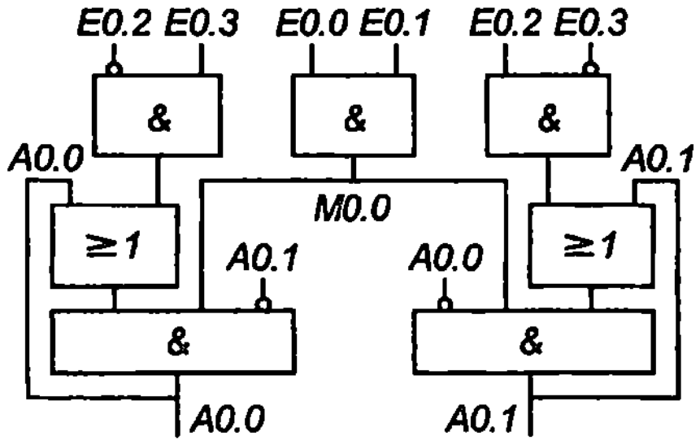

3B   Funktionsplan (FUP) mit logischen Grundbausteinen (Darstellung B)

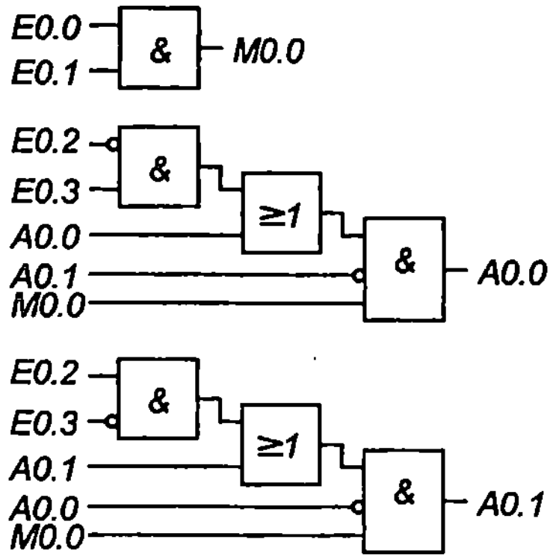

4   Anweisungsliste (AWL) nach Funktionsplan

AWL			Kommentar
000	L	E 0.0	
001	U	E 0.1	
002	=	M 0.0	
003	LN	E 0.2	Eingangsverriegelung
004	U	E 0.3	
005	O	A 0.0	
006	U	M 0.0	
007	UN	A 0.1	Ausgangsverriegelung
008	=	A 0.0	Rechtslauf
009	L	E 0.2	
010	UN	E 0.3	Eingangsverriegelung
011	O	A 0.1	
012	U	M 0.0	
013	UN	A 0.0	Ausgangsverriegelung
014	=	A 0.1	Linkslauf

		5

Kontaktplan (KOP)

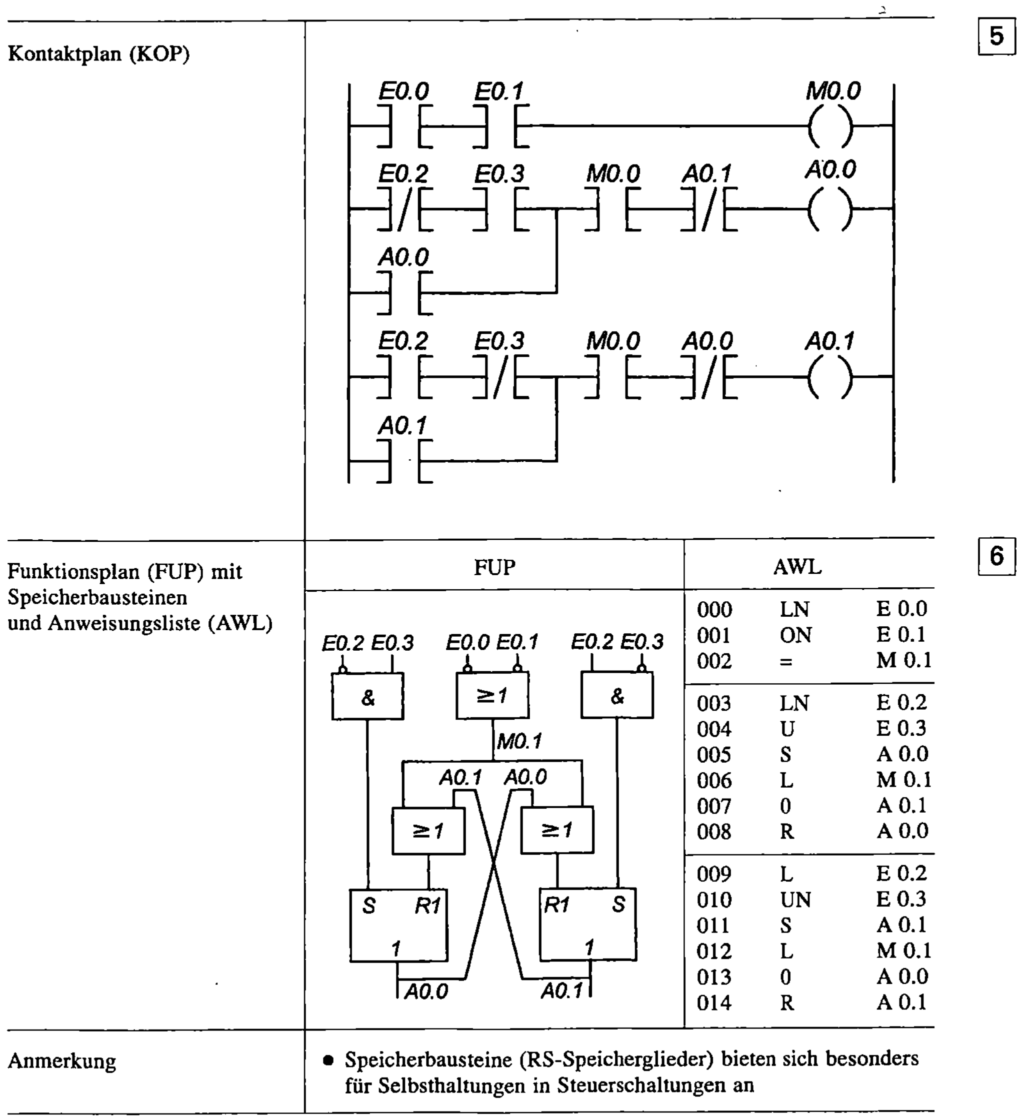

Funktionsplan (FUP) mit Speicherbausteinen und Anweisungsliste (AWL)	FUP	AWL	6

AWL

000	LN	E 0.0
001	ON	E 0.1
002	=	M 0.1
003	LN	E 0.2
004	U	E 0.3
005	S	A 0.0
006	L	M 0.1
007	O	A 0.1
008	R	A 0.0
009	L	E 0.2
010	UN	E 0.3
011	S	A 0.1
012	L	M 0.1
013	O	A 0.0
014	R	A 0.1

Anmerkung

- Speicherbausteine (RS-Speicherglieder) bieten sich besonders für Selbsthaltungen in Steuerschaltungen an

29 Ablaufsteuerungen für SPS

29.1 Grundlagen

Arten von Ablaufsteuerungen	

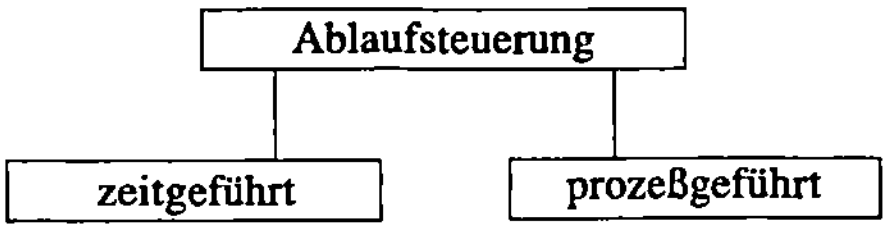

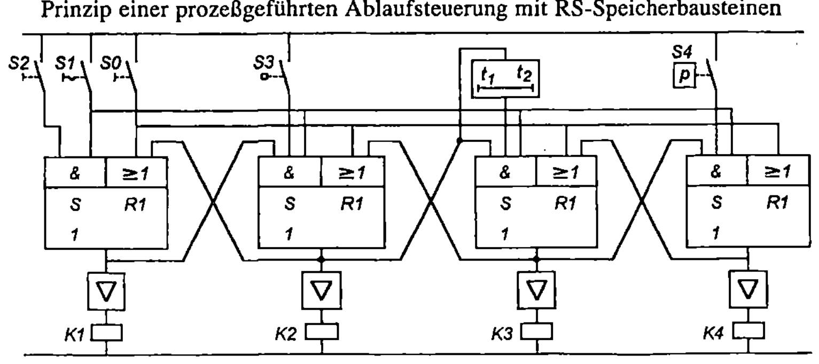

Ablaufsteuerung

zeitgeführt — **prozeßgeführt**

Die Weiterschaltbedingungen sind nur von der Zeit abhängig (z.B. mit Zeitgliedern)	Die Weiterschaltbedingungen sind von den Signalen (Rückmeldungen) der gesteuerten Anlage abhängig (z.B. über Sensoren, durch Druck- oder Temperaturwächter)

In der Praxis sind Kombinationen von zeitgeführten und prozeßgeführten Ablaufsteuerungen überwiegend vorzufinden. Ablaufsteuerungen sind gekennzeichnet durch Schritte und Weiterschaltbedingungen.

Struktur einer Ablaufsteuerung

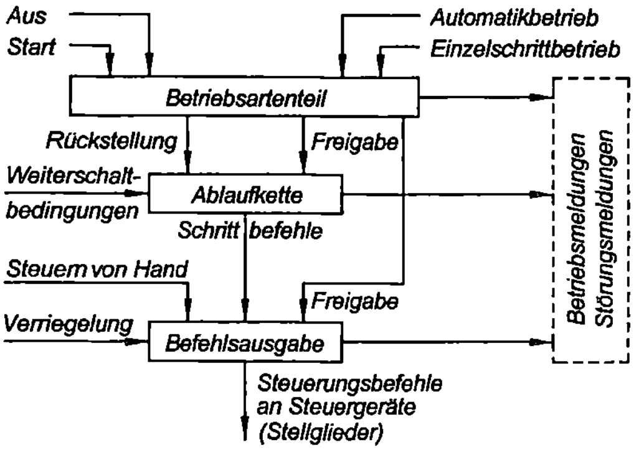

Prinzip einer prozeßgeführten Ablaufsteuerung mit RS-Speicherbausteinen

29.2 Ablaufkette

Funktionsplan einer prozeßgeführten Ablaufsteuerung (Vgl. S. 222 u.) mit linearer Ablaufkette	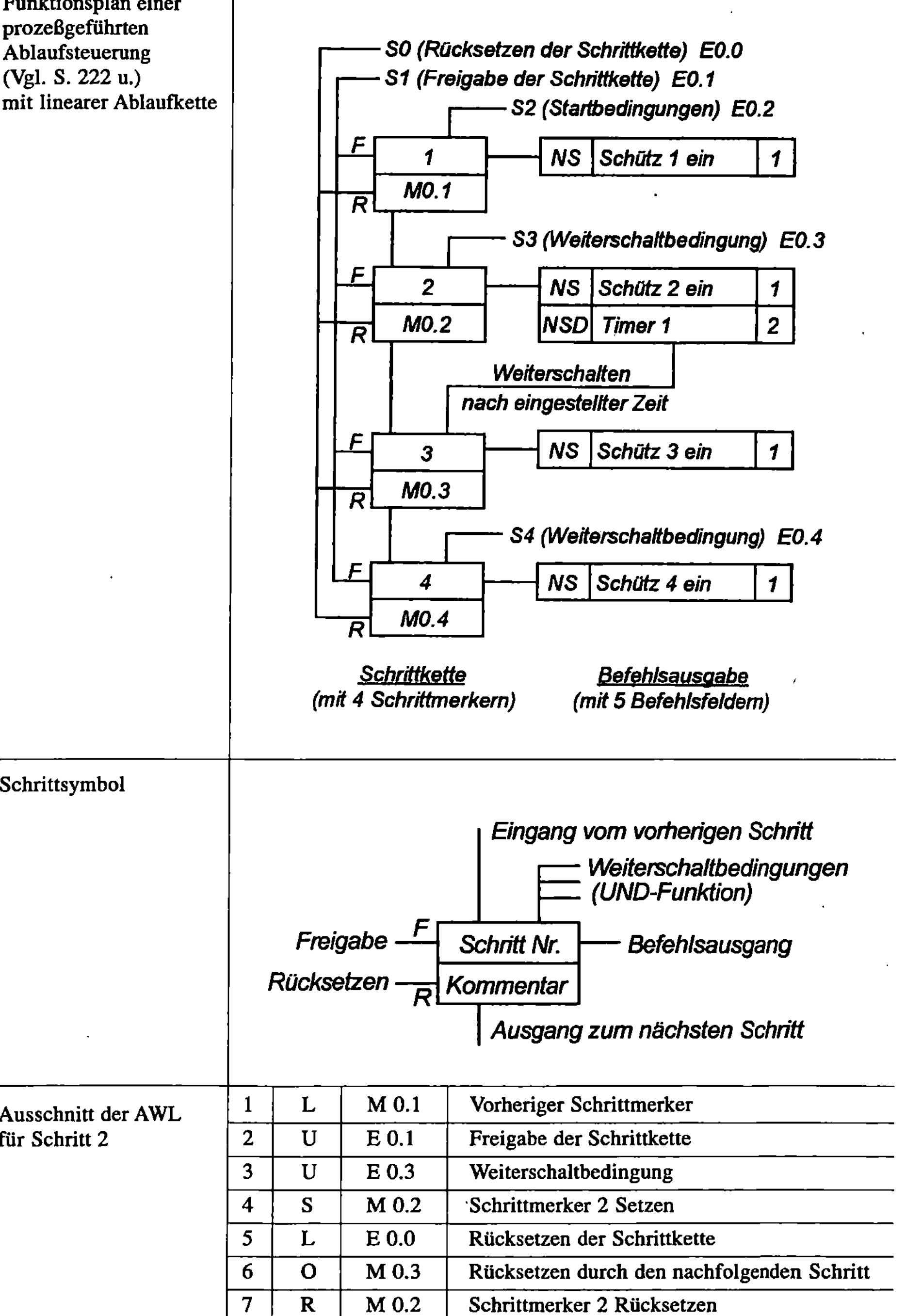
Schrittsymbol	

Ausschnitt der AWL für Schritt 2			
1	L	M 0.1	Vorheriger Schrittmerker
2	U	E 0.1	Freigabe der Schrittkette
3	U	E 0.3	Weiterschaltbedingung
4	S	M 0.2	·Schrittmerker 2 Setzen
5	L	E 0.0	Rücksetzen der Schrittkette
6	O	M 0.3	Rücksetzen durch den nachfolgenden Schritt
7	R	M 0.2	Schrittmerker 2 Rücksetzen

Elektrische Steuerungstechnik

29.3 Befehlsausgabe und Befehlsarten

Befehlssymbol			

Befehlsarten	Kenn-buch-stabe	Befehlsart und Wirkung des Befehls	Funktion
	NS	Not Stored (nicht gespeichert) Bleibt einen Schritt aktiv, solange der Eingang mit 1 angesteuert wird	E1 —[1]— A1
	S	Stored (gespeichert) Bleibt nach dem Setzen so lange aktiv, bis ein Rücksetzbefehl erfolgt	E1 —[S], E2 —[R]— A1
	NSD	Not Stored, Delayed (nicht gespeichert, zeitlich verzögert) Wie NS, der Befehl wird allerdings um eine vorgegebene Zeit verzögert ausgeführt	E1 —[t_1 t_2]— A1 (T1)
	SD	Stored Delayed (gespeichert und verzögert) Wird gespeichert und nach Ablauf einer vorgegebenen Zeit ausgeführt	E1 —[S], E2 —[R] —[t_1 t_2]— A1 (T1)
	SH	Stored Hold (speichern u. halten) Der Befehl bleibt auch nach Spannungsausfall aktiv	E1 —[S], E2 —[R] — Haftmerker [1]— A1
	T	Time (Zeit) Der Befehl bleibt nur für eine bestimmte Zeit aktiv	E1 —[t_1 t_2]—[&]— A1
	ST	Stored Time (gespeichert und zeitlich begrenzt) Wird für eine vorgegebene Zeit ausgeführt, wenn der Eingang mit 1 angesteuert wird	E1 —[>S], E2 —[≥1][R]— A1 (T1 [t_1 t_2])

29.4 Programmbeispiel: Automatische Stern-Dreieck-Schaltung

Beschreibung der Schaltung:	Hauptstromkreis
Die Stern-Dreieck-Schaltung für einen Drehstrommotor hat die Aufgabe, den hohen Anlaufstrom des Motors zu vermindern, indem die Wicklungsstränge des Motors erst nach dem Hochlaufen an die volle Nennspannung gelegt werden. Die Weiterschaltung von Stern auf Dreieck soll automatisch nach 15 s erfolgen. Liegt das Netzschütz an Spannung, so soll dies durch einen Leuchtmelder angezeigt werden. Auf Drahtbruchsicherheit ist zu achten.	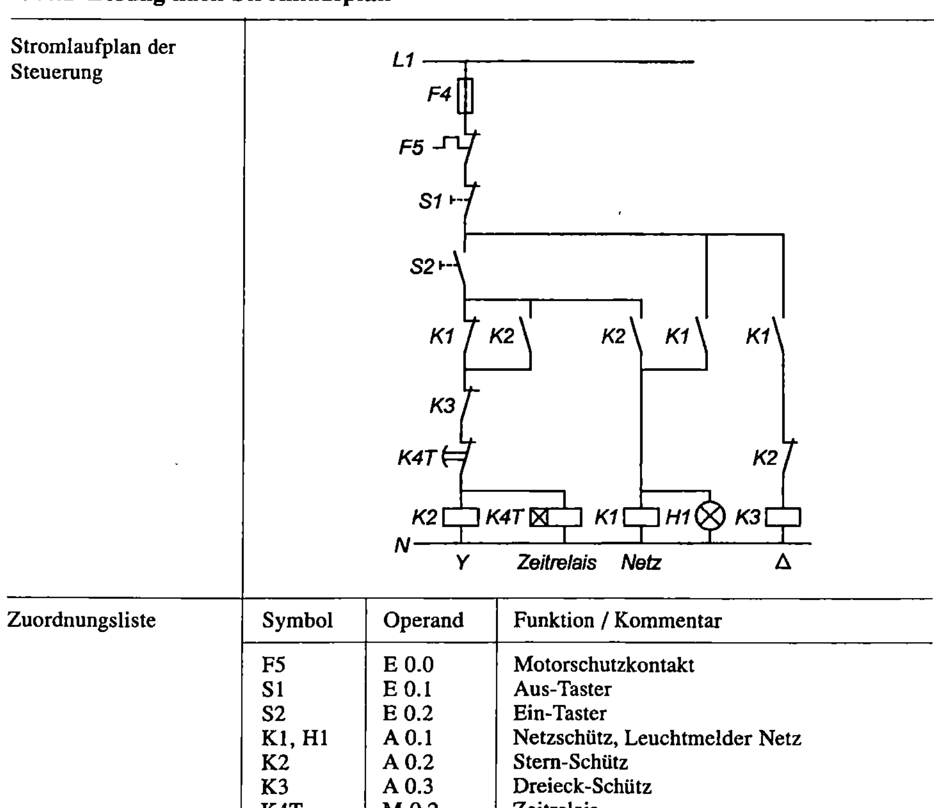

Gesucht: Die Schaltung und Programmierung ist in klassischer Form (nach vorliegendem Stromlaufplan) und als *Ablaufsteuerung auszuführen* und zu *vergleichen.*

29.4.1 Lösung nach Stromlaufplan

Stromlaufplan der Steuerung	

Zuordnungsliste	Symbol	Operand	Funktion / Kommentar
	F5	E 0.0	Motorschutzkontakt
	S1	E 0.1	Aus-Taster
	S2	E 0.2	Ein-Taster
	K1, H1	A 0.1	Netzschütz, Leuchtmelder Netz
	K2	A 0.2	Stern-Schütz
	K3	A 0.3	Dreieck-Schütz
	K4T	M 0.2	Zeitrelais

Elektrische Steuerungstechnik

AWL nach Stromlaufplan	Adresse	Operation	Operand	Bemerkung
	000	L	E 0.0	
	001	U	E 0.1	
	002	=	M 0.0	Merker Aus
	003	L	A 0.1	
	004	U	A 0.2	
	005	O	E 0.2	
	006	=	M 0.1	Merker Stern
	007	LN	A 0.1	
	008	O	A 0.2	
	009	UN	E 0.3	
	010	UN	M 0.2	Timer Ausgang
	011	U	M 0.1	
	012	U	M 0.0	
	013	=	A 0.2	Stern-Schütz und Timer Eingang (Setzen)
	014	L	E 0.2	
	015	U	A 0.2	
	016	O	A 0.1	
	017	U	M 0.0	
	018	=	A 0.1	Netzschütz und Leuchtmelder
	019	L	A 0.1	
	020	UN	A 0.2	
	021	U	M 0.0	
	022	=	A 0.3	Dreieck-Schütz
	023	T 1		Timer 1
		Setzen:	A 0.2	
		Stop:	–	
		Zeit:	15 s	Verzögerungszeit 15 Sek.
		Ausgang:	M 0.2	

29.4.2 Lösung als Ablaufsteuerung

Funktionsplan der
Ablaufkette

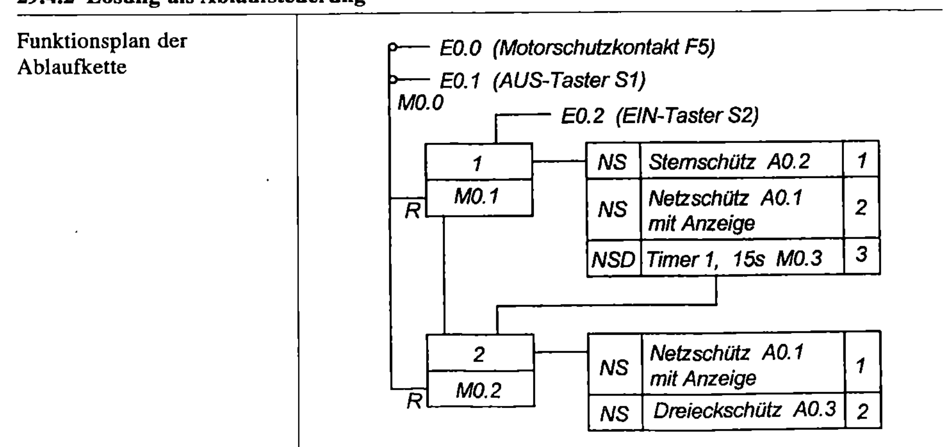

AWL nach Stromlaufplan	Adresse	Operation	Operand	Bemerkung
	000	LN	E 0.0	
	001	ON	E 0.1	
	002	=	M 0.0	Rücksetzen, Aus
	003	L	E 0.2	
	004	S	M 0.1	Schritt 1
	005	L	M 0.2	
	006	O	M 0.0	
	007	R	M 0.1	
	008	L	M 0.1	
	009	U	M 0.3	Timer Ausgang
	010	S	M 0.2	Schritt 2
	011	L	M 0.0	
	012	R	M 0.2	
	013	L	M 0.1	
	014	=	A 0.2	Stern-Schütz
	015	L	M 0.1	
	016	O	M 0.2	
	017	=	A 0.1	Netzschütz
	018	L	M 0.2	
	019	=	A 0.3	Dreieck-Schütz
	020	T 1		Timer 1
		Setzen:	A 0.2	
		Stop:	–	
		Zeit:	15 s	Verzögerungszeit 15 sek.
		Ausgang:	M 0.3	
Hinweise zur Programmierung	Jedem Schritt wird ein Merker zugeordnet. Die Schrittkette wird häufig zuerst programmiert (vgl. Adressen 003-012). Danach erfolgt die Programmierung der Befehlsausgabe (vgl. Adressen 013-019).			

Elektrische Steuerungstechnik

29.4.3 Automatische Stern-Dreieck-Schaltung mit Wendeschützsteuerung

Beschreibung der Schaltung:	Hauptstromkreis
Die automatische Stern-Dreieck-Schaltung als Wendesteuerung erlaubt den Betrieb in beiden Drehrichtungen.	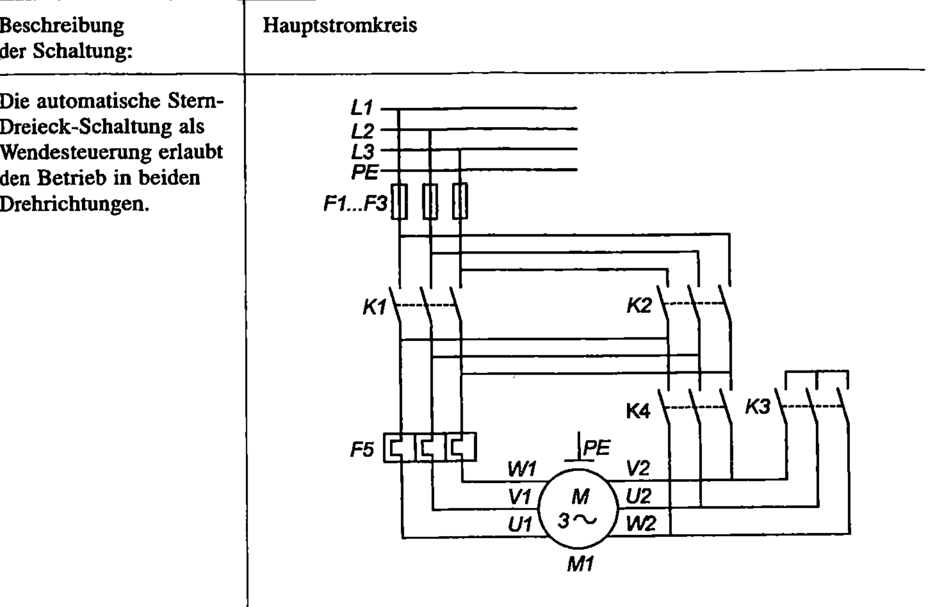

Gesucht: Der Funktionsplan der *Ablaufsteuerung* und die Anweisungsliste (AWL) sind herzustellen.
Lösung als Ablaufsteuerung

Funktionsablaufplan der verzweigten Schrittkette

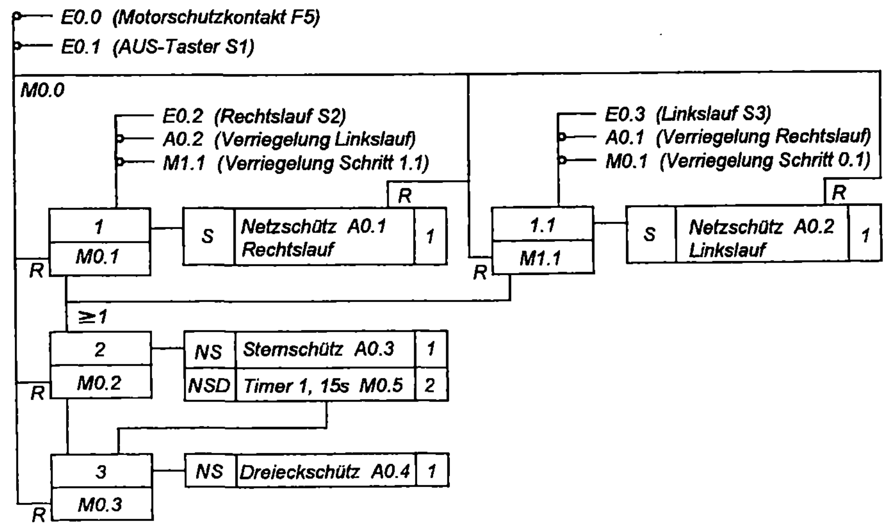

Funktionsplan (FUP) der Schrittkette	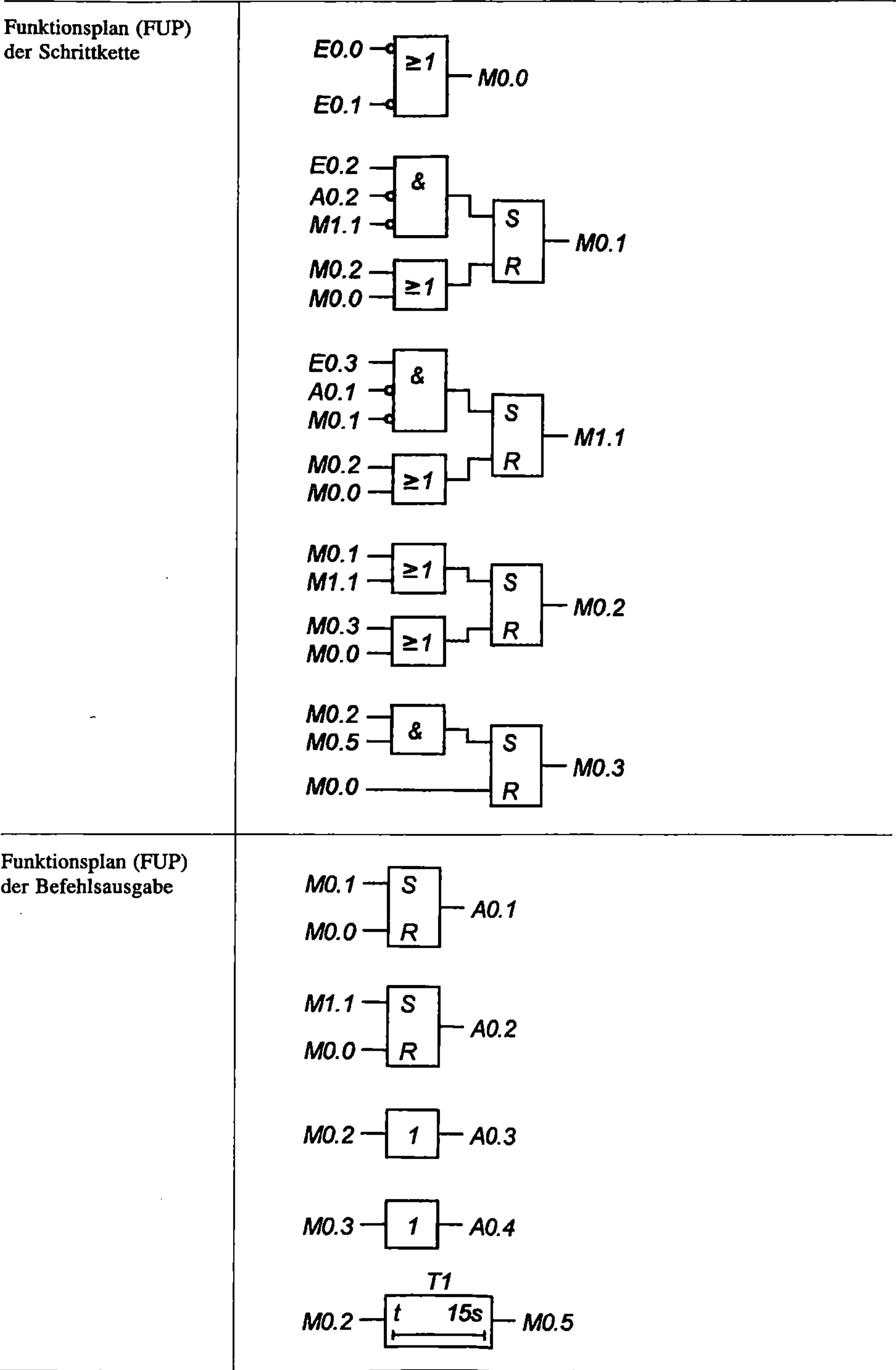
Funktionsplan (FUP) der Befehlsausgabe	

Elektrische Steuerungstechnik

<table>
<tr><td colspan="4">Anweisungsliste (AWL) der automatischen
Stern-Dreieck-Schaltung mit
Wendeschützsteuerung nach dem
Funktionsplan (FUP)</td><td colspan="3">Zuordnungsliste</td></tr>
<tr><td>Adresse</td><td>Operation</td><td>Operand</td><td>Bemerkung</td><td>Symbol</td><td>Operand</td><td>Funktion/Kommentar</td></tr>
<tr><td>000</td><td>LN</td><td>E 0.0</td><td></td><td>F5</td><td>E 0.0</td><td>Motorschutzkontakt</td></tr>
<tr><td>001</td><td>ON</td><td>E 0.1</td><td></td><td>S1</td><td>E 0.1</td><td>Aus-Taster</td></tr>
<tr><td>002</td><td>=</td><td>M 0.0</td><td>Merker Aus</td><td>S2</td><td>E 0.2</td><td>Ein-Taster Rechtslauf</td></tr>
<tr><td>003</td><td>L</td><td>E 0.2</td><td></td><td>S3</td><td>E 0.3</td><td>Ein-Taster Linkslauf</td></tr>
<tr><td>004</td><td>UN</td><td>A 0.2</td><td></td><td>K1</td><td>A 0.1</td><td>Netzschütz Rechtslauf</td></tr>
<tr><td>005</td><td>UN</td><td>M 1.1</td><td></td><td>K2</td><td>A 0.2</td><td>Netzschütz Linkslauf</td></tr>
<tr><td>006</td><td>S</td><td>M 0.1</td><td>Schritt 1</td><td>K3</td><td>A 0.3</td><td>Stern-Schütz</td></tr>
<tr><td>007</td><td>L</td><td>M 0.2</td><td></td><td>K4</td><td>A 0.4</td><td>Dreieck-Schütz</td></tr>
<tr><td>008</td><td>O</td><td>M 0.0</td><td></td><td></td><td></td><td></td></tr>
<tr><td>009</td><td>R</td><td>M 0.1</td><td></td><td></td><td></td><td></td></tr>
<tr><td>010</td><td>L</td><td>E 0.3</td><td></td><td></td><td></td><td></td></tr>
<tr><td>011</td><td>UN</td><td>A 0.1</td><td></td><td></td><td></td><td></td></tr>
<tr><td>012</td><td>UN</td><td>M 0.1</td><td></td><td></td><td></td><td></td></tr>
<tr><td>013</td><td>S</td><td>M 1.1</td><td>Schritt 1.1</td><td></td><td></td><td></td></tr>
<tr><td>014</td><td>L</td><td>M 0.2</td><td></td><td></td><td></td><td></td></tr>
<tr><td>015</td><td>O</td><td>M 0.0</td><td></td><td></td><td></td><td></td></tr>
<tr><td>016</td><td>R</td><td>M 1.1</td><td></td><td></td><td></td><td></td></tr>
<tr><td>017</td><td>L</td><td>M 0.1</td><td></td><td></td><td></td><td></td></tr>
<tr><td>018</td><td>O</td><td>M 1.1</td><td></td><td></td><td></td><td></td></tr>
<tr><td>019</td><td>S</td><td>M 0.2</td><td>Schritt 2</td><td></td><td></td><td></td></tr>
<tr><td>020</td><td>L</td><td>M 0.3</td><td></td><td></td><td></td><td></td></tr>
<tr><td>021</td><td>O</td><td>M 0.0</td><td></td><td></td><td></td><td></td></tr>
<tr><td>022</td><td>R</td><td>M 0.2</td><td></td><td></td><td></td><td></td></tr>
<tr><td>023</td><td>L</td><td>M 0.2</td><td></td><td></td><td></td><td></td></tr>
<tr><td>024</td><td>U</td><td>M 0.5</td><td></td><td></td><td></td><td></td></tr>
<tr><td>025</td><td>S</td><td>M 0.3</td><td>Schritt 3</td><td></td><td></td><td></td></tr>
<tr><td>026</td><td>L</td><td>M 0.0</td><td></td><td></td><td></td><td></td></tr>
<tr><td>027</td><td>R</td><td>M 0.3</td><td></td><td></td><td></td><td></td></tr>
<tr><td>028</td><td>L</td><td>M 0.1</td><td>Netzschütz</td><td></td><td></td><td></td></tr>
<tr><td>029</td><td>S</td><td>A 0.1</td><td>Rechtslauf</td><td></td><td></td><td></td></tr>
<tr><td>030</td><td>L</td><td>M 0.0</td><td></td><td></td><td></td><td></td></tr>
<tr><td>031</td><td>R</td><td>A 0.1</td><td></td><td></td><td></td><td></td></tr>
<tr><td>032</td><td>L</td><td>M 1.1</td><td>Netzschütz</td><td></td><td></td><td></td></tr>
<tr><td>033</td><td>S</td><td>A 0.2</td><td>Linkslauf</td><td></td><td></td><td></td></tr>
<tr><td>034</td><td>L</td><td>M 0.0</td><td></td><td></td><td></td><td></td></tr>
<tr><td>035</td><td>R</td><td>A 0.2</td><td></td><td></td><td></td><td></td></tr>
<tr><td>036</td><td>L</td><td>M 0.2</td><td></td><td></td><td></td><td></td></tr>
<tr><td>037</td><td>=</td><td>A 0.3</td><td>Stern-Schütz</td><td></td><td></td><td></td></tr>
<tr><td>038</td><td>L</td><td>M 0.3</td><td></td><td></td><td></td><td></td></tr>
<tr><td>049</td><td>=</td><td>A 0.4</td><td>Dreieck-Schütz</td><td></td><td></td><td></td></tr>
<tr><td>040</td><td>T 1</td><td></td><td>Timer 1</td><td></td><td></td><td></td></tr>
<tr><td></td><td>Setzen:</td><td>M 0.2</td><td></td><td></td><td></td><td></td></tr>
<tr><td></td><td>Stop:</td><td>−</td><td></td><td></td><td></td><td></td></tr>
<tr><td></td><td>Zeit:</td><td>15 s</td><td></td><td></td><td></td><td></td></tr>
<tr><td></td><td>Ausgang:</td><td>M 0.5</td><td></td><td></td><td></td><td></td></tr>
</table>

Sachwortverzeichnis

2-4-2-1-Code 197
3-Exzeß-Code 197
8-4-2-1-Code 197

A
Abgleichbedingung 97, 125
Abklingkonstante 130
Ablaufkette 223, 226
Ablaufsteuerungen 222 ff.
– zeitgeführt 222
– prozeßgeführt 222
– Struktur, Prinzip 222
Abschnürspannung 69
Abschwächer 125
absoluter Nullpunkt 2
Addierer 188
Admittanz 116
Äquivalenz-Funktion 199
Aiken-Code 197
A_L-Wert 22, 38
analog 193
Analyse logischer Schaltungen
    201
Anfangspermeabilität 22
Anlasserkennwert 155, 156
Anlaßschwere 155
Anlaßverfahren 153, 155
Anlaßwiderstand 154, 160
Anlaufkondensator 164 f.
Anlaufmoment 153
Anlaufstrom 153
Anreicherungstyp 68,70
Anschlußkennzeichnungen
    149
Antiparallelschaltung 83, 157
Antivalenz-Funktion 199
Antrieb, elektrisch 148 ff.
Anweisungsliste (AWL) 215
    ff.
Anzugsverzögerung 107
aperiodischer
    Ausgleichsvorgang 130
Arbeitspunkt 16, 85, 94, 177
Arbeitspunkteinstellung 177 f.
Arbeitspunktstabilisierung
    178
arithmetische Form 141
ASCII-Code 197
Assoziativgesetz 202
Asynchronmotor 148, 151 ff.
– Aufbau 151
– Drehzahlsteuerung 152

– stromrichtergespeist 156 ff.
Atto 3
Ausgangsimpedanz 67
Ausgangsleitwert 64, 65
Ausgangswiderstand 62, 65,
    78, 79
Ausgleichsvorgänge 105 ff.
Ausnutzungsgrad 104
Außenleiter 136 ff.

B
Ballungsregel 43
Bandbreite 78, 127, 129
Basisschaltung 65, 180 f.
Basisspannungsteiler 177
Basisvorwiderstand 178
BCD-Code 197
Befehlsarten 224
Befehlsausgabe 223 f.
Befehlssymbol 224
Bemessungswert 148
Betriebsdiagramm 85, 94 f.
Betriebskondensator 164 f.
Beweglichkeit der Ladung 2,
    86
Bezugspfeile 85
bipolare Transistoren 61 ff.
bipolare Schaltung 168
bistabile Elemente 206 ff.
Blindfaktor 116
Blindgrößen 116 ff.
Blindleistungskompensation
    135
Brechung der Feldlinien 39,
    47
Brückenschaltung 97, 125,
    187
Brückenspannung 98, 125
Brückenstrom 98, 125
Brummspannung 171, 172,
    174
Bulk 70

C
Chopper 163
CMOS-Schaltungen 209 ff,
Codes 196 f.
codiertes Datum 3
Codierung 196 f.
Coulomb 46
Coulombsches Gesetz 47

D
Dämpfung 127, 129
Dämpfungsfaktor 132, 134
Dämpfungsmaß 132, 134
Dahlanderschaltung 154
Datum, codiertes 3
Dauergrenzstrom von
    Thyristoren 82, 84
Dauerkurzschlußstrom 25
Dekrement 130
De-Morgansche Gesetze 203
Determinante 64, 66
Dezibel 132, 133, 134
dezimale Vielfache 3
Dezimalsystem 194
D-Flipflop 206
Diac 83, 191
diamagnetisch 37
Dielektrikum 48
Dielektrizitätszahl 29, 32 f.,
    46
differentieller Widerstand 16
Differenzbetrieb 76
Differenzierer 189
Differenzspannungsverstärkun
    g 77
Differenzverstärker 187
digital 193
Dimmer 192
DIN-Reihen 4
DIN-Schnitt 27 f.
Dioden 52 ff.
– Kenndaten und Kennlinien
    57 ff.
Direktumrichter 156 f.
disjunktive Normalform 203 f.
Distributivgesetz 202
Doppelschlußmotor 161 f.
Doppelsternschaltung 154
Drahtbruchsicherheit 219
Drahtquerschnitte 26
Drainschaltungen 184
Drehfeld 151
Drehmoment 148
Drehrichtung elektr. Motoren
    150
Drehstrom 136 ff.
Drehstrommotor 148, 150
– Asynchronmotor 151 ff.
– polumschaltbar 149
Drehstromsteller 156 f.
Drehstromschaltung, gestört

231

invertierender Verstärker 78
Isolierschicht-FET 68, 70
Isolierstoffe 20
I-Umrichter 158

J
JK-Flipflop 207
JFET 68
JK-Master-Slave-Flipflop 207

K
Käfigläufermotor 148
Kapazität 29 ff., 46 ff.
Kapazitanz 116
Karnaugh-Veitch-Tafel 204 f.
Kennlinienfeld 62, 85, 94 f.
Keramikkondensator 32, 33
Kernbleche 27 f.
Kippglieder s. Flipflops
Kippspannung 82, 83
Kippstrom 82
Kirchhoffsche Sätze 86 f.
Klemmenspannung 85
Klirrfaktor 111
Kniespannung 69
Knotenpunkt-Satz 86, 98 f.
koaxiale Leiter 21, 29
Kollektorschaltung 65, 180 f.
Kommutativgesetz 202
Kommutierung 150, 163
Komparator 188
Kompensation 135
Kompensationswicklung 149, 159
Kompensationskapazität 135
komplexe Brücke 125
– Rechnung 140 ff.
– Zahlen 141
Komponentenform 141
Kompoundierung 162
Kompoundmotor 161 f.
Kondensanz 116
Kondensator 29, 31
– Kennzeichnung 32
– Schaltungen 47 f.
– Typen 33 f.
– Verlust 31
Kondensatormotor 149, 164 f.
Konduktanz 14, 116
konjunktive Normalform 203 f.
Kontaktplan (KOP) 215 ff.
Koppelkondensator 179, 185
Kraftwirkung
– bei Kondensatoren 47
– zwischen stromdurch-
  flossenen Leitern 41, 44

Kreisfrequenz 110, 130
Kühlflächenberechnung 51, 169
Kühlung 50 f., 169
Kurzschlußläufermotor 148, 151 ff.
– Anlaßverfahren 153 f.
– Drehzahlumschaltung 154
– Kennlinien 152 f.
Kurzschlußring 21
Kurzschlußspannung 25, 87
Kurzschlußstrom 85, 87
Kusa-Schaltung 154
KV-Tafel 204 f.

L
Ladekondensator 172
Lastträgheitsmoment 168
Läuferwiderstand 154 f.
Leerlaufspannung 85, 87
Leerlaufspannungsrückwir-
  kung 63
Leistung, elektrische 103
– bei Drehstrom 137 f.
– des Generators 103
– des Verbrauchers 103
– mechanische 148
Leistungsanpassung 103
Leistungsfaktor 116
Leistungsschild 149
Leistungsverlust 14
Leistungsverstärkung 65, 180
Leiter im Magnetfeld 40 ff.
Leiterwerkstoffe 18
Leitfähigkeit 14
Leitungsmechanismus 86
Leitwert 14, 88
Lenzsche Regel 42
Linkehandregel 43
Logikplan (LOP) 215
Logische Schaltglieder 198 ff.
Luftspulen 21

M
magnetische
– Flußdichte 38
– Kraftwirkung 41, 44
magnetischer Fluß 38
magnetisches Feld 37 ff.
Magnetisierungskennlinien 25
Maschen-Satz 86, 98 f.
Maxterme 183
M-Blech 27
Merker 217, 226
Meßbereichserweiterung 93
Meßschaltungen 93
Minimierung logischer

Schaltungen 204 f.
Minterme 203
Mischgröße 112
Mittelwerte 110 ff.
MOS-FET 68, 70
MOS-Schaltungen 209
Motorregel 43

N
NAND-Funktion 199, 200
NDK-Keramik 33
Nebenschlußmotor 159 f.
Nebenschlußverhalten 159, 162, 164
negative Logik 193
negativer Drehsinn 140
Nennwert 148
Neper 132, 134
nichtinvertierender
– Betrieb 76
– Verstärker 79
nichtlinearer Widerstand 16, 94 f.
NICHT-Funktion 198, 200
NOR-Funktion 199, 200
Normalformen 203 f.
Normen 1
NPN-Transistor 61
Nullkippspannung 82, 83
Nullphasenwinkel 110

O
Oberschwingung 111
ODER-Funktion 198, 200
Offsetspannung 77
Offsetstrom 77
Ohmsches Gesetz 85
– des Magnetischen Kreises 37
Oktalsystem 194
OP s. Operationsverstärker
Operationsverstärker 76 ff.
– Kenndaten und Anschlüsse 80 f.
– Schaltungen 187 ff.

P
parallele Leiter 21
Parallelresonanz 127 ff.
Parallelschaltung
– von Spannungsquellen 89 ff.
– von Widerständen 88, 119 ff.
paramagnetisch 37
Pegel 132 ff., 193
Periodendauer 110

236